普通高等教育“十一五”国家级规划教材
高等职业技术教育机电类专业系列教材

电机及拖动基础

第2版

U0872603

主　编　邵群涛
副主编　徐余法　刘启新
参　编　赵双全　谭耀辉
主　审　方承远

机 械 工 业 出 版 社

本书是在1999年出版的同名教材基础上修订的第2版教材，主要阐述电机基本原理与电力拖动两方面的基本知识。全书共分9章，前3章为直流电机部分，主要阐述直流电机、直流电动机的电力拖动运行及常用直流控制电机；第4、5两章阐述变压器的基本原理、常用变压器及其应用；第6~8章为交流电动机部分，主要阐述三相异步电动机的基本原理、三相异步电动机的电力拖动运行及常用同步电动机；第9章阐述常用的其他电机。本书在内容的选择和问题的阐述上突出了高职高专应用型人材培养的需求，在突出交流电机、电机的应用、电机的拖动和电机为系统服务等方面进行了一些探索，并弱化了电机原理部分，突出了拖动部分的分析，力求做到以应用为主、够用为度。为了便于学习，除在每章附有小结外，还有大量的例题、习题和习题参考答案供练习之用。

为方便教学，本书配有免费电子课件等，凡选用本书作为授课教材的学校，均可来电索取，咨询电话：010—88379375。

本书适合于作为高职高专电气类、控制类和以电为主的机电一体化类专业的教材，也可作为成人教育、职工大学、业余大学和中等专业学校的教材，同时还可供有关工程技术人员作为参考用书。

图书在版编目（CIP）数据

电机及拖动基础/邵群涛主编. —2版. —北京：机械工业出版社，2008.3（2023.1重印）

普通高等教育"十一五"国家级规划教材. 高等职业技术教育机电类专业系列教材

ISBN 978-7-111-07098-6

Ⅰ.电… Ⅱ.邵… Ⅲ.①电机-高等学校：技术学校-教材②电力传动-高等学校：技术学校-教材 Ⅳ.TM3

中国版本图书馆CIP数据核字（2008）第029089号

机械工业出版社（北京市百万庄大街22号 邮政编码100037）

策划编辑：于 宁 责任编辑：于 宁 曲世海 版式设计：霍永明

责任校对：刘志文 封面设计：鞠 杨 责任印制：张 博

北京雁林吉兆印刷有限公司印刷

2023年1月第2版第11次印刷

184mm×260mm · 18.75印张 · 447千字

标准书号：ISBN 978-7-111-07098-6

定价：49.80元

电话服务	网络服务
客服电话：010-88361066	机 工 官 网：www. cmpbook. com
010-88379833	机 工 官 博：weibo. com/cmp1952
010-68326294	金 书 网：www. golden-book. com
封底无防伪标均为盗版	机工教育服务网：www. cmpedu. com

序

职业教育指受教育者获得某种职业或生产劳动的职业道德、知识和技能的教育。机电行业的职业技术教育是培养在生产一线的技术、管理和运行人员。他们主要从事成熟的技术和管理规范的应用与运作。随着社会经济的发展和科学技术的进步，生产领域的技术含量在不断提高。用人单位要求生产一线的技术、管理和运行人员的知识与能力结构要与之相适应。行业发展的要求促使职业技术教育的高层次——高等职业教育蓬勃发展。

高职教育与高等工程专科、中专教育培养的人才属同一类型，都是技术型人才，毕业生将就业于技术含量不同的用人单位。高等职业教育的专业设置必须适应地区经济与行业的需求。高等职业教育是能力本位教育，应从职业分析入手，按岗位群职业能力来确定课程设置与各种活动。

机械工业出版社出版了大量的本科、高职高专和中专教材，其中有相当一批教材符合高等职业教育的需求，具有很强的职业教育特色，在此基础上这次又推出了机械类、电气类和数控类三个高职专业的高职教材。

专业课课程的开发应遵循适当综合化与适当实施化。综合化有利于破除原来各课程的学科化倾向，删除与岗位群职业能力关系不大的内容，有利于删除一些陈旧的内容，增加岗位群能力所需要的新技术、新知识，如微电子技术、计算机技术等。实施化是指课程内容要按培养工艺实施与运行人员的职业能力来阐述，将必要的知识支撑点溶于能力培养的过程中，注重实践性教学，注重探索教学模式，以达到满意的教学效果。

本教材倾注了众多编写人员的心血，他们为探索我国机电行业高职教育作出了可贵的尝试。今后还要依靠广大教师在实践中不断改进、不断完善，为创建我国的职业技术教育体系而奋斗。

赵克松

第2版前言

本书是在1999年出版的同名教材基础上修订的再版教材。根据本教材的读者定位和近年来电力拖动技术的发展情况，此次再版在一定程度上对原教材的内容进行了修订、调整，增加了部分章节的内容（如原教材的第3、7、8、9章和绪论等），删改了部分章节的内容（如原教材的第10章及第9章的9.2节等）。本次再版的指导思想是在内容的选择和问题的阐述了突出高职高专应用型人材培养的需求，在突出交流电机、电机的应用、电机的拖动和电机为系统服务等方面进行一些探索，力求做到以应用为主、够用为度，希望能更好地适合读者的需要。

再版教材由邵群涛主编并统稿。绪论的改写、第3章3.1节的编写和电子教案的制作、书稿的审校等由刘启新担任，其余各部分的内容由邵群涛修订和编写。张丽华和祁增慧审阅了部分重写稿。

本书再版仍由方承远教授担任主审，方承远教授认真审阅了再版修订稿，并提出了许多宝贵的意见，在此深表谢意。

在本教材再版之际，衷心感谢原全国高等职业技术教育机电类专业教材编委会全体编委在本教材第1版的编写与出版过程中提供的帮助与指导，感谢原教材的参审魏炳贵先生和盛觉民先生等在原教材的编写出版过程中所给予的帮助。

对于书中的漏误与不足，恳请读者批评指正，电子邮件请寄：zdhxsqt@ njit. edu. cn。

编　者

第1版前言

本书是根据机械工业机电类高等职业技术教育教材建设协作组组长会议精神及电气类专业高职《电机及拖动基础》教学大纲编写的，系高等职业技术教育电气类及以电为主的机电一体化专业的教材，可供五年制初中毕业生或三年制高中毕业生使用。本书也适用于高等专科学校、职工大学、业余大学和中等专业学校，同时可供有关工程技术人员参考。

全书内容包括直流电机及电力拖动、常用直流控制电机、变压器的原理及常用变压器、三相异步电动机及电力拖动、其他异步电机、常用同步电动机及电动机的选择等。

近20年以来，随着计算机技术和电力电子技术的发展，以伺服系统为代表的自动控制技术也得到了很大的发展。自动控制技术中使用的电机也发生了很大的变化。原来占统治地位的直流电机伺服系统大多已被各种交流电机伺服系统所取代。为了使学生能适应这种变化，作为电类专业的一门技术基础课，《电机及拖动基础》的内容也必须作相应的更新与改革。为此，本书在内容选择和问题的阐述上进行了一些探索，以利于突出交流电机，突出电机的应用，突出电力拖动，突出电机为系统服务。

本书由邵群涛任主编，徐余法任副主编。书中第1、2章及第5章的5.4、5.5节由刘启新编写，第4章及第5章的其余部分由赵双全编写，第6、7章由徐余法编写，绪论及第8、9章由邵群涛编写，第3、10章由谭耀辉编写。全书由邵群涛统稿。

本书由方承远教授主审，并主持召开了审稿会。参加审稿会的有魏炳贵教授和盛觉民副教授。

本书在编写过程中还参考了大量的文献资料，虽未注明它们的出处，在此一并感谢。由于编者水平有限，书中难免有错误和不妥之处，恳请读者批评指正。

编　者

目　录

绪 论

1. 电机及电力拖动系统在国民经济中的作用

在国民经济生产中，电机工业是机械工业的一个重要组成部分，电机是机电一体化中机和电的结合部位，是机电一体化的一个很重要的基础，电机可称为电气化的心脏。它对国民经济的发展有着重要的作用，并随着国民经济和科学技术的发展而不断发展。

电机的发展又与电能的发展紧密地联系在一起。电能是现今社会一种最主要的能源，是现代工业、农业、交通运输、科学技术和日常生活等各方面最常用的一种能源，这主要是由于它的生产、传输、分配、使用控制及能量转换较为方便。电机是与电能的生产、传输和使用有关的最重要的一种能量转换设备，不仅是工业、农业和交通运输业的重要设备，而且在包括各类家电在内的日常生活中的应用也愈来愈广泛。

电机、变压器是电力工业的主要设备之一。在发电厂，发电机将原始能源，如热力、水力、化学能、核能、风力和太阳能等转换为生产和生活中可使用的电能；变电站的作用是经济地传输和分配电能。远距离传输前，升压变压器把大型发电机发出的低电压的交流电转换成高电压的交流电，而在供给用户使用前，还必须把采自高压输电网的电能经过降压变压器降压后才能安全使用。因此，在电能的生产、传输和分配过程中，发电机和变压器起着重要的作用。

在电能的应用中，电动机起着重要的作用。在机械工业、冶金工业、化学工业、交通运输及日常生活等方面，电动机将电能转换成机械能，为各种工作机械提供动力。由电动机带动工作机械运动的系统称为电力拖动系统（其代表是各类电机自动控制系统）。电力拖动系统容易控制，能够获得控制系统所需的各种静态特性和动态特性，具有良好的起、制动性能和较宽的调速范围，特别是便于实现自动控制，所以当今多数自动控制系统都采用电动机作为原动机。一个自动控制系统中往往会用到多个不同的电机（包括各种控制电机），一个现代化工厂拥有几百台至几万台电机是很平常的事。随着新型电机、大功率半导体器件、大规模集成电路的发展和计算机技术的应用，电力拖动系统的品种、质量和性能都有了进一步的提高，以全数字式的三相永磁同步电机伺服系统、三相异步电机伺服系统和直流电机伺服系统为代表的新型电力拖动系统的出现，带动了数控机床、工业机器人、交通运输、航空航天及家用电器等一系列高质量、高性能的以电力来拖动的机电一体化高科技产品的迅速发展。随着科学技术的发展，工业、农业和国防等各部门都要求有性能更好的新型电机及电力拖动系统，以满足各种不同的要求。因此，电机与电力拖动系统将在国民经济发展中发挥越来越重要的作用。

2. 电机及电力拖动系统发展概况

自从1820年奥斯特、安培和法拉第相继发现电流在磁场中产生机械力并提出了电磁感应定律后，才出现了电动机和发电机的雏形。因此电机的出现迄今不过一个半世纪多一些，而自它形成一个工业部门到现在则不过130年左右，但经济发展的需要使电机得到了迅速的发展。从19世纪末期起，电动机就逐渐代替蒸汽机和水轮机作为拖动工作机械的原动机。近几十年来，我国的电机工业同国民经济其他各部门一样，也得到了迅速的发展。我国建立了自己的电机工业体系，制定了电机的国家标准，能制造各种系列电机、变压器以及成套的大、中型火力、水力发电设备，如制造30MW双水内冷汽轮发电机组和水轮发电机组，500kV高压的功率达36MVA的大型电力变压器等。

以电动机拖动工作机械运动的系统称为电力拖动系统，简称电拖。电拖的构成方式是随着电机工业的发展而逐步发展起来的。电动机最初作为原动机代替蒸汽机和水轮机等来拖动工作机械，其常用的方式是通过所谓“天轴”实现的，一台电动机通过装在房顶的公共传动轴即“天轴”来带动一起工作的一组生产设备，这种拖动方式称为“成组拖动”。成组拖动时，只能靠机械的方法实现从电动机到各工作机械的能量传递和能量分配。这种方式无法实现自动控制，且其能量损耗大、生产安全得不到保证，容易发生人身、设备事故。如有故障，则被拖动的所有生产设备都将一起停车。显然，随着工作机械运行要求的提高，这种落后的电力拖动系统已跟不上需要而被淘汰。代之而起的是所谓单电动机拖动系统及多电动机拖动系统。从上世纪20年代起，广泛采用由一台电动机拖动一台工作机械的这种“单电动机拖动系统”。这样使每台生产设备既可独立工作，实现电气调速，又省去了大量的中间传动机构，使机械结构简化，提高了传动效率。由于电机与工作机械在结构上配合密切，为工作机械自动化打下了基础。目前先进、复杂的生产设备通常都采用多电动机拖动方式，例如一台有一个主轴和三个进给轴的常用机床，若仍由单台电动机拖动，则生产设备内部的传动机构就会变得非常的复杂，而采用生产设备中的每一个工作机构分别由一台电动机驱动的多电动机方式拖动，不仅可使机械结构大为简化，而且可使生产设备实现自动控制直至计算机控制。

电力拖动系统的控制方式也经历了由简单到复杂，由低级到高级的过程。最初电动机采用的是继电器－接触器控制系统，由于继电器－接触器的控制开关都是触点，又称为有触点系统。这种有触点系统的致命缺点是触点的接触不良带来系统工作的不可靠，因而出现了以数字电路为主的无触点系统，与前者相比可靠性大为提高。数字电路发展很快，从分立元器件到集成电路，一直发展到目前使用的微型计算机控制系统，使控制系统的结构变得越来越简单，体积越来越小而性能越来越优越。可以这样说，如果没有计算机控制技术及电机技术的发展，那么要实现目前高性能的异步电动机的变频调速系统、三相永磁同步电动机及串级调速系统是很难想象的。电力拖动自动控制技术的提高，使机电一体化工业得到了迅速发展。目前我国的工业机器人、数控机床、柔性加工系统（FMS）和计算机集成制造系统（CIMS）的生产技术已有相当高的水平，建立了一些自动化水平较高的工厂，自行设计和制造了一批由计算机集成制造系统控制的无人自动生产线。由此可见，机电一体化工业的发展是与电机工业的发展分不开的。

3. 电力拖动系统与电机的关系

与其他原动机相比，电动机的控制方法更为简便，并且可以实现遥控和自动控制。电力拖动系统主要由电动机、传动机构和控制设备（包括反馈装置）三个基本环节所组成，三者关系如图0－1所示。

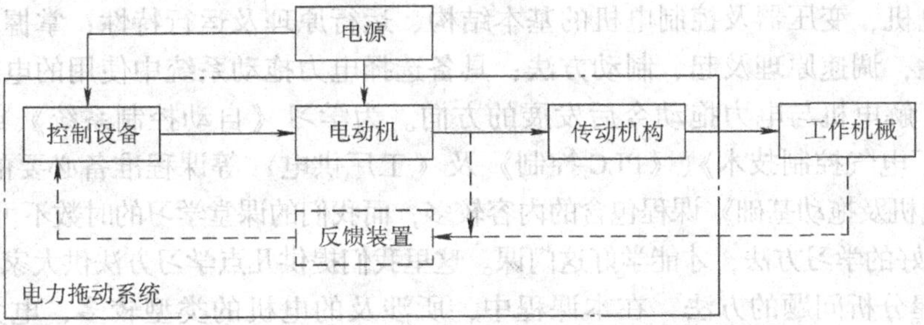

图 0－1 电动机、传动机构和控制设备关系图

由于开环的电力拖动系统不需要反馈装置，只有闭环系统中才使用反馈装置，所以图中反馈装置及其控制方向箭头均用虚线表示。反馈装置往往也使用控制电机来实现反馈功能，例如可用测速发电机检测电动机的转速，旋转变压器检测电动机的角位移，感应同步器检测工作机械的位移等。关于控制设备等问题将在自动控制系统等课程中给予研究，本课程将只研究有关的各种电机及电动机与负载（包括传动机构和工作机械）的关系。

4. 电机的主要类型

电机是一种通过电磁感应实现能量转换、能量传递或信号转换的装置。电机的类型很多，按其功能可分为如下几种。

（1）发电机　将机械能转换成电能的装置，包括直流发电机和交流发电机。

（2）电动机　将电能转换成机械能的装置，包括直流电动机和交流电动机。

（3）变压器　将一种电压等级的交流电能变换为另一种电压等级的交流电能的装置。

（4）控制电机　在自动控制系统中作为检测、校正及执行元件的特种电机，包括交、直流伺服电动机，步进电动机，直线电动机，交、直流测速发电机，感应同步器及旋转变压器等。根据电机原理，每种控制电机均可归属上述三类电机中的一种，所以本教材中，为了便于学习，将根据不同控制电机的原理把常用控制电机分别归入直流电机、交流电机或变压器中进行介绍。

发电机和电动机只不过是电机的两种运行方式，它们本身是可逆的。根据电力拖动的需要，学习的重点应放在电动机上。

5. 本课程的性质

《电机及拖动基础》这门课程是工业电气自动化、电气工程等电气类专业及以电为主的机电一体化类专业的一门重要技术基础课，对工业电气自动化、电气工程和机电一体化等专业高级应用型技术人才的培养起着重要的作用。《电机及拖动基础》包括原来的《电机学》、《电力拖动（电气传动）基础》和《控制电机》这三门课程的主要内容。把它们有机结合起来，加强电机在自动控制系统中的应用能力是本课程的主要任务之一。电机是机电一体化中机和电的结合部，随着电力电子学、计算机和自动控制理论的发展及交流电机调速等控制技术的普及，电机在机电一体化工业中的作用更显重要，可以说，无先进的电机控制及电力拖动系统，就不可能有当今机电一体化的高科技工业。

6. 本课程的任务和学习方法

本课程主要分析研究电机与电力拖动的基本规律，同时从工作机械的运行要求出发，分析研究电动机运行的基本规律、常用控制电机的应用等问题。课程基本任务是：要熟悉常用的交、直流电机，变压器及控制电机的基本结构、运行原理及运行特性；掌握交、直流电动机的机械特性，调速原理及起、制动方法；具备选择电力拖动系统中使用的电动机所必需的基本知识；了解电机与电力拖动今后发展的方向。为学习《自动控制系统》或《运动控制系统》、《工厂电气控制技术》、《PLC 控制》及《工厂供电》等课程准备必要的基础知识。

由于《电机及拖动基础》课程包含的内容较多，而我们的课堂学习的时数不可能很多，因此必须有一个良好的学习方法，才能学好这门课。这里我们提供几点学习方法供大家参考。

（1）掌握分析问题的方法　在本课程中，所涉及的电机的类型较多，电力拖动也有直流拖动和交流拖动之分，如果将每一种电机，每一种拖动系统都作为一个独立的、新的内容来学，就会感觉到学习任务太重，如果我们在学习过程中能够掌握研究问题的方法，找出各类电机及各种拖动系统的共性及个性，就会学得轻松、应用自如。如三相异步电动机的原理和变压器的原理有很多共同的部分，最后的数学模型也非常类似，只要掌握了分析问题的方法，就可较容易地掌握这两部分的内容。

（2）要理解公式所表达的物理概念　本课程的公式较多，孤立地、单独地去记忆不同公式所表达的各物理量之间的数量关系并非易事，必须理解公式所表达的物理概念。如直流电机的感应电动势公式 $E_a = C_e \Phi n$，电磁转矩公式 $T_{em} = C_T \Phi I_a$，这两个公式看起来很简单，暂时记忆也较容易，而时间长了，很容易出错。如果理解了公式所表示的物理意义：感应电动势是导体在磁场中切割磁力线所产生的，必然与磁场和切割速度成正比；电磁转矩是因载流导体在磁场的作用下所产生的，其大小必须与磁场的强弱和电流的大小成正比。这样就很容易记住公式各物理量之间的相互关系了。

（3）要掌握重点　对工业电气自动化、电气工程及机电一体化等专业的同学来说，学习本课程的目的是为了正确地使用电机，为设计、研制或使用电力拖动系统服务，因此在学习过程中，要从应用电机的角度出发，着眼于电机运行的特性，将重点放在电动机的机械特性与负载的转矩特性配合上，放在电动机起动、制动及调速的方法及原理上，放在能为电力拖动系统选择合适的电机上，为今后分析和使用电力拖动系统打下良好基础，而对电机的工作原理以能应用为度，对电机内部结构只要一般了解就行了。

学习《电机及拖动基础》也要注意课程的技术基础课的特点：既有基础理论的内容，又有结合工程实际综合应用的特点。只有结合工程实际综合应用基础理论，才能真正学好本课程。

7. 本书常用的电磁概念与定律

（1）磁场的几个常用的物理量　在电机与拖动中，机电能量转换的媒介是磁场，磁场的路径称为磁路，因此磁场或磁路是电机的重要内容。而磁场通常比较抽象，不太容易掌握，在工程实际中，通常将磁场问题简化为磁路问题。例如在永磁体及通电导线周围存在磁场，表征磁场的大小或强弱可以用以下的物理量来表示。

1）磁感应强度（又称为磁通密度）B，表征磁场强弱及方向的物理量，单位为 Wb/m^2。磁感应强度描述的只是空间某一点的磁场，若要表示一个给定面积的磁场，则用磁通量。

2）磁通量 Φ，垂直穿过某截面积 A 的磁力线总和，单位为 Wb，则有

$$\Phi = BA$$

从上式可以看出，在均匀磁场中，单位面积内的磁通量称为磁感应强度，又叫磁通密度。

3）磁场强度 H，计算磁场时引用的物理量，$B = \mu H$，单位为 A/m。

其中，μ 为磁导率，真空中的磁导率 $\mu_0 \approx 4\pi \times 10^{-7}\text{H/m}$，$\mu = \mu_r \mu_0$。$\mu_r$ 为导磁介质的相对磁导率。非铁磁材料的相对磁导率近似为 1。

4）磁动势 F，电机与拖动中特别引进的新物理量，其与磁场强度的关系为

$$F = Hl$$

（2）磁路的概念　磁通所通过的路径称为磁路，如图 0－2 所示。一个简单的磁路由采用高导磁材料的铁心和通电线圈组成，若忽略线圈漏磁通，由通电线圈产生的磁场将主要分布在铁心内部。

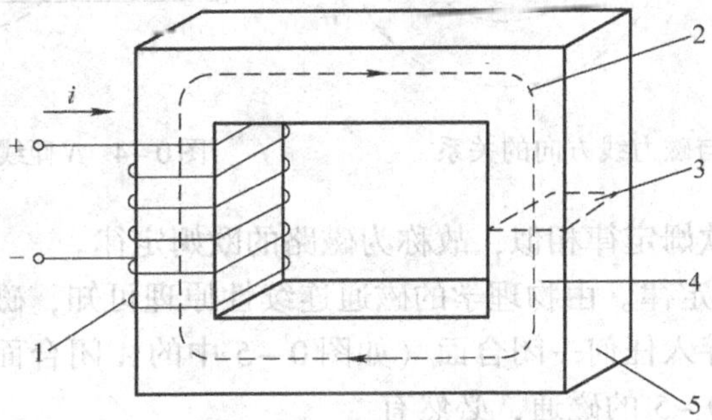

图 0－2　简单磁路示意图

1—线圈　2—磁力线　3—横截面积 A　4—平均铁心长度 l　5—铁心磁导率

（3）磁路的基本定律

1）安培环路定律——全电流定律。凡有电流流动的导体的周围均会产生磁场，即“电动生磁”。由载流导体产生的磁场大小可用磁场强度 H 来表示，磁力线的方向与电流的方向满足右手螺旋关系，如图 0－3 所示。假定在一根导体中通以电流 i，则在导体周围空间的某一平面上产生的磁场强度 H 为

$$\oint_l H\mathrm{d}l = \sum i$$

如果载流导体是匝数为 N 的线圈（如图 0－4 所示），在均匀磁场中，沿着回线 l 处磁场强度 H 处处相等，则

$$Hl = Ni = F$$

2）磁路的欧姆定律。磁通密度等于磁场强度乘以磁导率，则

$$B = \mu H = \mu \frac{NI}{l}$$

磁通量 Φ 等于磁通密度乘以面积，则

$$\Phi = \int B\mathrm{d}A = BA = NI\frac{\mu A}{l}$$

令

$$R_m = \frac{l}{\mu A}$$

则磁通可以改写成

$$\Phi = \frac{NI}{\frac{l}{\mu A}} = \frac{NI}{R_m} = \frac{F}{R_m}$$

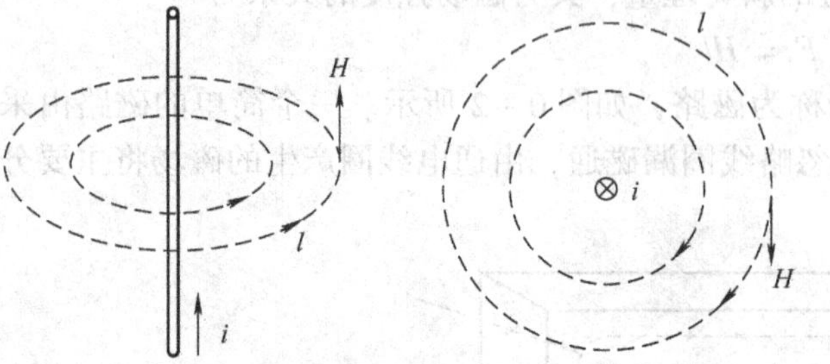

图 0－3　电流方向与磁力线方向的关系

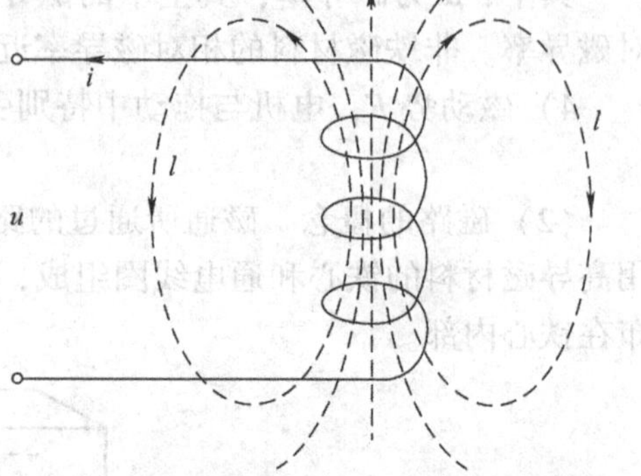

图 0－4　N 匝线圈中电流与磁力线的关系

上式形式与电路的欧姆定律相似，故称为磁路的欧姆定律。

3）磁路的基尔霍夫定律。由物理学的磁通连续性原理可知，磁力线是没有起止的闭合回线。根据这个原理，穿入任何一闭合面（如图 0－5 中的 A 闭合面）的磁通必然等于穿出该闭合面的磁通，对图 0－5 的磁通，必然有

$$-\Phi_1+\Phi_2+\Phi_3=0 \quad \sum\Phi=0$$

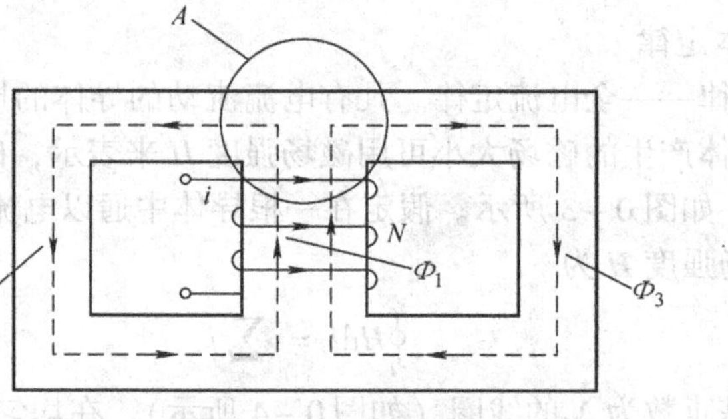

图 0－5　铁心中磁通的关系

磁路和电路有相似之处，但要注意以下几点差别：

①电路中有电流 i 时，就有功率损耗；而在直流磁路中，维持一定磁通量，铁心中没有功率损耗。②电路中的电流全部在导线中流动；而在磁路中，总有一部分漏磁通。③电路中导体的电阻率在一定的温度下是恒定的；而磁路中铁心的磁导率随着饱和程度的变化而有所变化。④对于线性电路，计算时可以用叠加原理；而在磁路中，B 和 H 之间的关系为非线性，因此计算时不可以用叠加原理。

4）电磁力定律　载流导体在磁场中会受到电磁力的作用。当磁场和导体方向相互垂直时，载流导体所受的电磁力为

$$f=Bil$$

式中，B 是磁场的磁感应强度（Wb/m^2）；i 是导体中的电流（A）；l 是导体的有效长度（m）。

电磁力的方向由左手定则确定，图 0－6 表示了 f、B 与 i 三者之间的方向关系。

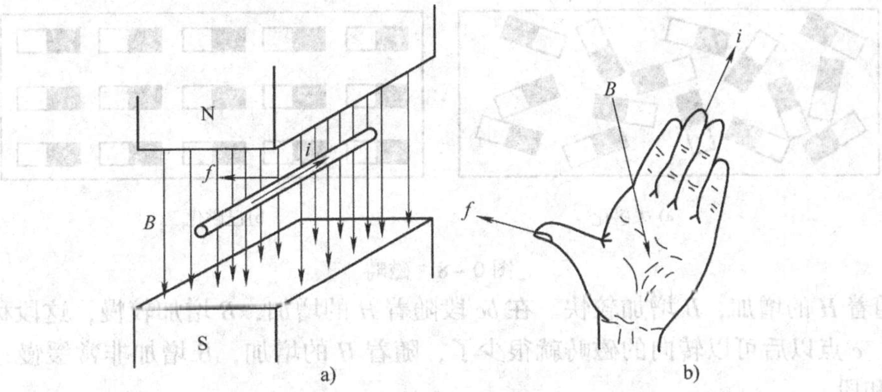

图 0－6　电磁力的左手定则

5）电磁感应定律。

① 导体在交变磁场中的变压器电动势。1831 年，法拉第通过实验发现了电磁学中最重要的规律——电磁感应定律，揭示了磁通与电压之间存在如下关系：

a. 如果线圈所在处磁路的磁通随时间而变化，那么将在此线圈中感应出电动势。

b. 感应电动势的大小与磁通的变化率成正比，即

$$e = -N\frac{\mathrm{d}\Phi}{\mathrm{d}t}$$

感应电动势的方向与产生它的磁通正方向之间符合右手螺旋定则。法拉第电磁感应定律奠定了电机学的理论基础。

② 导体在静止磁场中的切割感应电动势。上述讨论说明磁场的变化会在导体中产生感应电动势。如果磁场静止不变，而让导体在磁场中运动，相对于导体来说，磁场仍是变化的，那么根据法拉第电磁感应定律，同样会在导体中产生感应电动势，其大小为

$$e = Blv$$

式中，B 是磁场的磁感应强度（$\mathrm{Wb/m^2}$）；v 是导体切割磁场的速度（m/s）；l 是导体的有效长度（m）。

感应电动势的方向由右手定则确定，图 0－7 表示了 e、B 与 v 三者之间的方向关系。

（4）常用铁磁材料及其特性

1）铁磁物质的磁化。将铁、镍和钴等铁磁材料放进磁场后，磁场将明显增强，铁磁材料呈现很强的磁性，这种现象为铁磁材料的磁化。铁磁材料的强磁场性能，是由于在铁磁材料的内部存在许多很小的磁畴，如图 0－8 所示。铁磁材料未放进磁场前，磁畴杂乱无章，磁场效应互相抵消，对外不显磁性，如图 0－8a 所示。当铁磁材料放进磁场后，在外磁场的作用下，磁畴顺着外磁场方向转向，排列整齐，显示出磁性，如图 0－8b 所示。

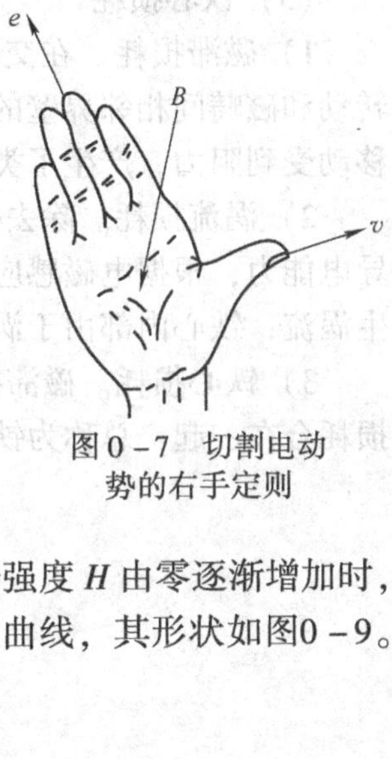

图 0－7　切割电动势的右手定则

2）起始磁化曲线和磁滞回线。

① 起始磁化曲线。将一块未磁化的铁磁材料进行磁化，当磁场强度 H 由零逐渐增加时，磁通密度 B 将随之增加。用 $B = f(H)$ 描述的曲线就称为起始磁化曲线，其形状如图0－9。

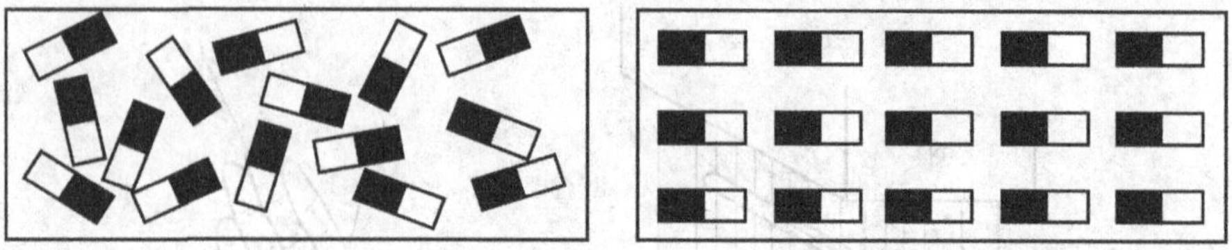

图 0-8　磁畴

在 Ob 段随着 H 的增加，B 增加较快。在 bc 段随着 H 的增加，B 增加较慢，这段称为磁化曲线的膝部。c 点以后可以转向的磁畴就很少了，随着 H 的增加，B 增加非常缓慢，称为磁化曲线的饱和段。

② 磁滞回线。如图 0-10 所示，当铁磁材料被磁化一个循环时，就得到一个闭合回线 abcdefa。当 H 从零增加到 H_m 时，B 相应地从零增加到 B_m；然后再逐渐减小 H，B 值将沿曲线 ab 下降。当 $H=0$ 时，B 值并不等于零，而是 B_r，这就是剩磁。

当 H 在 H_m 和 $-H_m$ 之间反复变化时，呈现磁滞现象的 $B-H$ 闭合曲线，称为磁滞回线。

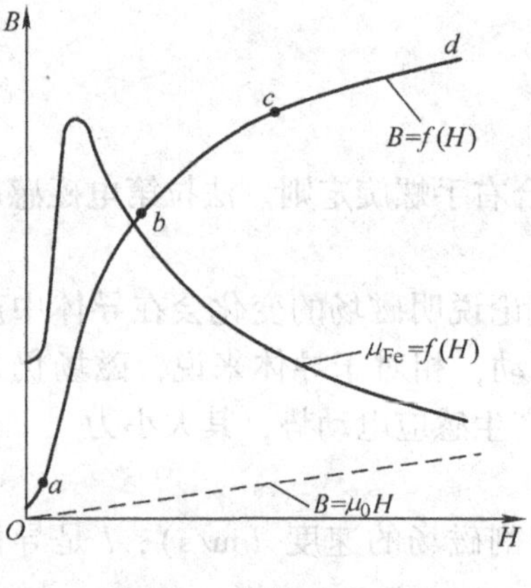

图 0-9　起始磁化曲线

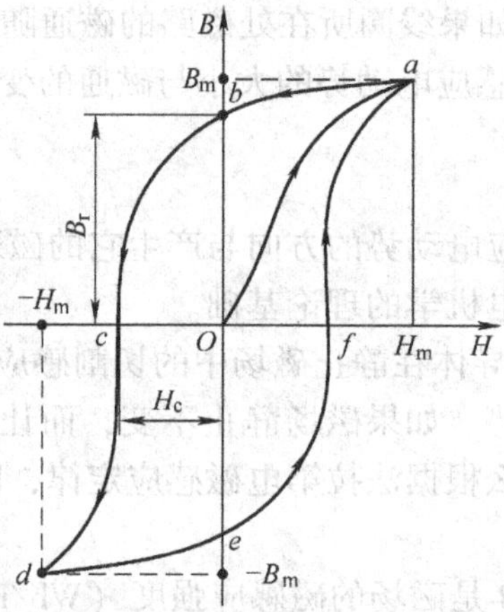

图 0-10　磁滞回线

（5）铁心损耗

1）磁滞损耗。在交变磁场中，铁磁材料要被反复磁化，这个磁化过程就是通过磁畴的转动和磁畴间相邻界壁的移动来完成的，随着交变磁场不断改变方向，磁畴的转动和界壁的移动受到阻力，产生了类似摩擦发热的能量损耗，这种损耗称为磁滞损耗。

2）涡流损耗。除去磁滞损耗以外，穿过铁磁体的磁通交变时，由于铁磁体本身也具备导电能力，根据电磁感应定律，铁心内将产生感应电动势。这个感应电动势在铁心内便会产生涡流，铁心内部由于涡流在铁心电阻上产生热能损耗，这种损耗称为涡流损耗。

3）铁心损耗。磁滞损耗和涡流损耗都转变成热能，使铁心温度升高。磁滞损耗和涡流损耗合在一起，总称为铁心损耗，简称为铁损。

第1章　直流电机

直流电机中的直流电动机由于拖动性能良好，控制调节方便，在电力拖动领域中应用广泛，尽管当前随着计算机和电力电子技术的发展，交流电动机在自动控制系统领域中的应用发展很快，但直流电动机在电力拖动中还是以其自身的特点，占有重要的地位。

直流电机的种类很多，也可有各种分类方法。按能量转换，可分为直流电动机和直流发电机；按电刷的有无，可分为有刷直流电机和无刷直流电机；按应用的领域，也可以分为两大类：其一是用于能量转换，即电能和机械能互相转换。将机械能转换成直流电能的称为直流发电机，将电能转换为机械能的称为直流电动机。其二是用于信号转换，即机械信号和直流电信号相互转换。将机械速度信号转换成直流电压信号的称为直流测速发电机。将直流电压信号转换成角位移或角速度信号的称为直流伺服电动机。

直流电动机具有良好的起动和制动性能，且能在较大的范围内平滑地调节速度。因此直流电动机常用于起动、制动和调速要求较高的机械上广泛使用。直流伺服电动机和直流测速发电机多用于自动控制系统及仪器仪表中，作为系统的执行元件和信号检测元件。

直流电机虽有功率大小和用途不同的区别，但其基本结构和基本电磁关系大体相同。本章介绍直流电动机和直流发电机的原理、结构和工作特性。

1.1　直流电机的基本工作原理

1.1.1　直流发电机的工作原理

直流发电机的理论基础是电磁感应定律。电磁感应定律告诉我们，在恒定的磁场中，当导体切割磁力线时，导体中就有感应电动势产生。若磁力线、导体与其运动方向互相垂直，则导体中产生的感应电动势的大小为

$$e = Blv$$

式中，B 为磁感应强度，或称磁通密度（T）；l 为导体切割磁力线的有效长度（m）；v 为导体与磁场的相对切割速度（m/s）；e 为感应电动势（V）。

e 的大小由磁场的强度和导体的切割速度决定，e 的方向由右手定则确定。

因此，直流发电机必须具有磁场和旋转的导体，才能持续发电。图 1－1 是最简单的直流发电机的模型，图中 N 和 S 是一对在空间固定的永久磁铁，在两个磁极间装有一个可以转动的圆柱铁心，铁心上固定线圈 $abcd$，如图 1－1a 所示。

由于有了铁心转子，导体所处的磁极下气隙的磁力线均为径向（磁力线路径磁阻最小原则），如图 1－2a 所示。线圈两端 a 和 d 分别与两块相互绝缘的铜片相连，这些铜片称为换向片。这种由换向片构成的整体称为换向器。换向片随线圈一起转动，与固定不动的电刷 A 和 B 保持滑动接触。

当原动机拖动转子逆时针方向以恒速旋转时，线圈的 ab、cd 两边将切割磁力线产生感

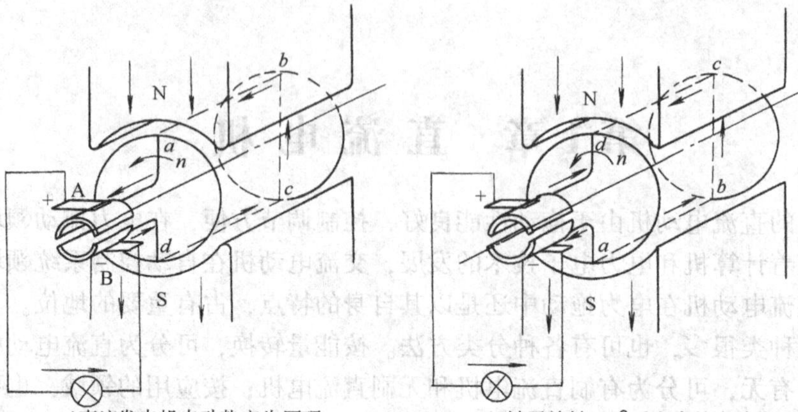

a)直流发电机电动势产生原理　　b)转子旋转180°后产生的电动势

图 1－1　直流发电机工作原理图

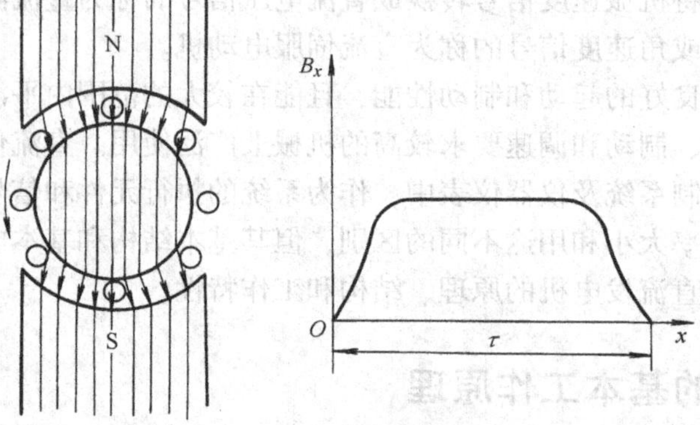

a)带铁心转子的主磁场　　b)主磁通密度分布波形(一个磁极)

图 1－2　直流电机的主磁场

应电动势 e，由右手定则可以判断出感应电动势的方向，如图 1－1a 所示。ab 边的电动势方向由 b 指向 a，cd 边的电动势方向由 d 指向 c，每根导体感应电动势的大小为

$$e = B_x lv$$

式中，B_x 为导体所处气隙的径向磁通密度；v 为导体（电枢绕组）旋转的线速度。

若在电刷 A 和 B 之间接上负载，电枢电路中就有电流流过，电流的方向和电动势的方向相同。在线圈内部电流方向是 $d \to c \to b \to a$。当线圈转过 180°后，线圈的两边位置互换，ab 边从 N 极面转到 S 极面，cd 边从 S 极面转到 N 极面，如图 1－1b 所示。转子旋转方向不变，由右手定则可知，ab 边的电动势由 a 指向 b，cd 边的电动势由 c 指向 d，感应电动势的方向改变。线圈内部的电流方向是 $a \to b \to c \to d$。由于换向片随线圈一起转动，电刷 A 和 B 固定不动，所以电刷 A 通过换向片，始终和 N 极面下的导体相接，电刷 B 始终和 S 极面下的导体相接，从而在电刷 A 和 B 之间得到一个方向不变的直流电动势。

从上面的分析可知，当原动机拖动线圈不断旋转时，线圈中电流的方向不断改变，这种在电刷和换向片的作用下，直流电机内部转子（电枢）线圈中电流改变方向的过程叫做换向。换向是直流电机运行过程中的重要问题之一，下面将作进一步的说明。

以上按照转子只有一个线圈的情况说明了直流发电机的基本工作原理。如果转子只有一个线圈，不仅感应电动势很小，而且电刷间的电动势波动很大，这是因为 $e=B_x lv$，对已制成的电动机来说线圈有效长度 l 一定，假设线圈的旋转速度恒定，则感应电动势与磁通密度成正比。在主磁极的作用下，电枢表面气隙中的磁通密度 B_x 的分布情况大致这样：在磁极极面下，磁通密度基本均匀分布，而且数值最大；在磁极极尖外侧，磁通密度较小；在相邻的两个磁极的中性线上，磁通密度为零；在一个磁极范围内，磁通密度在气隙中的分布曲线接近于梯形波，如图 1－2b 所示。这样使线圈中感应的电动势波动很大，从而使电刷间的电动势波动也很大，如图 1－3 所示。为了改善输出电压的脉动情况和增大输出电压，实际的直流发电机有较多的线圈和换向片，并按一定的规律将它们连接起来。具体连接方式在讨论电枢绕组时分析。

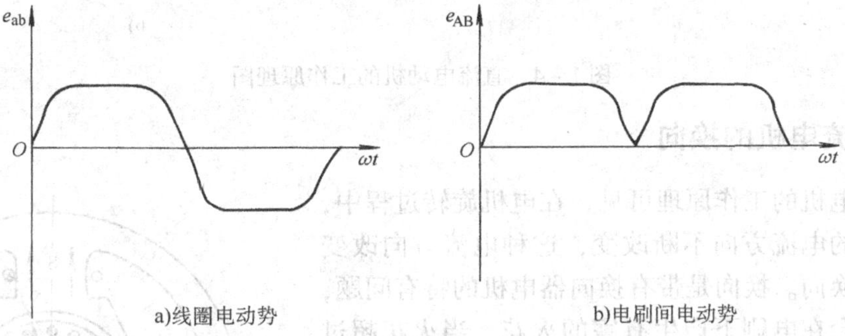

图 1－3　线圈电动势和电刷间电动势波形

上述直流发电机的工作原理表明，直流发电机电枢绕组所感应的电动势，对绕组来说是交变电动势，由于换向器与电刷的相互配合，才将交变电动势“换向”成为直流电动势输出。因此常把这种电机称为换向器式直流发电机。

1.1.2　直流电动机的工作原理

将图 1－1 直流发电机模型中的原动机去掉，再去掉电刷两端的负载，接上直流电源，就成为一台最简单的直流电动机，如图 1－4 所示。当电流经电源从电刷 A→换向片→线圈→另一片换向片一电刷 B 回到电源，在线圈里电流流向为 $a \to b \to c \to d$，由左手定则可知，此线圈将受到逆时针方向的电磁转矩的作用，当这个电磁转矩大于负载转矩时，转子就会向逆时针方向转动。当转子转过 180°后，ab 边到了 S 极面下，cd 边到了 N 极面下，但由于换向片和电刷接触的相对位置也变化了，所以线圈中电流的方向也发生了变化，线圈中的电流流向为 $d \to c \to b \to a$。再由左手定则可知，线圈仍将受到逆时针方向的电磁转矩的作用，这个电磁转矩将使转子保持逆时针方向转动。电机在旋转过程中，由于电刷和换向片的作用，直流电流交替地由线圈 ab 边和 cd 边流入，保证 N 极面下导体中的电流是同一方向，S 极面下导体中的电流为另一方向，产生持续的逆时针方向的电磁转矩，使直流电动机连续旋转。

从以上的分析可以看出：理论上，一台直流电机既可作为电动机运行，又可作发电机运行，取决于不同的外部条件。若将直流电源加入电机，电机就能将直流电能转换为机械能，作电动机运行；若用原动机拖动电机旋转，输入机械能，电机就将机械能转换为直流电能，作发电机运行。这种运行状态的可逆性称作直流电机的可逆运行原理。但在实际使用中直流电动机与直流发电机在结构上稍有区别，并不是所有的直流电机都可作可逆运行。

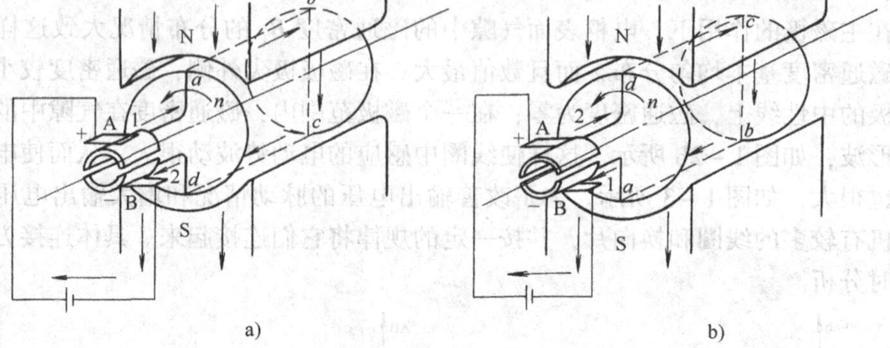

图 1-4　直流电动机的工作原理图

1.1.3　直流电机的换向

由直流电机的工作原理可见，在电机旋转过程中，转子线圈中的电流方向不断改变，这种电流方向改变的过程称为换向。换向是带有换向器电机的特有问题，换向不良将会在电刷下产生有害的火花，当火花超过一定程度时就会烧坏电刷和换向器，使电机不能继续运行。然而换向过程又是十分复杂的，有电磁、机械和电化学等各方面因素相互交织在一起，对其各种现象的物理实质还在继续研究之中。目前为了改善换向，一般直流电机在主磁极间装有换向极，也称附加极或间极，如图 1-5 中的 S_K 和 N_K 所示。换向极的数量和主磁极相同，考虑到负载后电枢磁场对主磁场的影响（电枢反应），换向极的绕组大多和电枢绕组串联。只要换向极设计得合适，电机的换向就会比较顺利，电机在运行时电刷与换向器之间基本没有火花。在只需单方向运行的电机中，有时也用移动电刷方法改善换向。在容量较大或负载变化剧烈的电机中，电枢反应（电枢反应概念请见本章 1.4 节的 1.4.2）使磁场发生严重畸变，当某些换向片之间的电位差超过一定限度时，就会产生电位差火花，与换向火花会合，可能引起环火，烧坏电机。防止环火的有效方法是采用补偿绕组。（有关移动电刷和补偿绕组的详细内容请参看《电机学》教材的有关章节。）

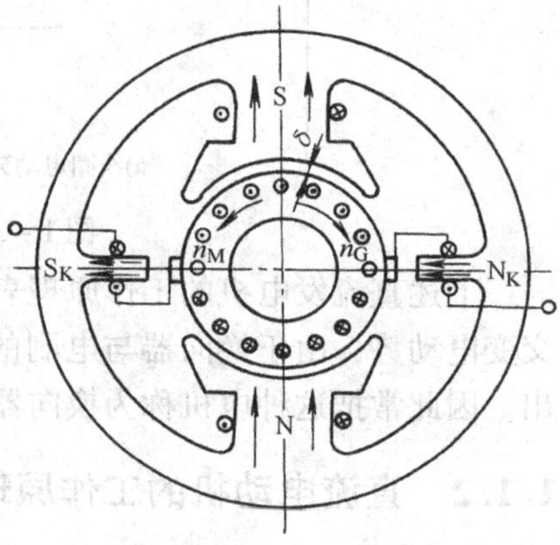

图 1-5　用换向极改善换向

1.2　直流电机的基本结构

直流电机的结构形式多种多样，但其主要部件是相同的。从直流电机的工作原理可知，直流电机由两个主要部分组成：①静止部分，称为定子。②转动部分，称为转子或电枢。静止部分和转动部分之间留有一定的间隙称为气隙。图 1-6 是直流电机的剖面图。下面对各主要部件的基本构造、作用及其材料作简要介绍。

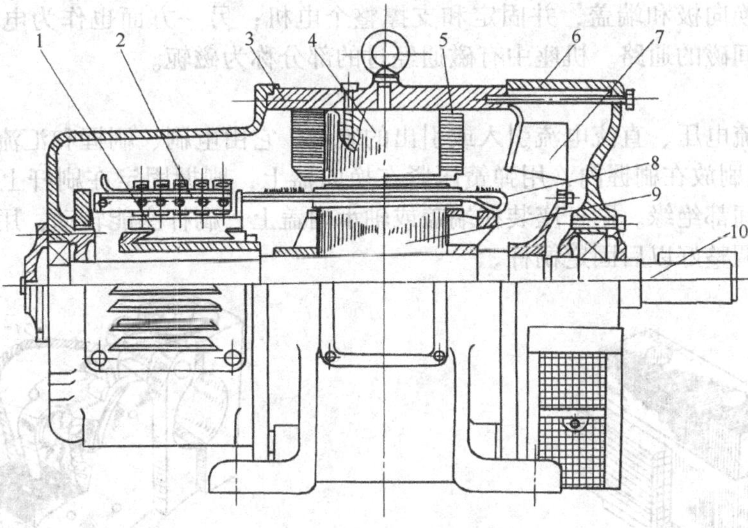

图 1－6　直流电机的剖面图

1—换向器　2—电刷装置　3—机座　4—主磁极铁心　5—主磁极绕组　6—端盖　7—风扇　8—电枢绕组　9—电枢铁心　10—轴

1.2.1　直流电机的定子

直流电机定子的主要作用有两个：一是建立主磁场，二是起整个电机的固定和支撑作用。从图 1－6 中可见定子主要由主磁极、换向极、机座、端盖、轴承和电刷等部件组成。

1. 主磁极

主磁极的作用是产生主磁场，以便电枢在此磁场中转动而感应电动势。主磁场有两种形式：一种是永久磁铁；一种是电磁铁，绝大部分直流电机采用电磁铁。电磁铁是由主磁极铁心和励磁绕组两部分组成，如图 1－7 所示，主磁极铁心一般由 1～1.5mm 厚的钢板冲片叠压而成。绕制好的励磁绕组套在铁心外面，整个磁极用螺钉固定在机座上。主磁极总是成对出现的，各主磁极上的绕组连接时要能保证相邻磁极的极性按 N 极和 S 极依次排列。为了减少气隙中有效磁通的磁阻，改善气隙磁密的分布波形，磁极下的极掌（或称极靴）较极身宽，这样也可以使励磁绕组牢牢地套在磁极上。

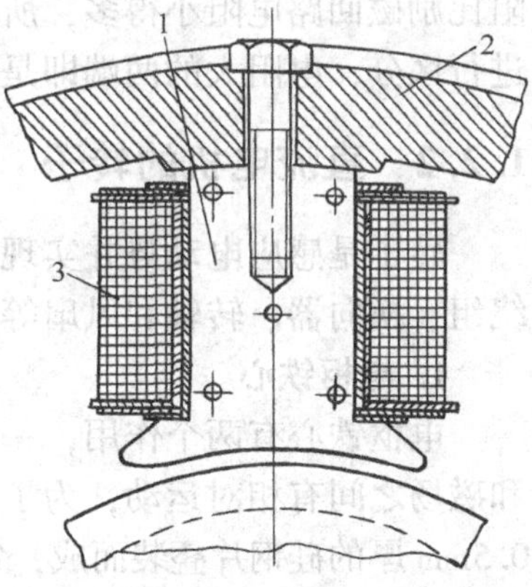

图 1－7　主磁极

1—主极铁心　2—机座　3—励磁绕组

2. 换向极

换向极（又称附加极）是用来改善直流电机换向的，减小电机运行时电刷与换向器之间可能产生的火花。换向极装在两主磁极之间，也是由换向极铁心和换向极绕组组成，如图 1－8 所示。一般换向极铁心用整块钢板加工而成，也可用 1.5mm 的钢板叠压而成。换向极绕组套在换向极铁心上与电枢绕组串联。一般换向极的数量与主磁极相同，在小功率的直流电机中，也有装置的换向极数为主磁极的一半，或不装换向极。

3. 机座

电机定子部分的外壳称为机座。机座通常由铸钢或厚钢板焊成。它有两个作用，一是用来固定主磁极、换向极和端盖，并固定和支撑整个电机；另一方面也作为电机磁路的一部分，构成磁极之间磁的通路。机座中有磁通经过的部分称为磁轭。

4. 电刷

电刷是将直流电压、直流电流引入或引出的装置。它由电刷、刷握和汇流条等组成，如图1-9所示。电刷放在刷握内，用弹簧压紧在换向器上，刷握固定在刷杆上，刷杆装在刷杆座上，彼此之间都绝缘。刷杆座装在端盖或轴承内盖上，刷杆座能转动，用以调整电刷位置。电刷的位置调整好以后固定刷杆。

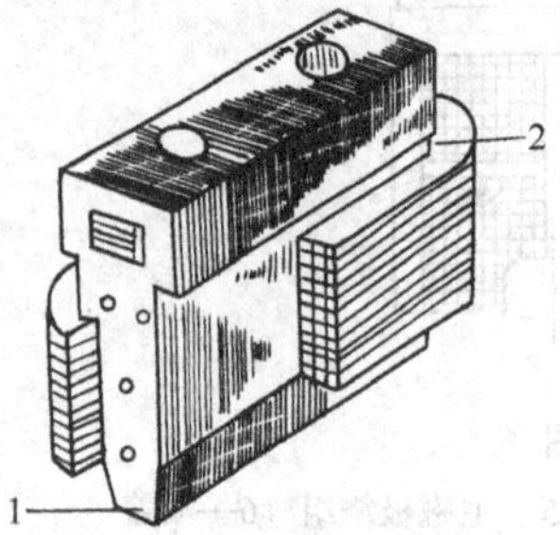

图1-8 换向极

1—换向极铁心 2—换向极绕组

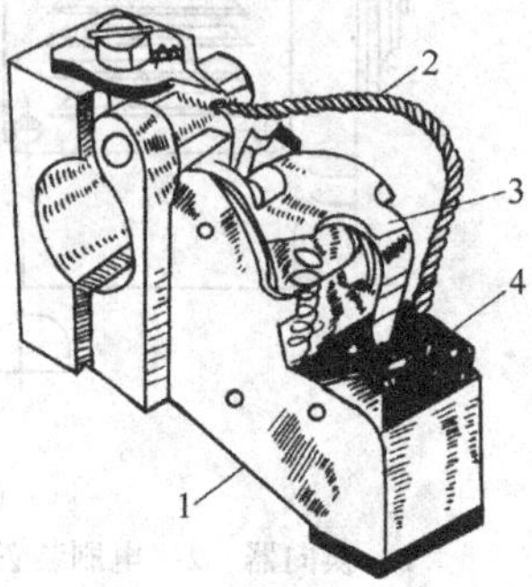

图1-9 电刷装置

1—刷握 2—铜丝（汇流条） 3—压紧弹簧 4—电刷

5. 接线盒

直流电机的电枢绕组和励磁绕组通过接线盒（板）与外部连接，连线盒上的电枢绕组一般标记为“A”或“S”，励磁绕组标记为“F”或“L”。由于普通直流电机电枢回路电阻比励磁回路电阻小得多，所以如使用时分不清两个绕组，可通过测量接线盒内的接线端子进行区分，电阻大的两端即是励磁绕组。

1.2.2 直流电机的转子

转子是感应电动势并实现能量转换的关键部分，又称电枢。转子主要由电枢铁心、电枢绕组、换向器、转轴和风扇等组成。

1. 电枢铁心

电枢铁心有两个作用，一是作为主磁通的主要通路；二是嵌放电枢绕组。由于电枢铁心和磁场之间有相对运动，为了减少电枢铁心中产生的涡流损耗和磁滞损耗，电枢铁心通常用0.5mm厚的硅钢片叠装而成，每片硅钢片之间相互绝缘。硅钢片的形状如图1-10a所示，

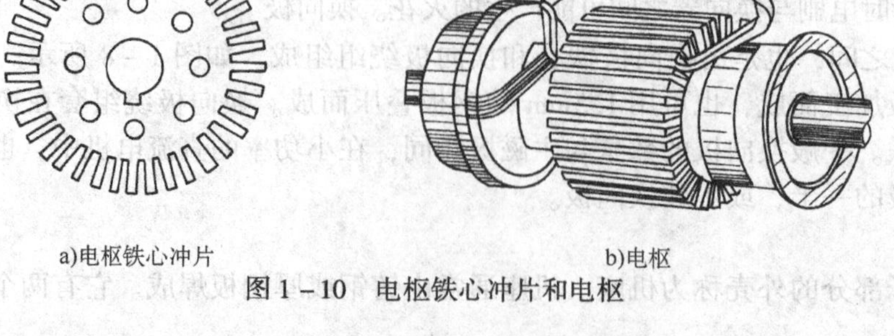

a)电枢铁心冲片　b)电枢

图1-10 电枢铁心冲片和电枢

铁心固定在转子支架或转轴上，如图 1－10b 所示。

2. 电枢绕组

电枢绕组是直流电机的主要部分之一。它的作用是感应电动势、通过电流以及产生电磁转矩，使电机实现能量转换。电枢绕组由若干个线圈组成，这些线圈按一定的要求均匀地分布在电枢铁心的槽中，并按一定的规律连接起来。电枢绕组可分为叠绕组和波绕组两种类型，叠绕组有单叠绕组和复叠绕组之分；波绕组有单波绕组和复波绕组之分。每个槽中的线圈边分上下两层叠放，一个线圈边放在一个槽的上层，另一个边放在另一个槽的下层。所以直流电机电枢绕组一般都是双层绕组，如图 1－11 所示。（在本教材中，我们只分析单叠绕组，其他绕组形式请参考有关《电机学》教材）。

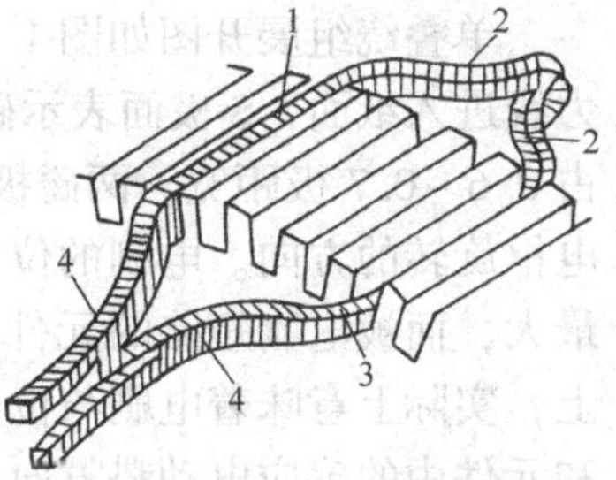

图 1－11　元件边在槽内的放置情况

1—上层元件边　2—后端接部分
3—下层元件边　4—首端接部分

下面以单叠绕组为例说明直流电机电枢绕组的连接规律和电枢电路的组成特点。单叠绕组连接的特点是同一个线圈（也称作元件）两个出线端连接于相邻的两个换向片上。如图 1－12 所示，图中上层元件边（首端）用实线表示，下层元件边（末端）用虚线表示，元件跨度用 Y_1 表示（一般 Y_1 用线圈两元件边所跨槽数表示）。一个元件的两个引出端所连接的两个换向片之间的距离用 Y_K 表示（一般 Y_K 用换向片数计算）。单叠绕组所有相邻元件依次串联，即后一个元件的首端与前一个元件的末端连在一起，最终形成一个闭合的回路，这种绕组的任何两个相邻的后一个元件的端接部分叠压在前一个元件的端接部分上，同一元件两个出线端所连的换向片之间的距离等于"一个"换向片宽度。

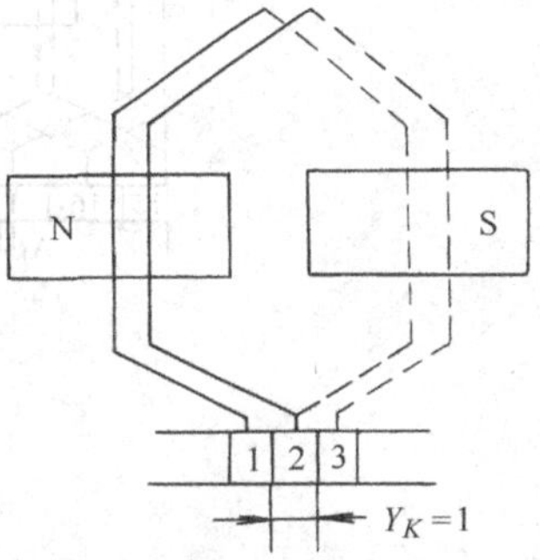

图 1－12　单叠绕组元件在电枢上连接的情况

下面通过一个实例，分析单叠绕组的连接特点和组成情况。

一台直流发电机的有关数据为磁极对数 $p=2$，槽数为 16，极距（一个磁极在空间所占据的位置）$\tau=16/(2p)=4$。元件数 s 等于换向片数 K 均为 16，即 $s=K=16$；取元件跨距为 4 个槽距，即 $Y_1=4$，元件两出线端所连的换向片之间的距离 $Y_K=1$。

据此，可以画出绕组展开图，即假设把电枢从某一齿槽中间沿轴向切开，展开成一平面绕组连接图。为了便于画展开图，可以先编制一绕组连接图，用以表示各元件的串联次序，如图 1－13 所示。

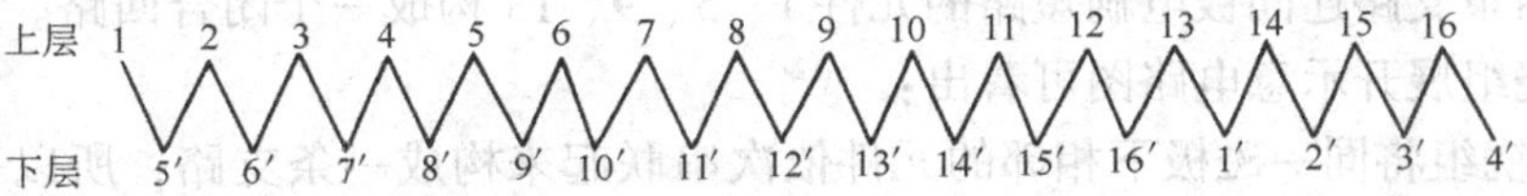

图 1－13　单叠绕组元件串联顺序

根据绕组连接图画绕组展开图，上层边用实线段表示，下层边用虚线段表示。先将绕组元件、槽及换向片编号。第一换向片接第一号元件上层边，再根据 $Y_1=4$，第一号元件下层边在第 5 号槽中（用 5′表示），与第 2 换向片相连；第 2 换向片接第二号元件上层边 2，第 2 号元件下层边的第 6 槽中（用 6′表示），接第三换向片……依次向前，最后第 16 号元件的下层边 16′接换向片 1，从而所有元件组成一个闭合绕组。

单叠绕组展开图如图 1－14 所示，展开图中磁极放在绕组的上面，因此 N 极面表示磁力线进入纸面，S 极面表示磁力线穿出纸面，各磁极在圆周上的位置均匀对称。每个磁极约占 0.6～0.7 极距宽，两磁极间的中心线称为几何中性线。箭头表示输入转矩的方向，也是电枢旋转的方向。电刷的位置可通过电刷架调节，其最佳位置应使正负刷之间的支路电动势最大，而被电刷短路的元件的电动势最小。本例题所示瞬间，电刷应放在磁极的轴线位置上，实际上意味着电刷与位于几何中性线上的元件两端相接触。磁力线方向、电机旋转方向和元件中的感应电动势方向符合右手定则。

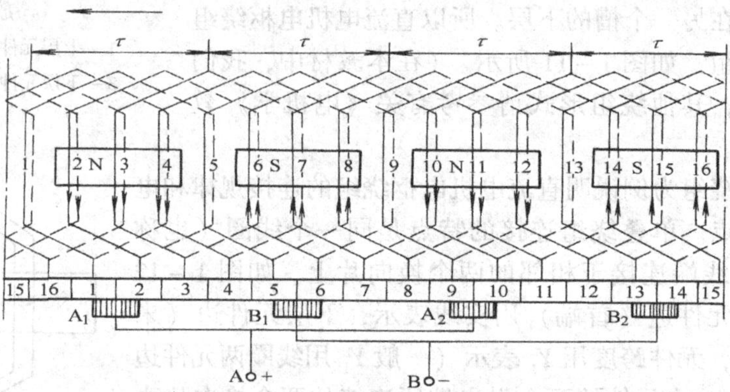

图 1－14　单叠绕组展开图

根据绕组展开图所表示的瞬间，按电刷之间元件的连接顺序，可画出相应的电枢绕组展开示意电路，如图 1－15 所示。图中每个元件的电动势瞬时值等于上、下层元件边电动势之和，处于每一极面的上层元件边和相邻极面内的下层元件边组成一条支路，它可等效地视为将每一极面下电动势方向相同的元件串联成一条支路：元件 2、3、4 组成一条支路，6、7、8 组成另一条支路；同样，元件10、11、12 和14、15 、16 分别组成两条支路，这四条支路连同被电刷短路的元件 1、5、9、13 构成一个闭合回路。

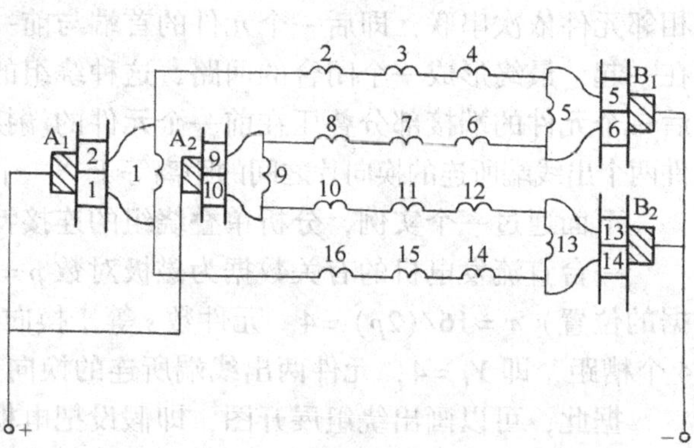

图 1－15　电枢绕组展开示意电路图

从电枢绕组展开示意电路图可看出：

1）单叠绕组将同一磁极下相邻的元件依次串联起来构成一条支路，所以一个磁极就对应一条支路，即

$$a = p$$

式中，p 为磁极对数；a 为支路对数。

2）为了获得最大电动势，电刷应放在磁极轴线上。这样也可使被电刷短路的线圈电动势尽可能小。

3）单叠绕组的支路电动势由电刷引出，所以电刷数必定等于支路数，也就等于磁极数。

3. 换向器

换向器也是直流电机的重要部件，在直流电动机中，它的作用是将电刷两端的直流电流转换为绕组内的交变电流；在发电机中，它将绕组内的交变电动势转换为电刷两端的直流电压。换向器由多个彼此互相绝缘的换向片组成，换向片之间用云母绝缘，换向器结构形式如图 1－16 所示。

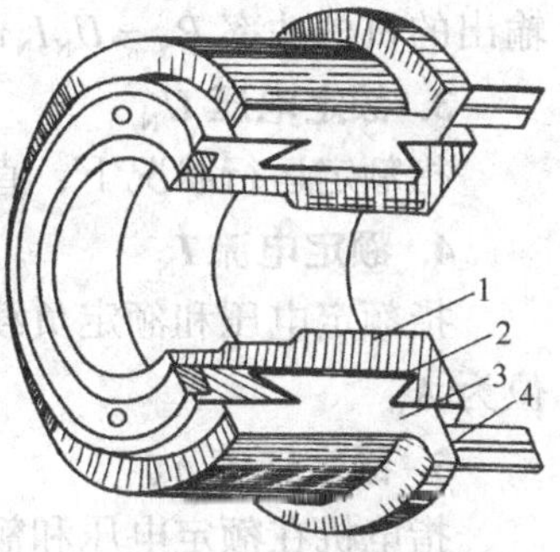

图 1－16　换向器

1—连接片　2—换向片
3—云母环　4—V 形套筒

4. 转轴

转轴起支撑转子旋转的作用，需一定的机械强度，一般用圆钢加工而成。

1.3　直流电机的铭牌数据和主要系列

1.3.1　直流电机的铭牌数据

每台直流电机的机座上都有一个铭牌，上面标注着一些叫做额定值的铭牌数据。额定值是电机运行的基本依据。额定值表示了电机的主要性能和使用条件，是使用和选择电机的依据。因此使用前一定要详细了解这些铭牌数据。当电机恰好运行于额定容量时称满载运行，或称为额定运行状态。若运行时输出容量超过额定容量，则称过载运行，过载会使电机过热，降低电机的使用寿命，甚至损坏电机，因此过载的程度和时间应严格控制。若电机的输出比额定容量小得多，则称轻载，轻载对设备和能量都是一种浪费，降低了电机的效率，因此应尽量避免。电机在额定状况下可以长期工作并保持良好的性能。图 1－17 为某台直流电动机的铭牌。

直流电动机			
型号	Z_3-95	产品编号	7001
结构类型		励磁方式	他励
功率	30kW	励磁电压	220V
电压	220V	工作方式	连续
电流	160.5A	绝缘等级	定子 B、转子 B
转速	750r/min	重量	685kg
标准编号	JB1104—68	出厂日期	年　月

图 1－17　直流电动机的铭牌举例

1. 型号 Z_3-95

其中 Z 表示直流电动机，注脚 3 表示第三次改型设计；第一个数字 9 表示机座号，第二个数字 5 表示铁心长度。

2. 额定功率 P_N

指电机在额定运行时的输出功率，对发电机是指输出电功率 $P_N=U_NI_N$；对电动机是指

输出的机械功率 $P_N=U_NI_N\eta_N$，单位为 W 或 kW。式中，η_N 为额定效率。

3. 额定电压 U_N

指额定运行状况下，直流发电机的输出电压或直流电动机的输入电压，单位为 V。

4. 额定电流 I_N

指额定电压和额定负载时允许电机长期输入（电动机）或输出（发电机）的电流，单位为 A。

5. 额定转速 n_N

指电机在额定电压和额定负载时的旋转速度，单位为 r/min。

此外，铭牌上还标有额定励磁电压、额定励磁电流和绝缘等级等参数。还有一些额定值，如额定效率 η_N、额定转矩 T_N，额定温升 τ_N 一般不标在铭牌上。

例 1－1 有一台直流电动机，额定数据如下：$P_N=160\text{kW}$，$U_N=220\text{V}$，$n_N=1500\text{r/min}$，$\eta_N=90\%$。求 I_N。

解：由 $P_N=U_NI_N\eta_N$ 得

$$I_N=P_N/(U_N\eta_N)=[160\times10^3/(220\times0.9)]\text{A}=808\text{A}$$

例 1－2 有一台直流发电机，额定数据如下：$P_N=145\text{kW}$，$U_N=230\text{V}$，$n_N=1450\text{r/min}$。求 I_N。

解：由 $P_N=U_NI_N$ 得

$$I_N=P_N/U_N=(145\times10^3/230)\text{A}=630\text{A}$$

1.3.2 直流电机的主要系列

直流电机的应用很广泛，型号很多，这里仅介绍部分常用系列产品。

1. Z、ZF 和 ZD 系列

此系列是电磁式小型直流发电机和直流电动机。额定功率范围为 25～400W，额定转速范围为 1500～4000r/min。适合于小型机械传动。

2. Z_4、ZO_2 系列

此系列是一般用途的中型电动机，适用于机床、造纸、水泥等冶金等行业。额定转速范围为 320～1500r/min。

3. ZJF、ZJD 系列

此系列为大型直流发电机和直流电动机，适用于大型轧钢机、卷扬机及重型机械设备，额定功率范围为 1000～5350kW。

4. S、SZ 和 SY 系列

此系列是直流伺服电动机，S 系列为老产品，SY 系列为永磁式直流伺服电动机，其功率很小，多用于仪表伺服系统。

5. ZCF、CYD、ZYS 和 CY 系列

此系列是直流测速发电机，其中 ZCF 系列为他励式直流测速发电机；CYD 系列为永磁式低速直流测速发电机；ZYS 系列为普通永磁式直流测速发电机，它的额定输出电压较高，为 55V 或 110V；CY 系列是直流永磁式测速发电机，可供小功率系统作测速反馈元件，它的输出电压较低，其电动势为 5V/（$1000\text{r}\cdot\text{min}^{-1}$）。

1.4 直流电机的磁场与基本公式

直流电机的能量转换是在气隙磁场中实现的。无论是直流发电机还是直流电动机，其气隙都必须具有一定强度的磁场。这种气隙磁场的分布情况怎样？受哪些因素的影响？在学习电机运行原理之前，我们必须先研究直流电机空载和负载时电机的气隙磁场。气隙磁场主要是由主磁场和电枢磁场合成的。

1.4.1 直流电机的励磁方式

主磁极励磁绕组中通以直流励磁电流产生的磁通势称为励磁磁通势，励磁磁通势产生的磁场称为励磁磁场，又称主磁场。励磁绕组的供电方式称为励磁方式。按励磁方式的不同，直流电机可以分成下列四种：

1. 他励直流电机

他励直流电机的励磁绕组与电枢绕组之间无电的联系，由独立电源单独给励磁绕组和电枢绕组供电，如图 1－18a 所示，永磁直流电机也可看作他励直流电机，因其主磁场与电枢电压无关。

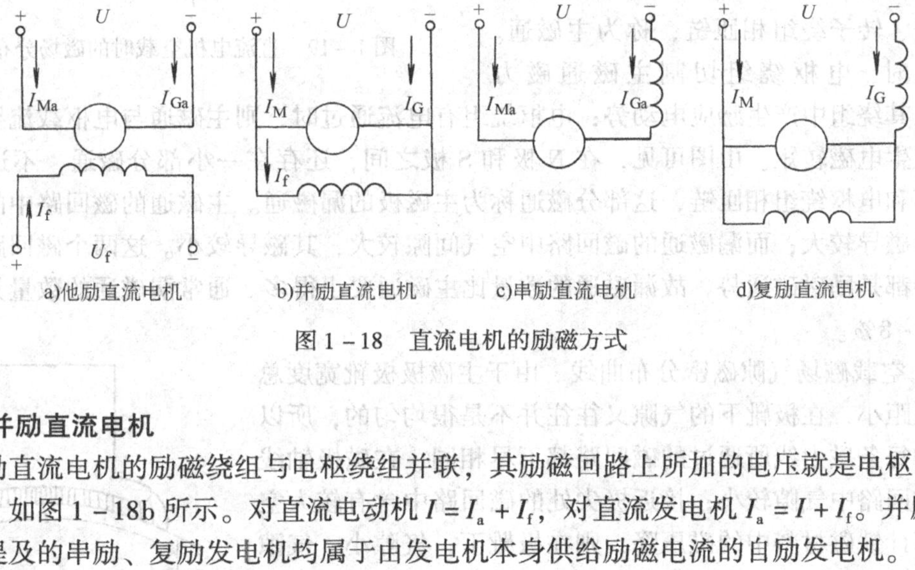

图 1－18 直流电机的励磁方式

2. 并励直流电机

并励直流电机的励磁绕组与电枢绕组并联，其励磁回路上所加的电压就是电枢电路两端的电压，如图 1－18b 所示。对直流电动机 $I = I_a + I_f$，对直流发电机 $I_a = I + I_f$。并励发电机及下面提及的串励、复励发电机均属于由发电机本身供给励磁电流的自励发电机。

3. 串励直流电机

串励直流电机是将励磁绕组和电枢绕组串联起来，如图 1－18c 所示，这种直流电机的励磁电流就是电枢电流，即 $I_f = I_a$。

4. 复励直流电机

这种直流电机的主磁极上装有两个励磁绕组，一个绕组与电枢绕组并联（称为并励绕组），另一个绕组与电枢绕组串联（称为串励绕组），如图 1－18d 所示。若串联绕组产生的磁通势与并励绕组产生的磁通势方向相同，则称为积复励；若这两个磁通势方向相反，则称为差复励。

直流电机的运行特性随励磁方式的不同而有很大的差别，一般自动控制系统所用的直流电动机主要是他励直流电动机。这主要是因为当改变他励直流电动机的电枢电压进行调速控制时，不影响其磁场，使其具有良好的控制特性。

1.4.2 直流电机的磁场

1. 直流电机空载时的磁场

直流电机空载是指电机无负载，即无功率输出。在电动机中是指无机械功率输出，电枢电流很小，由它产生的磁场可忽略；在发电机中，是指无电功率输出，他励直流发电机的电枢电流等于零。所以直流电机的空载磁场可以看作是励磁磁通势单独作用产生的磁场。

(1) 主磁通和漏磁通　图 1－19 表示一台 4 极直流电机空载时，由励磁电流单独作用时建立的磁场分布图，从图中可以看出，磁通由一个主磁极（N 极）出发，经过气隙和电枢齿，进入电枢铁心，再分别经过电枢齿和气隙，进入相邻的主磁极（S 极），然后经过外壳，回到原来出发的主磁极（N 极）形成闭合回路。这部分磁通和定子、转子绕组相匝链，称为主磁通。电枢旋转时，电枢绕组切割主磁通磁力线，将在其绕组中产生感应电动势；电枢绕组有电流通过时，则主磁通与电枢载流导体相互作用，产生电磁转矩。由图可见，在 N 极和 S 极之间，还存在一小部分磁通，不进入电枢铁心，不和电枢绕组相匝链，这部分磁通称为主磁极的漏磁通。主磁通的磁回路中的气隙较小，所以磁导较大；而漏磁通的磁回路中空气间隙较大，其磁导较小。这两个磁回路中作用的磁通势都是励磁磁通势，故漏磁通的数量比主磁通要小得多。通常漏磁通的数量只有主磁通的 2%～8%。

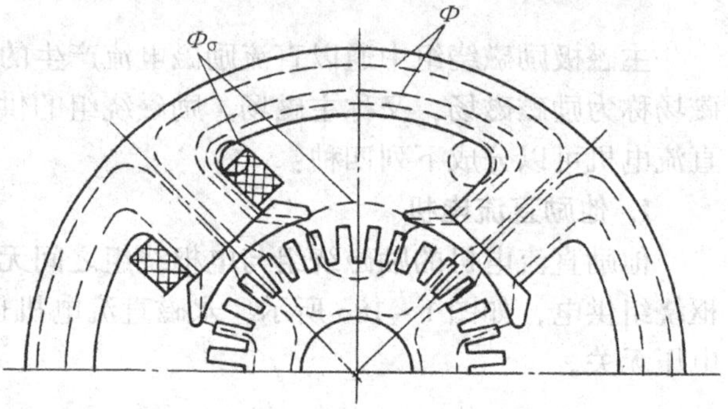

图 1－19　直流电机空载时的磁场分布

(2) 空载磁场气隙磁密分布曲线　由于主磁极极靴宽度总比一个极距小，在极靴下的气隙又往往并不是很均匀的，所以主磁通的每条磁力线所通过的磁回路都不尽相同，在磁极轴线附近的磁回路中气隙较小；接近极尖处的磁回路中含有较大空间，若不计铁磁材料中的磁压降，则在极靴下，气隙小，气隙中各点磁密较大；在极靴范围以外，磁回路中气隙长度增加很多，磁密显著减少，至两极间的几何中性线处磁密就等于零。不计齿槽影响，直流电机空载时，其气隙中磁密分布波形如图 1－20 所示。

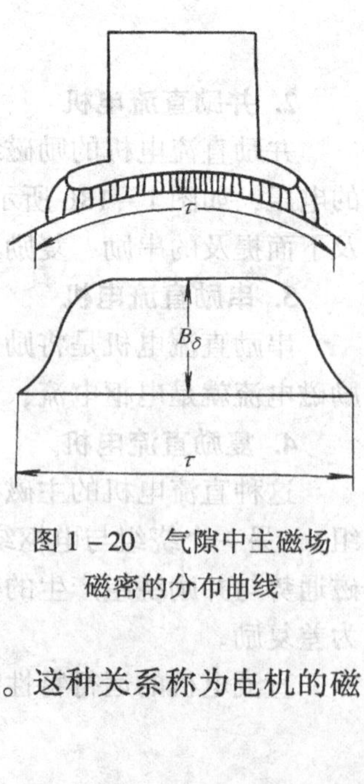

图 1－20　气隙中主磁场磁密的分布曲线

(3) 直流电机的空载磁化特性曲线　电机运行时，要求每极下有一定量的主磁通 Φ_0，也就需要一定大小的励磁磁通势。在实际电机中，励磁绕组的匝数 N 已经确定，所以就要求有一定的励磁电流 I_f。这种相应的要求可表示为主磁通 Φ_0 和励磁磁通势 F_{f0} 或励磁电流 I_{f0} 的关系，即 $\Phi_0 = f(F_{f0})$ 或 $\Phi_0 = f(I_{f0})$。这种关系称为电机的磁化特性曲线，如图 1-21 所示。当主磁通 Φ_0 很小时，铁心没有饱和，此时铁心的磁阻比气隙的磁阻要小得多，主磁通的大小决定于气隙磁阻，由于气隙磁阻是常量，所以在主磁通较小时磁化特性曲线接近于直线，随着磁通势的增加，磁通 Φ_0 的增加逐渐减慢，因而磁化特性曲线逐渐弯曲。在铁心逐渐饱和之后，磁阻很大，磁化特性曲线平缓上升，此时为了增加很小的磁通就必须增加很大的励磁电流。

在额定励磁时电机一般运行在磁化特性曲线的弯曲部分，如图 1-21 的 a 点所示，这样既可获得较大的磁通密度，又不需要太大的励磁电流。

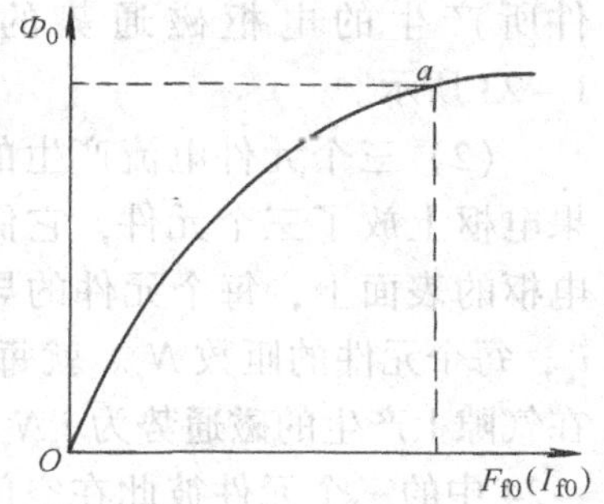

图 1-21　磁化特性曲线

2. 直流电机负载时的电枢磁通势

直流电机空载时其气隙磁场仅由主磁极所建立。当电机带负载时，电枢绕组中有电流通过，产生了电枢磁场，或称电枢磁通势。此时，电机中气隙磁场是由主磁极磁通势和电枢磁通势共同建立的。电枢磁场对主磁极所建立的气隙磁场会产生影响，这种影响称为电枢反应。

电枢反应对直流电机运行特性影响很大，对于发电机来说，它直接影响到电机的感应电动势；对电动机来说将影响到与电机拖动性质有关的电磁转矩乃至其转速。电机的感应电动势、电磁转矩都是实现机电能量变换的要素，都与气隙磁场有关。

前面讨论了主磁极励磁磁通势所建立的气隙磁场的大小和分布，现在只要将电枢磁通势的大小和分布分析清楚，然后把两种磁通势合起来，再考虑饱和问题，就可以看清楚电枢磁场对气隙磁场的影响了。为了画图简便，省去换向器，假定电刷位于几何中性线上（实际上意味着电刷与处于几何中性线上的元件直接相接触），且导体在电枢表面均匀分布。由于电枢绕组中各支路中电流是通过电刷引入的，故图 1-22 中电刷轴线是电枢表面电流分布的分界线，电枢上半圆周的导体电流方向如果是流入纸面，则下半圆周的导体电流方向必由纸面向外流出。根据右手螺旋定则，该电枢磁通势所建立的磁场分布如图 1-22 中虚线所示。由图可知，当电刷放在几何中性线上时，电枢磁通势的轴线也在几何中性线上，它与主磁极轴线正交，称为交轴电枢磁通势。

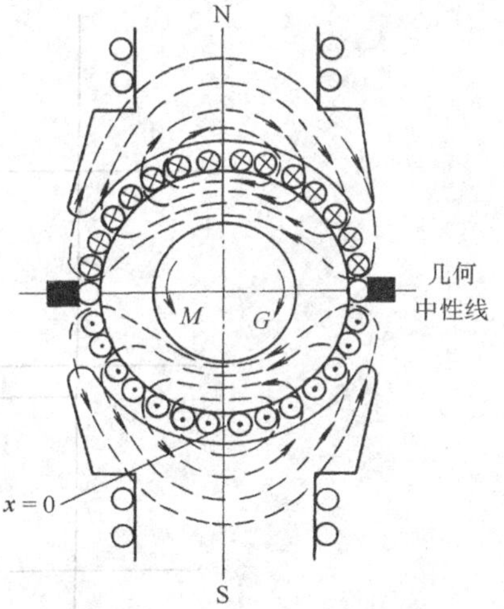

图 1-22　电刷在几何中性线上时的电枢磁场

确定了电枢磁场磁力线的分布以后，就可求出电枢磁通势和电枢磁场的磁密沿电枢表面分布的形状。

(1) 一个元件电流产生的电枢磁通势　设想将电机从几何中性线处切开，将电枢外圆展开，如图 1-23 所示。设电枢槽内仅嵌有一个元件边，该元件边位于磁极轴线上，元件中导体的电流为 i_a，电流的方向如图 1-23 所示，每个元件边有 N_y 根导体，则元件边所产生的磁通势为 i_aN_y（安匝）。由全电流定律可知：消耗在闭合磁路上的磁通势就等于该磁回路链着的全部电流，即等于 i_aN_y。为了简单起见，我们忽略铁磁材料的磁阻，并认为气隙是均匀的。这样一来，每条磁路上的磁通势有一半消耗在一个气隙里，也就是说，每个气隙的磁通势正好是总磁通势的一半，即 $i_a N_y/2$。作图时从原点开始，电枢磁通从电枢表面进入气隙为正，曲线画在横轴上面；反之为负，曲线画在横轴下面，就可得到一个元件所产生的电枢磁通势的波形，如图 1－23 所示。

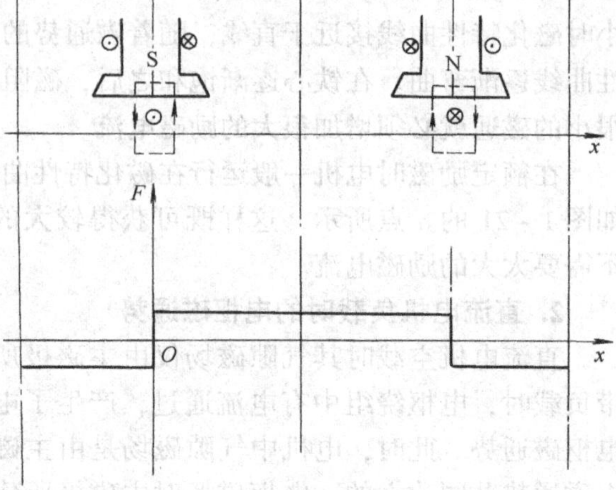

图 1－23　一个元件电流产生的磁通势

（2）三个元件电流产生的磁通势　如果电枢上放了三个元件，它们依次排列在电枢的表面上，每个元件的导体电流都为 i_a，每个元件的匝数 N_y。就每个元件来说，在气隙上产生的磁通势为 $i_a N_y/2$，现将图 1－24 中的三个元件彼此在空间的位置错开一段相同的距离。三个元件中电流所产生的磁通势也相互错开一定的位置，如图 1－24a 所示。把这三个元件的磁通势沿气隙圆周方向空间各点相加起来，就是电枢表面上三个元件电流产生的磁通势，如图 1－24b 所示。

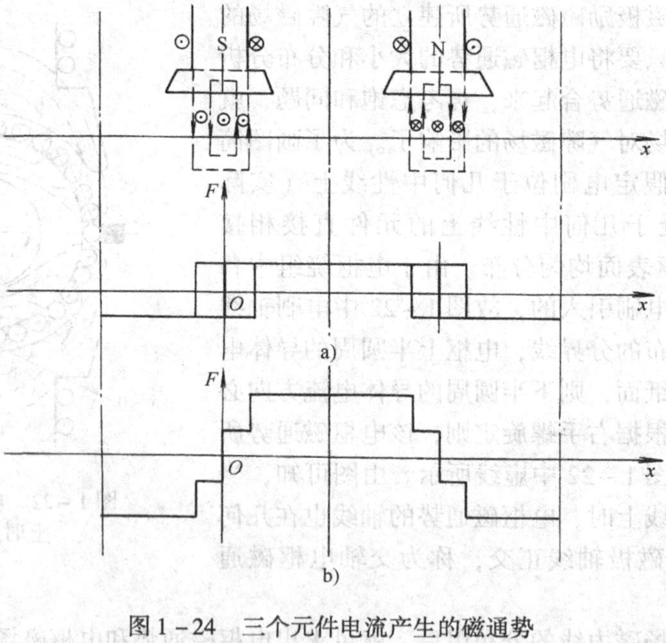

图 1－24　三个元件电流产生的磁通势

（3）电枢电流产生的磁通势　电枢表面均匀分布着许多元件，每个元件产生的磁通势仍为矩形波，幅值为 $i_a N_y/2$。每个元件的磁通势互相错开一定的距离，将这些磁通势逐点相加起来，就得到图 1－25a 所示的阶梯波。

如电枢表面有无穷多个元件，阶梯就可忽略不计，电枢磁通势沿空间分布呈三角波，如图 1－25b 中曲线 1 所示。图 1－25b 表明，电枢表面（气隙）不同点的电枢磁通势是不同的，在 $x=0$ 处，$F_{ax}=0$；$x=\tau/2$ 处，磁通势最大。

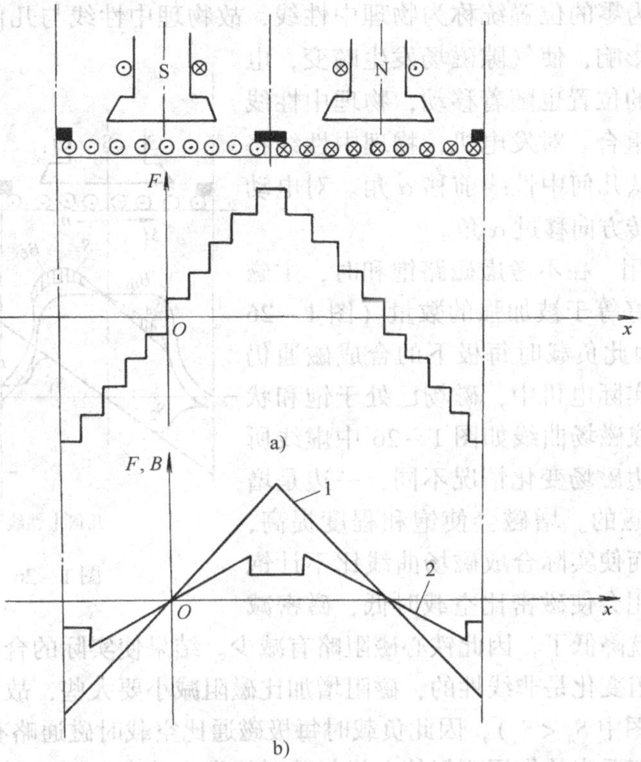

图 1－25　电刷在几何中性线上时电枢磁通势和磁密的分布波形

与确定主磁场磁密分布曲线一样，忽略铁心中的磁压降，即可求出电枢磁场的磁密沿电枢表面的分布曲线。这条曲线表示为

$$B_{ax}=\mu_0 F_{ax}/\delta$$

式中，δ 为气隙的长度。

上式表明：B_{ax} 与 F_{ax} 成正比，而与 δ 成反比。因为极靴下气隙变化很小，而极间气隙较大，所以极间电枢磁场大为减弱，曲线呈马鞍形，如图 1－25b 中曲线 2 所示。

3. 直流电机的电枢反应及其影响

把主磁场与电枢磁场合成，将合成磁场与主磁场比较，便可看出电枢磁场的影响。

在电机展开图（图 1－25）中，给出了磁极极性和极面下元件的电流方向。作发电机运行或作电动机运行时，电枢磁通势对主磁极磁场的作用是相同的，所不同的只是电机旋转方向相反，如图 1－26 所示。若磁路不饱和，可用叠加原理求出气隙磁场，图中 B_{0x} 表示电机空载时主磁极磁场，B_{ax} 表示负载时由电枢磁通势单独建立的电枢磁场。将 B_{0x} 和 B_{ax} 沿电枢表面逐点相加，便可得到负载时气隙中的合成磁场 $B_{\delta x}$ 的分布曲线，将 $B_{\delta x}$ 和 B_{0x} 比较，就可得到电枢反应对主磁场的影响，概括起来电枢反应的影响有两点：

（1）负载时气隙磁场发生畸变　每个磁极下，主磁场的一半被削弱，另一半被加强。对发电机而言，前极尖（电枢进入磁极边）的磁场被削弱，后极尖（电枢退出磁极边）的磁场被加强。对电动机而言，若电枢电流的方向仍如图 1－26 所示，电机的旋转方向与发电机相反，所以前极尖的磁场强度被加强，后极尖被削弱。空载时，几何中性线处主磁极磁场为零，电机中磁场为零的位置统称为物理中性线，故物理中性线与几何中性线重合；负载时，由于电枢反应影响，使气隙磁场发生畸变，电枢表面上磁密为零的位置也随着移动，物理中性线与几何中性线不再重合。对发电机，物理中性线将顺着电枢旋转方向从几何中性线前移 α 角。对电动机，则逆着电机旋转方向移过 α 角。

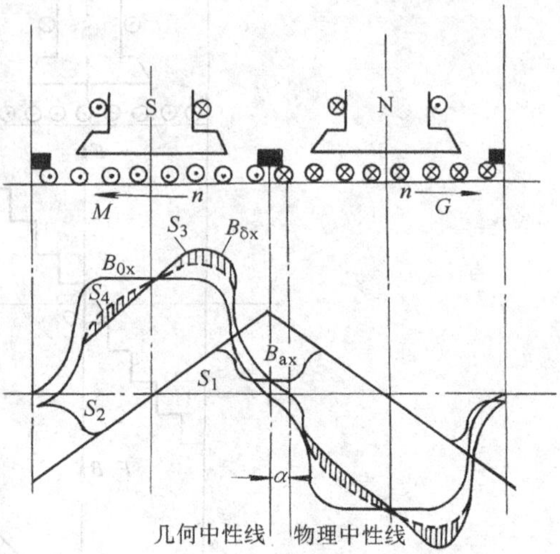

图 1－26　电枢反应

（2）呈去磁作用　在不考虑磁路饱和时，主磁场被削弱的数量恰好等于被加强的数量（图 1－26 中面积 $S_1 = S_2$），因此负载时每极下的合成磁通仍与空载相同。但在实际电机中，磁场已处于饱和状态，负载时实际合成磁场曲线如图 1－26 中虚线所示。因为主磁极两边磁场变化情况不同，一边是增磁的，另一边是去磁的。增磁会使饱和程度提高，铁心磁阻增大，从而使实际合成磁场曲线比不计饱和时要低。去磁作用会使磁密比空载时低，磁密减小了，饱和程度也就降低了，因此铁心磁阻略有减少。结果使实际的合成磁化曲线比不计饱和时略高。因为磁阻变化是非线性的，磁阻增加比磁阻减小要大些，故增加的磁通数量小于减小的磁通数量（图中 $S_4 < S_3$），因此负载时每极磁通比空载时磁通略有减少。

总的来说，电枢反应的作用不但使电机气隙磁场发生畸变，而且还有去磁作用。

1.4.3　直流电机的感应电动势和电磁转矩公式

直流电机的电枢是实现机电能量转换的核心，一台直流电机运行时，无论是作为发电机还是作为电动机，电枢绕组中都要感应电动势，同时载流的电枢导体与气隙磁场相互作用产生电磁转矩。下面分析电枢电动势和电磁转矩的计算方法。

1. 感应电动势 E_a 的计算

直流电机的感应电动势 E_a 就是指正、负电刷间的感应电动势，也就是每条支路的感应电动势。从电刷两端看，每条支路在任何瞬间所串联的元件数是相等的，而且每条支路里的元件边分布在同一磁极下的不同位置（如图 1－27 所示），所以每个元件内感应电动势的瞬时值是不同的，但任何瞬时支路的构成情况基本相同，因此每条支路中各元件电动势瞬时值总和可以认为是不变的。要计算支路电动势，只要先求出一根导体的平均电动势 e_{av}，再乘以一条支路的总导体数 $N/(2a)$，就可求出电枢感应电动势 E_a，即

$$E_a = \frac{N}{2a} e_{av}$$

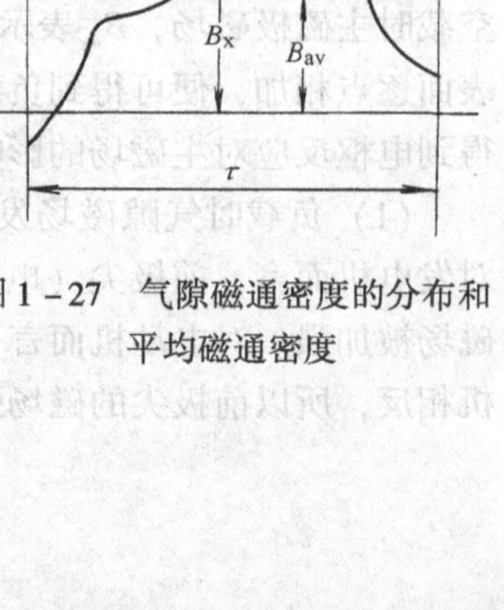

图 1－27　气隙磁通密度的分布和平均磁通密度

而一根导体的平均感应电动势为

$$e_{av} = B_{av} l v$$

式中，B_{av} 为一个磁极范围内气隙磁密的平均值（T）；e_{av} 为一

根导体的平均感应电动势（V）；l 为电枢导体的有效长度（m）；v 为电枢导体运动的线速度（m/s）。

设电刷与位于几何中性线上的元件相连，并忽略电枢齿槽的影响，负载时气隙磁密分布如图 1-27 所示，则 B_{ax} 与每极磁通的关系为

$$B_{ax} = \Phi/(\tau l)$$

而线速度 $$v = 2p\tau n/60$$

式中，τ 为极距（m）；p 为磁极对数；v 为电枢绕组旋转线速度（m/s）。

考虑这些关系，可得

$$e_{av} = 2p\Phi n/60$$

当电刷与位于几何中性线上的元件相接触时，电枢感应电动势为

$$E_a = \frac{N}{2a}2p\Phi\frac{n}{60} = \frac{pN}{60a}\Phi n = C_e\Phi n \tag{1-1}$$

式中，C_e 是一个常数，称为电动势常数，$C_e = pN/(60a)$。

若磁通的单位为 Wb，转速 n 的单位为 r/min，则感应电动势的单位为 V。

2. 电磁转矩 T_{em} 的计算

在图 1-27 中，设电枢总电流为 I_a，则流过每一根导体的电流为

$$i_a = I_a/(2a)$$

我们已经知道，全部导体所受电磁力将产生同样方向的转矩，为了计算总的电磁转矩，先求出一根导体在一个磁极范围内气隙磁场中所受到的平均电磁力，根据皮—萨电磁力定律，得

$$f_{av} = B_{av}li_a$$

式中，f_{av} 为平均电磁力（N）。

每根导体产生的平均电磁转矩为

$$T_{av} = f_{av}D/2$$

式中，T_{av} 为平均电磁转矩（N·m）；D 为电枢直径（m），$D = 2p\tau/\pi$。

电枢表面共有 N 根导体，则总的电磁转矩为

$$T_{em} = NB_{av}lDI_a/(2a\times 2)$$

把 $B_{av} = \Phi/(\tau l)$ 代入上式，得

$$T_{em} = \frac{pN}{2\pi a}\Phi I_a = C_T\Phi I_a \tag{1-2}$$

式中，C_T 称为转矩常数，它由电机的结构形式决定。

如果每极磁通 Φ 的单位为 Wb，电枢电流 I_a 的单位为 A，则电磁转矩 T_{em} 的单位为 N·m。

3. C_e 与 C_T 的关系

根据 $C_e = pN/(60a)$ 和 $C_T = pN/(2\pi a)$，可以得出同一台电机的转矩常数与电动势常数之间的比例关系为

$$C_T = \frac{30}{\pi}C_e = 9.55C_e \tag{1-3}$$

1.4.4 直流电机的基本方程式

直流电机是电力拖动系统中重要的能量和信号转换元件，为了给学习直流拖动系统提供必要基础，必须掌握直流电机主要物理量之间的函数关系。

1. 直流电动机的基本平衡方程式

直流电动机的各种平衡关系式与励磁方式有关，下面以他励直流电动机为例，分析其稳态运行状况下的电压平衡方程式、功率平衡方程式和转矩平衡方程式。

(1) 电压平衡方程式　当直流电动机运行时，电枢绕组切割气隙磁场产生感应电动势 E_a。由右手定则可判定电动势 E_a 的方向与电枢电流 I_a 的方向相反，如图 1－28 所示。

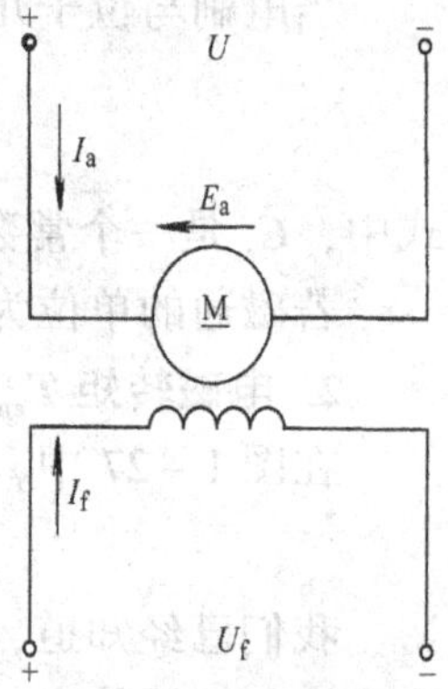

图1－28　直流电动机 E_a、I_a 和 U 的方向

如果以图 1－28 中各物理量的方向为参考正方向，就可写出他励直流电动机的电压平衡方程式为

$$U = E_a + I_a r_a + 2\Delta U_b$$

通常写成

$$U = E_a + I_a R_a \qquad (1-4)$$

$$U_f = I_f R_f$$

式中，r_a 为电枢绕组电阻；R_a 为电枢回路总电阻，包括电刷接触电阻；$2\Delta U_b$ 为正负电刷的总接触电阻压降；R_f 为励磁回路的电阻；I_f 为励磁电流。

电刷接触压降与电枢电流的关系不大，只随电刷的材料不同而有差别。国家标准规定，一个电刷的接触压降为：对碳—石墨及石墨电刷，$\Delta U_b = 1\text{V}$；对金属石墨电刷，$\Delta U_b = 0.3\text{V}$。

式 (1－4) 表明：直流电机在电动运行状态下，电枢电动势 E_a 小于端电压 U。

(2) 转矩平衡方程式　直流电动机的电磁转矩可以直接根据公式 $T_{em} = C_T \Phi I_a$ 计算。对直流电动机来说，任何时候，其电磁转矩总等于反抗转矩之和。当它以恒定转速运行时，电磁转矩并不只等于电动机轴上的输出转矩，电磁转矩 T_{em} 应与电动机轴上的负载转矩 T_L 和电动机本身的阻转矩（空载转矩 T_0）之和相平衡，才能保持匀转速运行，即

$$T_{em} = T_L + T_0$$

(3) 功率平衡方程式　根据能量守恒定律，能量不能“产生”，也不能“消失”，只能相互转换，对直流电动机也是如此。下面我们研究他励直流电动机的功率平衡方程式，也就是单位时间内的能量传输和转换关系。

他励直流电动机的输入功率为

$$\begin{aligned} P_1 = UI &= (E_a + I_a r_a + 2\Delta U_b) I_a \\ &= E_a I_a + I_a^2 r_a + 2\Delta U_b I_a \\ &= P_{em} + p_{Cua} + p_b \end{aligned}$$

式中，P_{em} 为电磁功率；p_{Cua} 为电枢铜损耗，消耗在电枢电阻 r_a 上的电功率，与电枢电流的平方成正比；p_b 为电刷接触压降引起的损耗。

$$P_{em} = E_a I_a = C_e \Phi n I_a$$

$$= \frac{pN}{60a}\Phi n I_a = \frac{pN}{2\pi a}\Phi I_a \frac{2\pi n}{60}$$

$$= C_T \Phi I_a \Omega = T_{em}\Omega = (T_2 + T_0)\Omega = P_2 + p_0$$

式中，Ω 为电枢旋转的机械角速度（rad/s），$\Omega = 2\pi n/60$。

电动机的电磁功率 P_{em} 由电功率转换为机械功率以后，并不能全部以机械功率的形式从电机轴上输出，还要扣除以下几种损耗：

1）铁损耗 p_{Fe}。直流电动机的铁损耗是指电枢铁心中的磁滞损耗和涡流损耗，它是由电枢铁心在磁场中旋转并切割磁力线而引起的。铁损耗是磁密和磁通交变频率的函数，在转速和气隙磁密变化不大的情况下认为铁损耗是不变的。

2）机械损耗 p_m。机械损耗包括轴承及电刷的摩擦损耗和通风损耗，通风损耗包括通风冷却用的风扇功率和电枢转动时与空气摩擦而损耗的功率，机械损耗与电机转速有关，当电动机的转速变化不大时，机械损耗可以看作是不变的。

3）附加损耗 P_{ad}。附加损耗又称杂散损耗，对于直流电机，这种损耗是由于电枢铁心表面有齿槽存在，使气隙磁通大小脉振和左右摇摆，在铁心中引起的铁损耗和换向电流产生的铜损耗等。这些损耗是难以精确计算的，一般约占额定功率的 0.005 ~ 0.01。

电磁功率扣除以上损耗后就是电动机轴上输出的机械功率 P_2（在额定运行时，等于额定功率 P_N），即

$$P_{em} = P_2 + p_{Fe} + p_m + p_{ad}$$

$$= P_2 + p_0 + p_{ad}$$

式中，p_0 为直流电动机的空载功率损耗，$p_0 = p_{Fe} + p_m$。

综上所述，可得他励直流电动机的功率平衡方程式为

$$P_1 = P_2 + p_{Fe} + p_m + p_{ad} + p_{Cua} + p_b$$

根据他励直流电动机的功率平衡方程式，可以画出他励直流电动机的功率分配图，如图 1 - 29 所示。

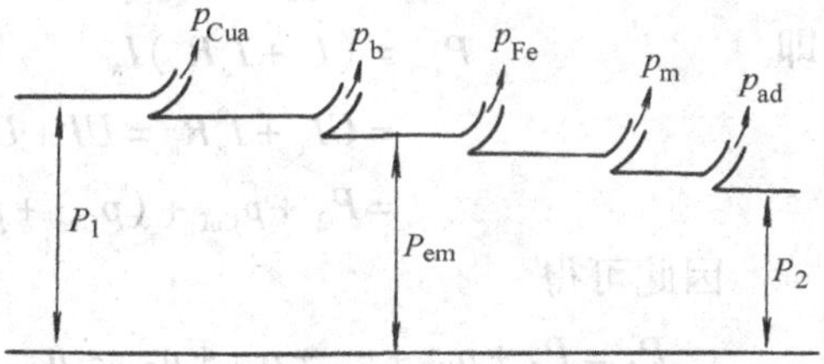

图 1 - 29　他励直流电动机的功率分配图

2. 直流发电机的基本平衡方程式

直流发电机的励磁方式不同，平衡方程式有所差别。下面我们以并励发电机为例分析其平衡方程式。

（1）电动势平衡方程式　当原动机带动直流发电机旋转时，电枢绕组将产生感应电动势 E_a，当并励发电机带动负载后，电枢将有电流 I_a 流过，其电流 I_a 的方向与 E_a 的方向相同，如图 1 - 30 所示。则

$$E_a = U + I_a r_a + 2\Delta U_b = U + I_a R_a \tag{1-5}$$

式中，U 为并励发电机的端电压；r_a 为电枢回路的绕组电阻；$2\Delta U_b$ 为一对电刷下的接触压降；R_a 为电枢回路总电阻。

$$I_a = I + I_f$$

式中，I 为输出电流；I_a 为电枢电流；I_f 为励磁电流。

公式（1-5）表明：直流发电机产生的电枢电动势，有一部分降落在绕组电阻上，所以输出电压 U 小于电枢电动势 E_a。

（2）转矩平衡方程式　当发电机的电枢中流过电流时，电枢电流和气隙磁场相互作用产生电磁转矩，电磁转矩的方向由左手定则确定。由图 1-30 可见，由于 I_a 与 E_a 同方向，所以 I_a 和气隙磁场作用产生的电磁转矩 T_{em} 与电枢转向相反。即发电机中的电磁转矩是制动转矩，它与空载转矩 T_0 之和与原动机的驱动转矩 T_1 相平衡。因此发电机的转矩平衡方程式为

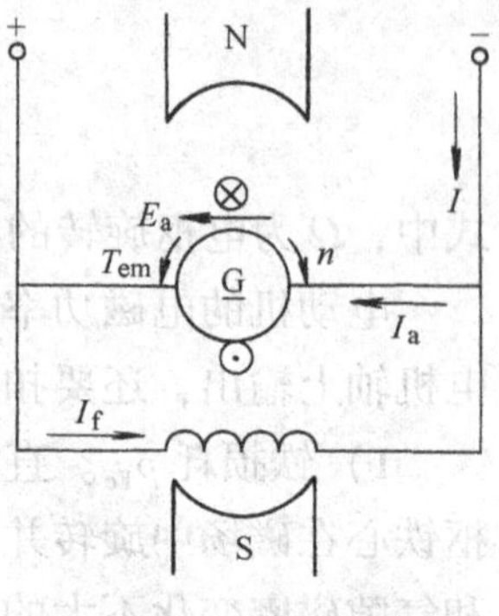

图 1-30　并励直流发电机的 E_a、I_a 和 T_{em} 的方向

$$T_1 = T_{em} + T_0$$

从以上分析可知，在发电机中，$T_1 > T_{em}$。发电机的转向由 T_1 决定，电磁转矩 T_{em} 与原动机的驱动转矩 T_1 方向相反。

（3）功率平衡方程式　根据以上转矩平衡方程式和电动势平衡方程式，可以得到功率平衡方程式。将转矩平衡方程式两边同乘角速度，得

$$T_1\Omega = T_{em}\Omega + T_0\Omega$$

式中，$T_1\Omega$ 为原动机的输入功率 P_1；$T_0\Omega$ 为克服空载转矩所需的空载功率 p_0，$p_0 = p_{Fe} + p_m$；$T_{em}\Omega$ 为原动机克服电磁转矩所需输入的机械功率。

$$P_1 = P_{em} + p_0$$

若考虑附加损耗 p_{ad}，则

$$P_{em} = P_1 - (p_{Fe} + p_m + p_{ad})$$

上式中直流发电机产生的各种损耗其含义同直流电动机，在此不再介绍，电磁功率为

$$P_{em} = T_{em}\Omega = E_aI_a$$

即

$$\begin{aligned} P_{em} &= (U + I_aR_a)I_a \\ &= UI_a + I_a^2R_a = UI + UI_f + I_a^2R_a \\ &= P_2 + p_{Cuf} + (p_{Cua} + p_b) \end{aligned}$$

因此可得

$$P_1 = P_2 + p_{Fe} + p_m + p_{ad} + p_{Cuf} + p_{Cua} + p_b$$

式中，p_{Cuf} 为励磁回路铜损耗。

根据上式就可画出并励直流发电机的功率流程图，如图 1-31 所示。

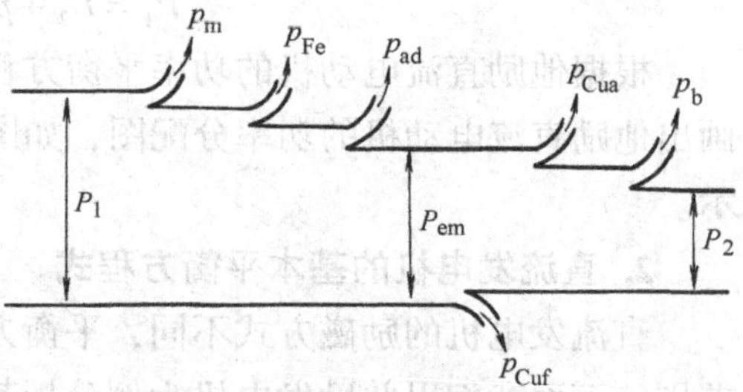

图 1-31　并励直流发电机的功率流程图

1.5　直流电动机的工作特性

直流电动机的工作特性是其运行特性之一，是选用直流电动机的一个重要依据。直流电动机的工作特性是指端电压 $U = U_N$，电枢回路无外加电阻，励磁电流 $I_f = I_{fN}$ 时，电动机的转速 n、电磁转矩 T_{em} 和效率 η 三者与输出功率 P_2 之间的关系。如用函数形式表示，即为 n、T_{em}、$\eta = f(P_2)$。在实际运行中，因 P_2 是输出的机械功率，所以不太容易测量，但电枢电

流 I_a 可以直接测量，并且 I_a 随着 P_2 的增加而增大，两者增加的趋势差不多，所以往往将工作特性表示为 n、T_{em}、$\eta = f(I_a)$。

直流电动机的工作特性因励磁方式不同，差别很大，但他励和并励直流电动机的工作特性很相近，下面我们着重讨论常用的他励直流电动机的工作特性。由于串励直流电动机的工作特性很有特点，也作简单介绍。

1.5.1 他励直流电动机的工作特性

他励直流电动机的工作特性可以通过实验测得，其接线图如图 1－32 所示。

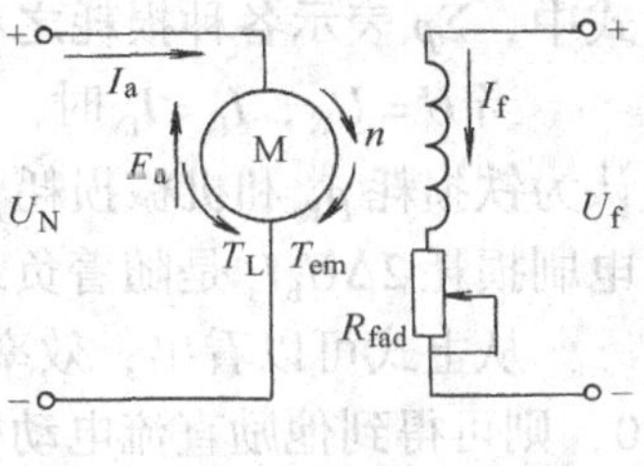

图 1－32　他励直流电动机

1. 转速特性

转速特性即为当 $U = U_N$，$I_f = I_{fN}$时，$n = f(I_a)$ 的关系曲线。

把电动势平衡方程式 $U = E_a + I_aR_a$ 中的 E_a 用公式 $E_a = C_e\Phi n$ 代入，解出转速

$$n = \frac{U}{C_e\Phi} - \frac{R_a}{C_e\Phi}I_a \tag{1-6}$$

此即为他励直流电动机的转速公式。如忽略电枢反应的去磁作用，则 Φ 与 I_a 无关，是一个常数，上式可写成下列直线方程式

$$n = n_0 - \beta I_a$$

式中，n_0 为理想空载转速，$n_0 = U_N/(C_e\Phi)$，即 $I_a = 0$ 时的转速；β 为直线斜率，$\beta = R_a/(C_e\Phi)$。

显然，转速特性曲线 $n = f(I_a)$ 是一条向下倾斜的直线，其斜率即为β。实际上直流电动机的磁路总是设计得比较饱和的，当电动机的输出功率 P_2 增加，电枢电流 I_a 相应增加时，电枢反应的去磁作用会使理想空载转速趋向上升。为了保证电动机稳定运行，在电动机结构上采取了一些措施，使他励直流电动机具有略为下降的特性，如图1－33中曲线 n 所示。

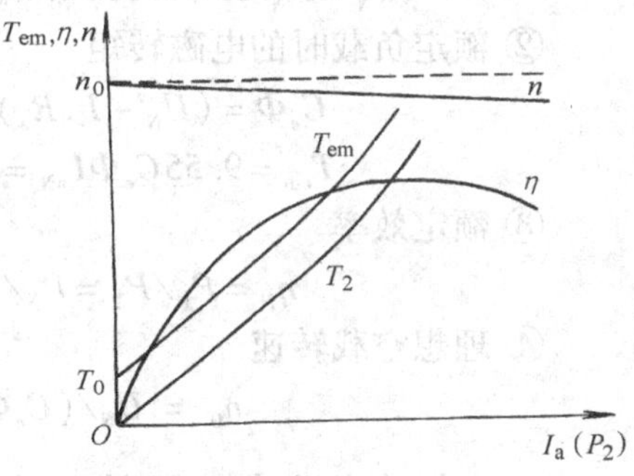

图 1－33　他励直流电动机的工作特性

2. 转矩特性

转矩特性是当 $U = U_N$，$I_f = I_{fN}$时，$T_{em} = f(P_2)$ 的关系曲线。

由图 1－33 可见，当负载 P_2 增大时，他励直流电动机的转速特性曲线是一条略为下降的直线，也就是说，P_2 变化时，转速 n 基本不变。由此可得其空载转矩 T_0 在 P_2 变化时也基本不变，而 $T_2 = P_2/\Omega = P_2/(2\pi n/60)$，当 n 基本不变时，T_2 与 P_2 成正比，$T_2 = f(P_2)$ 是一条过原点的直线。因此根据 $T_{em} = T_2 + T_0$ 即可得到 $T_{em} = f(P_2)$ 也是一条直线，如图 1－33中的 T_{em}曲线所示。因实际上当 P_2 增加时转速 n 有所下降，所以 T_{em}和 T_2 曲线并不完全是直线，而是略微向上翘起，图 1－33 中的两曲线表示了这种趋势。

3. 效率特性

效率特性指的是当 $U = U_N$，$I_f = I_{fN}$时，$\eta = f(I_a)$ 的关系曲线。直流电动机的效率是指输

出功率 P_2 与输入功率 P_1 之比的百分值，他励直流电动机的效率为

$$\eta = \frac{P_2}{P_1} \times 100\% = \left(1 - \frac{\Sigma p}{P_1}\right) \times 100\%$$

$$= \left(1 - \frac{p_{Fe} + p_m + I_a^2 r_a + 2\Delta U_b I_a}{UI_a}\right) \times 100\%$$

式中，Σp 表示各种损耗之和，其中忽略了附加损耗。

当 $U = U_N$，$I_f = I_{fN}$ 时，他励直流电动机的气隙磁通和转速随负载变化而变化很小，可以认为铁损耗 p_{Fe} 和机械损耗 p_m 是不变的，称 $p_{Fe} + p_m$ 为不变损耗。电枢回路的铜损耗 $I_a^2 r_a$ 和电刷损耗 $2\Delta U_b I_a$ 是随着负载电流 I_a 变化而变化的量，称为可变损耗。

从上式可以看出，效率 η 是电枢电流 I_a 的二次曲线，如果对上式求导，并令 $d\eta/dI_a = 0$，则可得到他励直流电动机出现最高效率的条件，即

$$p_{Fe} + p_m = I_a^2 r_a$$

由此可见，当随电流而变化的可变损耗等于不变损耗时，电动机的效率最高；I_a 再进一步增加时，可变损耗在总损耗中的比例增加，效率 η 反而略有下降。这一结论具有普遍意义，对其他电机也同样适用。最高效率一般出现在3/4额定功率左右。在额定功率时，一般中小型电机的效率在75%～85%之间，大型电机的效率约在85%～94%之间。

例 1－3 一台他励直流电动机的额定数据为：$P_N = 17\text{kW}$，$U_N = 220\text{V}$，$n_N = 3000\text{r/min}$，$I_N = 87.7\text{A}$，电枢回路总电阻 $R_a = 0.114\Omega$，忽略电枢反应影响。求：①电动机额定负载时的输出转矩。②额定电磁转矩。③额定效率。④理想空载时的转速。

解： ① 额定输出转矩

$$T_N = P_N/\Omega = 9.55P_N/n_N = (9.55 \times 17 \times 10^3/3000)\text{N}\cdot\text{m} = 54.1\text{N}\cdot\text{m}$$

② 额定负载时的电磁转矩

$$C_e\Phi = (U_N - I_{aN}R_a)/n_N = (220 - 87.7 \times 0.114)/3000 = 0.07$$

$$T_{em} = 9.55C_e\Phi I_{aN} = (9.55 \times 0.07 \times 87.7)\text{N}\cdot\text{m} = 58.63\text{N}\cdot\text{m}$$

③ 额定效率

$$\eta_N = P_N/P_1 = P_N/(U_N I_N) = 17 \times 10^3/(220 \times 87.7) = 88\%$$

④ 理想空载转速

$$n_0 = U_N/(C_e\Phi) = (220/0.07)\text{r/min} = 3143\text{r/min}$$

1.5.2 串励直流电动机的工作特性

串励直流电动机的接线如图 1－34 所示，串励电动机的特点是励磁绕组与电枢绕组串联，$I_f = I_a$。气隙主磁场随 I_a 的变化而变化。在求取工作特性时，应保持 U = 常数及 $R = R_a$。

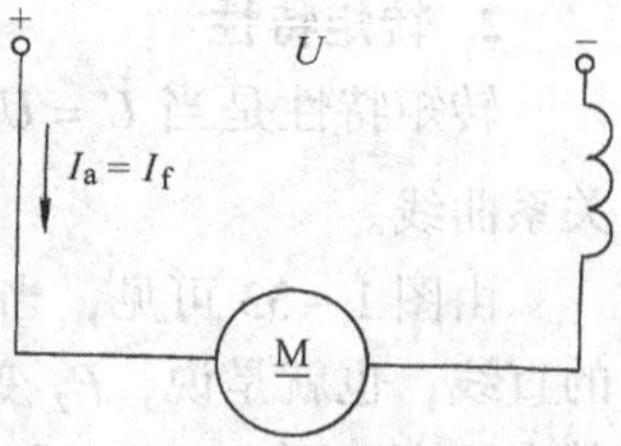

图 1－34 串励直流电动机的接线图

1. 转速特性

串励电动机的转速公式为

$$n = \frac{U - I_a R'_a}{C_e\Phi}$$

式中，$R'_a = R_a + R_f$。

因串励电动机的励磁电流等于电枢电流，当 P_2 增大时，I_a 也增大，这一方面使电枢回

路的总电阻压降 I_aR_a 增大，另一方面使磁通增大。由转速公式可见，这两方面的作用都使转速降低，因此转速随输出功率的增加而迅速下降。这是串励电动机的特点之一，如图1-3中的曲线 n 所示。当 P_2 很小时，I_a 即 I_f 很小，电动机转速将很高。空载时，Φ 趋近于0，理论上，电动机的转速将趋于无穷大，可使转子遭到破坏，甚至造成人身事故。因此串励电动机不允许空载起动或空载运行。

2. 转矩特性

因为 $T_{em}=C_e\Phi I_a$，当磁路未饱和时，磁通 Φ 正比于 I_a，因此电磁转矩 T_{em} 正比于 I_a^2，说明串励电动机的电磁转矩随着 I_a 的增加而迅速上升，故 $T_{em}=f(I_a)$ 是一条抛物线。随着 P_2 的增加磁路饱和，此时转矩特性比抛物线上升得慢，如图1-35中的曲线 T_{em} 所示。综合以上分析，串励电动机具有较大的起动转矩；当负载转矩增加时，电动机转速会自动减小，从而使功率变化不大，电动机就不至因负载转矩增大而过载太多，因此串励电动机常用于电力机车等负载。

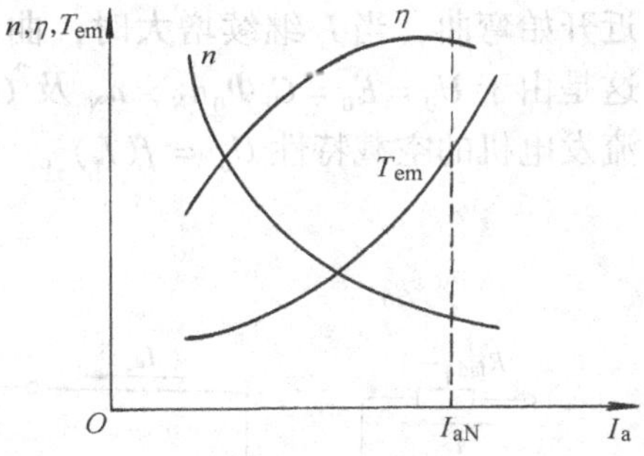

图1-35 串励直流电动机的特性曲线

3. 效率特性

串励电动机的效率特性和他励电动机相似，如图1-35中的曲线所示。但必须指出，串励电动机的铁损耗将随 I_a 的增大而略有增大，而机械损耗则随 I_a 的增大而减小，因此 $p_0=p_{Fe}+p_m$ 基本上保持不变；但励磁损耗随 I_a 的变化而变化，并列入可变损耗中去，故当 $p_0=p_{Fe}+p_m=I_a^2R'_a$ 时，串励电动机的效率达到最大值。

1.6 直流发电机的运行特性

直流发电机在拖动系统中大多作为直流电源用。虽然，目前在自动控制系统中，用作电源的直流发电机基本上被大功率半导体整流电源取代，但在电气工程中还常会遇到直流发电机作电源的情况。此外，控制系统中还常用测速发电机来测量速度与角速度，所以还有必要对直流发电机的运行特性进行简要讨论。

发电机的特性一般是指发电机运行时，端电压 U、负载电流 I 和励磁电流 I_f 这三个基本物理量之间的函数关系，依次保持其中一个量不变，其余两个量就构成一种特性。其中 $I=0$ 时的 $U_a=f(I_f)$ 称为发电机的空载特性，$U_a=f(I)$ 称为发电机的外特性，它们是选用发电机的重要依据，因此这里仅讨论空载特性和外特性，关于其他特性读者可参阅《电机学》有关教材。

1.6.1 直流发电机的空载特性

1. 空载特性曲线

空载特性是 $n=n_N$，负载电流 $I=0$（对于他励发电机，当 $I=0$ 时 $I_a=0$）时，空载电压与励磁电流之间的关系，即

$$U_0=E_0=f(I_f)$$

用实验的方法求取空载特性时，接线如图1-36所示。由原动机拖动他励发电机，励磁

电路接外电源 U_f。调节励磁电路电阻 R_{fad}，使励磁电流 I_f 从零开始逐渐增加，直至电枢空载电压 $U_0=(1.1\sim1.3)U_N$ 为止，然后逐渐减小 I_f，U_0 也随之减小，测取空载端电压 U_0 及励磁电流 I_f；改变励磁电流的大小和方向，重复上述过程，即可得到空载特性曲线，如图 1-37所示。此曲线分成上下两支线，一般取其平均值（虚线）作为空载特性曲线。由于发电机有剩磁，在励磁电流 $I_f=0$ 时，发电机还有一个不大的电压称为剩磁电压，一般剩磁电压约为额定电压的2%～4%。空载特性曲线在励磁电流 I_f 不大时接近为一直线，在 U_N 值附近开始弯曲，当 I_f 继续增大时，曲线变得越来越平坦，空载特性的形状与磁化曲线相似，这是由于 $U_0=E_0=C_e\Phi_0 n_N$，n_N 及 C_e 都是常数，故把磁化特性曲线改换一下尺标，即是直流发电机的空载特性 $U_0=f(I_f)$。

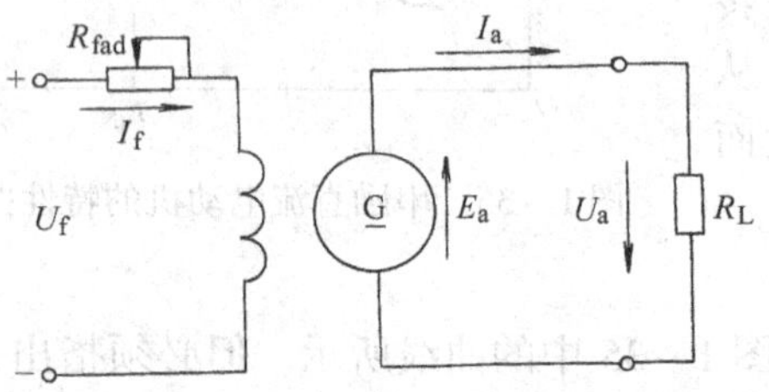

图 1-36　他励发电机的接线图

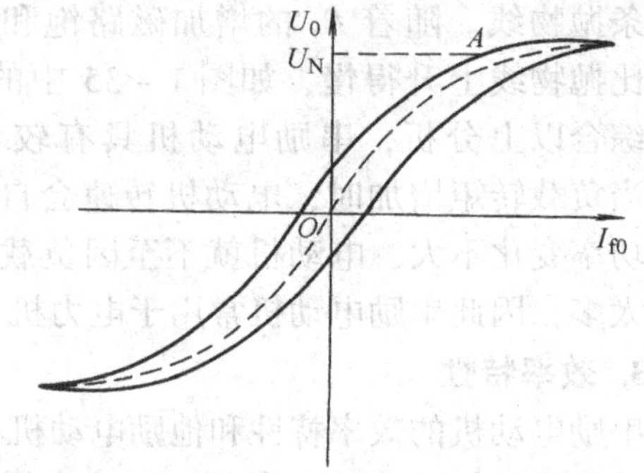

图 1-37　他励直流发电机的空载特性

空载特性是直流发电机最基本的特性，空载特性表明直流发电机空载运行时，输出端电压与励磁电流之间的关系，实质上它表明直流发电机的磁路性质。所以对并励和复励发电机也都以他励方式测取其空载特性。

2. 并励发电机的自励过程

并励发电机的励磁电流取自发电机本身，由于它不需要外部直流电源供给励磁电流，使用很方便，所以并励发电机是一种常用发电机。一般情况下，并励发电机的运行首先是在空载时建立电压即自励，然后再加负载。并励发电机的接线如图 1-38 所示，当发电机被原动机驱动旋转时，使发电机处于空载状态。在电压尚未建立之前，励磁电流 $I_f=0$，故电机内部必须有剩磁，这是自励的先决条件。电枢绕组切割剩磁磁通，产生一个不大的剩磁电动势 E_0（约为额定电压的2%～4%），加到励磁绕组上后开始有励磁电流。如果励磁电流建立的磁通势与剩磁磁场的方向相同，则气隙磁场得到加强，电枢绕组中的电动势增加，励磁电流也相应增加，这样电压就能建立起来，所以电枢绕组和励磁绕组两端的接法必须正确，以使最初的励磁磁通势的方向和剩磁方向相同，这是并励发电机自励的第二个条件。

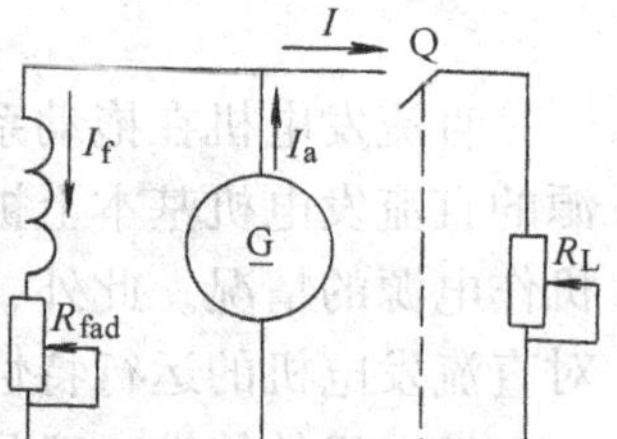

图 1-38　并励直流发电机的接线图

满足以上两个条件，只能说有了自励的可能性，但是否可达到所需的稳定电压，还必须作进一步的分析。从发电机的磁路关系上考虑：励磁绕线的端电压 U_0 与励磁电流 I_f 的关系应满足如图 1-39a 曲线 1 所示的空载特性，从励磁回路上观察，在稳定状态下，$U_0=U_f$ 又必须满足

$$U_0 = R_f I_f$$

当 R_f 保持不变时，U_0 随 I_f 成正比变化，即 $U_0 = R_f I_f$ 的关系为一直线，如图 1－39a 中直线 2 所示，其斜率为

$$\tan\alpha = U_0/I_f = I_f R_f / I_f = R_f$$

故直线 2 称为励磁电阻线。

由图 1－39a 可见，曲线 1 和直线 2 交于 A 点。此时励磁电流产生的空载电动势正好与励磁回路中电阻压降平衡，励磁电流不再增加，电机进入空载稳定状态，交点 A 就是并联发电机空载电压的稳定点。

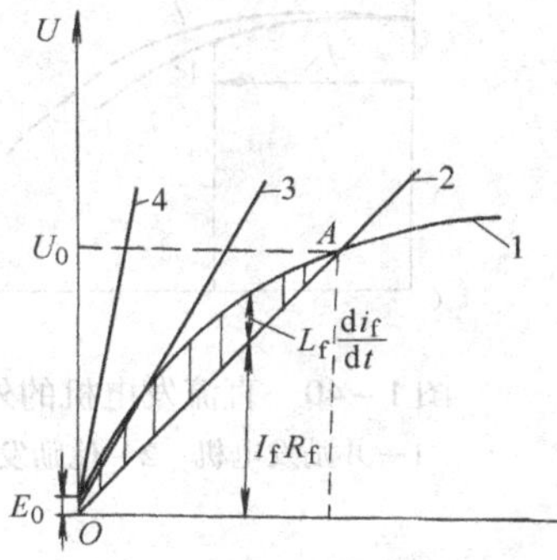

a)并励直流发电机的空载特性

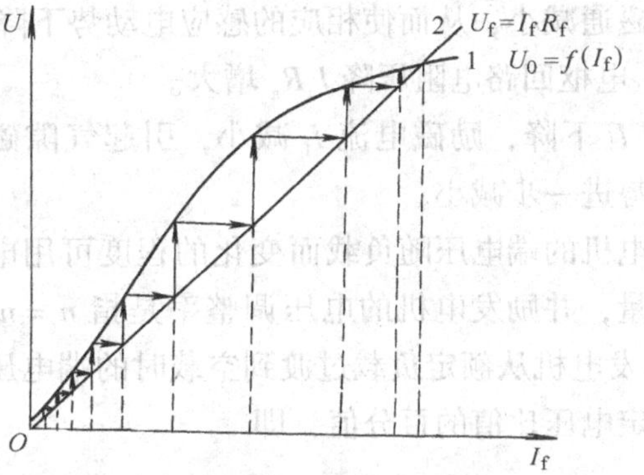

b)并励直流发电机的自励过程

图 1－39　并励直流发电机的自励曲线

由此可见，并励发电机的空载电压值决定于空载特性和励磁电阻线的交点 A，因此增加励磁回路中的电阻 R_{fad} 可以改变 R_f，即增大励磁电阻线的斜率，则交点 A 将沿着空载特性向原点移动。空载电压逐步下降，当励磁回路的电阻线与空载特性的直线部分重合时，便没有固定交点，空载电压不稳定，如图 1－39a 中的曲线 3 所示。此种状态称临界状态，对应的电阻称为临界电阻。所以，励磁回路的总电阻必须低于相应的临界电阻，这是自励的第三个条件。必须指出，对应不同的转速，发电机有不同的空载特性，因而也有不同的临界电阻。

总结起来，并励发电机电压的建立必须同时满足三个条件：

1）发电机必须有剩磁。如果发现剩磁没有或太弱时，应用其他直流电源励磁一次，以恢复剩磁。剩磁是发电机自励的首要条件。

2）励磁绕组与电枢的连接要正确，否则励磁绕组接通后，电枢电压反而下降，如遇到这种现象，应将励磁绕组的两个接线端对调或将电机的旋转方向反向。

3）励磁回路电阻应小于发电机运行转速对应的临界电阻。因为当励磁电阻高于临界电阻（如图 1－39a 中的曲线 4 所示）时，交点电压与剩磁电压差不多，发电机的输出电压无法增大。

满足上述三个条件，并励发电机的自励过程如图 1－39b 所示。

1.6.2　直流发电机的外特性

外特性是 $n = n_N$，R_f = 常数时，$U = f(I)$ 的关系曲线。

用实验方法求取并励发电机的外特性，按图 1－38 接线，合上负载开关 Q，调节发电机的负载电流和励磁电流，使发电机达到额定状态（$U=U_N$，$I=I_N$，$n=n_N$），然后保持 R_f 不变，逐步增大负载电阻，使负载电流减小，直至 $I=0$。在每一个负载下，同时测取端电压 U 和负载电流 I，即可得发电机的外特性，如图 1－40 中的曲线 1 所示。由图可知，并励发电机的外特性是一条下垂的曲线，即随着负载电流的增大，端电压将明显下降。从电动势方程式 $U=E_a-I_aR_a$ 和电动势公式 $E_a=C_e\Phi n$ 可知，引起端电压下降的因素主要有三个（以负载增加为例）。

1）负载增加，使由电枢反应的去磁作用引起的气隙合成磁通减小，从而使相应的感应电动势下降。

2）电枢回路电阻压降 I_aR_a 增大。

3）U 下降，励磁电流 I_f 减小，引起气隙磁通和感应电动势进一步减小。

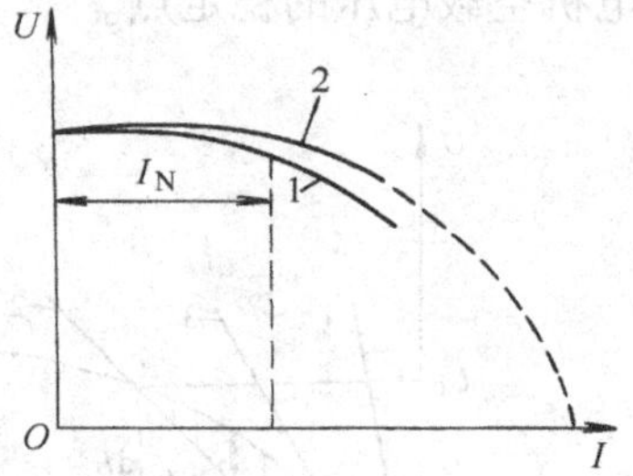

图 1－40　直流发电机的外特性
1—并励发电机　2—他励发电机

发电机的端电压随负载而变化的程度可用电压调整率来衡量，并励发电机的电压调整率是指 $n=n_N$，$R_f=R_{fN}$时，发电机从额定负载过渡到空载时的端电压变化数值与额定电压比值的百分值，即

$$\Delta U_N=[(U_0-U_N)/U_N]\times 100\%$$

一般并励发电机的 ΔU_N 约为 15%～20%，外特性较软。他励发电机的外特性较硬，电压调整率约为 5%～10%，如图 1－40 的曲线 2 所示。当负载电流在 $0\sim I_N$ 范围内变化时，端电压很少变化，因此可把他励发电机看作一个相当理想的电压源。

例 1－4　一台并励直流发电机 $P_N=82\text{kW}$，$U_N=230\text{V}$，$n_N=970\text{r/min}$，电枢绕组电阻 $r_a=0.0259\Omega$，励磁绕组电阻 $R_f=22.8\Omega$，$R_{fad}=3.7\Omega$，$2\Delta U_b=2\text{V}$，$p_{Fe}+p_m=4.3\text{kW}$，$p_{ad}=0.005P_N$。求：额定负载时发电机的输入功率、电磁功率、电磁转矩和效率。

解：$I_N=P_N/U_N=(82\times10^3/230)\text{A}=356.6\text{A}$

$I_{fN}=U_N/(R_f+R_{fad})=[230/(22.8+3.7)]\text{A}=8.68\text{A}$

$I_{aN}=I_N+I_{fN}=(356.5+8.68)\text{A}=365.18\text{A}$

$E_N=U_N+I_{aN}r_a+2\Delta U_b=(230+365.18\times0.0259+2)\text{V}=241.46\text{V}$

① 输入功率

$$P_1=P_N+p_{Cua}+p_b+p_{Cuf}+p_{Fe}+p_m+p_{ad}=(82\times10^3+365.18^2\times0.0259+2\times365.18+230\times8.68+4300+82000\times0.005)\text{W}=92890\text{W}=92.9\text{kW}$$

② 电磁功率

$$P_{em}=P_N+p_{Cua}+p_b+p_{Cuf}=(82\times10^3+365.18^2\times0.0259+2\times365.18+230\times8.68)\text{W}=88180.7\text{W}$$

或　$P_{em}=E_NI_{aN}=(241.46\times365.18)\text{W}=88176.4\text{W}$

③ 电磁转矩

$$T_{em}=P_{em}/\Omega=9.55P_{em}/n_N=(9.55\times88180.7/970)\text{N}\cdot\text{m}=868.2\text{N}\cdot\text{m}$$

④ 效率

$\eta_N = P_N/P_1 \times 100\% = 82/92.9 \times 100\% = 88.267\%$

本章小结

直流电动机的工作原理是建立在“电动生磁，磁动生电，电磁生力”的电磁作用原理基础上的，为此必须能熟练应用在电工原理中学过的右手螺旋定则、右手定则和左手定则，确定各物理量的正方向；结合电刷和换向器的作用去理解，并充分注意到无论在直流电动机还是直流发电机中，电机每个绕组元件中的电压、电流及电动势是交变的，而电刷引入或引出的外部电压、电流及电动势是直流电性质的。换向是直流电机的特有问题，在使用直流电机时必须予以重视。

旋转电机都是由静止部分和旋转部分组成。直流电机静止部分称定子，其主要作用是建立主磁场；旋转部分称为转子，其主要作用是产生电磁转矩和感应电动势，实现能量转换，故直流电机的转子又称为电枢。

直流电机的铭牌数据包括额定功率、额定电压、额定电流、额定转速及额定励磁电压、电流等，它们是正确选择电机的依据，必须充分理解每个额定值的意义。

直流电机的励磁方式有他励、并励、串励和复励，采用不同的励磁方式，电机的特性不同。直流电机的磁场是由励磁绕组和电枢绕组共同产生的，电机空载时，只有励磁电流建立的主磁场；负载时，电枢绕组有电枢电流流过，产生电枢磁场，电枢电流产生的电枢磁场对主磁场的影响称为电枢反应。电枢反应不仅使主磁场发生畸变，而且还有一定的去磁作用。

无论是电动机还是发电机，负载运行时，电枢绕组都产生感应电动势和电磁转矩：$E_a = C_e\Phi n$，E_a 与每极磁通 Φ 和转速 n 成正比；$T_{em} = C_T\Phi I_a$，T_{em} 与每极磁通 Φ 及电枢电流 I_a 成正比。

直流电机的平衡方程式表达了电机内部各物理量的电磁关系。各物理量之间的关系可用电压平衡方程式、转矩平衡方程式和功率平衡方程式表示。电机作电动机运行和作发电机运行时的能量转换关系不同，它们的平衡方程式也不一样。

根据平衡方程式，可以求得直流电动机的转速特性、转矩特性和效率特性。他励电动机的负载变化时，转速变化很小；电磁转矩基本上正比于电枢电流的变化。并励电动机的特性与他励电动机相类似。串励电动机的特性与他励电动机的特性明显不同。串励电动机的负载变化时，励磁电流及主磁通同时改变，所以负载变化时转速变化很大，电磁转矩在磁路不饱和时正比于电枢电流的平方。

直流发电机将输入的机械能转换为直流电能，根据其平衡方程式可以求出直流发电机的运行特性，其中最主要的是外特性。并励发电机的外特性是下垂的直线，即输出电压随负载电流的增大而减小。并励发电机的自励必须满足三个条件：

1）电机的励磁回路必须有剩磁。

2）励磁磁通与剩磁磁通的方向必须一致，这样就要求电枢绕组与励磁绕组的接线必须正确。

3）励磁回路的总电阻应小于临界电阻。

习　题

1. 直流电机由哪些主要部件构成？各部分的主要作用是什么？

2. 在直流电机中，为什么要用电刷和换向器，它们起什么作用？

3. 何为换向极？换向极应安装在电机的什么位置？

4. 何为电枢反应？电枢反应对气隙磁场有什么影响？

5. 直流电机的绕组元件电动势和电刷两端的电动势有何区别？公式 $E_a = C_e \Phi n$ 计算的是何种电动势？

6. 在直流发电机中是否有电磁转矩？如有，则电磁转矩的方向与电枢旋转方向相同还是相反？

7. 直流电动机工作时电枢回路是否有感应电动势产生？如有，则电动势的方向与电枢电流的方向相同还是相反？

8. 公式 $E_a = C_e \Phi n$ 和 $T_{em} = C_T \Phi I_a$ 中的每极磁通 Φ 是指什么磁通？直流电机空载和负载时的磁通是否相同？为什么？

9. 直流电机有哪几种励磁方式？在各种不同励磁方式的电机里，电机的输入、输出电流与电枢电流和励磁电流有什么关系？

10. 电机运行时如要改变并励、串励直流电动机的转向，应怎么办？

11. 在励磁电流不变的情况下，他励直流发电机负载时电枢电动势与空载时的电枢电动势大小相同吗？为什么？

12. 直流发电机的空载特性曲线与磁化特性曲线有何区别？又有何联系？

13. 串励直流电动机的转速特性与他励直流电动机的转速特性有何不同？为什么串励直流电动机不允许空载运行？

14. 为什么电车和电气机车上多采用串励直流电动机？

15. 直流发电机利用他励法测取空载特性时，为什么励磁电流增加与减少时的特性曲线不重合？

16. 并励发电机正转时如能自励，反转时是否还能自励？如果把励磁绕组两头互换后接在电枢上，且电枢以额定转速反转，这时电机能否自励？

17. 一台 Z_2 直流电动机，其额定功率 $P_N = 17\text{kW}$，$U_N = 220\text{V}$，$n_N = 1500\text{r/min}$，$\eta_N = 0.85$，试求：①该电动机的额定电流 I_N。②额定负载时的输入功率 P_{1N}。

18. 一台直流发电机，其额定功率 $P_N = 100\text{kW}$，$U_N = 230\text{V}$，$n_N = 1450\text{r/min}$，试求该发电机的额定电流。

19. 一台4极直流发电机，单叠整距绕组，每极磁通 $\Phi = 3.5 \times 10^{-2}\text{Wb}$，总导体数 $N = 157$。试求：①转速为1200r/min的空载电动势 E_a。②每条支路电流 $i_a = 50\text{A}$ 时的电机电磁转矩 T_{em}（提示：单叠绕组 $2a = 2p$）。

20. 一台并励直流电动机，$U_N = 220\text{V}$，$I_N = 80\text{A}$，$R_a = 0.1\Omega$，励磁额定电压 $U_f = 220\text{V}$，励磁绕组电阻 $R_f = 88.8\Omega$，附加损耗 p_{ad} 为额定功率的1%，$\eta_N = 85\%$。试求：①电动机的额定输入功率。②额定输出功率。③总损耗。④电枢回路总铜损耗。⑤励磁绕组铜损耗。⑥附加损耗。⑦机械损耗和铁损耗之和。

21. 一台 Z_2-61 型并励直流电动机的额定数据如下：$P_N = 17\text{kW}$，$U_N = 220\text{V}$，$n_N = 3000\text{r/min}$，$I_N = 88.9\text{A}$，$R_a = 0.114\Omega$，励磁电阻 $R_f = 181.5\Omega$，忽略电枢反应。试求：①电动机的额定输出转矩。②额定负载时的电磁转矩。③额定负载时的效率。④理想空载（$I_a = 0$）时的转速。

22. 一台并励直流电动机，$U_N = 220\text{V}$，$R_a = 0.316\Omega$，理想空载转速 $n_0 = 1600\text{r/min}$。试求：电枢电流为50A时，①电动机的转速 n。②电磁转矩 T_{em}。

23. 一台串励直流电动机电源电压 $U_N = 220\text{V}$，额定电流 $I_N = 40\text{A}$，额定转速 $n_N = 1000\text{r/min}$，电机回路总电阻为0.5Ω，假定磁路不饱和。试求：①当 $I_a = 20\text{A}$ 时，电动机的转速及电磁转矩。②如电流保持上述值不变，而电压减到110V，求此时电动机的转速及电枢电流。

24. 一台并励直流发电机，额定功率 $P_N=90\text{kW}$，额定电压 $U_N=230\text{V}$，电枢绕组电阻 $r_a=0.04\Omega$，励磁绕组电阻 $R_f=60\Omega$，$2\Delta U_b=2\text{V}$，铁损耗和机械损耗之和 $p_{Fe}+p_m=2\text{kW}$，附加损耗 $p_{ad}=0.01P_N$。试求：①额定负载时输入功率 P_{1N}。②额定效率 η_N。

25. 一台并励直流发电机，额定功率 $P_N=6\text{kW}$，额定电压 $U_N=230\text{V}$，转速 $n_N=1450\text{r/min}$，电枢绕组电阻 $r_a=0.921\Omega$，励磁回路电阻 $R_f=177\Omega$，$2\Delta U_b=2\text{V}$，铁损耗和机械损耗之和 $p_{Fe}+p_m=313.9\text{W}$，附加损耗 $p_{ad}=60\text{W}$。试求：①额定负载下的输入功率。②电磁功率。③电磁转矩。④额定效率 η。

第2章　直流电动机的电力拖动运行

前面我们已阐述了直流电动机的工作原理、结构及其基本公式、方程式，对于电气类、自动控制和数控等专业，学习电动机的目的是为了使用电动机，把电动机运用于由其拖动的控制系统中去。这样就需要用前一章的基本理论和基本公式来解决电力拖动系统的起动、电气制动和电气调速等电力拖动的基本问题。电力拖动系统或运动控制系统就是用电动机带动负载进行工作的设备。在生产过程中，电动机带动生产机械工作，在电动机与生产机械的工作机构之间可以直接传动（如数控机床的进给运动），也可以通过传动机构（如普通机床的齿轮箱）用以传递功率和转矩，其中直接传动的拖动系统也称单轴旋转系统。在研究电力拖动系统运动规律时，必须将电动机、传动机构和生产机械的工作机构看作一个运动着的整体，从动力学的角度研究整个系统的运动规律。

直流电动机是电力拖动系统的主要拖动设备之一，它具有良好的起动性能，能在宽广的范围内平滑而经济地调速。本章主要讨论在自动控制系统中普遍使用的他励直流电动机的机械特性、起动、制动、调速及有关过渡过程等运行状态。

2.1　电力拖动系统的运动方程式

在各种结构形式的电力拖动系统中，电动机轴与生产机械的旋转机构直接相连的单轴旋转系统是最基本的一种，我们将首先分析其运动方程式。

2.1.1　运动方程式

由力学定律可知，作直线运动的物体，其运动方程式为

$$F_1 - F_2 = m\frac{\mathrm{d}v}{\mathrm{d}t}$$

式中，F_1 为拖动力（N）；F_2 为阻力（N）；m 为运动物体的质量（kg）。

与直线运动相似，由电动机拖动的单轴系统，旋转运动的方程式为

$$T_{em} - T_L = J\frac{\mathrm{d}\Omega}{\mathrm{d}t} \tag{2-1}$$

式中，T_{em}为电动机产生的电磁转矩（N·m）；T_L 为负载转矩（N·m）；J 为旋转物体的转动惯量（kg·m^2）。

转动惯量 J 可表示为

$$J = m\rho^2 = \frac{GD^2}{4g} \tag{2-2}$$

式中，G 为旋转部分所受的重力（N）；ρ 与 D 为惯性半径与直径（m）；$g = 9.81\mathrm{m/s^2}$ 为重力加速度；GD^2 为飞轮矩（N·m^2）。

方程式（2-1）的形式比较简洁，用来分析问题与说明问题比较方便，但工程计算中

一般不用角速度而用旋转速度，不用转动惯量而用飞轮矩，将式（2-1）的角速度化为旋转速度 n 的形式：

$$\Omega = 2\pi n/60 \tag{2-3}$$

将式（2-2）、式（2-3）代入式（2-1）中，即得电力拖动系统的运动方程式为

$$T_{em} - T_L = \frac{GD^2}{375}\frac{dn}{dt} \tag{2-4}$$

分析式（2-4）可知：

① 当 $T_{em} = T_L$ 时，转速变化率 $dn/dt = 0$，则电力拖动系统处于稳定运行状态，电动机静止或作匀转速运动。

② 当 $T_{em} > T_L$ 时，则转速变化率 $dn/dt > 0$，电力拖动系统加速运行。

③ 当 $T_{em} < T_L$ 时，则转速变化率 $dn/dt < 0$，电力拖动系统减速运行。

2.1.2 运动方程式中不同转矩正、负号确定的规则

运动方程式中的力、转矩和速度都可能有两种方向。因此，必须用正号和负号来表示它们的方向关系。如果孤立地表示转矩和转速的方向，只要任意确定一个方向为正，同它相反的方向定为负就可以了，但是运动方程式中，转矩正、负号的确定同转速的正、负号确定有联系，必须按照一定的规则确定正、负号，才能使运动方程式反映动力学关系。一般确定转矩正、负号的规则如下：

1）首先确定转速 n 大于零的方向为正方向，当电磁转矩 T_{em} 的方向与转速 n 的正方向相同时，T_{em} 前取正号，反之取负号。

2）负载转矩 T_L 的方向与转速 n 的正方向相反时，T_L 前取正号，反之取负号。

3）加速转矩 $(GD^2/375)(dn/dt)$ 的大小及正负号由电磁转矩 T_{em} 和负载转矩 T_L 的代数和确定。

2.2 电力拖动系统的负载及负载转矩特性

2.2.1 电力拖动系统的负载

电力拖动系统是指电动机及其转轴上拖动的负载两部分组成的整体。电力拖动系统的负载就是电动机转轴上拖动的机械负载（包括传动机构）。拖动系统的运行状况除受电动机的机械特性（下一节将讨论）影响外，也与负载的转矩特性有关（系统稳定运行时，电动机的输出由负载决定）。所以在分析电力拖动系统的运行时要综合考虑电动机的机械特性及负载的转矩特性。本节讨论负载的转矩特性，下节讨论电动机的机械特性。

负载转矩特性（简称负载特性）是指电力拖动系统的旋转速度 n 与负载转矩 T_L 的函数关系，即 $n = f(T_L)$。不同的生产机械在运动中所具有的转矩的特性不同，其负载转矩特性曲线的形状也不同，大体上可以归纳为以下几种类型。

2.2.2 恒转矩负载特性

恒转矩负载特性，是指负载转矩 T_L 的大小与转速 n 的高低无关，即当转速 n 变化时，$|T_L|$ 等于常数。

根据转矩与运动方向的关系，可将恒转矩负载分为反抗性的负载转矩与位能性的负载转矩。

1. 反抗性负载转矩

反抗性负载转矩又称摩擦转矩，其特点是转矩的大小不变，方向恒与运动方向相反。运动方向改变，负载转矩的方向也随着改变。因为它总是阻碍运动，由2.1节中关于转矩方向的约定可知，反抗性负载转矩与转速取相同的符号，即n为正方向时，T_L为正，特性曲线在第一象限；n为反方向时，T_L为负，特性曲线在第三象限，如图2-1a所示。

2. 位能性负载转矩

位能性负载转矩是由物体的重力或弹性体的压缩、拉伸等作用所产生的负载转矩。如起重机类型负载为位能性负载，其特点是除了转矩的大小不变外，转矩的方向也恒定不变，与运动方向无关。起重机提升重物时，T_L的方向与n的方向相反；起重机下放重物时，T_L的方向则与n的方向相同。若以提升重物时电动机的旋转方向为正，则由转矩正方向的约定可知，不管n为正向还是反向，T_L的大小和方向都不变，始终为正。特性曲线在第一、四象限，如图2-1b所示。

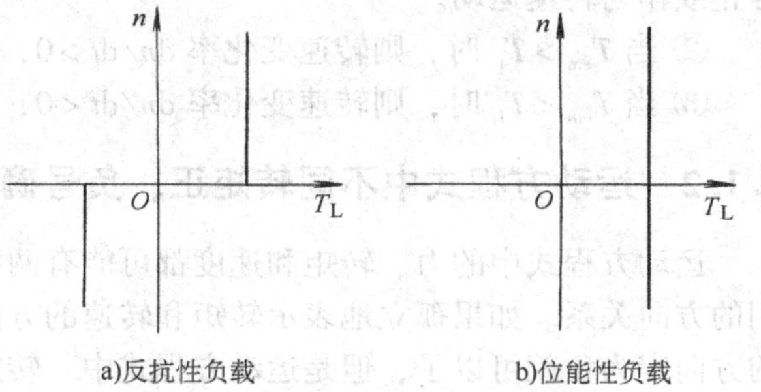

图2-1　恒转矩负载特性

2.2.3　通风机负载特性

这一类型的机械是按离心原理工作的，如离心式鼓风机、水泵等，它们的负载转矩T_L与n的平方成正比，即

$$T_L = cn^2$$

式中，c为比例常数。

通风机负载特性如图2-2中的曲线1所示。图中只画出了第一象限的特性，由于通风机负载是转矩方向总与转速方向相反，当转速n反向时，T_L为负值。

2.2.4　恒功率负载特性

这类机械的负载功率恒定不变，功率为

$$P_L = T_L\Omega = T_L\frac{2\pi n}{60} = \frac{T_L n}{9.55} = \frac{K}{9.55} = K_1 \tag{2-5}$$

式中，K_1为常数，$K_1 = K/9.55$；P_L为负载功率。

转矩与转速成反比，即

$$T_L = K/n \tag{2-6}$$

由式（2-5）和式（2-6）可见，负载功率P_L不随转速n变化，负载转矩T_L与转速n成反比，T_L与n之间的关系曲线如图2-3所示。例如车床粗加工时，切削量大，负载阻力大，电动机运行在低速状态；精加工时，切削量小，负载阻力小，但对加工表面精度要求高，电动机应运行在高速状态。

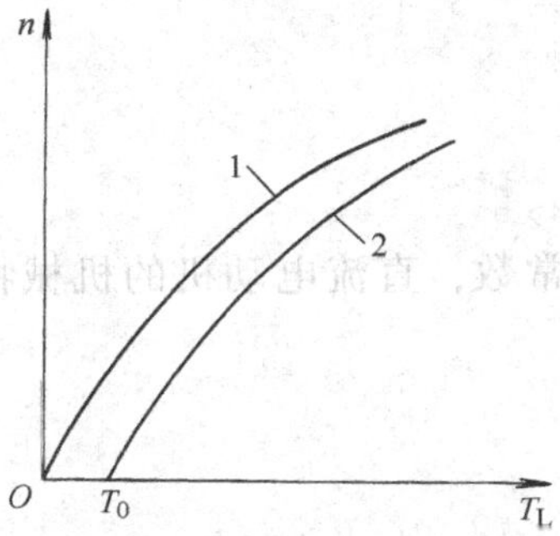

图 2－2　通风机负载特性

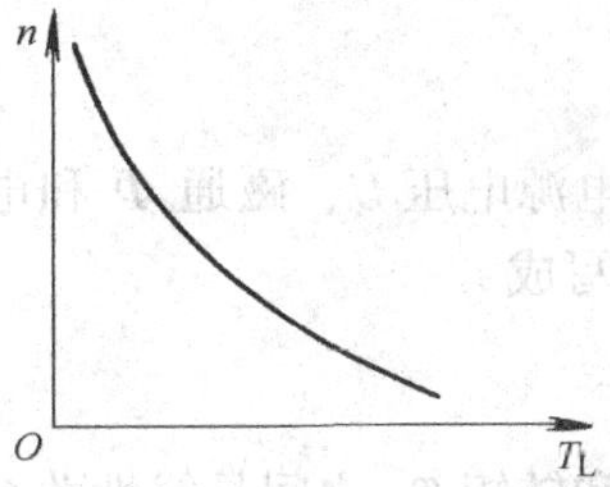

图 2－3　恒功率负载特性图

除了上述几种典型的负载外，还有一些生产机械具有各自的转矩特性，如带曲柄连杆机构的机械，它们的负载转矩 T_L 是随转角 α 而变化的。

还应指出，实际的负载可能是单一类型的，也可能是几种典型转矩特性的综合。例如，通风机除了主要是通风机的负载特性外，轴上还有一定的摩擦转矩 T_0，所以实际通风机的特性应为 $T_L = T_0 + cn^2$，为恒转矩负载与通风机负载的合成，如图 2－2 曲线 2 所示。

2.3　他励直流电动机的机械特性

电动机的机械特性是指电动机的转速 n 与其电磁转矩 T_{em} 的关系：$n = f(T_{em})$。在设计电力拖动系统时，往往负载及负载特性已确定，因此电动机的机械特性在很大程度上决定了系统的稳定运行和过渡过程的性质和特点。机械特性与负载转矩特性共同确定了拖动系统的起动、制动和调速等运行性能。

他励直流电动机的基本接线如图 2－4 所示。电枢电路包括电枢绕组和电刷，其总电阻称为电枢内阻 R_a，电枢回路还串有附加电阻 R_{ad}，此时电枢回路总电阻值 $R = R_a + R_{ad}$。而他励电动机的励磁回路直接接到单独用于励磁的电源。励磁绕组电阻为 R_f，此外还有附加电阻 R_{fad} 用于调节励磁电流 I_f 的大小。

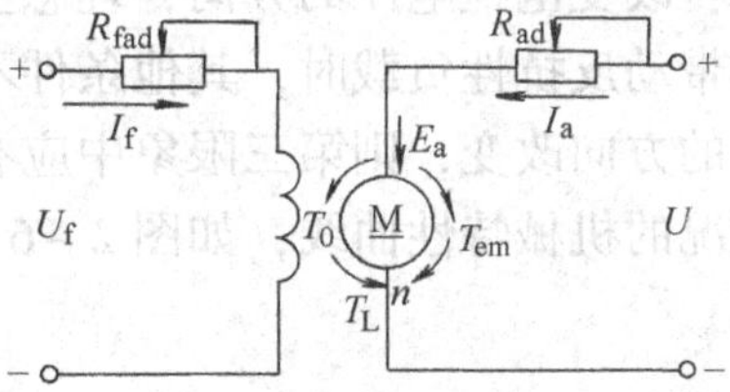

图 2－4　他励直流电动机的基本接线

2.3.1　他励直流电动机的机械特性方程式

在第 1 章中已导出直流电动机的几个基本公式：

电磁转矩　$T_{em} = C_T \Phi I_a$

感应电动势　$E_a = C_e \Phi n$

电枢回路电动势平衡方程式　$U = E_a + I_a R$

电动机转速特性　$n = \dfrac{U - I_a R}{C_e \Phi}$

式中，R 为电枢电路总电阻，$R = R_a + R_{ad}$。

由上面的公式即可得到机械特性方程式为

$$n=\frac{U}{C_e\Phi}-\frac{R}{C_eC_T\Phi^2}T_{\mathrm{em}} \tag{2-7}$$

假定电源电压 U、磁通 Φ 和电枢回路电阻 R 皆为常数，直流电动机的机械特性方程(2-7)可写成

$$n=n_0-\beta T_{\mathrm{em}} \tag{2-8}$$

即转速 n 和转矩 T_{em}之间是线性关系，如图 2-5 所示。

式（2-8）中，$n_0=U/(C_e\Phi)$称为理想空载转速，因为它是在理想空载 $T_{\mathrm{em}}=0$ 时电动机的转速。当励磁电压产生磁通 Φ 恒定时，n_0 是个常数。电动机在实际空载时，有空载转矩 T_0 存在。所以实际空载转速 n'_0 比理想空载转速 n_0 略低，如图 2-5 所示。

式（2-8）中，$\beta=R/(C_eC_T\Phi^2)$为直线的斜率，当改变电枢回路的附加电阻 R_{ad}或电动机磁通时，就改变了特性曲线的斜率；βT_{em}为转速降落 Δn，即

$$\Delta n=\beta T_{\mathrm{em}}=RT_{\mathrm{em}}/(C_eC_T\Phi^2)$$

当电动机带负载时，就有转速降落存在，这将使拖动系统速度下降。所以他励直流电动机的机械特性为一下降的直线。斜率 β 越大，转速降落 Δn 越大，特性越软。机械特性的硬度也可用额定转速调整率（或转速变化率）来说明

$$\Delta n_{\mathrm{N}}^*=\frac{n_0-n_{\mathrm{N}}}{n_{\mathrm{N}}}\times 100\%$$

一般国产 Z_2 系列他励直流电动机规定 Δn_{N}^* 为 10% ~18%，而大容量电动机为 3% ~8%。

上面我们只在第一象限画出了转速正向时的电动机的机械特性曲线，从方程（2-7）可知：改变电枢电压的方向，理想空载转速的方向改变。由电动机工作原理可知：当直流电动机带动反抗性负载时，其他条件不变，改变电枢电压的方向，电枢电流的方向改变，电磁转矩的方向改变，则第三限象中应有与第一限象特性对称的曲线，即直流电动机反向电动运行状况的机械特性曲线，如图 2-6 所示。

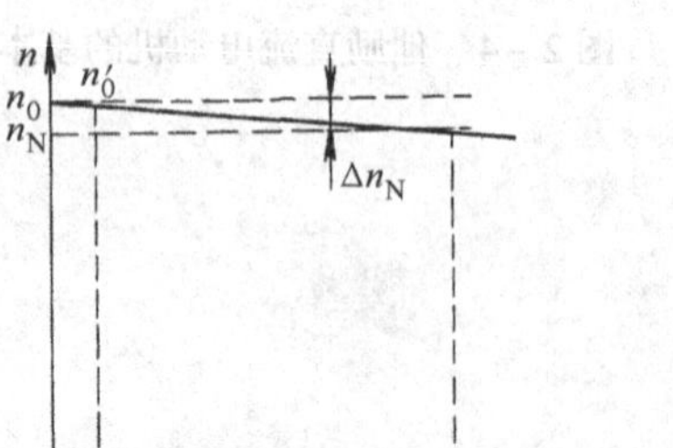

图 2-5　他励直流电动机的机械特性

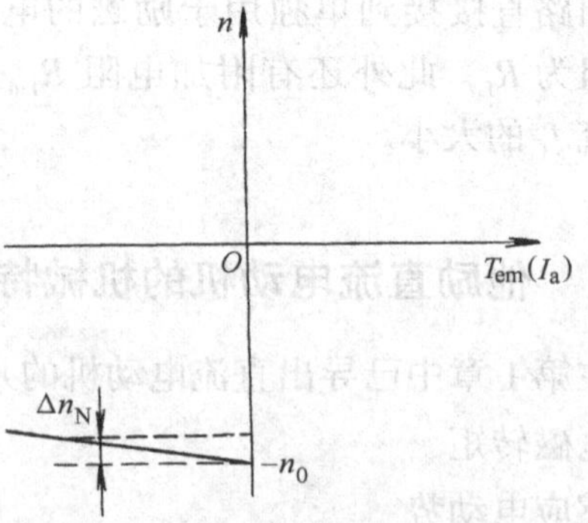

图 2-6　他励直流电动机反向电动运行状态的机械特性

工程分析时，电磁转矩 T_{em}不易测得，电枢电流 I_{a} 易测出，对于他励直流电动电机，在

励磁电流 $I_f = I_{fN}(\Phi = \Phi_N)$ 时，$T_{em} = C_T \Phi I_a \propto I_a$，通常可用转速特性 $n = f(I_a)$ 曲线代替机械特性曲线 $n = f(T_{em})$ 曲线，二者区别仅在横坐标的物理量比例尺不同。

2.3.2 他励直流电动机的固有机械特性和人为机械特性

从他励直流电动机的机械特性方程式可见，对于不同的电源电压 U，或不同的磁通 Φ，或不同的电枢电路总电阻 R，机械特性呈不同的直线。其中把 $U = U_N$，$\Phi = \Phi_N$，$R_a = 0$ 时的机械特性称为固有机械特性，简称固有特性。由于这是按铭牌数据和接线方式得到的机械特性，也称自然特性。凡是人为地改变上述三个参数中的一个或几个得到的机械特性称为人为机械特性，简称人为特性。电动机运行时往往需要各种各样的人为机械特性来满足生产机械的要求。下面我们将分别分析固有机械特性和各种典型的人为机械特性。

1. 固有机械特性

根据他励直流电动机固有机械特性的条件，写出固有特性方程式为

$$n = \frac{U_N}{C_e \Phi_N} - \frac{R_a}{C_e C_T \Phi_N^2} T_{em} \tag{2-9}$$

式（2-9）中，U_N 可以从铭牌数据中查到，电枢电阻可由近似公式估算得到。一般电动机额定运行时，铜损耗是总损耗的1/2~2/3，则电枢电阻为

$$R_a = \left(\frac{1}{2} \sim \frac{2}{3}\right) \frac{U_N I_N - P_N}{I_N^2} \tag{2-10}$$

据此计算得到 R_a 后，$C_e \Phi_N$ 可根据额定运行时的电压平衡关系得出

$$C_e \Phi_N = (U_N - I_N R_a)/n_N$$

根据式（1-3）得

$$C_T \Phi_N = 9.55 C_e \Phi_N$$

他励直流电动机的固有机械特性如图2-7所示。这条直线可以通过理想空载点（$T_{em}=0$，$n=n_0$）和额定负载点（$T_{em}=T_N$，$n=n_N$）作出。其中理想空载转速为

$$n_0 = \frac{U_N}{C_e \Phi_N}$$

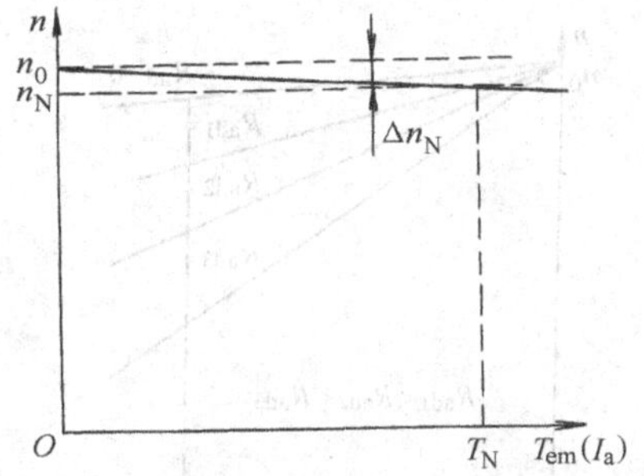

图2-7 他励直流电动机的固有机械特性

额定转速可从铭牌数据中查出。而额定电磁转矩为

$$T_N = T_{em} = C_T \Phi_N I_N$$

因为电枢电阻 R_a 较小，额定转速调整率 $\Delta n_N\%$ 只有百分之几到百分之十几，故他励直流电动机的固有特性是硬特性。

2. 电枢串电阻时的人为机械特性

在他励直流电动机的电枢电路中串入附加电阻 R_{ad}，电枢回路总电阻 $R = R_a + R_{ad}$，电源电压和磁通为额定值，这时的人为特性方程式为

$$n = \frac{U_N}{C_e \Phi_N} - \frac{R_a + R_{ad}}{C_e C_T \Phi_N^2} T_{em}$$

从上式可以看出，电枢串电阻后，理想空载转速 n_0 不变，机械特性的斜率 β 随着电阻

R_{ad}的增加而加大，机械特性的硬度减小。电枢串不同电阻时，机械特性是一组通过理想空载点的直线簇，如图2－8所示。

电枢串电阻对机械特性的影响，可用电压平衡关系来解释。在理想空载点，电枢电流为零，电枢电动势与电源电压相等，故电枢电阻的大小不影响理想空载转速。当转速低于理想空载转速，在同一转矩下，电枢电流相同，电枢电阻愈大，电枢回路总电阻压降愈大，电枢电动势愈小，转速愈低。从图2－8中可看出，当负载转矩不变时，改变电枢电阻R_{ad}可以调节拖动系统的转速。

3. 改变电枢电压时的人为机械特性

当他励直流电动机由电压可调的电源供电时，改变电枢外加电压可得到另一类人为机械特性。由于电动机的外加电压不允许超过额定值，因此改变电枢电压只能在额定值以下进行。改变电枢电压时，保持额定磁通不变，电枢回路也不串电阻。由此得到改变电枢电压时的人为特性方程式为

$$n=\frac{U}{C_e\Phi_N}-\frac{R_a}{C_eC_T\Phi_N^2}T_{em}$$

由上式看出，降低电枢电压后，理想空载转速n_0下降，特性曲线的斜率β不变，因此降低电枢电压情况下的人为特性是一组平行线，如图2－9所示。改变电枢电压可以调速，当负载转矩不变时，电压愈低，转速也愈低。改变他励直流电动机电枢电压时，应当保持磁通额定，因此励磁电压不能改变。

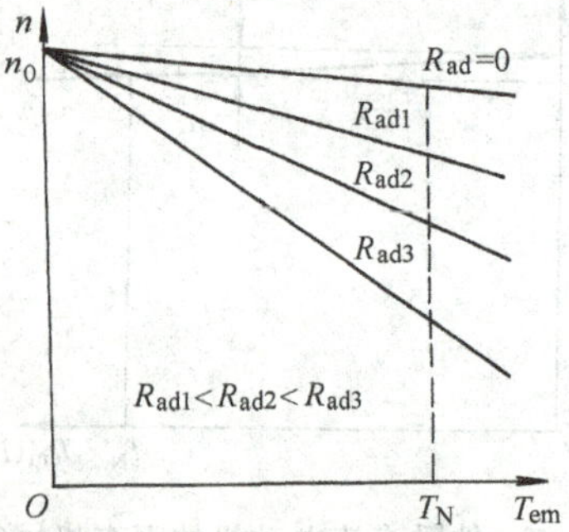

图2－8　他励直流电动机电枢电路串电阻的人为机械特性

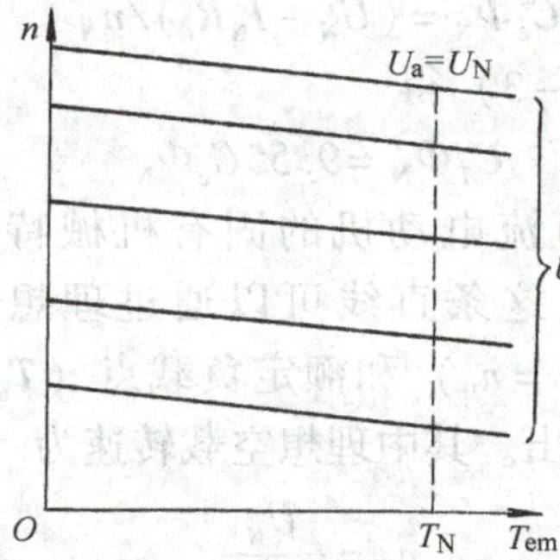

图2－9　他励直流电动机降低电枢电压时的人为机械特性

4. 减弱磁通时的人为机械特性

改变他励直流电动机励磁绕组的串联电阻R_{fad}，就可以改变励磁电流，从而改变磁通。一般他励直流电动机在额定磁通下运行时，磁路已接近饱和。如改变磁通实际上只能是减弱磁通。他励直流电动机减弱磁通运行时，一般使电枢电压为额定电压并且不在电枢电路串电阻，由此得出减弱磁通时的人为特性方程式为

$$n=\frac{U_N}{C_e\Phi}-\frac{R_a}{C_eC_T\Phi^2}T_{em}\qquad(2-11)$$

弱磁时的转速特性方程式为

$$n=\frac{U_N}{C_e\Phi}-\frac{R_a}{C_e\Phi}I_a \tag{2-12}$$

由式（2－11）和式（2－12）可以看出，减弱磁通时，理想空载转速 n_0 升高，斜率 β 增加。为了更全面地认识弱磁时的人为特性，我们画出弱磁时的转速特性和机械特性，如图 2－10 所示。

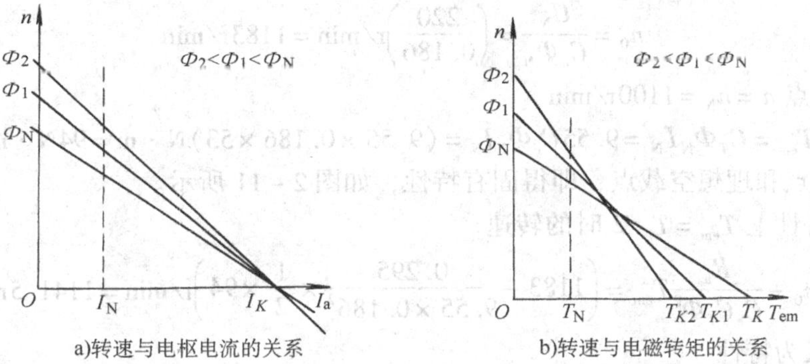

图 2－10　他励直流电动机减弱磁通时的人为特性

现在我们通过理想空载点（$T_{em}=0, n=n_0$）和堵转点（$T_{em}=T_K, n=0$），或（$I_a=I_K, n=0$）来说明减弱磁通对机械特性的影响。因为理想空载转速与磁通成反比，所以磁通愈小，理想空载转速愈高，这个关系对于 $n=f(I_a)$ 曲线和 $n=f(T_{em})$ 曲线都是相同的。在堵转时，堵转电流 $I_K=U_N/R_a$，与磁通大小无关，堵转转矩 $T_K=C_T\Phi I_K\propto\Phi$，即与磁通成正比。因此 $n=f(I_K)$ 曲线的堵转点只有一点，$n=f(T_{em})$ 曲线的堵转点则随磁通减弱而使堵转转矩减小。由于减弱磁通使理想空载转速升高，堵转转矩减小，所以机械特性的硬度随磁通减弱而减小很多。

改变磁通可以改变电机转速。从图 2－10b 看出，磁通减小使转速升高。因为在机械特性方程式（2－11）中，虽然磁通减小引起理想空载转速和转速降都增加，因电枢电阻很小，当转矩不太大时，转速降增加比理想空载转速增加要少，所以转速升高。只有当转矩大到一定程度时，减弱磁通反而使转速降低，但这时电枢电流已过大，超过了电动机的负载能力，所以电动机不允许工作在这样大的电流下。因此，在实际运行条件下，即当电动机的负载转矩不超过额定转矩（且保持不变）时，随着磁通的减弱，电动机的运行速度提高。所以，减小磁通，电动机的转速升高。

例 2－1　有一他励直流电动机，$P_N=10\text{kW}$，$U_N=220\text{V}$，$I_N=53\text{A}$，$n_N=1100\text{r/min}$。①绘制固有机械特性曲线。②求固有特性上转矩为额定转矩一半时的转速。③分别绘制下列三种情况的人为特性曲线：a. 电枢电路串入电阻 $R_{ad}=0.5\Omega$；b. 磁通等于额定磁通的一半；c. 电枢电压为额定电压的一半。

解： ① 绘制固有特性曲线

估算 R_a　式（2－10）电阻估算公式为

$$R_a=(1/2\sim2/3)\frac{U_NI_N-P_N}{I_N^2}$$

本例中系数取 1/2 进行计算，即

$$R_a = \left(\frac{1}{2} \times \frac{220 \times 53 - 1000 \times 10}{53^2}\right)\Omega = 0.295\Omega$$

计算 $C_e\Phi_N$

$$C_e\Phi_N = \frac{U_N - I_N R_a}{n_N} = \frac{220 - 53 \times 0.295}{1100} = 0.186$$

理想空载点 $T_{em} = 0$

$$n_0 = \frac{U_N}{C_e\Phi_N} = \left(\frac{220}{0.186}\right)\text{r/min} = 1183\text{r/min}$$

额定负载点 $n = n_N = 1100\text{r/min}$

$$T_{em} = C_T\Phi_N I_N = 9.55 C_e\Phi_N I_N = (9.55 \times 0.186 \times 53)\text{N}\cdot\text{m} = 94\text{N}\cdot\text{m}$$

连接额定点和理想空载点，即得固有特性，如图 2－11 所示。

② 固有特性上 $T_{em} = T_N/2$ 时的转速

$$n = n_0 - \frac{R_a}{C_e C_T \Phi^2}T_{em} = \left(1183 - \frac{0.295}{9.55 \times 0.186^2} \times \frac{1}{2} \times 94\right)\text{r/min} = 1141.5\text{r/min}$$

③ 绘制人为特性

a. 电枢电路串入电阻 $R_{ad} = 0.5\Omega$ 时，理想空载点与固有特性相同。

额定转矩时的转速为

$$n = n_0 - \frac{R_a + R_{ad}}{C_e C_T \Phi^2}T_N = \left(1183 - \frac{0.295 + 0.5}{9.55 \times 0.186^2} \times 94\right)\text{r/min} = 959\text{r/min}$$

电枢回路串入 0.5Ω 电阻时的人为特性为通过（$T_{em} = 0$，$n_0 = 1183\text{r/min}$）和（$T_{em} = 94\text{N}\cdot\text{m}$，$n = 959\text{r/min}$）两点的直线，如图 2－11 所示。

b. 磁通 $\Phi = \Phi_N/2$ 时，理想空载转速为

$$n'_0 = \frac{U_N}{0.5C_e\Phi_N} = \left(\frac{220}{0.5 \times 0.186}\right)\text{r/min} = 2366\text{r/min}$$

额定转矩时的转速为

$$n' = n'_0 - \frac{R_a \times T_N}{9.55 \times (0.5C_e\Phi_N)^2} = \left(2366 - \frac{0.295 \times 94}{9.55 \times (0.5 \times 0.186)^2}\right)\text{r/min} = 2030\text{r/min}$$

磁通为 1/2 额定磁通时的人为特性为通过（$T_{em} = 0$，$n'_0 = 2366\text{r/min}$）和（$T_{em} = 94\text{N}\cdot\text{m}$，$n' = 2030\text{r/min}$）两点的直线，如图 2－11 所示。

c. $U = U_N/2$ 时，理想空载转速与电压成正比，所以

$$n''_0 = n_0/2 = (1183/2)\text{r/min} = 591.5\text{r/min}$$

额定转矩时的转速为

$$n'' = n''_0 - \frac{R_a}{9.55(C_e\Phi_N)^2}T_{em}$$

$$= \left(591.5 - \frac{0.295}{9.55 \times 0.186^2} \times 94\right)\text{r/min} = 507.6\text{r/min}$$

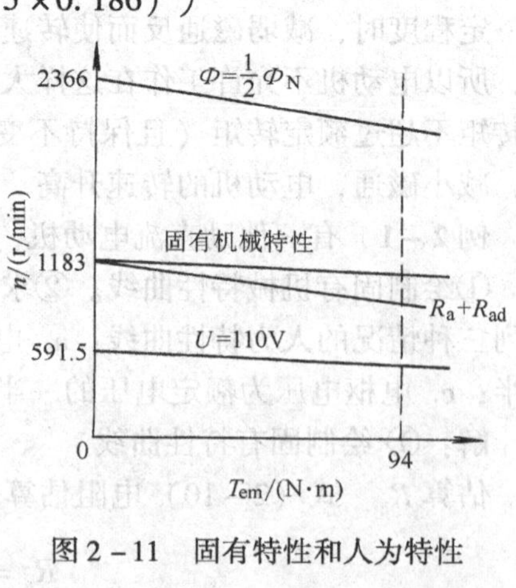

图 2－11　固有特性和人为特性

电枢电压为额定电压一半时的人为特性为通过（$T_{em}=0$，$n''_0=591.5\text{r/min}$）和（$T_{em}=94\text{N}\cdot\text{m}$，$n''=507.6\text{r/min}$）两点的直线，如图 2－11 所示。

2.3.3 电力拖动系统稳定运行的条件

电力拖动系统的运行情况可由运动方程来描述，即

$$T_{em}-T_L=J\frac{d\Omega}{dt}$$

由上式可知，当系统恒速旋转时，必有 $T_{em}-T_L=0$，因为只有 $T_{em}=T_L$，且作用方向相反时，$J(d\Omega/dt)=0$，系统才能在某一速度实现恒速旋转。即电力拖动系统平衡状态出现在机械特性和负载特性的交点：直流电动机的机械特性 $n=f(T_{em})$ 与生产机械的负载特性 $n=f(T_L)$ 在同一坐标图中应交于点 $T_{em}=T_L$，如图 2－12a 中的 A 或 B 点所示。

如果系统在运行过程中能保持上述条件，使机械特性和负载特性都不发生变化，则转速就是恒定不变的。但系统在实际运行过程中，往往受到种种干扰，如电源电压波动，负载变化等，扰动作用的结果引起机械特性改变，或者引起负载特性改变，从而使原来的转矩平衡条件破坏了。若系统具有在扰动消除后自动恢复到原有平衡点或移到新的平衡点稳定运行的能力，则此系统就是稳定的，否则就是不稳定的。

如图 2－12a 所示，当负载由 T_{L1} 减小为 T_{L2} 时，在负载减小开始时刻，由于机械惯性，转速 n 和电磁转矩 T_{em} 不能突变（因 I_a 不能突变），此时电动机产生的电磁转矩 $T_{em}>T_{L2}$，$J(d\Omega/dt)>0$，系统开始加速，随着 n 的上升，电枢感应电动势 $E_a=C_e\Phi_N n$ 也上升，电枢电流 $I_a=(U_N-E_a)/R_a$ 将减小，直流电动机产生的电磁转矩 $T_{em}=C_T\Phi_N I_a$ 也将减小，当电磁转矩减小到 $T_{em}=T_{L2}$ 时，系统进入新的较高转速的稳定点运行，即图 2－12a 中的 B 点，此时 $T_{em}=T_{L2}$，$n=n_B$。如 T_L 恢复到 T_{L1}，系统将恢复到 A 点运行。图 2－12b 中的情况就不同了，机械特性上翘。当负载由 T_{L1} 减小到 T_{L2} 时，在负载减小时，由于惯性存在，转速 n 和电磁转矩不能突变，此时电动机的电磁转矩 $T_{em}>T_{L2}$，$J(d\Omega/dt)>0$，系统加速运行，而从机械特性上看到，转速越高，电磁转矩越大，系统不可能到达 B 点稳定运行，而是越过 A 点不断加速，导致电机或系统损坏。因而图 2－12b 为不稳定运行的情况。

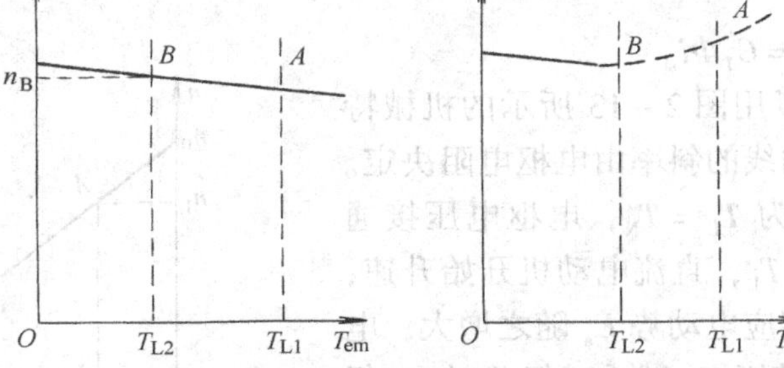

图 2－12　电力拖动系统稳定运行的条件

由上面分析可知，对于恒转矩负载，要使系统稳定运行，电动机需有下垂的机械特性，如果电动机的机械特性上翘，则系统不能稳定运行。如用数学公式表示，则系统稳定运行的

必要条件是

$$\frac{\Delta T_{em}}{\Delta n}<0 \qquad 或写为\frac{dT_{em}}{dn}<0$$

由于这种情况下 $dT_L/dn=0$，所以可推广到一般情况，即电力拖动系统稳定运行的条件是

$$\frac{dT_{em}}{dn}<\frac{dT_L}{dn}$$

2.4 他励直流电动机的起动

直流电动机的起动，是指直流电动机接通电源后，转速由 $n=0$ 升到稳定转速 n_L 的全过程，虽然直流电动机的起动过程持续的时间是很短的，但正确的起动方法是安全合理使用直流电动机的重要条件之一，因此对直流电动机的起动过程和起动方法要进行分析研究。

直流电动机起动时，必须满足下列两项要求：第一，起动电流不能过大，否则电动机电刷、换向器将会产生难以承受的火花，大大缩短电动机的使用寿命；第二，起动全过程中，电动机的起动转矩 T_{st} 应足够大，至少应使 $T_{st}>T_L$，以保证电动机正常起动。由于 $T_{st}=T_K$（堵转转矩），对于他励直流电动机一般总比额定转矩要大得多，故直接起动时其起动转矩总可以满足起动要求，但起动电流 $I_{st}=U_N/R_a$ 太大，因此他励直流电动机起动时主要须设法减小其起动电流。他励直流电动机的起动方法有三种：①直接起动，电枢两端直接加额定电压起动，又称为全压起动。②减压起动。③电枢回路串电阻起动。

2.4.1 直接起动

直接起动是指在接通励磁电压后，不采取任何限制起动电流的措施，把他励直流电动机的电枢直接接到额定电压的电源上起动。由于电枢电感一般很小，拖动系统的机械惯性较大，因此，通电瞬间电枢转速 $n=0$，感应电动势 $E_a=0$，起动电流为

$$I_{st}=\frac{U_N-E_a}{R_a}=\frac{U_N}{R_a}$$

起动转矩为

$$T_{st}=C_T\Phi I_{st}$$

直接起动过程可以用图 2－13 所示的机械特性曲线来说明，特性曲线的斜率由电枢电阻决定。设电动机的负载转矩为 $T_L=T_N$，电枢电压接通后，因起动转矩 $T_{st}>>T_L$，直流电动机开始升速，随着转速 n 的上升，感应电动势 E_a 随之增大，电枢电流 I_a 减小，电磁转矩 T_{em} 减小，但此时 T_{em} 仍大于 T_L，转速继续上升，直至电动机的机械特性与负载特性交于点 A 处，$n=n_L$，$T_{em}=T_L$，起动过程结束。

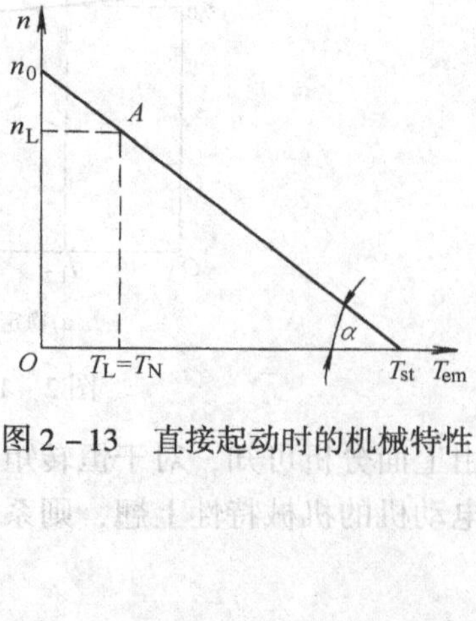

图 2－13　直接起动时的机械特性

直接起动不需要专用起动设备，操作简便，主要缺点是起动电流太大，对于一般他励直流电动机，因 R_a 很小，I_{st} 可达 $(10\sim20)I_N$，这样大的起动电流可使换向器上产生强烈的火花，甚至引起环火；过大的起动电流还会使电网电压短暂却很显著地下降，影响其他设备正常工作；过大的起动电流产生过大的起动转矩 T_{st}，使传动机构受到很大的冲击力，加速过快，易损坏传动变速机构。因此，只有额定功率在几百瓦以下的直流电动机才能在额定电压下直接起动，容量较大的电动机起动时必须采取措施限制起动电流。

2.4.2 减压起动

当他励直流电动机的电枢回路由专用可调压直流电源供电时，可以限制起动过程中电枢电流在 $(1.5\sim2)I_N$ 范围内变化，起动前先调好励磁电流，然后将电枢电压由低向高调节，最低电压所对应的人为特性上的起动转矩 $T_{st}>T_L$，电动机开始起动，随着转速的上升，提高电压，以获得需要的加速转矩，随着电压的升高，电动机的转速不断提高，最后稳定运行在 A 点。起动过程的特性如图 2－14 所示。在整个起动过程中，利用自动控制方法，使电压连续升高，保持电枢电流为最大允许电流，从而使系统在较大的加速转矩下迅速起动，是一种比较理想的起动方法。

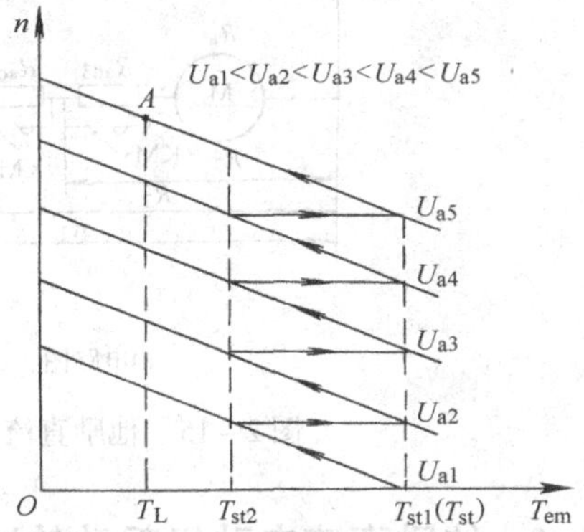

图 2－14　减压起动的机械特性

这种减压起动过程平滑，能量损耗小，但要求有单独的可调压直流电源，起动设备复杂，初投资大，多用于要求经常起动的场合和大中型电动机的起动，实际使用的直流伺服系统多采用这种减压起动方法。

2.4.3 电枢回路串电阻起动

在电枢回路中串电阻可以限制起动电流，一般起动电阻是多级电阻，在起动过程中将电阻逐级切除。图 2－15a 表示他励直流电动机电枢串三级起动电阻的电路图。图中 KM 为接通电源用的接触器主触点，KM_1、KM_2、KM_3 为起动过程中切除起动电阻 R_{ad} 的三个接触器的主触点。

起动时，使励磁绕组电流 $I_f=I_{fN}$，然后使接触器 KM 主触点闭合，接通电枢电源，此时接触器 KM_1、KM_2、KM_3 断开，起动电阻全部串入电枢，设电枢电压为 U，则起动电流 $I_1=U/R_1$，式中 $R_1=R_a+R_{ad1}+R_{ad2}+R_{ad3}$ 为电枢电路总电阻。

由电流 I_1 产生起动转矩 T_{st1}，如图 2－15b 所示，在转矩 T_{st1} 的作用下，电动机开始升速，随着 n 的上升，感应电动势 E_a 相应增加，电枢电流 I_a 下降，当 I_a 下降到 I_2 时，KM_1 主触点闭合，切除 R_{ad1}，电枢电流又升到 I_1，转速继续上升，I_a 又开始下降，待 I_1 又下降到 I_2 时，KM_2 接触器动作，切除 R_{ad2}，I_a 再次升到 I_1，转速继续上升，I_a 又开始下降，待 I_1 再次下降到 I_2 时，KM_3 动作，切除 R_{ad3}，I_a 再升到 I_1，此时附加电阻全部切除，直流电动机的转速沿着固有特性继续上升，直至 $n=n_A$，起动过程结束。

为了保证起动过程中既有足够大的起动转矩又不致使起动电流过大，起动过程中直流电动机的电流一般取

$I_1=(1.5\sim2)I_N$，或 $T_{st1}=(1.5\sim2)T_N$，通常取 $I_1=2I_N$。

$I_2=(1.1\sim1.2)I_N$，或 $T_{st2}=(1.1\sim1.2)T_N$。

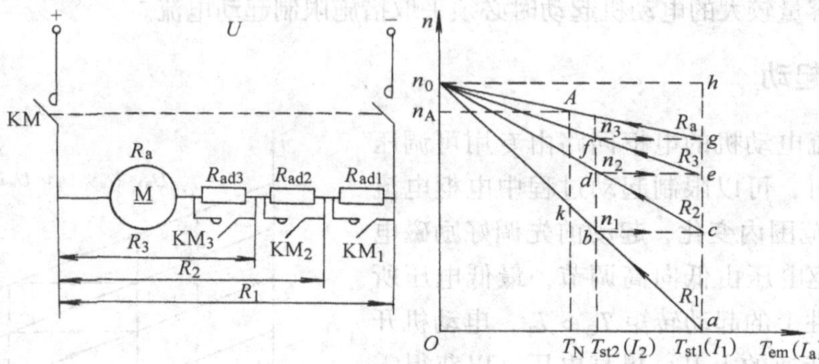

a)电路图　　b)特性图

图 2－15　他励直流电动机转子串电阻三级起动的电路及特性

2.4.4　他励直流电动机起动的过渡过程

在电力拖动系统中，由于转矩平衡关系被破坏，从而导致系统从一种运行状态向另一种运行状态过渡的过程，称为电力拖动系统的过渡过程。电动机在起动、制动、调速时及电气参数或负载转矩突然变化时都有过渡过程，下面讨论起动时的过渡过程。在起动过程中，电动机的转速 n、电动势 E_a、电枢电流 I_a 及电磁转矩 T_{em} 均在变化，它们都是时间的函数，只有认识和掌握这些变化规律，才能正确合理地使用电力拖动系统。

依据运动方程式与电动机有关的平衡关系，列出微分方程并求解，即可得出 $T_{em}=f(t)$，$I_a=f(t)$，$n=f(t)$ 等方程，并可画出关系曲线。为了突出机电过程，在讨论中作如下假设：①电网电压 $U=U_N=$ 常数，不因起动电流的冲击而产生波动。②不考虑电枢反应的影响，即磁通 $\Phi=$ 常数。③负载转矩 $T_L=$ 常数。

下面以他励直流电动机电枢回路串固定电阻 R_{ad} 起动为例，导出过渡过程的通用形式。

1. 过渡过程方程式

(1) 电枢电流 $I_a=f(t)$　根据第 1 章分析得出的电压平衡方程式和转矩平衡方程式，则

$$U=E_a+I_aR=C_e\Phi_N n+I_aR$$

$$T_{em}=T_L+\frac{GD^2}{375}\frac{dn}{dt}$$

对上两式综合分析可知，起动过程中，I_a、T_{em}、n、E_a 的数值都将发生变化，在变化时，它们之间将互相影响，互相制约。

由上面的电压平衡方程式可得

$$n=\frac{U_a-I_aR}{C_e\Phi_N}$$

对其微分得

$$\frac{dn}{dt}=-\frac{R}{C_e\Phi_N}\frac{dI_a}{dt}$$

代入转矩平衡方程式后得

$$T_{em}=T_L-\frac{GD^2R}{375C_e\Phi_N}\frac{dI_a}{dt}$$

将上式两边同除以 $C_T\Phi_N$，得

$$I_a=I_L-\frac{GD^2R}{375C_eC_T\Phi_N{}^2}\frac{dI_a}{dt}=I_L-T_m\frac{dI_a}{dt} \qquad (2-13)$$

式中，I_L 为对应负载转矩 T_L 时的稳态电枢电流（负载电流），而

$$T_m=\frac{GD^2R}{375C_eC_T\Phi_N{}^2}$$

称为机电时间常数，对其物理意义下面专门分析说明。

解式（2-13），得

$$I_a=I_L+C\exp\left(-t/T_m\right) \qquad (2-14)$$

式中 C 由初始条件决定，起动瞬间，当 $t=0$ 时，电枢电流 I_a 等于起动电流 I_{st}，则求得 $C=I_{st}-I_L$，代入式（2-14）得到起动过渡过程的电流方程式

$$I_a=I_L+(I_{st}-I_L)\exp(-t/T_m) \qquad (2-15)$$

可见 $I_a=f(t)$ 的关系曲线按指数规律变化，其曲线如图 2-16 所示。

（2）转矩 $T_{em}=f(t)$　将式（2-15）两边同乘以 $C_T\Phi_N$ 得起动过渡过程的转矩方程式

$$T_{em}=T_L+(T_{st}-T_L)\exp(-t/T_m) \qquad (2-16)$$

其曲线形状同 $I_a=f(t)$，如图 2-16 所示，改变纵坐标比例尺即可得到 $T_{em}=f(t)$ 关系曲线。

（3）转速 $n=f(t)$　将式(2-15)代入转速特性 $n=(U-I_aR)/(C_e\Phi_N)$，并考虑到当 $I_a=I_L$ 时，$n=n_L$，即 $n_L=(U-I_LR)/(C_e\Phi_N)$，$I_a=I_{st}$时，$n=n_{st}$，即 $n_{st}=(U-I_{st}R)/(C_e\Phi_N)$，从而可得

$$n=\frac{U-I_LR}{C_e\Phi_N}+\left(\frac{U-I_{st}R}{C_e\Phi_N}-\frac{U-I_LR}{C_e\Phi_N}\right)\exp\left(-t/T_m\right)$$

即

$$n=n_L+(n_{st}-n_L)\exp(-t/T_m)$$

或

$$n=n_L\left[1-\exp\left(-t/T_m\right)\right]+n_{st}\exp\left(-t/T_m\right) \qquad (2-17)$$

由于起动瞬时，$n=n_{st}=0$，则

$$n=n_L[1-\exp(-t/T_m)] \qquad (2-18)$$

式（2-18）的关系曲线如图 2-17 所示。

2. 过渡过程时间计算

计算过渡过程中某一段的持续时间，如计算从 $t=0$，$I_a=I_{st}$ 到 $t=t_x$，$I_a=I_{ax}$ 所需时间，

可将以上数值代入式（2-15）得

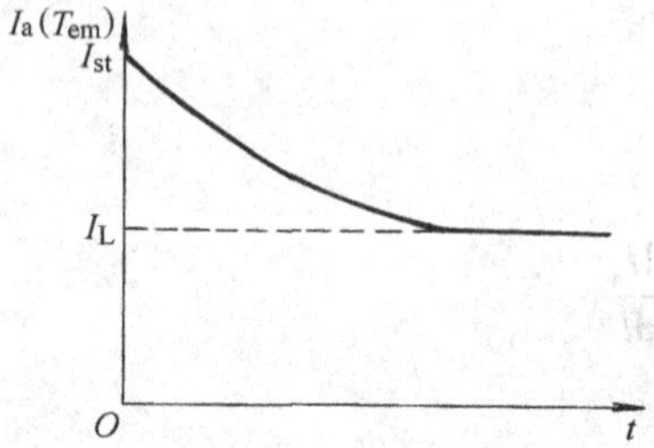

图 2-16 $I_a=f(t)$ 和 $T_{em}=f(t)$ 曲线

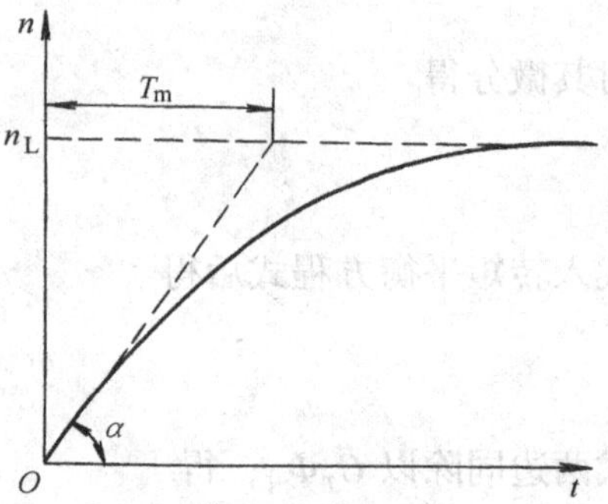

图 2-17 $n=f(t)$ 关系曲线

$$t_x=T_m\ln\frac{I_{st}-I_L}{I_{ax}-I_L}$$

或改写为

$$t_x=T_m\ln\frac{n_{st}-n_L}{n_{ax}-n_L}$$

及

$$t_x=T_m\ln\frac{T_{st}-T_L}{T_{ax}-T_L}$$

3. 机电时间常数 T_m

机电时间常数是电力拖动系统中一个十分重要的动态参数，前面分析得到

$$T_m=\frac{GD^2}{375}\frac{R}{C_eC_T\Phi_N^2}$$

对式（2-18）进行微分得

$$\frac{dn}{dt}=\frac{n_L}{T_m}\exp\ (-t/T_m)$$

当 $t=0$ 时

$$\left.\frac{dn}{dt}\right|_{t=0}=\frac{n_L}{T_m} \tag{2-19}$$

由式（2-19）可见，如果电动机一直以 $t=0$ 处的最大角加速度直线上升，则达到稳定转速 n_L 所需的时间就是系统的机电时间常数。由式（2-18）可知，从理论上看，只有时间 t 趋于无穷大时，转速 n 才能达到稳定转速 n_L，但工程计算时，当 $t=(3\sim4)T_m$ 时，转速 $n=(0.95\sim0.97)n_L$，即认为过渡过程结束，系统基本达到稳定状态。

在自控系统中，T_m 也可表示成另外一种形式，将 T_m 改写成

$$T_m=\frac{GD^2}{375}\frac{I_aR}{C_e\Phi_N}\frac{1}{C_T\Phi_NI_a}=\frac{GD^2}{375}\frac{\Delta n}{T_{em}}=\frac{GD^2}{375}\tan\alpha$$

式中，$\tan\alpha$ 为机械特性的斜率，$\tan\alpha=\Delta n/T_{em}$。由此可见，对不同斜率的机械特性，电动机的机电时间常数不同。当电枢电路电阻变化时，T_m 的大小发生变化。

以上讨论的虽是起动过渡过程，但导出的式（2-15）、式（2-16）和式（2-17）是电流、转矩和转速变化规律的一般形式，它们不仅适用于起动过程，也适用于制动、调速和

负载突然变化等各种过渡过程，仅仅是初始值和稳态值的不同而已。

2.5　他励直流电动机的四象限运行

一般情况下，电动机运行时其电磁转矩与转速方向一致，这种运行状态称作电动运行状态。通过某种方法产生一个与拖动系统转向相反的转矩以阻止系统运行，这种运行状态称为制动运行状态，简称制动。制动作用可以用于使拖动系统减速或停车；也可用以维持位能性负载恒速运动，如起重机类机械匀速下放重物，列车匀速下坡运行等。制动作用在生产过程和日常生活中是非常重要的。实际制动的方法有：机械制动，它是利用摩擦力产生阻转矩实现制动的；电气制动，使拖动系统的电动机产生一个与转向相反的电磁转矩来实现制动。在这里我们将仅仅讨论电气制动。

2.5.1　他励直流电动机的电气制动

他励直流电动机的电气制动有三种方法：①能耗制动。②反接制动。③回馈制动。下面以他励直流电动机为例予以说明。

1. 能耗制动

（1）能耗制动的实现方法　图 2－18 所示为能耗制动时的接线图。当电源接触器 KM_1 触点闭合，而制动接触器 KM_2 触点断开时，直流电动机工作在电动状态。制动时，保持励磁电流不变，使接触器 KM_1 的触点断开，接触器 KM_2 的触点迅速接通，此时直流电动机电枢脱离电网，电枢两端接到一个外加电阻 R_{ad} 上，由于系统存储的动能使转速 n 不能突变，所以直流电动机感应电动势 E_a 大小与方向未变，在 E_a 作用下，电枢电流 $I_a = -E_a/(R_a + R_{ad})$ 改变方向变为负值，电磁转矩 T_{em} 也随之反向变为负值，使 T_{em} 对电机起制动作用，这时电动机由拖动系统的惯性作用拖动而将储存的动能转换成电能，消耗在电阻 $R_a + R_{ad}$ 上，直到电动机停止转动为止。所以这种制动方式称为能耗制动。

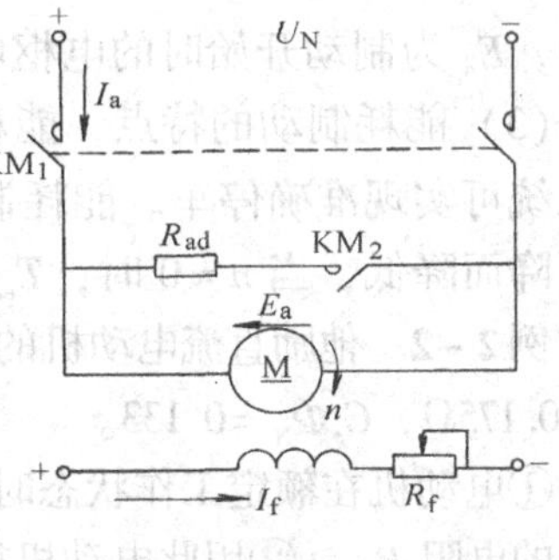

图 2－18　能耗制动接线图

（2）能耗制动时的机械特性　能耗制动时，电枢电压 $U=0$，根据机械特性方程式 (2－8) 可知，此时 $n_0=0$，有

$$n = -\frac{R_a + R_{ad}}{C_e C_T \Phi^2} T_{em} \tag{2-20}$$

由式（2－20）可知，能耗制动时转速 n 与电磁转矩 T_{em} 反向异号，n 为正时 T_{em} 为负，n 为负时 T_{em} 为正，所以能耗制动时的机械特性是一通过坐标原点位于第二、四象限的直线，其斜率与电枢串电阻 R_{ad} 的人为特性相平行，如图 2－19 所示。

图 2－19 中，如制动前电动机工作在固有机械特性上的 A 点，能耗制动开始瞬间，因转速不变，工作点将由 A 点平移到能耗制动工作点 B（若原电动机反向电动运行，电动机工作在 D 点，制动开始，工作点从 D 移到 C 点），B 点对应的转速为正值，电磁转矩为负值。对于

反抗性负载，在制动转矩与负载转矩的共同作用下，系统的转速迅速降到零，实现快速、准确停车。对于位能性负载，系统制动到 $n=0$ 后，在位能性负载的作用下，电动机将反向加速运行，n 反向为负值，导致感应电动势 E_a 改变方向，使电枢电流 I_a 又反向变为正值，T_{em} 随着变为正值，随着电动机反向转速的增加，电磁转矩也相应增加，直到 $T_{em}=T_L$，转速 n 不再变化，系统在能耗制动作用下稳定运行于 C 点，恒速下放重物。

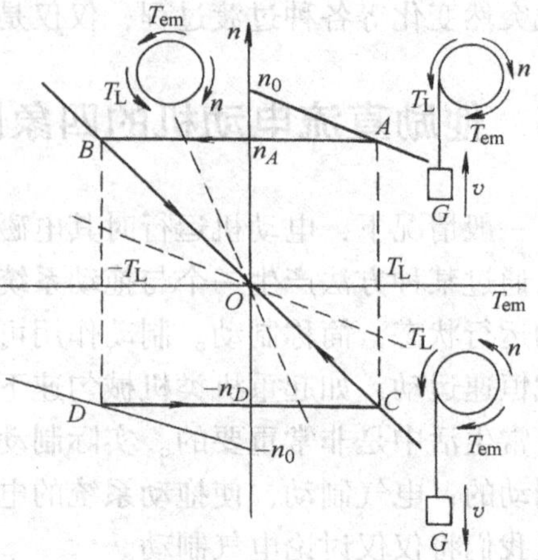

图 2-19　能耗制动时的机械特性

由图 2-19 可见，制动时串的电阻 R_{ad} 越小，机械特性越平，起始制动转矩的绝对值越大，制动就越迅速，但 R_{ad} 不能太小，否则制动转矩和制动电流将超过允许值。一般直流电动机的最大电流应限制在 $2.5I_N$ 以内。如果选定最大制动电流为 I_{max}，则电枢回路需串入的制动电阻的数值为

$$R_{ad}=(E_a/I_{max})-R_a$$

式中，E_a 为制动开始时的电枢电动势；I_{max} 为能耗制动开始瞬间电枢允许的最大制动电流。

(3) 能耗制动的特点　能耗制动的线路简单可靠，$n=0$ 时，$T_{em}=0$，反抗性负载的拖动系统可实现准确停车。能耗制动时 $T_{em}=C_T\Phi_N I_a=C_eC_T\Phi_N{}^2n/(R_a+R_{ad})$。制动转矩随转速下降而降低，当 $n=0$ 时，$T_{em}=0$，故制动过程时间较长，制动效果较差。

例 2-2　他励直流电动机的铭牌数据为 $P_N=22\text{kW}$，$U_N=220\text{V}$，$I_N=116\text{A}$，$n_N=1500\text{r/min}$，$R_a=0.175\Omega$，$C_e\Phi_N=0.133$。

①电动机在额定工作状态时，进行能耗制动，取最大制动电流 $I_{max}=2I_N$，试求电枢回路应串入的电阻 R_{ad}。②用此电动机拖动起重机，当轴上的负载转矩为额定转矩的 2/3 时，要求电动机在能耗制动状态下，以 800r/min 的速度下放重物，试求电枢电路中应串入的电阻 R_{ad2}。

解：① 能耗制动开始瞬间，制动电流最大，此时的感应电动势

$$E_a=C_e\Phi_N n_N=U_N-I_NR_a=(220-116\times0.175)\text{V}=199.7\text{V}$$

电枢电路应串入的电阻

$$R_{ad}=(E_a/I_{max})-R_a=[199.7/(2\times116)-0.175]\Omega=0.686\Omega$$

② 能耗制动时的机械特性方程式为

$$n=-\frac{R_a+R_{ad2}}{C_e\Phi_N}I_a$$

$$R_{ad2}=(-C_e\Phi_N n/I_a)-R_a=[(-0.133\times(-800))/((2/3)\times116)-0.175]\Omega=1.2\Omega$$

2. 反接制动

当他励直流电动机的电枢电压 U 和感应电动势 E_a 中任何一个在外部条件作用下改变了方向，即 E_a 与 U 的方向一致时，电动机即运行于反接制动状态。

(1) 反接制动实现方法

1）电源电压反接的反接制动。接线如图 2－20 所示，接触器 KM_1 的触点闭合时，电流正向流通，电动机工作在电动状态。为了实现电压反接的反接制动，将 KM_1 断开，KM_2 接通，直流电动机电枢两端与电压反向接通，为了防止出现过大的制动电流，在电压反接的同时串入电枢电路一个较大的限流电阻 R_{ad}，由于电动机的转速 n 及电枢电动势 E_a 不能突变，电压反接后，U 为负值，电压极性与电动势 E_a 极性一致，$I_a=(-U-E_a)/(R_a+R_{ad})$ 反向，电磁转矩也反向，故电磁转矩的方向与转速的方向相反，系统进入反接制动状态。为了限制电压反接的反接制动过程中的电枢电流不超过允许值 I_{max}，电枢回路应串入电阻

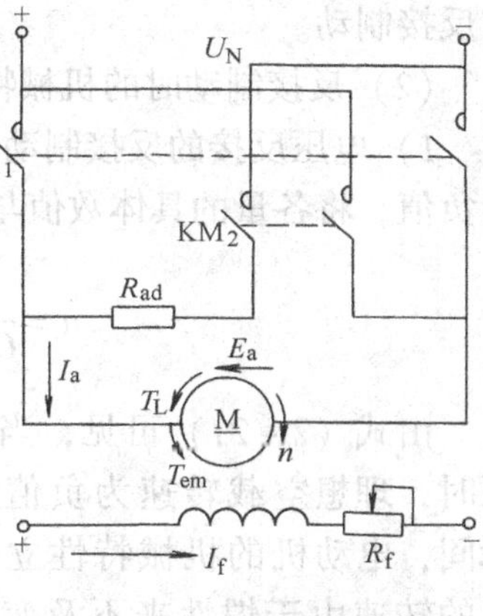

图 2－20　电源电压反接的反接制动接线图

$$R_{ad}=\frac{U+E_a}{I_{max}}-R_a$$

式中，E_a 为反接制动开始瞬间时的电枢电动势。

2）倒拉反接制动。接线图如图 2－21 所示，图 2－21a 中接触器 KM_1、KM_2 触点同时闭合时，直流电动机工作在电动状态，起重机提升重物 G。图 2－21b 中保持 KM_1 触点闭合，使 KM_2 断开，将附加电阻 R_{ad} 串入电枢回路，因电阻 R_{ad} 较大，机械特性变软，此时 $T_{em}<T_L$，系统开始减速，当转速 n 下降到零时，电磁转矩 T_{em} 仍小于负载转矩 T_L，电动机被重物 G 拉着反转，n 变为负值，感应电动势 E_a 也反向，E_a 与外加电压 U 的方向一致。随着转速 n 的反向增加，电磁转矩 T_{em} 增加，当 $T_{em}=T_L$ 时，转速 n 不再变化，系统以恒速下放重物 G。此时电枢电流为

图 2－21　倒拉反接制动的接线图

$$I_a=\frac{U-(-E_a)}{R_a+R_{ad}}=\frac{U+E_a}{R_a+R_{ad}}$$

因系统在重物 G 的作用下使 n 反向，使得电动机的电磁转矩 T_{em} 与 n 反向，故被称为倒

拉反接制动。

(2) 反接制动时的机械特性

1) 电压反接的反接制动。U 为负值，n_0 为负，$I_a=(-U-E_a)/(R_a+R_{ad})$ 为负值，T_{em} 为负值，将各量的具体数值与正、负号代入机械特性表达式后，得

$$n=\frac{-U}{C_e\Phi_N}-\frac{R_a+R_{ad}}{C_eC_T\Phi_N^{\ 2}}(-T_{em})=-n_0+\beta T_{em} \tag{2-21}$$

由式 (2-21) 可见，当电枢加反向电压时，理想空载转速为负值，电压反接的瞬间，电动机的机械特性立即改变，电动机的转速由于惯性来不及变化，电枢电流改变方向，电磁转矩改变方向，电磁转矩的方向与电动机的旋转方向相反，电动机进入制动运行，电动机的工作点立即从 $a\to b$，因此反接制动的机械特性是反向电动状态机械特性曲线在第二象限的延伸线，如图 2-22 特性曲线 1 所示，当电动机的转速 $n=0$，反接制动过程结束，为防止电动机反向再起动（当带动反抗性负载时），必须及时切除反向电压。

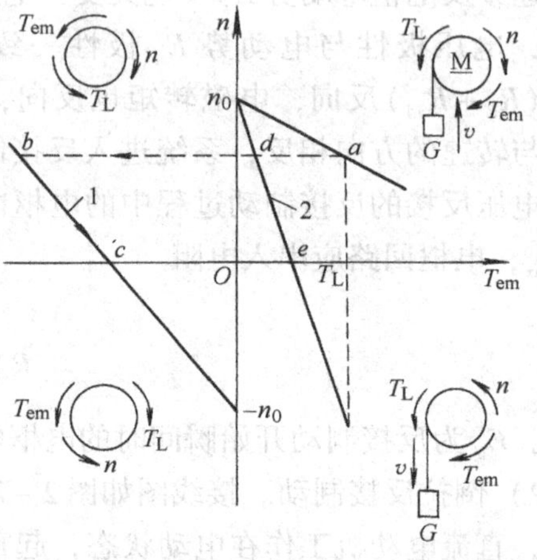

图 2-22 反接制动的机械特性

2) 倒拉反接制动。因 U 为正，所以 n_0 为正，T_{em} 为正，但 β 很大，使 $n=n_0-\beta T_{em}$ 等于负值。电动机正向运行时，当电枢回路串上足够大的电阻，机械特性立即变化，电动机转速不变（惯性），电动机的工作点从 $a\to d$，电枢电流减小，电磁转矩减小，电磁转矩小于负载转矩，电动机减速运行，转速降为 0 时，如图 2-22 中的 e 点，负载转矩大于电磁转矩，在负载转矩的作用下，电动机反向运行，电磁转矩的方向不变，电动机的旋转方向改变，电磁转矩的方向与电动机的旋转方向相反，电动机运行在制动状态。可见，倒拉反接制动只适合位能性负载，倒拉反接制动的机械特性是正向电动状态机械特性曲线在第四象限的延伸，如图 2-22 特性曲线 2 所示。

(3) 反接制动的特点

1) 反接制动时 U 与 E_a 同向，故 n 与 n_0 反向。电源反接时，U 为负，n_0 为负，n 为正，特性在第二象限。

2) 反接制动时，电网向电动机输入电功率 $P_1=UI_a$，同时电动机轴上输入机械功率（动能或位能）P_2 转变为电功率 E_aI_a，它们都消耗在电枢电路的总电阻上，即电枢电阻上消耗的总功率 $I_a^{\ 2}(R_a+R_{ad})=UI_a+E_aI_a$，所以反接制动损耗大，经济性差。

例 2-3 一台他励直流电动机，$P_N=29\text{kW}$，$U_N=440\text{V}$，$I_N=76.2\text{A}$，$n_N=1050\text{r/min}$，$R_a=0.393\Omega$，电动机带动位能性负载，倒拉反接制动状态下下放重物，$I_a=50\text{A}$ 时，转速 $n=-600\text{r/min}$，求串接在电枢电路中的电阻值、电网输入功率、从轴上输入的功率及电枢电路电阻上消耗的功率。

解：

$$C_e\Phi_N = \frac{U_N - I_N R_a}{n_N} = \frac{440 - 76.2 \times 0.393}{1050} = 0.39$$

电枢电路总电阻 R 为

$$R = R_a + R_{ad} = \frac{U_N - C_e\Phi_N n}{I_a} = \left(\frac{440 - 0.39 \times (-600)}{50}\right)\Omega = 13.48\Omega$$

串接在电枢回路的电阻为 $R_{ad} = R - R_a = (13.48 - 0.393)\Omega = 13.087\Omega$

电网输入功率为

$$P_1 = UI_a = (440 \times 50 \times 10^{-3})\text{kW} = 22\text{kW}$$

轴上输入功率为

$$P_2 = E_a I_a = C_e\Phi_N n I_a = (0.39 \times 600 \times 50 \times 10^{-3})\text{kW} = 11.7\text{kW}$$

电枢电阻上的消耗功率为

$$\Delta p = I_a^2 R = (50^2 \times 13.48 \times 10^{-3})\text{kW} = 33.7\text{kW}$$

3. 回馈制动

在电动状态下运行的电动机，若在外部条件作用下，使电动机的实际转速 n 大于其理想空载转速 n_0，则电动机运行在回馈制动状态。

（1）回馈制动的实现方法

1）位能性负载拖动电动机。当电动机拖动起重机提升重物时，将电源电压反接，电动机将进入反接制动过程（前面已分析过），当转速 $n=0$ 时，在电磁转矩 T_{em} 和负载转矩 T_L 的共同作用下，电动机反向加速运行，当反向加速到 $|n| = |n_0|$ 时，$|E_a| = |U|$，则 $I_a=0$，$T_{em}=0$，电动机在负载转矩 T_L 的作用下，继续反向加速，使 $|n| > |n_0|$，电动机处于回馈制动状态下：$|E_a| > |U|$，电枢电流 $I_a = (-U + E_a)/(R_a + R_{ad})$，电磁转矩 T_{em} 变为正值，T_{em} 与 n 的方向相反，为制动转矩，随着 $|n|$ 的增加，T_{em} 也增加，直到 $T_{em} = T_L$，系统在高速下($|n| > |n_0|$)恒速下放重物，如图 2－23 所示。为了使回馈制动下放重物的转速不过高，应及时切除 R_{ad}，使系统稳定运行在电动机的固有特性上，R_{ad} 切除后的转速变化如图2－23所示。

2）他励直流电动机调速过程中的回馈制动。若电动机原来工作在电动运行状态，突然增加磁通或降低电枢电压，感应电动势来不及变化，就会发生 $E_a > U$ 的情况，即出现了回馈制动状态。图 2－23 中，当电枢电压下降时，电动机将从原有特性 A 点跳到现特性 B' 点，使其处于回馈制动状态。

（2）回馈制动的机械特性　若回馈制动状态下稳定下放重物时，机械特性曲线位于第四象限，n_0 为负，电磁转矩 T_{em} 为正，则

$$n = \frac{-U}{C_e\Phi_N} - \frac{R_a + R_{ad}}{C_e C_T \Phi_N^2} T_{em} = -n_0 - \beta T_{em}$$

该机械特性曲线为反向电动状态机械特性在第四象限的延长线。

若回馈制动发生在调速过渡过程，突然降低电源电压或突然增强磁场，就可能出现 $E_a > U$，导致 $I_a = (U - E_a)/R_a$ 变为负值，T_{em} 反向也为负值，此时 n 为

$$n = \frac{U}{C_e \Phi_N} - \frac{R_a + R_{ad}}{C_e C_T \Phi_N^2}(-T_{em}) = n_0 + \beta T_{em}$$

机械特性曲线为减压或增磁时的人为特性在第二象限的延伸，如图 2－23 所示。

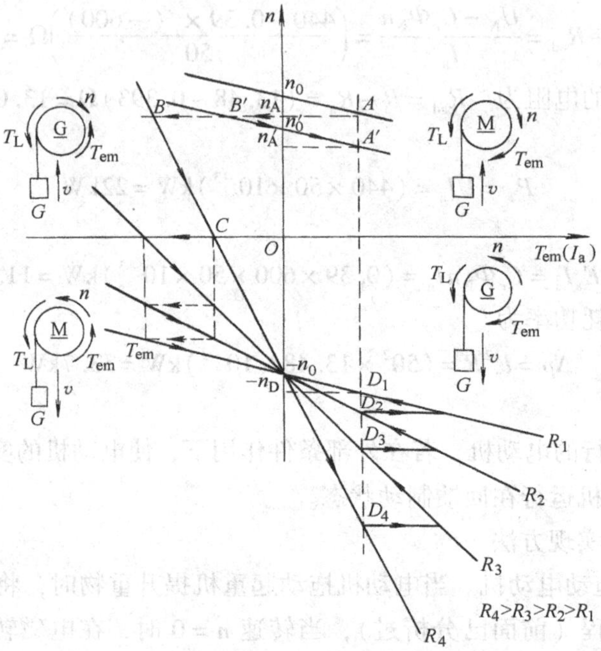

图 2－23　回馈制动的机械特性

（3）回馈制动的特点

1）回馈制动在 $|n|>|n_0|$ 时出现，在调速过程中，不需改变接线，电动机从电动状态自然转入回馈制动状态运行，线路简单，实现容易。

2）回馈制动时直流电动机变成直流发电机与电网并联运行，它将系统存储的机械能转变成电能回馈给电网，其回馈能量为 $P = U_a I_a = E_a I_a - I_a^2 R_a$。故回馈制动节省能源，经济性好。

2.5.2　四象限运行及电动机的各种运行状态

从 2.3 节他励直流电动机的机械特性中，我们得到了直流电动机的正向电动运行机械特性和反向电动运行机械特性，如图 2－24 曲线 1 和 5 所示。将上面分析的直流电动机的电气制动概括起来，若在电枢回路串入一定的电阻，则当电枢电压为正的时，得到图 2－24 中的曲线 2；当电枢电压为 0 时，得到图 2－24 中的曲线 3；当电枢电压为负的时，得到图 2－24 中的曲线 4。下面我们逐一分析这几条特性曲线在四象限的运行情况。

1. 电动运行状态

按我们所规定的正方向，电动机运行在第一象限和第三象限时，电磁转矩的方向与电动机的旋转方向一致，电动机运行在电动运行状态。

2. 制动运行状态

若电动机运行在第二象限和第四象限时，电磁转矩的方向与电动机的旋转方向相反，则电动机运行在制动运行状态。

首先分析第二象限的运行情况。图 2－24 中曲线 2 的第二象限部分，其转速高于理想空载转速，电枢电动势大于电源端电压，电动机工作在回馈制动状态。曲线 3 通过转速为 0 的点，电源端电压为 0，电动机工作在能耗制动状态。曲线 4 中电动机运行在第二象限时，其旋转方向与理想空载转速方向相反，电枢电动势与电源电压同方向，电动机工作在电压反接的反接制动状态。第四象限的运行状况与第二象限的运行状况类似，所不同的是，当负载为位能性恒转矩负载时，在负载转矩的作用下，电动机可稳定运行。

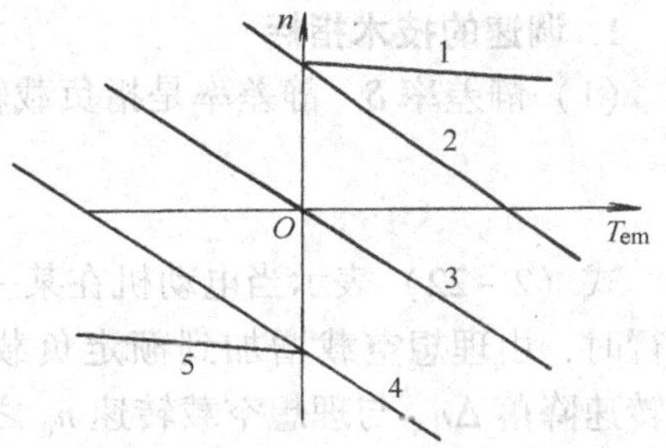

图 2－24　直流电动机的四象限运行

2.6　他励直流电动机的调速

调速是根据电力拖动系统的负载特性的特点，通过改变电动机的电源电压、电枢回路电阻或减弱磁通而改变电动机的机械特性来人为地改变系统的转速，以满足其实际工作需要的一种控制方法。电力拖动系统中采用的调速方法通常有三种：

1）机械调速，通过改变传动机构的速度比来实现。特点是：电动机控制方法简单，但机械变速机构复杂，无法自动调速，且调速为有级的。

2）电气调速，通过改变电动机的有关电气参数以改变拖动系统的转速，特点是：简化机械传动与变速机构，调速时不需停机；可实现无级调速，易于实现电气控制自动化。

3）电气—机械调速，包括上述两种方法的混合调速方法。

本节只分析电气调速的方法及有关问题。

根据直流电动机的转速公式：

$$n = \frac{U}{C_e\Phi} - \frac{R_a + R_{ad}}{C_e\Phi}I_a$$

可知，当电流 I_a 不变时，要改变电动机的转速有三种方法：

1）减压调速，减低电枢电源电压，使理想空载转速 n_0 下降，导致转速 n 下降。

2）电枢回路串电阻调速，在电枢回路串入不同数值的附加电阻 R_{ad}，使机械性斜率 β 变大，转速降变大，转速下降。

3）弱磁调速，减少他励直流电动机的励磁电流 I_f，使主磁通 Φ 减小，导致理想空载转速和转速降都增加，在一定负载下，转速 n 将增加。

在学习本节时，必须注意将调速与速度变化这两个概念区分开。速度变化是指生产机械的负载转矩受到扰动时，系统将在电动机的同一条机械特性上的另一位置达到新的平衡，因而使系统的转速也将随着变化。调速是在负载不变情况下，指电动机配合拖动系统负载特性的要求，人为地改变他励直流电动机的有关参数，使电动机运行在另一条机械特性曲线上而使系统的转速发生相应的变化。

2.6.1　调速指标

调速的方法有多种，为了比较各种调速方法的优劣，必须进行技术、经济等方面性能的比较，因此调速方法主要有两大指标，即技术指标和经济指标。

1. 调速的技术指标

（1）静差率δ　静差率是指负载转矩变化时，转速的变化程度。一般用δ表示

$$\delta_N = \frac{\Delta n_N}{n_0} \times 100\% \tag{2-22}$$

式（2－22）表示当电动机在某一机械特性上运行时，由理想空载增加到额定负载时，电动机的转速降落Δn_N与理想空载转速n_0之比。

显然，电动机的机械特性越硬，静差率越小，但静差率与机械特性的硬度又有不同之处，两条互相平行的机械特性的硬度相同，但静差率不同。图2－25中，特性曲线1与2平行，$\Delta n_{N1} = \Delta n_{N2}$，而$n_0 > n_{01}$，则$\delta_1 < \delta_2$，即同样硬度的特性，转速越低，静差率越大。因此，实际系统的调速指标δ是指系统在n_{min}时的保证值。

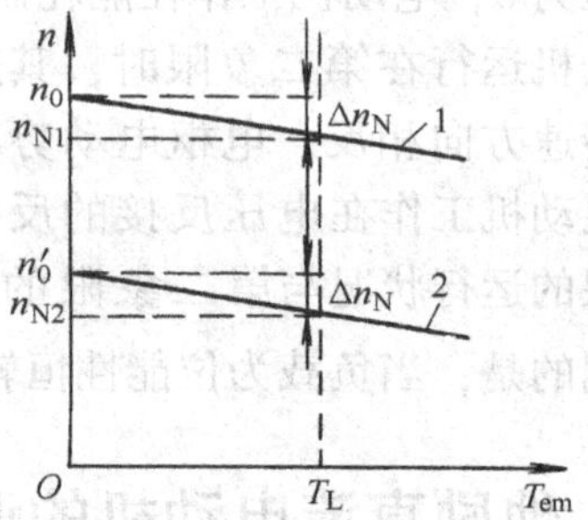

图2－25　不同机械特性下的静差率

不同生产机械对静差率的要求不同，一般设备对静差率要求不高，$\delta<(30\% \sim 50\%)$，精密机床要求$\delta<(1\% \sim 5\%)$，静差率要求很小时，开环系统就无法实现，只能采用闭环系统才能满足要求。

（2）调速范围D　在额定负载下，系统可能运行的最大转速n_{max}（或最大工作线速度V_{max}）与最小转速n_{min}（或最小工作线速度V_{min}）之比，称为调速范围，则

$$D = \frac{n_{max}}{n_{min}} = \frac{V_{max}}{V_{min}}$$

不同的生产机械对调速范围的要求不同，例如车床$D=20\sim100$，龙门刨床$D=10\sim40$。这里的D是指生产机械总的调速范围，它可以通过电气和机械相配合的方法来实现，本节只讨论电气调速方法。

静差率与调速范围是互相联系的两个指标，由于最低转速决定于低速时的静差率，因此，调速范围必然受到低速特性静差率的制约。现在以减压调速为例，推出调速范围D与低速静差率δ间的关系为（参看图2－25）

$$D = \frac{n_{max}}{n_{min}} = \frac{n_{max}}{n_{01} - \Delta n_N} = \frac{n_N}{n_{01}(1 - \Delta n_N / n_{01})}$$

$$= \frac{n_N}{\Delta n_N (1-\delta)/\delta} = \frac{n_N \delta}{\Delta n_N (1-\delta)} \tag{2-23}$$

式中，δ为用小数表示的静差率；Δn_N为低速特性额定负载下的转速降落。

由式（2－23）可知，当n_{max}、Δn_N均为恒值时，调速的相对稳定性要求越高，即静差率δ越小，则调速范围D也越小，若要求D大时，则必须设法提高机械特性的硬度、减少额定转速降Δn_N的数值。静差率δ与调速范围D是不能同时兼顾的，必须根据系统的实际需要，有所侧重，统筹考虑。

（3）调速的平滑性　调速的平滑性可用平滑系数表示，其定义是相邻两级转速或线速

度之比，即

$$K=\frac{n_i}{n_{i-1}}=\frac{V_i}{V_{i-1}}$$

式中，K 为平滑系数；n_i、V_i 分别为第 i 级转速与第 i 级线速度；n_{i-1}、V_{i-1} 分别为第 $i-1$ 级转速与第 $i-1$ 级线速度。

显然，调速的级数越多，K 越接近于 1，调速的平滑性越好。当 $K=1$ 时，称为无级调速，即在调速范围内，转速可以达到任意值。

（4）调速时电动机的允许输出　允许输出是指在调速过程中，保持直流电动机的电枢电流为额定值的条件下，电动机所能输出的最大功率和最大转矩。为了合理使用电动机，既使它充分发挥作用，又要保证它的使用寿命，应使电动机在不同转速下长期工作时，电枢电流等于额定值不变。由公式 $P_{em}=T_{em}\Omega$ 可知，电动机允许输出有两种情况：①当转速变化时，最大允许输出功率与转速无关的称恒功率输出。②当转速变化时，最大允许输出转矩与转速无关的称恒转矩输出。

应该注意的是：允许输出是指调速过程中电动机本身具有的拖动负载能力，它并不表示电动机工作时的实际输出。电动机稳定运行时的实际输出功率与转矩是由电动机轴上拖动的实际负载的大小决定的。

2. 调速的经济指标

调速的经济指标是指调速系统的性能价格比，在性能相同的情况下，应考虑以下两点：

1）初投资大小，包括设备本身及辅助设备的投资，初投资越小越好。

2）运行费用，包括运行过程中的能量损耗大小，即运行效率和维护费用等，运行费用越低越好。

2.6.2　他励直流电动机降低电枢电源电压调速

1. 减压调速方法与调速原理

保持 $\Phi=\Phi_N$ 不变，电枢电路不串入附加电阻，通过可调压直流电源调节电枢外加电压来调节转速。由于减压调速属恒转矩调速（调速运行时最大电磁转矩不变），为获得较好的经济指标，电动机所带负载均为恒转矩负载，即 $T_L=$ 常数。电动机接线见图 2-4。

由于电枢电压 U_a 下降，理想空载转速下降，电动机的转速 n 也相应地下降。因 $R_{ad}=0$，机械特性斜率 $\beta=R_a/(C_eC_T\Phi^2)$ 不变，所以减压调速可得一组处于固有特性下方且平行于固有特性的人为特性，如图 2-26a 所示。假设电动机原来的工作点在 a 点，转速为 n_1。降低电枢电压后，工作点将转移到相应的人为机械特性上，从而得到了较低的转速，调速过程如下：调速开始时，降低电枢电压，这时 n 不变，感应电动势 E_a 不变。电机的工作点由 a 点沿水平方向跃到 b 点，电枢电流 I_a 降低，电磁转矩 $T_{em}<T_L$，电机减速运行。随着 n 的下降，E_a 减小，电枢电流 I_a 和电磁转矩 T_{em} 逐步回升，直至 $n=n_2$（人为特性的 c 点上），电磁转矩 $T_{em}=T_L$，电机就以较低的速度 n_2 稳定运行，调速过程结束。电枢电压不同，就可得到不同的稳定转速。调速过程中，电枢电流和转速变化的过渡过程如图 2-26b 所示，其分析方法同电动机起动时的分析方法，在此不再重复。

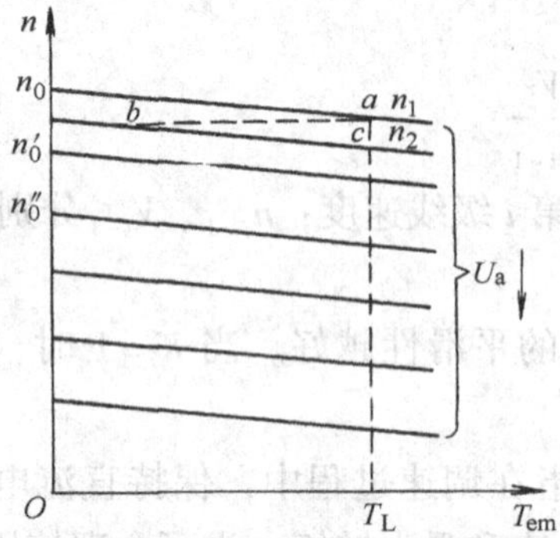

a)降压调速时机械特性的变化过程

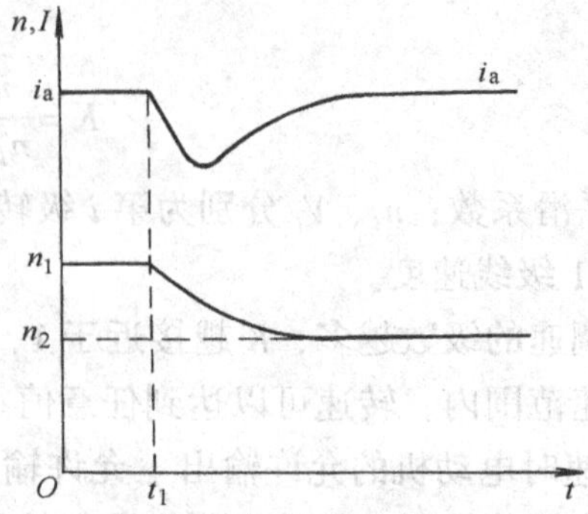

b)降压调速时电流和转速的变化过程

图 2－26　他励直流电动机降压调速的机械特性及电流、转速变化过程

调压调速需要有专用的可调压直流电源，而且其调速性能取决于可调压直流电源的性能，目前用得较多的可调直流电源是晶闸管可控整流装置，或大功率晶体管整流装置，如图 2－27 所示。老的调压设备是由交流电动机带动的直流发电机提供的，如图 2－28 所示。图中，三相异步电动机作为直流发电机的动力，发电机的电枢与直流电动机的电枢直接相连，作为供给直流电动机的电枢电源。通过调节发电机励磁回路所串的电阻 r_{fG} 改变发电机的磁通，即可改变发电机的输出电压从而实现调压调速。这种调速系统也称 G－M 系统。

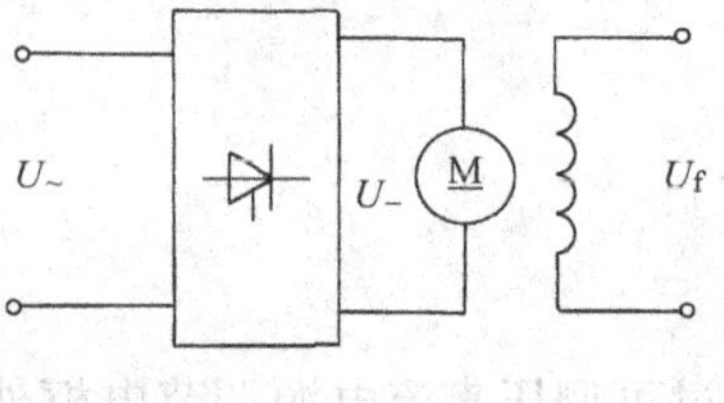

图 2－27　整流装置供电的直流调速系统示意图

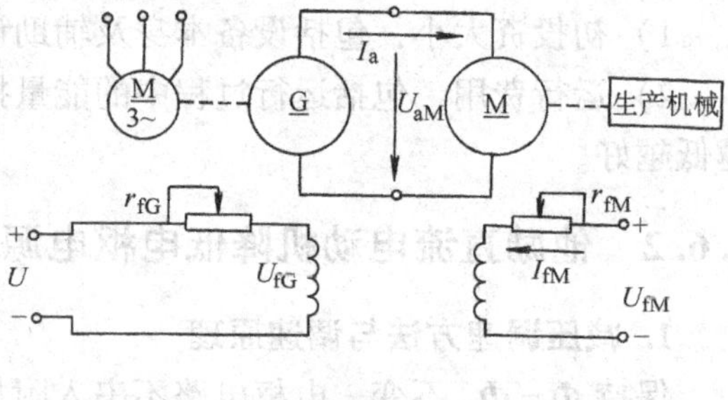

图 2－28　直流发电机—电动机组拖动系统

2. 减压调速的机械特性

减小电源电压的调速系统的机械特性方程式为

$$n = \frac{U_0}{C_e \Phi} - \frac{R_0 + R_a}{C_e C_T \Phi^2} T_{em}$$

式中，U_0 为晶闸管整流装置的空载整流电压；对于 G－M 系统，U_0 是发电机的感应电动势 E_G，即 $U_0 = E_G$；R_0 为整流装置内阻，对 G－M 系统，R_0 为发电机电枢电阻。

对晶闸管整流调速系统，当电动机负载较大，电动机电流连续时，或 G－M 系统，改变 U_0 可得一组平行的特性，如图 2－26 所示。由于受可调直流电源内阻 R_0 的影响，调压调速时机械特性的斜率变大，特性变软。

当晶闸管调速系统的负载较小，电枢电流很小时，电枢电流波形将出现不连续现象，这对机械特性影响很大。图 2－29 绘出了电流不连续时的机械特性，由图可见电流不连续时，理想空载转速较高，随着负载的变化，转速将急剧变化。有关晶闸管调速的详细内容将在其他课程中介绍。

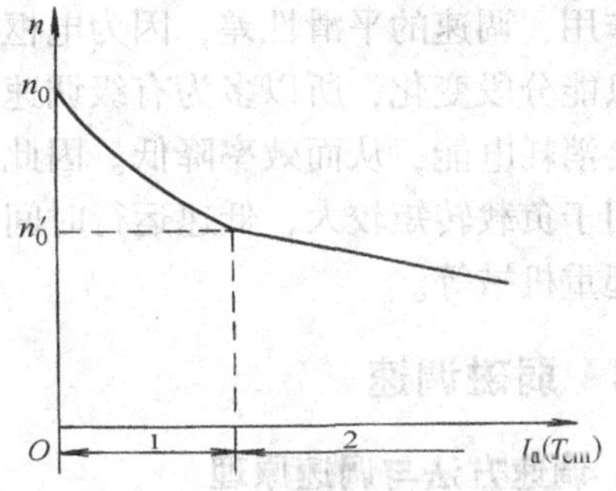

图 2－29 电流不连续时的机械特性

1—不连续区域 2—连续区域

3. 调速性能

他励直流电动机调压调速的调速范围大，调速的相对稳定性好，在减压时，特性曲线的斜率不变，调速平滑性好，可实现无级调速，但调压调速的初投资较大。

2.6.3 他励直流电动机电枢回路串电阻调速

1. 调速方法与调速原理

电枢回路串电阻调速时，保持 $\Phi=\Phi_N$，$U=U_N$ 不变，调节电枢回路所串电阻 R_{ad}，即可实现转速调节。调速过程可用图 2－30 说明：调速开始，在电枢回路串入电阻 R_{ad1}，这时转速 n 还未变，感应电动势 E_a 未变，电动机的工作点由 a 点平移到 b 点，电枢电流 I_a 下降，电磁转矩 T_{em} 减小，$T_{em}<T_N$，电动机减速运行。随着 n 的下降，感应电动势 E_a 减小，电枢电流 I_a 和电磁转矩 T_{em} 逐渐回升，直至人为特性的 c 点，电磁转矩 $T_{em}=T_N$，电动机以 n_2 稳定运行。图 2－30b 表示调速过程中电枢电流 I_a 和转速 n 的变化过程。当负载转矩不变时，系统在新的稳定状态下运行，电枢所串的电阻越大，电动机的旋转速度越低，但电枢电流不变，该调速系统也是一种恒转矩调速系统。

图 2－30a 中画出了电枢分别串入 R_{ad1}、R_{ad2}、R_{ad3} 时的人为特性。可见在一定的负载转矩 T_L 下，电枢串联电阻越大，电动机的转速越低。在额定负载下，电动机的最高转速是额定转速。

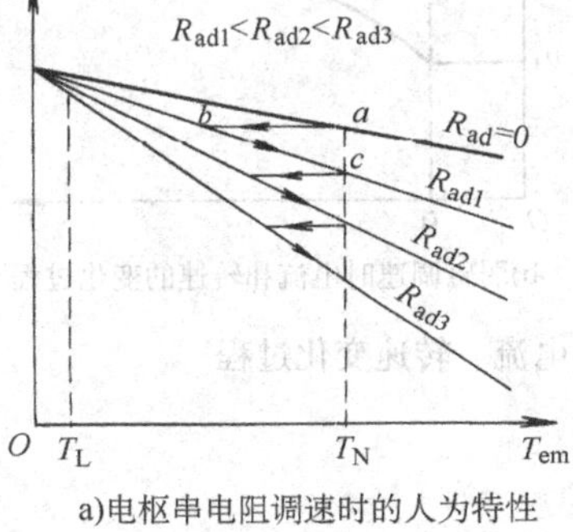

a)电枢串电阻调速时的人为特性

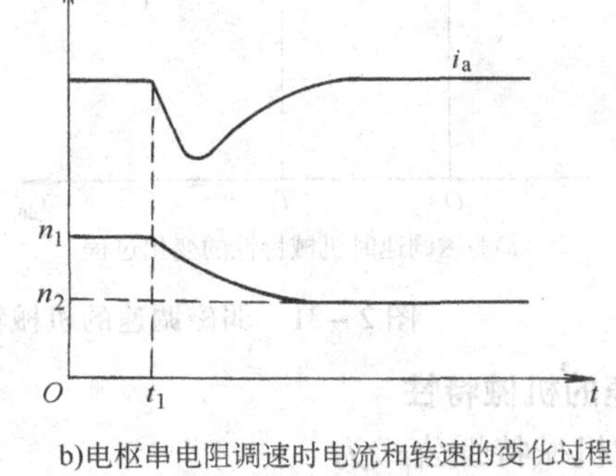

b)电枢串电阻调速时电流和转速的变化过程

图 2－30 电枢串电阻调速的人为特性及电流、转速变化过程

2. 调速性能

电枢串电阻的调速范围较小，因为转速越低，特性越软，电动机运行的稳定性越差。调速范围还随负载大小的改变而改变，当负载转矩很小时，如图 2－30 中的 T_L，没有明显的

调速作用，调速的平滑性差，因为电枢电阻将流过较大电流，电阻容量大，阻值无级变化困难，只能分段变化，所以多为有级调速。调速的经济性较差，在调速系统运行过程中，串联电阻要消耗电能，从而效率降低。因此电枢串电阻调速虽实现容易，但调速性能不理想，所以只用于负载转矩较大，低速运行时间短，负载性质为恒转矩负载的生产机械中，如电车、小型起重机械等。

2.6.4 弱磁调速

1. 调速方法与调速原理

弱磁调速时，保持 $U=U_N$，电枢电路不串附加电阻，通过调节励磁回路的附加电阻 R_{fad}，减小励磁电流 I_f，使磁通 Φ 下降，从而实现调速。

弱磁后，理想空载转速 $n_0=U_N/C_e\Phi$ 增大，特性斜率

$$\beta=\frac{R_a}{C_eC_T\Phi^2}$$

增大，机械特性变软。图 2－31a 中特性 1 为电动机的固有机械特性曲线，曲线 2 为弱磁后的人为机械特性曲线。调速前，电机工作在固有特性曲线的 a 点上，这时电动机的转速为 n_1，电枢电流为 I_{a1}，电磁转矩 $T_{em}=T_L$。减弱磁通时，当 Φ 减小时，转速 n 来不及变化，电动机的工作点由 a 点平移到曲线 2 的 b 点，这时电机的感应电动势 E_a 减小，电枢电流 I_a 增加，电磁转矩 T_{em}增加，电动机加速运行。随着转速的升高，感应电动势回升，电枢电流和电磁转矩则逐渐减小，当 $T_{em}=T_L$ 时，电动机在 c 点稳定运行，新的转速 $n_2>n_1$、$T_{em}=T_L$、$I_{a1}<I_{a2}$。实际由于励磁回路的电感较大，磁通不可能突变，电磁转矩的变化曲线如图2－31a 中的曲线 3 所示。调速过程的电枢电流 I_a 和转速 n 的变化过程如图 2－31b 所示。考虑到连续运行中，电枢电流不能大于 I_{aN}，所以弱磁调速通常运用于恒功率负载拖动系统中。

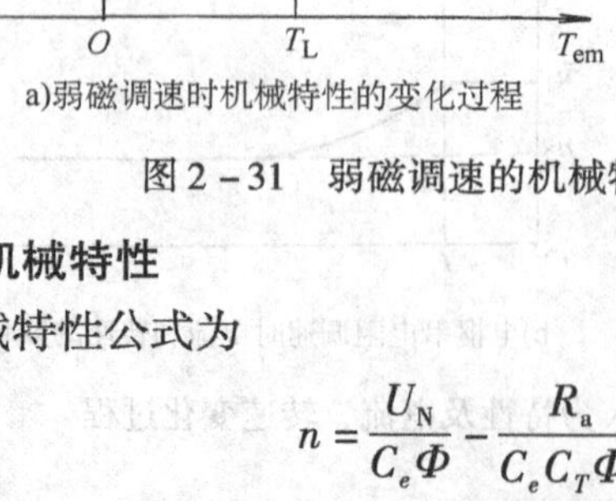

a)弱磁调速时机械特性的变化过程

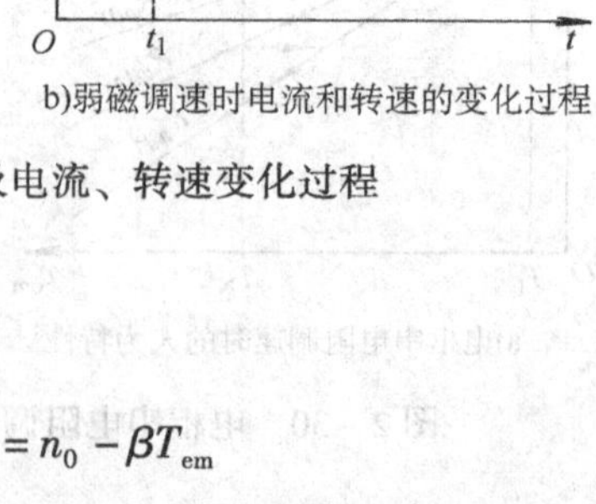

b)弱磁调速时电流和转速的变化过程

图 2－31　弱磁调速的机械特性及电流、转速变化过程

2. 调速的机械特性

调速的机械特性公式为

$$n=\frac{U_N}{C_e\Phi}-\frac{R_a}{C_eC_T\Phi^2}T_{em}=n_0-\beta T_{em}$$

由于 Φ 下降，理想空载转速 n_0 和转速降 Δn 都增加，一般在额定转矩范围内 n_0 增加较大，而 Δn 增加较少，所以实际转速 n 将增加，高于固有特性对应的转速，如图 2－31a 所示。

3. 调速性能

弱磁调速的范围受到电动机最高转速的限制，普通他励直流电动机弱磁调速的范围仅为1.2～2，专为弱磁调速设计制造的电动机调速范围才能达到3～4，可见弱磁调速的范围并不大。但弱磁调速可与调压调速配合使用，在基速以上用调磁调速，在基速以下用调压调速，从而得到宽广平滑的调速特性。

弱磁调速通常是改变励磁回路电阻来实现的，因励磁电流 I_f 一般较小，可使用变阻器实现无级调速。弱磁调速的经济性好，因弱磁时，控制设备容量小，初投资少，损耗小，效率高，控制方便。

例 2－4 一台他励直流电动机，$P_N = 13kW$，$U_N = 220V$，$I_N = 68.6A$，$R_a = 0.225\Omega$，$n_N = 1500r/min$，电动机带动额定恒转矩负载运行，略去空载转矩 T_0。

①若要将电动机的转速降到1000r/min，采用电枢串电阻调速时需要串多大的电阻？采用减压调速时，电源电压应降到多少伏？②要使转速上升到2000r/min，问此时磁通 Φ 应降到额定磁通的多少倍？电动机的过载倍数是多少？

解：①

$$C_e\Phi_N = \frac{U_N - I_N R_a}{n_N} = \frac{220 - 68.6 \times 0.225}{1500} = 0.1364$$

理想空载转速

$$n_0 = \frac{U_N}{C_e\Phi} = \left(\frac{220}{0.1364}\right) r/min = 1612.9r/min$$

额定转速降

$$\Delta n_N = n_0 - n = (1612.9 - 1500) r/min = 112.9r/min$$

电枢串电阻的转速降

$$\Delta n = n_0 - n = (1612.9 - 1000) r/min = 612.9r/min$$

因为 $$\frac{R_a + R_{ad}}{R_a} = \frac{\Delta n}{\Delta n_N}$$

所以电枢回路应串入的电阻

$$R_{ad} = \frac{\Delta n}{\Delta n_N}R_a - R_a = \left(\frac{612.9}{112.9} \times 0.225 - 0.225\right)\Omega = 0.996\Omega$$

减压后的理想空载转速

$$n_{01} = n + \Delta n_N = (1000 + 112.9) r/min = 1112.9r/min$$

因为

$$n_{01} = \frac{U_1}{C_e\Phi}$$

所以，电枢电压应降到

$$U_1 = C_e\Phi n_{01} = (0.1364 \times 1112.9) V = 151.8V$$

② $T_{emN} = C_T\Phi_N I_a = 9.55C_e\Phi_N I_N = (9.55 \times 0.1364 \times 68.6) N \cdot m = 89.36N \cdot m$

$$n = \frac{U_N}{C_e\Phi} - \frac{R_a}{C_e C_T \Phi^2}T_{em} = \frac{U_N}{C_e\Phi} - \frac{R_a}{9.55(C_e\Phi)^2}T_N$$

$$2000=\frac{220}{C_e\Phi}-\frac{0.255}{9.55(C_e\Phi)^2}\times 89.36$$

$$2000(C_e\Phi)^2-220C_e\Phi+2.386=0$$

解此方程得 $C_e\Phi=0.0978$ 或 $C_e\Phi=0.0122$

此两解中，舍去其中的 $C_e\Phi=0.0122$，这是因为此解将导致磁通减少太多，从而使电枢电流远远超过额定电流。于是

$$\frac{\Phi}{\Phi_N}=\frac{C_e\Phi}{C_e\Phi_N}=\frac{0.0978}{0.1364}=0.717$$

因为 $T_N=C_T\Phi_N I_a$

因此在负载转矩为额定转矩时，减弱磁通，电枢电流与额定电流之比为

$$\frac{I_a}{I_N}=\frac{C_T\Phi_N}{C_T\Phi}=\frac{C_e\Phi_N}{C_e\Phi}=\frac{0.1364}{0.0978}=1.395$$

即此种情况下电动机的过载倍数是1.395。

可见，弱磁调速时，要使电动机不过载，必须减小电动机轴上的负载转矩。

2.6.5 电动机调速时的允许输出与负载的配合

1. 电动机调速时的允许输出

电动机稳定运行时的输出功率和轴上的输出转矩是由负载和电动机共同决定的，为了保证电动机长期工作而不损坏，其最大输出不能超过允许的极限值。但是，在采用不同的方法调速时，电动机允许的输出要发生变化。在选择调速方案时，必须考虑允许输出的变化，使电动机在整个调速范围内得到最充分、最合理的利用。

电动机调速时的允许输出功率或转矩主要决定于电动机的发热，而发热又取决于电枢电流。在调速过程中，只要在不同的转速下，电枢电流不超过 I_N，电动机长期工作就不会过热。若在不同的转速下，电枢电流刚好等于 I_N，则电动机被充分利用，所对应的输出功率和输出转矩也就是允许输出的极限值。现在就三种调速方法分别讨论其最大输出功率和输出转矩。

（1）电枢串电阻调速和减压调速　电枢串电阻调速和减压调速时，$\Phi=\Phi_N$ 不变，若保持 $I_a=I_N$ 不变，则对应的电磁转矩和电磁功率分别为

$$T_{em}=C_T\Phi_N I_N=T_N \tag{2-24}$$

$$P_{em}=\frac{T_{em}n}{9.55}=\frac{T_N n}{9.55}\propto n \tag{2-25}$$

式中，T_N 为额定电磁转矩，调速过程中保持不变。

由式（2-24）和式（2-25）可见，采用电枢串电阻调速和减压调速时，不论电动机在什么转速下工作，允许输出的转矩为额定转矩，不随转速改变，因此称之为恒转矩调速方法。而允许输出的功率则与转速成正比，随转速下降而减小，如图2-32所示。

（2）弱磁调速　弱磁调速时，若保持 $I_a=I_N$ 不变，则 Φ 与 n 之间有下列关系：

$$\Phi=\frac{U_N-I_N R_a}{C_e n}=\frac{E_{aN}}{C_e n}$$

由此求出不同转速时的电磁转矩和电磁功率分别为

$$T_{em}=C_T\Phi I_N=C_T\frac{E_{aN}}{C_e n}I_N=9.55\frac{P_{emN}}{n}$$

式中，$P_{emN}=E_{aN}I_N$ 为额定电磁功率，调速过程中保持不变。

$$P_{em}=\frac{T_{em}n}{9.55}=P_{emN}$$

可见，弱磁调速时，允许输出转矩与转速成反比，随转速升高而减小。而允许输出功率则为额定功率，不随转速变化，故称之为恒功率调速，如图 2-32 所示。

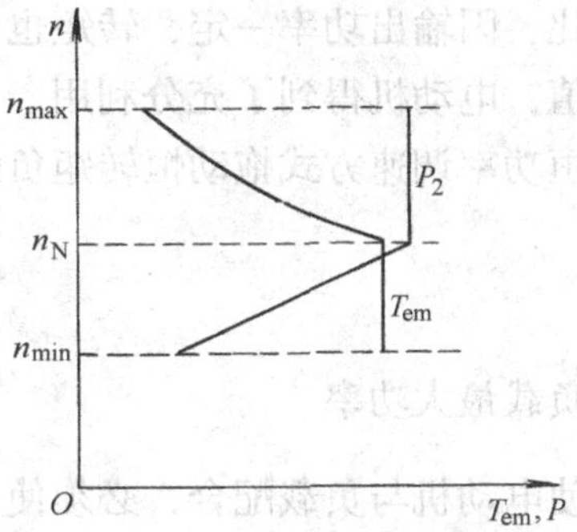

图 2-32　调速时电动机允许的输出

2. 调速方法与负载的配合

图 2-32 所绘出的允许输出转矩或功率只表示电动机的最大输出能力，不代表电动机的实际输出。电动机的实际输出由不同转速下负载转矩与负载功率特性 $T_L=f(n)$ 及 $P_L=f(n)$ 来决定，这样就有一个调速方法与负载类型的配合问题。若配合恰当，则在整个调速范围内，既可使电动机的输出能力得到充分利用，又不会使电动机过载。

(1) 恒转矩调速　若对恒转矩负载用恒转矩调速，使 $T_N=T_L=$ 常数，$n_N=n_{max}$。此时电动机功率为

$$P_N=\frac{T_N n_N}{9.55}=\frac{T_L n_{max}}{9.55}$$

电动机在任何转速时 $I_a=I_N$，电机的输出能力得到了充分利用。

若将恒转矩调速用于恒功率负载，由于恒转矩调速由额定转速 n_N 向下调节，因此电动机的额定转速不能小于负载要求的最高转速。通常取 $n_N=n_{max}$，在转速最低时，负载转矩最大，$T_{Lmax}=9.55P_L/n_{min}$，为了满足负载的要求，电动机的额定转矩必须等于最大负载转矩，即

$$T_N=9.55\frac{P_N}{n_N}=9.55\frac{P_L}{n_{min}}$$

式中，P_N 和 n_N 分别为电动机的额定功率和额定转速。由此可得

$$\frac{P_N}{n_N}=\frac{P_L}{n_{min}} \tag{2-26}$$

即

$$P_N=P_L\frac{n_N}{n_{min}}=P_L\frac{n_{max}}{n_{min}}=DP_L$$

上式说明，如将恒转矩调速用于恒功率负载，电动机的功率是负载功率的 D 倍。此外，当转速升高时，负载转矩减小，必然使电枢电流减小，显然这样的配合使电动机得不到充分利用，造成浪费。

(2) 恒功率调速　由于他励直流电动机恒功率调速是采用弱磁调速方法，转速是从额定转速往上调，故电机的额定转速 n_N 应等于生产机械要求的最低转速 n_{min}。将 $n_N=n_{min}$ 代入式 (2-26) 得 $P_N=P_L$。

用恒功率调速方法拖动恒功率负载，电磁转矩 $T_{emN}=C_T\Phi I_N$，在弱磁调速时，磁通与转

速成反比，因输出功率一定，转矩也与转速成反比。这样在调整范围内，电枢电流可始终保持额定值，电动机得到了充分利用。

用恒功率调速方式拖动恒转矩负载，因 $n_N = n_{min}$，电动机的额定功率

$$P_N = \frac{T_N n_N}{9.55} = \frac{T_N n_{min}}{9.55}$$

而负载最大功率
$$P_{Lmax} = \frac{T_L n_{max}}{9.55}$$

要使电动机与负载配合，必须使电动机额定功率 $P_N = P_{Lmax}$，即

$$T_N n_{min} = T_L n_{max}$$
$$T_N = DT_L$$

这样，在 $n_N = n_{min}$时，电动机的额定转矩比实际负载转矩大得多，造成了浪费。

本章小结

电力拖动系统是指电动机和电动机转轴上的负载所组成的整体。当系统稳定运行时，系统满足 $T_{em} = T_L$，电动机的机械特性与负载特性相交。电力拖动系统的运行状态既与电动机的机械特性有关，也与负载特性有关。电动机的典型负载共有三类四种形式：反抗性恒转矩负载、位能性恒转矩负载、恒功率负载及通风机负载。

直流电动机的机械特性是指电动机的旋转速度 n 与电动机电磁转矩 T_{em}之间的函数关系 $n=f(T_{em})$，包括固有特性和人为特性。改变电动机的电枢电压、电枢电阻及励磁电流可得到不同的人为特性。当直流电动机的负载一定时，改变电动机的电枢电压、电枢电阻或减弱电动机的磁通，就可改变电动机的转速，即对直流电动机进行调速。若要使直流电动机得到充分利用又不使电动机过载，则电枢回路串电阻和降低电枢电压调速时可保持输出转矩最大，属于恒转矩调速；弱磁调速时可保持最大输出功率不变，属于恒功率调速。

直流电动机起动时要有足够大的起动转矩 T_{st}，起动电流 I_{st}要尽可能小，一般不允许超过允许的过载倍数。他励直流电动机起动时，由于起动开始 $n=0$、$E_a=0$，起动电流 $I_{st}=U/R_a$ 可达（10~20）I_N，易损坏电动机，所以直流电动机一般不允许直接起动。直流电动机的起动方法有电枢回路串电阻和降低电枢电压两种。忽略电动机的电磁惯性，只考虑机械惯性，分析得到了他励直流电动机过渡过程的一般公式，即过渡过程中电枢电流 I_a、电磁转矩 T_{em}和转速 n 与时间 t 的函数关系。

直流电动机制动的特征是电磁转矩 T_{em}的方向与电动机的旋转方向相反。制动可用于快速停车或匀速下放重物等工作情况。他励直流电动机的制动方法有能耗制动、反接制动（电源反接制动和倒拉反接制动）和回馈制动。

习　题

1. 什么是电力拖动系统？
2. 怎样判断运动系统是处于动态还是静态（稳态）运行状态？
3. 生产机械负载特性归纳起来有哪几种基本类型？

4. 什么叫电动机的固有机械特性和人为机械特性？

5. 什么叫静态稳定运行？电力拖动系统静态稳定运行的充分和必要条件是什么？

6. 他励直流电动机一般为什么不能直接起动？采用什么起动方法比较好？

7. 他励直流电动机稳定运行时，电磁转矩和电枢电流的大小由什么决定？说明机电时间常数的物理意义。

8. 调速指标中的静差率与机械特性硬度有何区别？

9. 速度调节与转速变化有什么不同？

10. 电动机的输出决定于负载还是决定于调速方法？电动机采用恒转矩调速方法与拖动恒转矩负载二者是否一样？

11. 如何区别直流电动机运行于电动状态还是处于电气制动状态？

12. 能耗制动怎样实现？具有什么特点？

13. 直流电动机起动电流的大小和什么因素有关？直流电动机的满载起动电流与空载起动电流是否一样？

14. 对于他励直流电动机拖动的系统，哪些性质的负载可分别在一、二、三、四象限内稳定运行？

15. 一台他励直流电动机，铭牌数据如下：$P_N=2.2kW$，$U_N=220V$，$I_N=11.26A$，$n_N=1500r/min$，试求：①固有机械特性曲线。②当$I_a=I_N/2$时，电动机的转速n。③当$n=1530r/min$时，电枢电流I_a。

16. 一他励直流电动机：$P_N=10kW$，$U_N=220V$，$I_N=53.7A$，$n_N=3000r/min$。试计算：①固有机械特性。②当电枢电路串入2Ω电阻时的人为特性。③当电枢电路端电压$U_a=U_N/2$时的人为特性。④当$\Phi=0.8\Phi_N$时的人为特性。⑤画出上述四种情况下的机械特性曲线。

17. 一台他励直流电动机：$P_N=40kW$，$U_N=220V$，$I_N=207.5A$，$R_a=0.067\Omega$。试求：①如果电枢电路不串接起动电阻，则起动电流为额定电流的几倍？②如将起动电流限制为$1.5I_N$，电枢电路应串多大的电阻？

18. 一台他励直流电动机的铭牌数据为：$U_N=220V$，$I_N=52A$，$n_N=2250r/min$，$R_a=0.25\Omega$。当电动机拖动一反抗性额定负载，且在固有特性上运行时，若电枢电路内突串入$R_{ad}=0.45\Omega$的附加电阻。试求：①电动机的转速及电流的过渡过程曲线。②当转速降至$n=2100r/min$时所需的时间。设系统的总飞轮矩$GD^2=90N\cdot m^2$。

19. 一他励直流电动机：$P_N=13kW$，$U_N=110V$，$I_N=137A$，$n_N=680r/min$，$R_a=0.08\Omega$。现将该电动机用在起重装置上下放重物，负载转矩为$0.3T_N$，电动机运行于回馈制动状态，试求：①在固有特性上下放重物时电动机的转速。②负载转矩不变，电动机运行于$1.2n_N$的转速下，电枢电路串入的电阻，并画出相应的机械特性。

20. 他励直流电动机的数据为：$P_N=29kW$，$U_N=440V$，$I_N=76A$，$n_N=1000r/min$，$R_a=0.377\Omega$，若忽略空载损耗。①电动机以500r/min吊起$T_L=0.8T_L$的负载，求这时接在电枢电路的电阻R_{ad}。②用哪几种方法可使负载（$0.8T_N$）以500r/min转速下放？并求出每种方法电枢电路内串接的电阻值。③在500r/min时起吊负载$T_L=0.8T_N$，忽将电枢电压反接，并使电流不超过$2I_N$，求最后稳定下降转速。

21. 一直流电动机：$U_N=220V$，$I_N=40A$，$n_N=1000r/min$，$R_a=0.5\Omega$。当电压降到180V，负载转矩为额定转矩时。试求：①电动机接成他励时（励磁电流不变）的转速和电枢电流。②电动机接成并励时（励磁电流随电压成正比变化）的转速和电枢电流（设铁心不饱和）。

22. 他励直流电动机的额定数据如下：$P_N=18.5kW$，$U_N=220V$，$I_N=103A$，$n_N=500r/min$，最高转速$n_{max}=1500r/min$，$R_a=0.18\Omega$。①若电动机带动恒转矩负载$T_L=T_N$，当磁通减弱至$\Phi=\Phi_N/3$时，求电动机的稳定转速和电枢电流。电动机能否长期运行？为什么？②若电动机带动恒功率负载$P_L=P_N$，求$\Phi=\Phi_N/3$时电动机的稳定转速和电枢电流，电动机能否长期运行？为什么？

23. 一台他励直流电动机的铭牌数据为：$P_N = 22\text{kW}$，$U_N = 220\text{V}$，$I_N = 115\text{A}$，$n_N = 1500\text{r/min}$，已知$R_a = 0.1\Omega$。当电动机拖动额定恒转矩负载 $T_L = T_N$ 运行时，要求把转速降低到1000r/min，不计电动机的空载转矩。试计算：①采用电枢串电阻调速时需串入的电阻值。②采用降低电源电压调速时需将电源电压降到多少伏？③上述两种情况下拖动系统输入的电功率和输出的机械功率。

第 3 章 常用直流控制电机

控制电机主要用于自动控制系统作伺服执行和检测运算等元件。其工作原理与普通电机基本相同，如直流伺服电动机的工作原理与直流电动机基本相同，直流测速发电机的工作原理与直流发电机基本相同。但对控制电机的要求侧重在高精度的特性和快速响应的能力等方面，这些方面比对应的普通电机的要求高得多，从而要求其结构也有相应变化。由于直线电动机能直接产生直线运动，这对直线运动系统的发展具有革命性的影响，因此本章简单介绍两种直线电动机：与直流电动机相对应的直线直流电动机和与直流无刷电动机相对应的无刷直线直流电动机。本章主要介绍在自动控制系统中使用较多的直流控制电机（如直流无刷电动机、直流伺服电动机、直流力矩电动机、直流测速发电机、直线直流电动机和无刷直线直流电动机等）的功能原理、结构及其应用。

3.1 直流无刷电动机

直流电动机起动和调速性能好，起动转矩大，广泛应用于各种驱动和伺服系统中。但是直流电动机的机械换向装置使得直流电动机的结构复杂、转动惯量大、工作噪声大；电刷和换向器之间的火花引起干扰。长期以来，人们都在寻找无接触换向的直流电动机。直流无刷电动机就是在此基础上发展起来的一种新型伺服电动机，常称作无换向器电动机或三相永磁同步电动机（方波型）。由于这种电动机既有结构简单、运行可靠、维护方便、转动惯量小和无机械换向器等交流电动机的优点，又具备直流电动机的运行效率高、无励磁损耗及调速性能好等诸多特点，作为一种相当理想的伺服电动机，应用越来越广泛。它与正弦波三相永磁同步电动机、变频调速的异步电动机一起，正在逐步取代直流电动机，成为主流的伺服电动机。无刷直流电动机广泛应用于定位精度要求很高的机电一体化设备中，如数控机床、工业机器人、航空航天技术、冶金、化工、医疗、汽车电器、电动助力车及家用电器等高新技术领域。

3.1.1 直流无刷电动机的基本结构

直流无刷电动机主要由电动机本体、转子位置传感器（BQ）和电子开关电路（逆变器）三部分组成，如图 3－1 所示。直流电源通过电子开关向电动机定子绕组供电，由位置传感器检测电动机转子位置，发出电信号控制电子开关的导通或关断，在适当的时刻向电动机的不同绕组通电，控制电动机旋转。

1. 电动机本体

直流无刷电动机的本体结构示意图如图 3－2 所示。它实际上是一台反装式普通永磁直流电动机：定子上安放电枢绕组，定子铁心内装有接成星形或三角形的三相交流绕组，用以产生同步旋转磁场，转子由高磁能积的永磁材料制成。这种结构也与第 8 章将要介绍的正弦波三相永磁同步电动机相似。

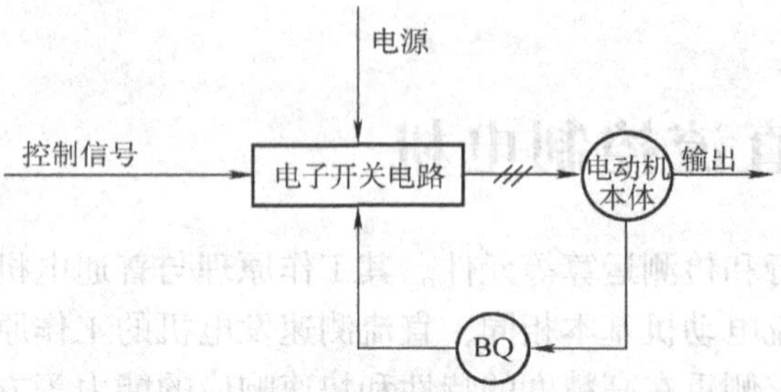

图 3-1　直流无刷电动机的原理框图

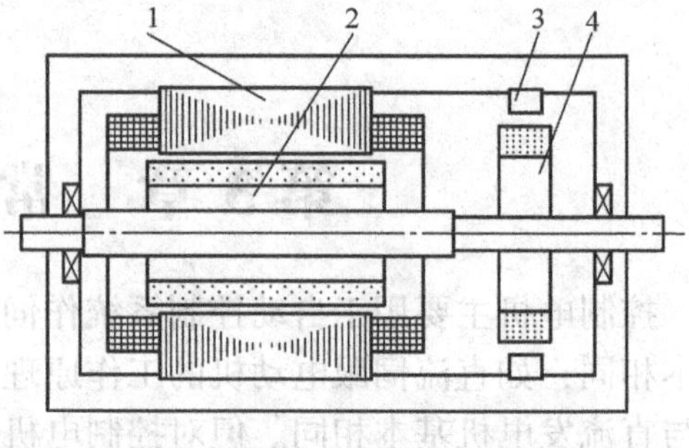

图 3-2　直流无刷电动机的本体结构示意图

1—定子铁心及定子三相绕组　2—永磁转子
3—位置传感器的定子　4—位置传感器的转子

按定子三相电枢绕组所加电压波形（也称为驱动方式）进行分类，可分为正弦波驱动和方波驱动两种基本形式。直流无刷电动机采用的是方波驱动方式。由于方波驱动具有控制线路简单、成本较低等优点，所以目前直流无刷电动机使用很广泛。方波驱动是在定子绕组中按一定顺序通以方波电流，使定子三相绕组合成气隙磁场类似于跳跃式前进的旋转磁场（见图 3-7 及其分析），从而产生相应的电磁转矩使转子旋转。

转子的永磁体采用 20 世纪 60 年代以后新发展起来的具有高矫顽力的稀土永磁材料。当定子通以交流电（其频率由零逐渐增大）产生旋转磁场时，这个旋转磁场将会拉着永磁体转子以同步转速在确定方向上旋转。

2. 电子开关电路——逆变器

逆变器主电路有桥式和非桥式两种，一般以桥式使用最广泛。在此只介绍三相桥式电子开关。三相定子绕组可以接成星形或三角形，每相绕组的电流是由电子开关电路中的大功率晶体管或晶闸管提供的，如图 3-3 所示。例如图 3-3a 中，当晶体管 VT_2、VT_3 和 VT_5 导通时，电流如图中虚线所示，一路经 VT_2 管、U 相绕组、V 相绕组和 VT_3 管，另一路经 VT_2 管、U 相绕组、W 相绕组和 VT_5 管。如 VT_4、VT_3 和 VT_5 管导通，则电流从 VT_4 管经 V 相，再分流到 U 相、W 相。很显然，只要正确控制 $VT_1 \sim VT_6$ 六个管子的通断，U、V、W 三相绕组就有可能得到所需的交流电流。晶体管或晶闸管的导通与否则是根据转子位置检测器测量到的转子磁极位置信号进行控制。所以这种直流无刷电动机光靠电动机本体而没有电子开关电路和转子位置传感器是无法旋转的。

3. 转子位置传感器

转子位置传感器是直流无刷电动机的重要组成部分，作用是检测转子磁极相对于定子绕组的位置信号，为电子开关提供正确的换相信息。转子位置传感器也由固定部分（位置传感器定子）和旋转部分（位置传感器转子）两部分组成，如图 3-2 中的 3 和 4 所示。其转子与电动机本体同轴，跟踪电动机本体转子磁极的位置；其定子固定在电动机本体定子或端盖上，检测和输出转子位置信号。转子位置传感器的种类包括磁敏式、光电式和电磁式等，下面介绍在直流无刷电动机中使用最普遍的磁敏式位置传感器。

磁敏式位置传感器利用电流的磁效应进行工作，位置传感器由与转子极数相同的永磁检测转子和多只空间均匀分布的磁敏元件（最常用的是霍尔元件）构成。对于三相直流无刷电

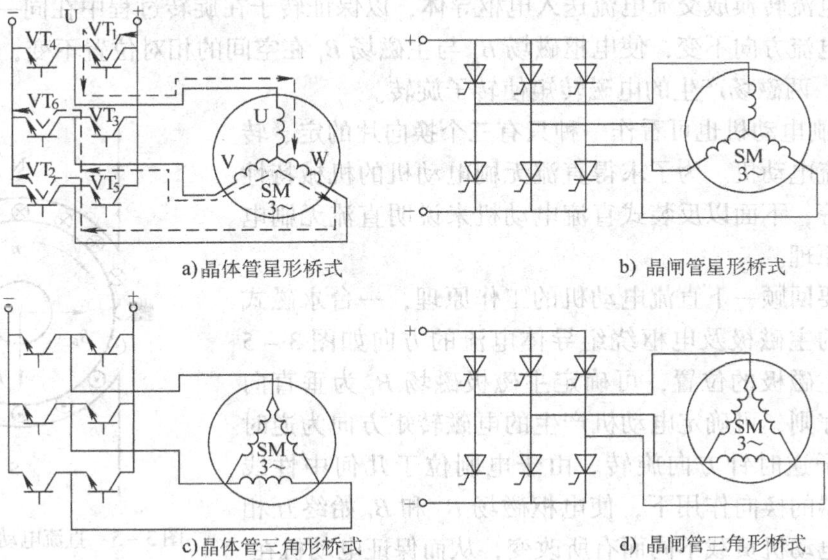

a) 晶体管星形桥式　　b) 晶闸管星形桥式

c) 晶体管三角形桥式　　d) 晶闸管三角形桥式

图 3-3　定子三相绕组的开关控制

动机，其位置传感器的霍尔元件的数量是 3，安装位置应当间隔 120°电角度。霍尔元件在磁场的作用下产生霍尔电动势，经整形、放大后得到所需要的电压信号，即位置信号。霍尔集成电路如图 3-4 所示。图 3-4a 是外形图，它和小型的片式晶体管相似。霍尔集成电路位置传感器的外特性有线性特性和开关特性两类，无刷直流电动机中一般采用具有开关特性的霍尔元件。开关型集成电路由霍尔元件、放大电路和功率输出电路组成，如图 3-4b 所示。图 3-4c 是霍尔集成电路的输出特性，当外加磁感应强度低于 B_{RP}时，输出电平由低变高，传感器处于关状态；当外加磁感应强度高于 B_{OP}时，输出电平由高变低，传感器处于开状态。霍尔元件输出电压的极性随磁场方向的变化而变化。

霍尔位置传感器结构简单、体积小，但对环境和工作温度有一定限制。

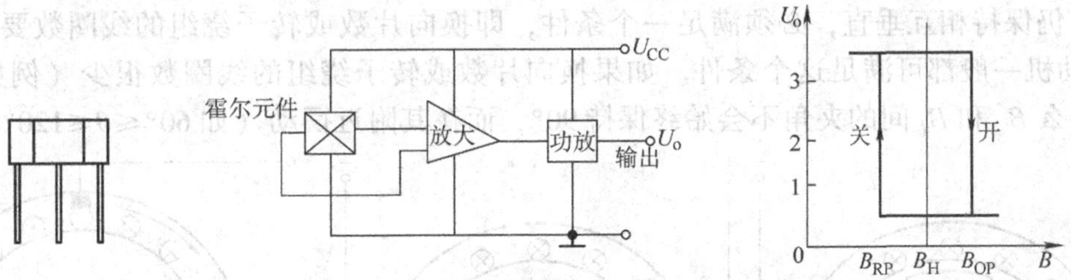

a) 外形　　b) 电路原理图　　c) 开关形输出特性

图 3-4　霍尔集成电路

3.1.2　直流无刷电动机的工作原理

直流无刷电动机的工作原理比较复杂，下面从磁场入手分析其工作原理。根据磁场的观点，可以把电动机的旋转运动看成是主磁场（励磁磁场）和电枢磁场相互作用的结果。在直流电动机中，主磁场 B_f 在空间是静止的，电枢是旋转的，通过换向器和电刷的换向，把电源的直流电流转换成交流电流送入电枢导体，以保证转子在旋转过程中在同一空间位置的电枢导体的电流方向不变，使电枢磁场 B_a 与主磁场 B_f 在空间的相对位置不变，它们之间的夹角 $\theta=90°$。两磁场产生的电磁转矩使转子旋转。

直流无刷电动机也可看作一种只有三个换向片的定、转子反装的直流电动机。为了求得直流无刷电动机的机械特性和调节特性等，下面以反装式直流电动机来说明直流无刷电动机的工作原理。

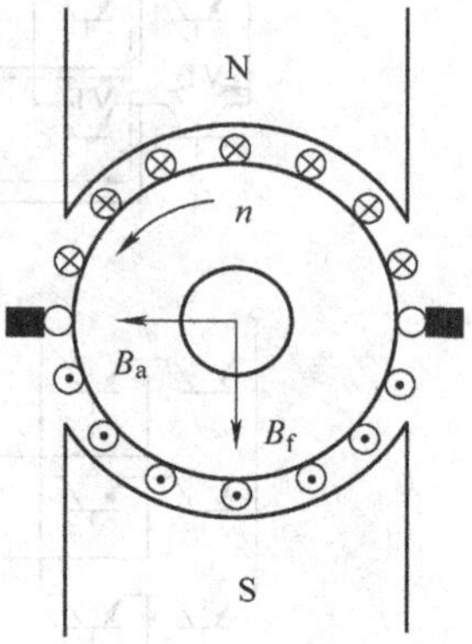

图3-5　直流电动机的工作原理

首先简要回顾一下直流电动机的工作原理，一台永磁式直流电动机的主磁极及电枢绕组导体电流的方向如图3-5所示。根据主磁极的位置，可确定主磁极磁场 B_f 为垂直向下，由左手守则，可确定电动机产生的电磁转矩方向为逆时针方向，转子逆时针方向旋转。由于电刷位于几何中性线上，在换向器的换向作用下，使电枢磁场 B_a 和 B_f 始终互相垂直，不因电动机负载不同而有所改变，从而保证电动机在最大电磁转矩状态下运行。如果设想将电动机的磁极装在转子上，电枢绕组装在定子上，换向器（图中未画出）也装在定子上，结构示意如图3-6所示。则当磁极磁场 B_f 的方向与电枢磁场 B_a 正交时，如图3-6a所示，根据电磁力定律，此时电动机电枢绕组产生最大电磁转矩，要使电枢绕组顺时针方向转动，但是由于电枢绕组装在定子上不能转动，则由电磁转矩反作用追使磁极作逆时针方向旋转。当磁极逆时针方向转过90°电角度，如图3-6b所示，此时 B_f 与 B_a 方向一致，电动机无法产生电磁转矩，因而转子会停转。如果将电刷和磁极同方向以同一转速旋转，当磁极逆时针方向转过90°电角度时，电刷在换向器上也同时转过90°电角度，使 B_a 和 B_f 仍保持相互垂直，如图3-6c所示，那么电动机将始终处于产生最大电磁转矩的状态下，电动机则可继续旋转。这就是反装式直流电动机的工作原理，其电磁过程与传统的直流电动机并无本质上的差别。由于使用机械换向器的这种反装式直流电动机结构更加复杂，所以实际不会采用这种反装式结构的直流电动机。上述讨论中表明，要使 B_a 和 B_f 仍保持相互垂直，必须满足一个条件，即换向片数或转子绕组的线圈数要足够多，直流电动机一般都可满足这个条件。如果换向片数或转子绕组的线圈数很少（例如只有3个），那么 B_a 和 B_f 间的夹角不会始终保持90°，而在其附近摆动（如60°≤θ≤120°）。

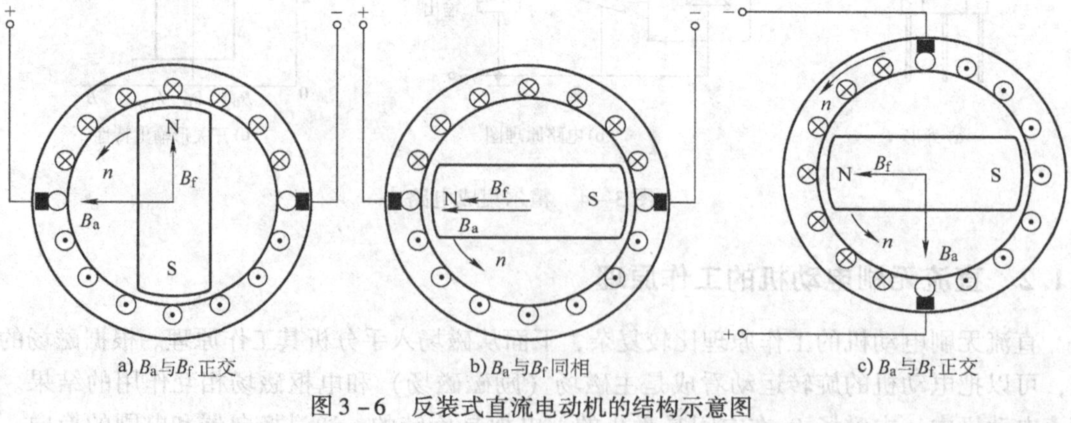

a) B_a与B_f正交　b) B_a与B_f同相　c) B_a与B_f正交

图3-6　反装式直流电动机的结构示意图

这种原理对发展直流无刷电动机是很有指导意义的。在反装式直流电动机中，如果使电刷与磁极同步旋转，则只要 B_a 与 B_f 相对角度 θ 保持在一定角度范围内（例如 $60° \leqslant \theta \leqslant 120°$），虽不一定相互垂直，产生的平均电磁转矩不是最大，但只要变化的电磁转矩能使电动机产生所需要的平均电磁转矩，电动机也会继续旋转，不过产生的平均电磁转矩不是最大而已。直流无刷电动机的基本原理就是建立在这种反装式直流电动机的基础上：由晶体管与转子位置检测器代替换向器和电刷这种机械接触部件，在转子的一定位置导通一定的晶体管，使电枢绕组中的电流产生与转子转速相对应的旋转磁场，保证 B_a 与 B_f 间的位置相对稳定（允许在一定范围内变化），从而获得一定的平均电磁转矩而使转子运行。

大功率晶体管、晶闸管可以实现交流—直流（整流）、直流—交流（逆变）、交流—交流、直流—直流以及变频等各种电能的变换和大小的控制。在直流无刷电动机中，大功率晶体管等可理解为无触点的电子开关。如果设想把反装式直流电动机的换向器和电刷去掉，通过晶体管逆变器将直流电源转换成交流电供给其电枢绕组（直流电动机中是通过换向器把直流电变为电枢绕组中的交流电的），由转子位置检测器检测转子的实际位置，并按 B_a 在空间上超前 B_f 一定电角度的要求，控制逆变器中的相应晶体管导通或截止，使电枢绕组中通过具有与磁场同步变化的交流电流，由此产生所需的旋转磁场，使电动机按要求的速度旋转。下面以大功率晶体管为例说明直流无刷电动机及其逆变器的原理。

直流无刷电动机的三相定子绕组可以是星形联结，也可以三角形联结。根据控制要求的不同，对桥式电路，每次可以两个管子同时导通，也可以三个管子同时导通。在此以星形桥式电路，每次两个管子同时导通的情况为例分析。每相绕组的出线端连接一个晶体管的发射极和另一个晶体管的集电极。前一个晶体管称为正侧晶体管，例如图 3－7 中的 VT_1、VT_3、VT_5；后一个晶体管称为负侧晶体管，例如图 3－7 中的 VT_2、VT_4、VT_6。直流无刷电动机的工作原理可以用图 3－7 说明。为了具体了解各相晶体管的导通及定、转子的情况，特选定图 3－8 所示几个瞬时来分析。

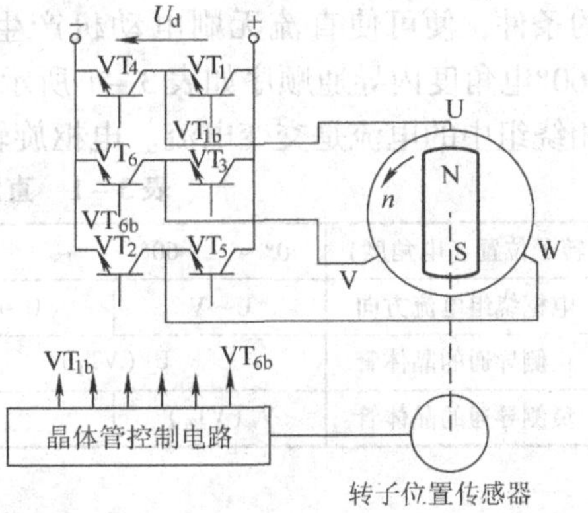

图 3－7　直流无刷电动机原理图

图 3－8a 所示为 U 相正侧晶体管 VT_1 及 V 相负侧晶体管 VT_6 处于导通状态，其他四个晶体管处于截止状态，则电流从 U 相流入，从 V 相流出，如图中箭头所示。将 U 相磁场 B_U 与 V 相磁场 B_V 的方向表示成与电流方向一致，两者的合成磁场 B_a 即为此时电动机电枢磁场。B_a 的大小及方向如图 3－8a 中所示。如此时磁极所在的位置刚好使磁极磁场 B_f 在空间滞后 B_a 90°电角度，则电动机处于最大电磁转矩状态，在这个电磁转矩作用下，转子将作逆时针方向旋转，同时使 B_a 与 B_f 之间的夹角减小。当磁极磁场 B_f 逆时针方向转过 120°电角度后，V 相正侧晶体管 VT_3 处于导通状态，W 相负侧晶体管 VT_2 也处于导通状态，由此产生的电枢磁场也逆时针方向转过 120°电角度，使电动机又处于最大电磁转矩状态，如图 3－8b 所示。当磁极及其磁场再逆时针转过 120°电角度后，W 相正侧晶体管 VT_5 和 U 相负侧晶体管 VT_4 处于导通状态，同样可得出电枢磁场又逆时针转过 120°电角度，电动机再次处于

产生最大电磁转矩状态，如图 3－8c 所示。

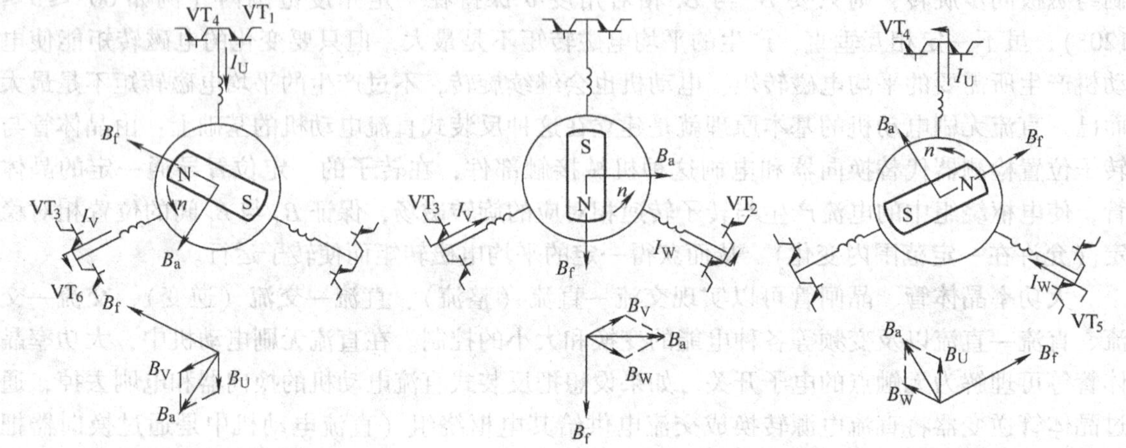

a) 电流从U相流入V相流出　　b) 电流从 V 相流入 W 相流出　　c) 电流从 W 相流入 U 相流出

图 3－8　各相晶体管轮流导通瞬时电流与相应磁场的相量图

因此只要根据磁极不同位置，以恰当的顺序去导通和关断各相出线端所连接的晶体管，保持磁极磁场 B_f 滞后电枢磁场 B_a 一定电角度的位置关系，类似于产生直流电动机电磁转矩的条件，便可使直流无刷电动机产生一定的电磁转矩而稳定运行。实际上各相晶体管在 360°电角度内导通顺序如表 3－1 所示。各相电流的波形如图 3－9 所示。由图可见，定子三相绕组中的电流是交变电流。电枢旋转磁场就是由这三相交流电流合成产生的。

表 3－1　直流无刷电动机的晶体管导通顺序

转子位置（电角度）	0°～60°	60°～120°	120°～180°	180°～240°	240°～300°	300°～360°
电枢绕组电流方向	U→V	U→W	V→W	V→U	W→U	W→V
正侧导通的晶体管	U（VT_1）		V（VT_3）		W（VT_5）	
负侧导通的晶体管	V（VT_6）	W（VT_2）		U（VT_4）		V（VT_6）

为了保证定子三相交变电流产生的电枢磁场 B_a 与磁极磁场 B_f 同步旋转，且两者之间始终保持一定的相对位置关系，使电动机有一定的平均电磁转矩，由与转子同轴的转子位置传感器按转子实际位置，产生一组与转速成正比的有一定相序和频率的同步信号。这组信号经放大及变换后，按运行要求去触发电子开关（逆变器）中相应的大功率晶体管（或晶闸管），将直流电源（或工频的交流电源）转换为频率与转速同步的交流电源，对直流无刷电动机的电枢绕组供电。

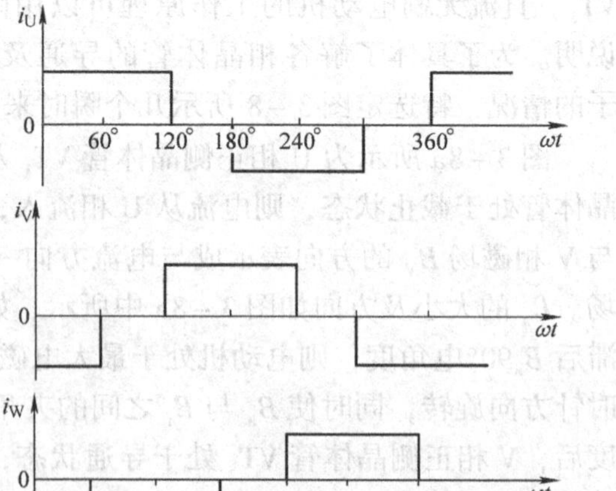

图 3－9　电枢三相绕组的电流波形图

3.1.3 直流无刷电动机的运行特性

1. 转速公式及调速方法

为了求得直流无刷电动机的转速公式，应先求得电枢绕组上电压与电动势的关系。图3-10是直流无刷电动机定子电枢绕组的主电路及电枢绕组电压波形图，其中整流器和逆变器均采用晶闸管桥式电路。图3-10中各参数规定如下：

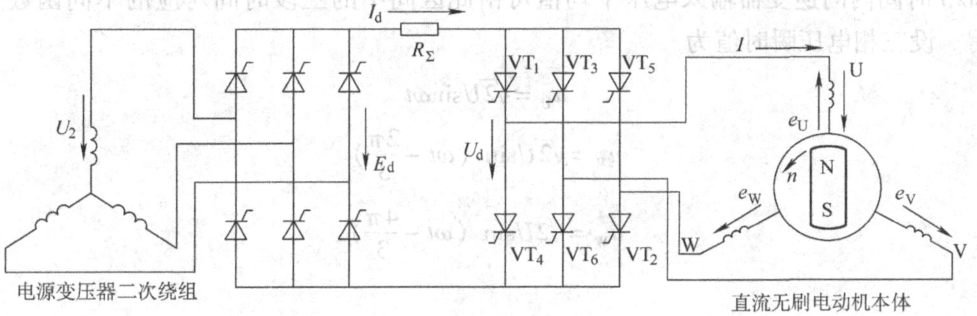

a) 定子电枢绕组主电路图

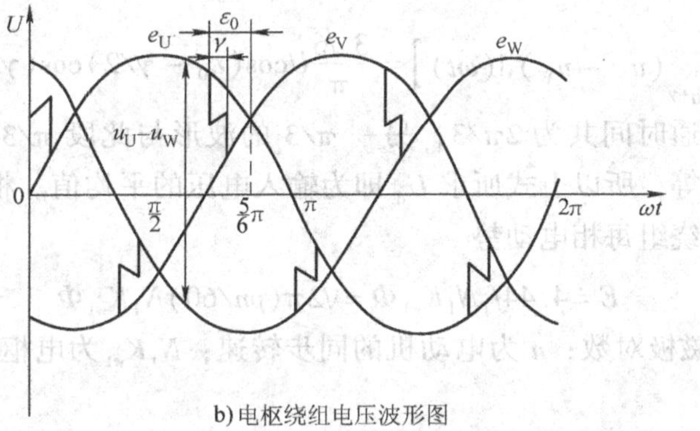

b) 电枢绕组电压波形图

图3-10 直流无刷电动机定子电枢绕组的主电路及电枢绕组电压波形

R_Σ——主电路等效电阻，包括平波电抗器的电阻、电枢绕组两相的电阻以及晶闸管正向压降的等效电阻；

E_d——直流电源电动势或整流晶闸管空载输出电压的平均值；

U_d、I_d——逆变器直流输入电压及电流的平均值；

U——电动机定子绕组相电压的有效值；

u_U、u_V、u_W——电动机定子电枢绕组U、V和W相电压的瞬时值；

ε_0——晶闸管逆变器的换流超前角；

γ——重叠角，表示不同相晶闸管同时导通的重叠时间；

U_2——三相变压器二次绕组相电压有效值（整流器的交流电源）。

e_U、e_V、e_W——电动机定子电枢绕组 U、V 和 W 相的反电动势瞬时值。当不考虑绕组的阻抗时，e_U、e_V、e_W 分别等于 u_U、u_V、u_W。

当考虑到逆变器的换流超前角 ε_0 和重叠角 γ 以后，电动机的相电压为图 3－10b 所示的波形。设忽略晶闸管正向压降，换流前晶闸管 VT_1、VT_2 导通，直流侧电压 U_d 与电动机电压 u_U-u_W 相平衡，换流后，VT_2、VT_3 导通，直流侧电压 U_d 与 u_V-u_W 相平衡。在换流过程中，由于换向的两路电流同时作用，即 VT_1、VT_2、VT_3 三管同时导通，此时电动机端电压为换流前后两种状态的平均值，即 $U_d=[(u_U-u_W)+(u_V-u_W)]/2$，因此在 $\pi/2\sim5\pi/6$ 这段 $\pi/3$ 时间内的逆变器输入电压平均值可由此区间中的三段时间对应的不同函数关系积分求得。设三相电压瞬时值为

$$u_U=\sqrt{2}U\sin\omega t$$

$$u_V=\sqrt{2}U\sin\left(\omega t-\frac{2\pi}{3}\right)$$

$$u_W=\sqrt{2}U\sin\left(\omega t-\frac{4\pi}{3}\right)$$

则有

$$U_d=\frac{1}{5\pi/6-\pi/2}\left[\int_{\pi/2}^{5\pi/6-\varepsilon_0}(u_U-u_W)\mathrm{d}(\omega t)+\int_{5\pi/6-\varepsilon_0}^{5\pi/6-\varepsilon_0+\gamma}\frac{(u_U-u_W)+(u_V-u_W)}{2}\mathrm{d}(\omega t)+\int_{5\pi/6-\varepsilon_0+\gamma}^{5\pi/6}(u_V-u_W)\mathrm{d}(\omega t)\right]=\frac{3\sqrt{6}}{\pi}U\cos(\varepsilon_0-\gamma/2)\cos(\gamma/2) \tag{3-1}$$

由于每相连续导通时间共为 $2\pi/3$，另一 $\pi/3$ 的波形与此段 $\pi/3$ 时间内的电压波形对称，各自的平均值相等，所以上式所求 U_d 即为输入电压的平均值。根据第 6 章交流绕组的电动势公式可得电枢绕组每相电动势

$$E=4.44f_1N_1K_{w1}\Phi=\sqrt{2}\pi(pn/60)N_1K_{w1}\Phi$$

式中，p 为电动机的磁极对数；n 为电动机的同步转速；N_1K_{w1} 为电枢每相绕组的有效匝数；Φ 为每极磁通。

若不计电动机定子绕组的漏电抗压降，并把定子绕组的电阻并入 R_Σ 内，则电动机定子绕组每相反电动势应与定子绕组相电压 U 相平衡。因此

$$U=E=\sqrt{2}\pi(pn/60)N_1K_{w1}\Phi \tag{3-2}$$

将式（3－2）代入式（3－1）可得

$$U_d=(\sqrt{3}pn/10)N_1K_{w1}\Phi\cos(\varepsilon_0-\gamma/2)\cos(\gamma/2) \tag{3-3}$$

根据图 3－10a 的主电路，整流晶闸管输出直流电压（电动势）为

$$E_d=2.34U_2\cos\alpha=U_d+I_dR_\Sigma \tag{3-4}$$

将式（3－4）代入式（3－3），则得电动机的转速

$$n=\frac{10U_d}{(\sqrt{3}pN_1K_{w1})\Phi\cos(\varepsilon_0-\gamma/2)\cos(\gamma/2)}=\frac{E_d-I_dR_\Sigma}{C_{es}\Phi\cos(\varepsilon_0-\gamma/2)\cos(\gamma/2)} \tag{3-5}$$

式中，C_{es}为直流无刷电动机的电动势常数，$C_{es}=(\sqrt{3}/10)\ pN_1K_{w1}$。

式（3-5）即为直流无刷电动机的转速公式。它与直流电动机转速公式 $n=\frac{U-I_aR_a}{C_e\Phi}$ 极为相似。根据这个转速公式可得到直流无刷电动机的主要调速方法是通过改变晶闸管导通触发延迟角 α 来实现的。这种方式的本质是改变整流电压 U_d 来实现调速，相当于他励直流电动机改变电枢电压的调速方法。改变换流超前角 ε_0 也可进行调速，但调速性能不佳，所以这种调速方法较少采用。另外由于采用了永磁转子，磁通 Φ 不能改变，无法进行调磁调速。

2. 运行特性

直流无刷电动机的运行特性主要是指其转矩特性、调速特性、机械特性及调节特性。

（1）转矩特性　直流无刷电动机的平均转矩在忽略轴上的机械损耗时，可由传输到电动机转子的功率 P_2 及角速度 Ω 求出

$$T_{em}=\frac{P_2}{\Omega}=\frac{(E_d-I_dR_\Sigma)\ I_d}{2\pi n/60}$$

将式（3-3）和式（3-5）代入上式得

$$\begin{aligned}T_{em}&=\frac{3\sqrt{3}}{\pi}N_1K_{w1}p\Phi I_d\cos(\varepsilon_0-\gamma/2)\cos(\gamma/2)\\&=C_{Ts}\Phi I_d\cos(\varepsilon_0-\gamma/2)\cos(\gamma/2)\end{aligned}\tag{3-6}$$

式中，C_{Ts}为直流无刷电动机的转矩常数，$C_{Ts}=(3\sqrt{3}/\pi)\ N_1K_{w1}p$。

式（3-6）即为直流无刷电动机的转矩公式，显然它与直流电动机的转矩公式$T_{em}=C_T\Phi I_a$ 也是很相似的。根据式 3-6 可画出图 3-11 所示的转矩特性：直流无刷电动机的电磁转矩 T_{em}与电枢电流 I_d 也为线性关系，仅在负载较大即 I_d 较大时，由于受重叠角 γ 的影响，特性曲线出现上翘现象。由于存在这种线性关系，所以可通过调节电流来控制电磁转矩的大小。

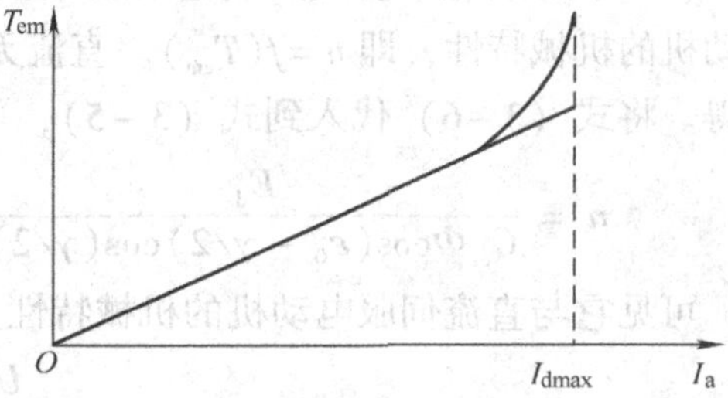

图 3-11　直流无刷电动机的转矩特性

实际上，由于直流无刷电动机每相绕组不是始终通着交流电，都只有部分时间通电。例如三相桥式星形逆变电路中每相绕组只有 2/3 周期内通电，相应地也只在 2/3 周期内产生转矩，且在这 2/3 周期内，转子和电枢绕组旋转磁场之间的夹角不断变化，因此直流无刷电动机产生的电磁转矩是脉动的。

（2）调速特性　对直流无刷电动机，当磁通恒定时，根据转速公式有

$$n=\frac{E_d-I_dR_\Sigma}{C_{es}\Phi\cos\ (\varepsilon_0-\gamma/2)\ \cos\ (\gamma/2)}$$

以换流超前角 ε_0 为参数时，可画出转速随外加直流电压 E_d 变化的曲线 $n=f(E_d)$，称为直流无刷电动机的空载调压调速特性，如图 3-12 所示。如若忽略换向重叠角 γ，则近似为直线。由于这种线性特性使调速控制非常方便，故一般采用调节直流电源电压的办法进行调速。当 $\varepsilon_0\neq0$ 时，由转速公式可见，$\cos(\varepsilon_0-\gamma/2)\cos(\gamma/2)<1$，其作用反映了负载电流对气

隙磁通的去磁作用，以及超前换流使电压幅值升高的作用，因此在同一电源电压下，$\varepsilon_0 \neq 0$ 时较 $\varepsilon_0 = 0$ 时转速要高。

同样，当 E_d 保持一定时，以换流超前角 ε_0 为参数，也可画出一组调节励磁的调速特性 $n = f(I_m)$ 或 $n = f(\Phi)$，如图 3－13 所示。因转速与磁通成反比，故它近似为一簇双曲线。由于采用了永磁转子，磁通 Φ 不能改变，直流无刷电动机无法进行调磁调速。如转子改由电磁铁组成，可以通过调节励磁电流来改变磁通 Φ 进行调速。

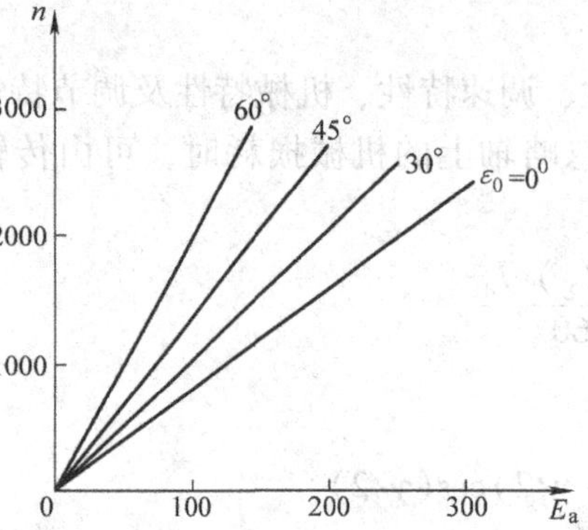

图 3－12　空载调压调速特性

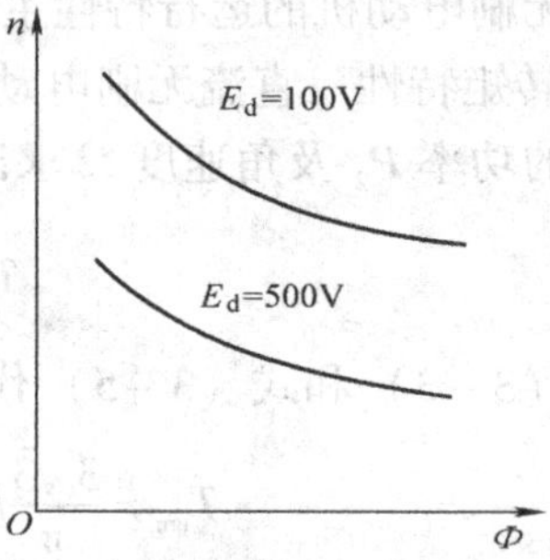

图 3－13　空载调励磁的调速特性

（3）机械特性　直流无刷电动机带上负载后，其转矩和转速之间的关系称为直流无刷电动机的机械特性，即 $n = f(T_{em})$。直流无刷电动机的机械特性可由其转速公式及转矩公式求得。将式（3－6）代入到式（3－5），可得

$$n = \frac{E_d}{C_{es}\Phi\cos(\varepsilon_0 - \gamma/2)\cos(\gamma/2)} - \frac{R_\Sigma}{C_{es}C_{Ts}\Phi^2\cos^2(\varepsilon_0 - \gamma/2)\cos^2(\gamma/2)}T_{em} \quad (3-7)$$

可见它与直流伺服电动机的机械特性方程式

$$n = \frac{U_a}{C_e\Phi} - \frac{R_a}{C_eC_T\Phi^2}T_{em}$$

非常相似。根据直流无刷电动机的机械特性方程式可知，当励磁磁通 Φ 保持一定时，调节电枢电压，可以作出一簇平行的机械特性曲线如图 3－14 所示。它们与直流伺服电动机的机械特性曲线一样，特性很硬，可以在很低转速下稳定运行，具有较宽的调速范围。一般直流无刷电动机的调速范围可达 $D = 20$。

（4）调节特性　根据机械特性曲线在同一转矩下不同电压对应的各点转速，可绘出直流无刷电动机的调节特性如图 3－15 所示。图中，调节特性的始动电压 E_{d0} 及斜率 K 均可从式（3－7）求得

$$E_{d0} = \frac{R_\Sigma T_{em}}{C_{Ts}\Phi\cos(\varepsilon_0 - \gamma/2)\cos(\gamma/2)} \quad (3-8)$$

$$K = \frac{1}{C_{es}\Phi\cos(\varepsilon_0 - \gamma/2)\cos(\gamma/2)} \quad (3-9)$$

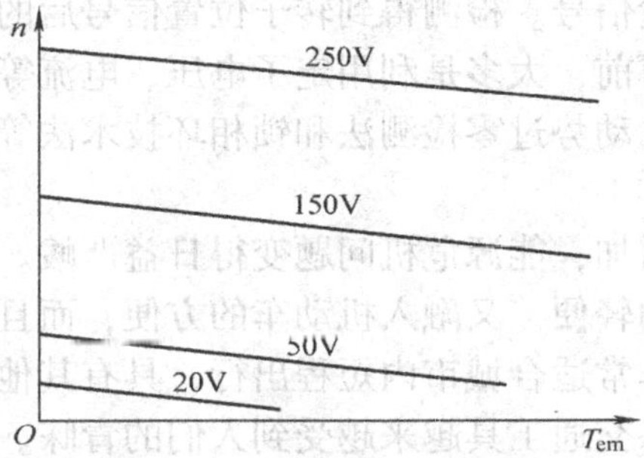

图 3－14 电枢调压调速时的机械特性

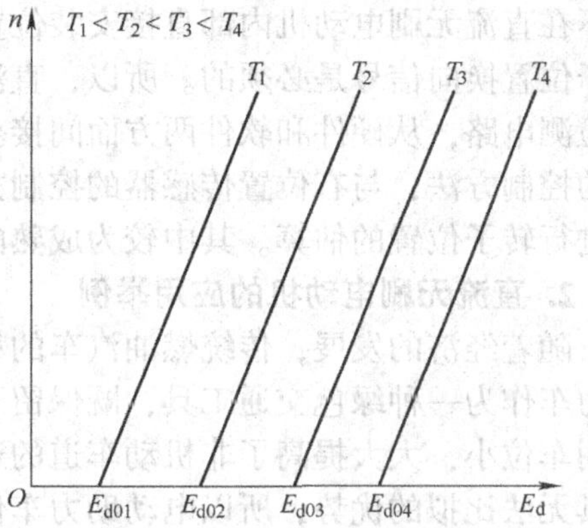

图 3－15 直流无刷电动机的调节特性

3.1.4 直流无刷电动机的应用

由于直流无刷电动机具有调速范围广，低速性能好，响应快，寿命长，维护简单，且因为电动机采用无刷结构，既无换向器、也无电刷集电环等机械接触易损部件，控制电路无触点，不需维护，使用寿命长，适合易燃易爆的场合，因此，总的说来，直流无刷电动机是一种相当理想的新型电动机，过去由于控制电路复杂，成本比直流电动机高许多，一直无法普及。近年来随着大功率半导体器件、稀土材料和微型计算机的发展，致使直流无刷电动机组成的伺服系统已与直流伺服系统的价格基本一致，所以在机器人、数控机床、化纤、造纸、印刷、轧钢、家用电器、办公自动化及国防等各部门得到越来越广泛的运用。

1. 直流无刷电动机的控制方法

永磁直流无刷电动机的控制方法，按有无位置传感器，分为有位置传感器控制和无位置传感器控制两种。

（1）有位置传感器控制　图 3－16 是直流无刷电动机的控制系统框图。由图可见，永磁电动机本体、转子位置传感器和功率开关电路是最基本的组成部分。转子位置传感器产生的位置信号经过控制电路的译码和放大，去控制相应的功率管，使其导通或关断，从而使相应的绕组按照一定的顺序接通或断开，确保电枢产生的磁场方向随着转子位置而变化。

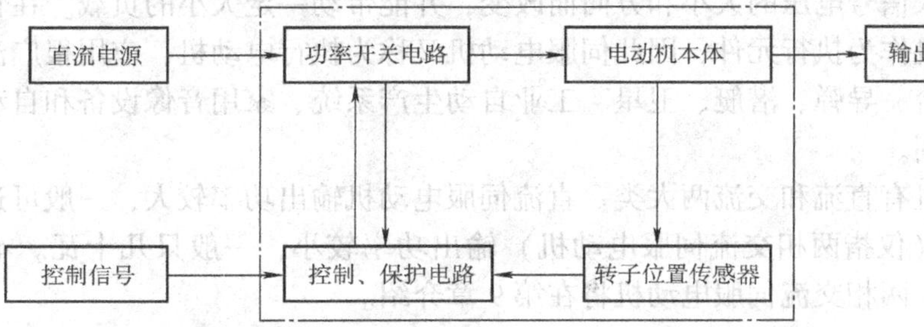

图 3－16 直流无刷电动机控制系统框图

直流无刷电动机的控制系统可以采用单片机，也可以采用专用集成芯片，目前专用的直流无刷电动机的控制芯片很多，较常用的有 NOTOROLA 公司的 MC33035，具体内容可参考相关的直流无刷电动机的教材。

（2）无位置传感器控制　无位置传感器控制方式一般指电动机无机械式位置传感器，

即不在直流无刷电动机内部直接安装位置传感器来检测转子位置，但电动机在运行过程中，转子位置换向信号是必须的。所以，直流无刷电动机无位置传感器控制的关键是设计转子位置检测电路，从硬件和软件两方面间接获取转子位置信号。检测得到转子位置信号后的电动机的控制方法，与有位置传感器的控制方法相同。目前，大多是利用定子电压、电流等物理量进行转子位置的估算。其中较为成熟的方法有反电动势过零检测法和锁相环技术法等。

2. 直流无刷电动机的应用举例

随着经济的发展，传统燃油汽车的耗油量急剧增加，能源危机问题变得日益严峻。电动助力车作为一种绿色交通工具，既保留了非机动车的轻便，又融入机动车的方便，而且车身占用车位小，大大提高了非机动车道的通行效率，非常适合城市内短程出行，具有其他交通工具无法比拟的优势，所以电动助力车作为一种环保交通工具越来越受到人们的青睐。今天很多电动助力车的驱动电动机选择了直流无刷电动机。图 3－17 是采用单片机控制的电动助力车直流无刷电动机的原理图。AVR 单片机根据外部的给定信号、位置传感器的检测信号和电流检测信号，经过软件的运行、计算，确定功率开关管的导通、关断，使电动机运行在相应的工作状态，从而使电动助力车按照要求运行。

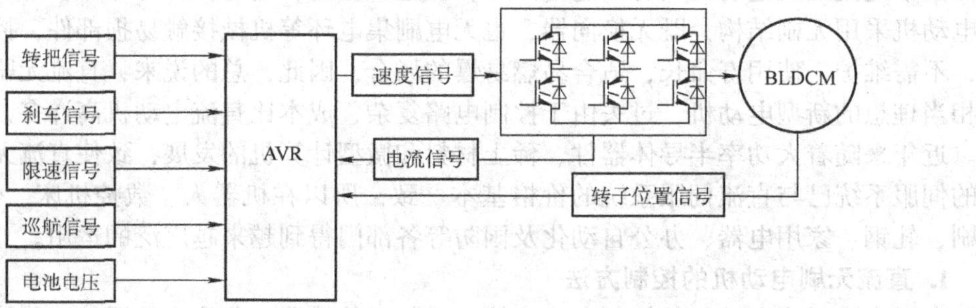

图 3－17　单片机控制的电动助力车直流无刷电动机的原理图

3.2　直流伺服电动机

伺服电动机的功能是把输入的控制电压转换为转轴上的角位移和角速度输出，转轴的转速和转向随输入信号电压的大小和方向而改变，并能带动一定大小的负载。在自动控制系统中，伺服电动机作为执行元件，因此伺服电动机又称为执行电动机，应用很广泛，如在雷达天线、高炮炮台、导弹、潜艇、卫星、工业自动生产系统、家用音像设备和自动调压稳压器等方面均有应用。

伺服电动机有直流和交流两大类。直流伺服电动机输出功率较大，一般可达几千瓦。交流伺服电动机（仅指两相交流伺服电动机）输出功率较小，一般只几十瓦。本章仅介绍直流伺服电动机，两相交流伺服电动机将在第 9 章介绍。

对伺服电动机的基本要求是：

1）可控性好，有控制电压信号时，电动机在转向和转速上应能作出正确的反应，控制电压信号消失时，电动机应能可靠停转。

2）响应快，电动机转速的高低和方向随控制电压信号改变而快速变化，反应灵敏，即要求机电时间常数小，起动转矩大。

3）机械特性线性度好，调速范围大，转速稳定。

4）控制功率小，空载始动电压低（从静止到连续转动的最小电压）。

直流伺服电动机可以作为驱动电动机应用（如一些小型装置中应用的永磁式直流电动机），也可以作伺服电动机应用，在这节里我们只就其作为伺服电动机的性能进行介绍。

3.2.1 直流伺服电动机的分类

直流伺服电动机有传统型和低惯量型两类。低惯量型又有圆盘电枢型、无槽电枢型、杯形电枢型和无刷型等结构形式，其中杯形电枢伺服电动机由于其性能较差，新的国家统一设计都不采用这种类型了。

1. 传统直流伺服电动机

传统直流伺服电动机就是微型他励直流电动机，两者在结构上和工作原理上基本相同，也由定子和电枢两部分组成。直流伺服电动机的磁极有永磁式和电磁式两种。永磁式直流伺服电动机是在定子上装置由永久磁铁做成的磁极，不需励磁电源，应用方便，我国生产的SY系列直流伺服电动机就属于这种结构。电磁式直流伺服电动机的定子通常用硅钢片冲片叠压而成为铁心，铁心上套有励磁绕组，使用时需加励磁电源，我国生产的SZ系列直流伺服电动机就是属于这种结构。

传统型直流伺服电动机的电枢与普通直流电动机的电枢相同，铁心是用硅钢片冲压叠片制成，外圆均匀分布有槽齿，电枢绕组按一定规律嵌放在槽中，并经换向器和电刷引出。

2. 圆盘电枢直流伺服电动机

圆盘电枢直流伺服电动机的结构示意图如图3－18a所示。它的定子是由永久磁铁和前后磁轭所组成，其途经气隙的磁力线方向是轴向的，与普通电机气隙中径向磁力线方向不同，如图3－18b所示，永久磁铁可在圆盘电枢的一侧安置，也可在电枢两侧同时安置。电动机磁路的气隙位于圆盘电枢的两边，圆盘上具有电枢绕组，电枢绕组有印制绕组和绕线绕组两种形式。印制绕组用与制造电子电路板类似的工艺和材料制成，它可以为单面或双面印制板，甚至可为多层印制板。绕线绕组则是先绕制成单个线圈，然后将绕好的全部线圈沿径向圆周以一定规律排列好，再用环氧树脂浇注固定成圆盘形。绕组的径向段为有效部分，弯曲段为端接部分。圆盘电枢上电枢绕组中的电流沿着径向流过圆盘表面，与轴向的磁通相互作

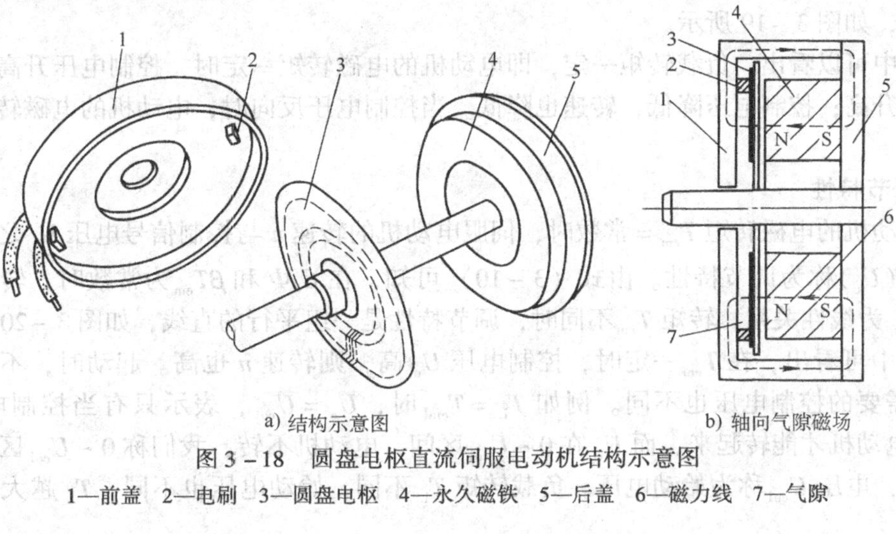

a）结构示意图　　b）轴向气隙磁场

图3－18　圆盘电枢直流伺服电动机结构示意图

1—前盖　2—电刷　3—圆盘电枢　4—永久磁铁　5—后盖　6—磁力线　7—气隙

用而产生电磁转矩。圆盘电枢伺服电动机可以不要换向器，而利用绕组有效部分的裸导体表面直接与电刷接触兼作换向器，可进一步减小电动机的飞轮矩。

3. 无槽电枢直流伺服电动机

无槽电枢直流伺服电动机的电枢铁心上不开槽，电枢绕组直接排列在铁心的表面，然后用环氧树脂胶将绕组与铁心固化成一个整体，在其他方面，结构与有槽电枢结构相同。无槽电枢直流伺服电动机的气隙较大，为普通直流电动机的10倍以上，由于无槽齿，气隙磁密均匀，气隙磁密比普通直流电动机大。无槽直流伺服电动机具有转动惯性小、起动转矩大、反应快、灵敏度高、转速平稳和换向性能良好的优点。

3.2.2 直流伺服电动机的特性

直流伺服电动机工作时有两种控制方式，即电枢控制方式和磁场控制方式。永磁式的直流伺服电动机只有电枢控制方式。电枢控制方式是励磁绕组接于恒定的直流电源电压，产生额定磁通，电枢绕组接控制电压，当控制电压的大小和方向改变时，电动机的转速和转向随之改变。磁场控制方式是将电枢绕组接于恒定直流电源，励磁绕组接控制电压，这种控制方式下，在控制电压消失时，电枢停止转动，电枢中仍有电流，并且电流很大，相当于普通直流电动机的直接起动电流，因而损耗的功率很大，还容易烧坏换向器和电刷。此外，电动机的特性为非线性。因此，自动控制系统中，一般采用电枢控制方式的直流伺服电动机，这里对其特性进行介绍。

1. 机械特性

采用电枢控制方式的直流伺服电动机，当控制信号电压 U_c = 常数，磁通 Φ = 常数，且不考虑电枢反应的影响时，其转速 n 与电磁转矩 T_{em} 之间的关系曲线 $n=f(T_{em})$ 称为机械特性。直流伺服电动机的机械特性表达式与他励直流电动机机械特性表达式相同，为

$$n=\frac{U_c}{C_e\Phi}-\frac{R_a}{C_eC_T\Phi^2}T_{em}=n_0-\beta T_{em} \tag{3-10}$$

式中，n_0 为电动机的理想空载转速，$n_0=U_c/(C_e\Phi)$，n_0 与控制电压 U_c 成正比。

电动机的转速 n 与转矩 T_{em} 为线性关系，在控制电压不同时，机械特性为一组 n_0 不同的平行直线，如图3－19所示。

从图中可以看出，负载转矩一定，即电动机的电磁转矩一定时，控制电压升高，电动机的转速也升高；控制电压降低，转速也降低。当控制电压反向时，电动机的电磁转矩和转速也反向。

2. 调节特性

在电动机的电磁转矩 T_{em} = 常数时，伺服电动机的转速 n 与控制信号电压 U_c 之间的关系曲线 $n=f(U_c)$ 称为调节特性。由式（3－10）可知，在 $C_e\Phi$ 和 βT_{em} 为常数时，转速 n 与控制电压 U_c 为线性关系，转矩 T_{em} 不同时，调节特性是一组平行的直线，如图3－20所示。

从图中可看出，在 T_{em} 一定时，控制电压 U_c 高，则转速 n 也高。起动时，不同的负载转矩 T_L 需要的控制电压也不同。例如 $T_L=T_{em1}$ 时，$U_c=U_{co1}$，表示只有当控制电压 $U_c>U_{co1}$ 时，电动机才能转起来，而 U_c 在 $0\sim U_{co1}$ 区间，电动机不转，我们称 $0\sim U_{co1}$ 区间为失灵区或死区，电压 U_{co1} 称为始动电压。负载转矩 T_L 不同，始动电压也不同，T_L 越大，始动电

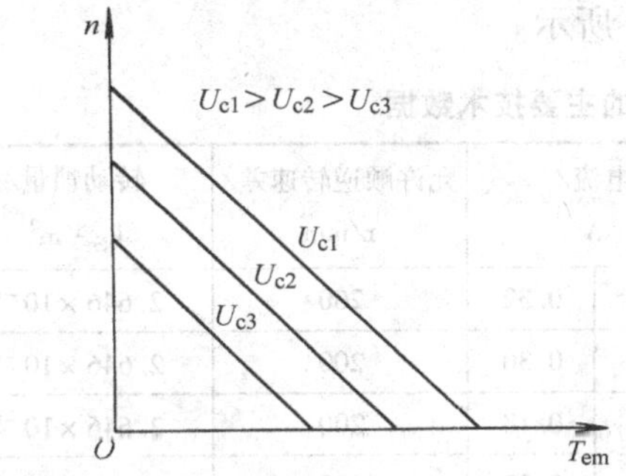

图 3－19 直流伺服电动机的机械特性

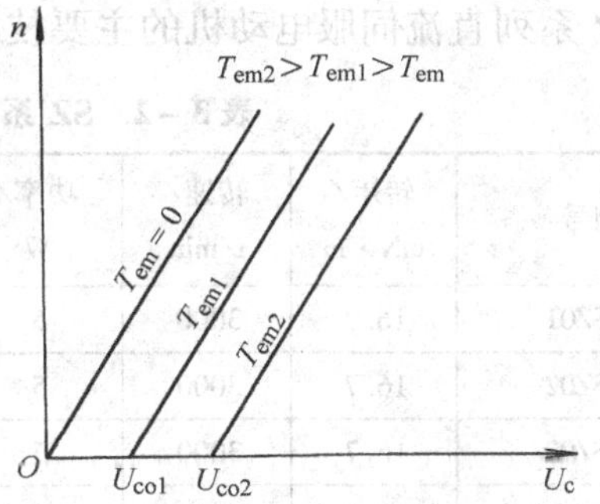

图 3－20 直流伺服电动机的调节特性

压越大，这表明失灵区的大小与负载转矩成正比。$T_{em}=0$ 时的特性为理想空载特性，这时只要有控制电压 U_c，电动机就旋转。实际空载时 $T_{em}=T_0\neq 0$，始动电压不为零，T_0 越大，需要的始动电压越大。

3. 动态特性

采用电枢控制的直流伺服电动机的动态特性是指在电枢上加上阶跃控制电压时，电动机的转速随时间变化的规律，即 $n=f(t)$。在不计电枢回路的电感时，由第 2 章 2.4 节他励直流电动机的起动过渡过程可知，此时转速随时间变化的规律为

$$n = n_L[1-\exp(-t/T_m)]$$

式中，n_L 为稳态转速，由负载大小决定；T_m 为机电时间常数。

在理想空载状态下起动时，$n_L=n_0$，则

$$n = n_0[1-\exp(-t/T_m)]$$

由上式可以看出，过渡过程的快慢与机电时间常数有关，T_m 越小，伺服电动机的响应越快，它是伺服电动机的一项重要性能指标，空载时在电枢上加上阶跃控制电压，经过 $3T_m$ 时，电动机的转速可从零上升到稳定转速的 95%。

直流伺服电动机的 T_m 值与电枢结构密切相关。一般圆柱形电枢，$T_m=35\sim150$ms；杯形电枢，$T_m=15\sim20$ms；圆盘电枢，$T_m=5\sim20$ms。

3.2.3 直流伺服电动机的应用

1. 铭牌数据

直流伺服电动机有六种系列。例如，电磁系列的型号为 SZ；永磁系列的型号为 SY；空心杯电枢永磁系列的型号为 SYK；无槽电枢系列的型号为 SW。以电磁式直流伺服电动机 36SZ03 为例，其型号含义为：

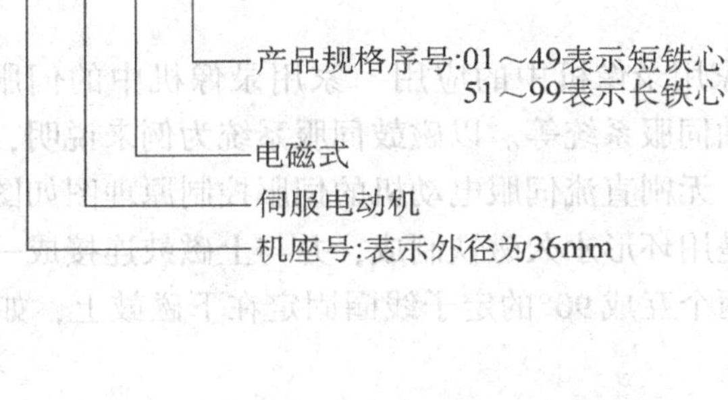

SZ 系列直流伺服电动机的主要技术数据如表 3－2 所示。

表 3－2　SZ 系列直流伺服电动机的主要技术数据

型号	转矩/mN·m	转速/r/min	功率/W	电压/V	电流/A		允许顺逆转速差/r/min	转动惯量/kg·m²
36SZ01	16.7	3000	5	24	0.55	0.32	200	2.646×10^{-6}
36SZ02	16.7	3000	5	27	0.47	0.30	200	2.646×10^{-6}
36SZ03	16.7	3000	5	48	0.27	0.18	200	2.646×10^{-6}
36SZ04	14.2	6000	9	24	0.85	0.32	300	2.646×10^{-6}
36SZ05	14.2	6000	9	27	0.74	0.30	300	2.646×10^{-6}
36SZ06	14.2	6000	9	48	0.40	0.18	300	2.646×10^{-6}
36SZ07	14.2	6000	9	110	0.17	0.085	300	2.646×10^{-6}

2. 应用举例

（1）电子电位差计　电子电位差计是用伺服电动机作为执行元件的闭环自动测温系统，常用于工业企业加热炉温度的测量，它的基本电路原理如图 3－21 所示。

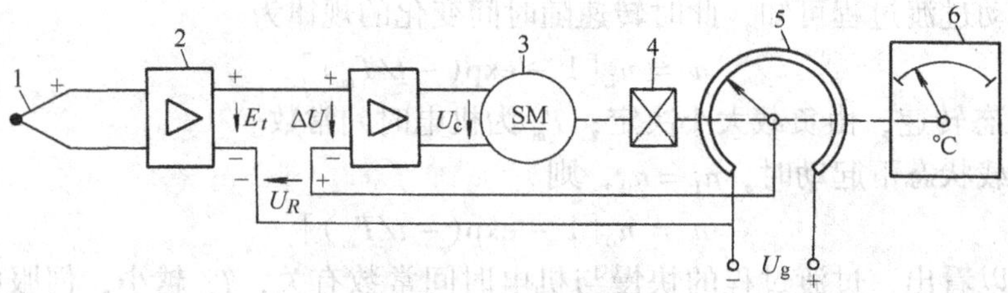

图 3－21　电子电位差计的基本原理图

1—热电偶　2—放大器　3—伺服电动机　4—变速机构　5—变阻器　6—温度指示器

基本工作原理是：测温系统工作时，金属热电偶 1 处于炉镗中，并产生与温度对应的热电动势，经补偿和放大后得到与温度成正比的热电动势 E_t，然后与工作电源 U_g 经变阻器的分压 U_R 进行比较，得到误差电压 ΔU，$\Delta U = E_t - U_R$。若 ΔU 为正，则经放大后加在伺服电动机 3 上的控制电压 U_c 为正，伺服电动机正转，经变速机构带动变阻器和温度指示器指针顺时针方向偏转，一方面指示温度值升高，另一方面变阻器的分压 U_R 升高，使误差电压 ΔU 减小，当伺服电动机旋转至使 $U_R = E_t$ 时，误差电压 ΔU 变为零，伺服电动机的控制电压也为零，电动机停止转动，则温度指示器指针也就停止在某一对应位置上，指示出相应的炉温。若误差电压 ΔU 为负，则伺服电动机的控制电压也为负，电动机将反转，带动变阻器及温度指示器指针逆时针方向偏转，U_R 减小，直至 ΔU 为零，电动机才停止转动，指示炉温较低。

（2）伺服电动机在家用录像机中的应用　家用录像机中的伺服电动机应用非常普遍，如磁鼓伺服系统、主导轴伺服系统等。以磁鼓伺服系统为例来说明，它采用无刷直流伺服电动机直接驱动磁鼓旋转，无刷直流伺服电动机的伺服控制原理图如图 3－22 所示。

伺服电动机的转子是用环形永久磁铁制成，并与上磁鼓连接成一整体，使上磁鼓与转子同步旋转。定子铁心及两个互成 90°的定子线圈固定在下磁鼓上，如图 3－22 所示，由这两

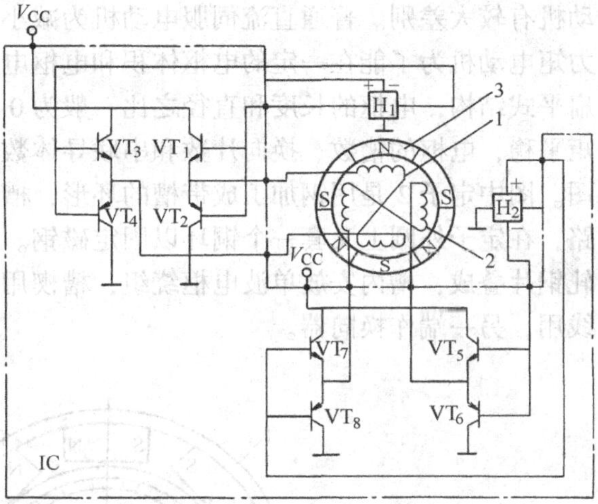

图 3-22　磁鼓电动机伺服控制系统
1、2—定子线圈　3—转子

个线圈产生旋转磁场牵着转子同步旋转。定子上装有两个检测位置的霍尔元件，并对着环形磁铁转子的上表面，当转子磁铁经过霍尔元件时，由于霍尔效应，在霍尔元件输出端产生霍尔电动势，利用此电动势来控制驱动电路对定子绕组电流进行换向，使定子绕组中电流按一定顺序流过和换向，电动机便按一定的方向连续旋转。当图中转子 N 极止对霍尔元件 H_1 时，霍尔元件 H_1 的左侧为正电位，右侧为负电位，此电位使晶体管 VT_1 和 VT_4 导通，VT_2 和 VT_3 截止，控制电流由 VT_1 流向定子绕组 1 及 VT_4，绕组 1 产生的磁场使转子 3 顺时针方向旋转，而此时霍尔元件 H_2 由于处于磁极交界处，不产生霍尔电势，使 VT_5 ~ VT_8 均截止，绕组 2 中无电流。转子旋转 30°时，S 极正对 H_2，H_2 的输出端上端为霍尔电势正极，下端为负极，使晶体管 VT_7 和 VT_6 导通，VT_5 和 VT_8 截止，控制电流由 VT_7 流向绕组 2 及 VT_6，绕组 2 产生的磁场使转子继续顺时针方向旋转。然后是 S 极转至 H_1 处，VT_2 和 VT_3 导通，接着 N 极转至 H_2，使 VT_5 和 VT_8 导通，如此循环不断进行下去，使磁鼓电动机连续旋转。转速的控制由驱动电源电压 V_{CC} 的高低来实现，V_{CC} 来自于数学式转速伺服控制系统，控制过程比较复杂，这里不一一介绍。磁鼓电动机采用无刷伺服电动机，可提高录像机的可靠性，减小噪声，不产生火花干扰，使用寿命长，转速稳定，体积小。

3.3　直流力矩电动机

直流力矩电动机是一种把输入电信号转变为转轴上的转矩来执行控制任务的电动机。在某些自动控制系统中，控制对象要求的转速较低，转矩较大，例如防空雷达天线、陀螺平台等，最高转速每分钟只有几十转，但稳定性和精度要求非常高。若采用一般直流电动机，则转速很高，需要用齿轮减速后才能拖动负载，而齿轮的传动间隙影响控制精度。采用力矩电动机不需减速机构而直接驱动负载，在速度控制系统中，可以运行于每分钟几十转的低速和输出数百牛·米的较大转矩。在位置控制系统中，可以长期工作在堵转状态。力矩电动机虽然在 20 世纪 50 年代就已提出，但由于当时对伺服控制系统的控制精度要求不高，采用普通高速伺服电动机经齿轮变速机构来驱动负载已能满足性能要求，因此力矩电动机没有得到发展和应用。直到 20 世纪 60 年代，在空间技术上、军事上对伺服控制系统的性能有了较高要求，力矩电动机才得到了较大发展。目前，力矩电动机广泛用于高精度、宽调速、响应快的速度控制和位置控制系统，如精密数控机床的进给系统。

3.3.1　直流力矩电动机的结构特点和工作原理

1. 结构特点

直流力矩电动机原理上属于永磁式直流伺服电动机，外形及结构尺寸与普通直流伺服电动机有较大差别。普通直流伺服电动机为减小其转动惯量，大部分为细长圆柱形结构。直流力矩电动机为了能在一定的电枢体积和电枢电压下产生较大的转矩和较低的转速，通常做成扁平式结构，电枢的长度和直径之比一般为 0.2 左右，并具有较多的极对数。为使转速和转矩平稳，电枢的槽数、换向片数和串联导体数较多。图 3 – 23 是直流力矩电动机的结构示意图。图中定子 2 是用钢加工成带槽的环形，槽内嵌入永磁钢作为主磁场源，形成环形桥式磁路，在定子外圆上又套一个铜环以固定磁钢。气隙中主磁场近似正弦分布。转子铁心 6 用冷轧钢片叠成，槽内安放单波电枢绕组，槽楔用铜板做成，两端伸出槽外，一端作电枢绕组接线用，另一端作换向器。

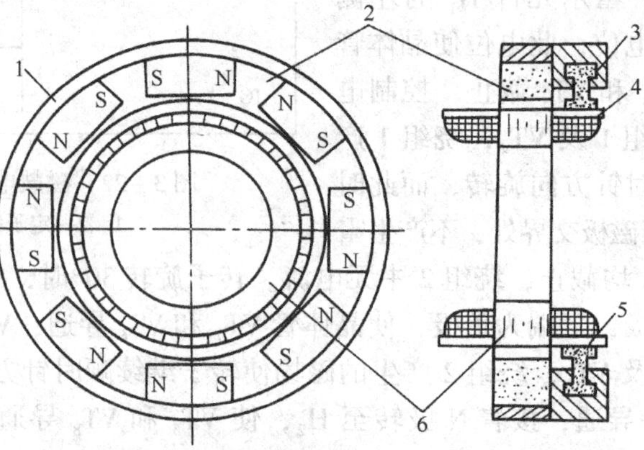

图 3 – 23　永磁式直流力矩电动机的结构示意图

1—铜环　2—定子　3—电刷装置

4—电枢绕组　5—槽楔兼换向器　6—转子铁心

2. 工作原理

直流力矩电动机基本工作原理与普通直流伺服电动机相同，但由于结构的不同，因此能运行于低转速、大转矩，基本原理如下：

设电枢铁心体积不变，若电枢铁心的直径增大一倍，则圆柱体的截面积增大为原来的 4 倍，即 $S_a = \pi(2D_a/2)^2 = \pi D_a^2$，因而其长度可缩短为原来的 1/4。电枢铁心截面积变大，若槽数不变，则槽面积越大，在导体截面积不变时，槽内导体数就越多，几乎与面积成正比，当导体中电流密度不变时（即电流不变，为 i_a），则根据定义，电动机的电磁转矩 T_{em} 为

$$T_{em} = NB_dL_ai_a\frac{D_a}{2} = NL_aB_d\frac{I_aD_a}{4a}$$

式中，N 为电枢总导体数；L_a 为导体有效长度；B_d 为气隙平均磁密；i_a 为支路电流；I_a 为电枢总电流；a 为支路对数。

由上式可以看出，N 越大，D_a 越大，a 越小，电磁转矩越大。若考虑(NL_a)的乘积基本不变时，则 T_{em} 与 D_a 成正比，即电枢直径增大一倍，电磁转矩也增大一倍。

转速的高低也与电枢直径密切相关。设电枢每条支路的导体数为 $N/(2a)$，则一条支路的感应电动势 E_a 为

$$E_a = \frac{N}{2a}B_dL_av_a = \frac{N}{2a}B_dL_a\frac{\pi D_an}{60} \approx U_a$$

式中，v_a 为电枢表面线速度；n 为电枢转速；U_a 为电枢两端电源电压。

上式说明，在电源电压 U_a 为一定时，n 与 D_a 成反比。

以上分析说明了直流力矩电动机采用圆盘状结构可增大转矩并降低转速的基本原理。

3.3.2 直流力矩电动机的应用

1. 铭牌数据

直流力矩电动机有三种：电磁式的型号为 LD；永磁式的型号为 LY；无刷式的型号为 LW。以永磁式力矩电动机 36LY51 为例，其型号含义为：

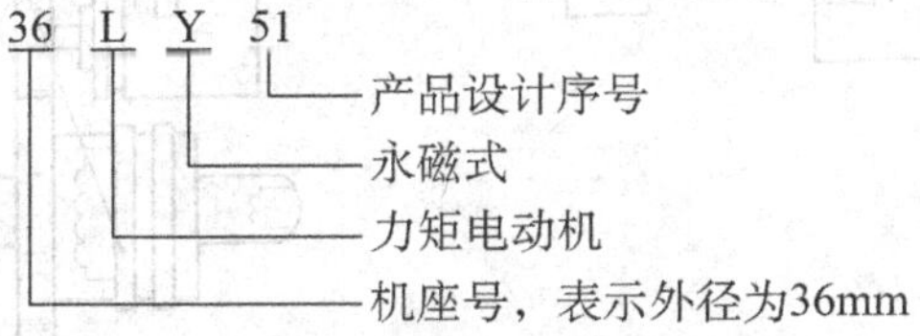

LY 系列直流力矩电动机的主要技术数据如表 3－3 所示。

表 3－3 LY 系列直流力矩电动机的主要技术数据

型号	最大空载转速 /（r/min）	峰值堵转				连续堵转				电磁时间常数 /ms	质量 /kg
		转矩 /mN·m	电流 /A	电压 /V	功率 /W	转矩 /mN·m	电流 /A	电压 /V	功率 /W		
36LY51	5800	49	2.7	12	32.4	14.7	0.81	3.6	2.9	0.5	0.05
36LY52	5800	49	1.2	27	32.4	14.7	0.36	8.1	2.9	0.5	0.05
36LY53	3500	98	3.2	12	38.4	29.4	0.96	3.6	3.46	0.6	0.1
36LY54	3500	98	1.6	27	43	29.4	0.48	8.1	3.9	0.6	0.1
45LY51	4200	61.3	2.9	12	35	24.5	1.16	4.8	5.57	0.8	0.08
45LY52	4200	61.3	1.3	27	35	24.5	0.52	10.8	5.62	0.8	0.08
45LY53	2700	122.5	3.3	12	40	49	1.32	4.8	6.34	1.2	0.15
45LY54	2700	122.5	1.6	27	43	49	0.64	10.8	6.9	1.2	0.15

2. 应用举例

力矩电动机主要应用于低转速，大转矩拖动系统中，图 3－24 所示为力矩电动机应用于雷达系统的示意图。当雷达搜索飞行的目标时，庞大的雷达天线由力矩电动机拖动不断地以低速旋转扫描天空，与此同时，雷达的发射机不断向空间发出强大的电磁波来搜索天空，当电磁波遇到目标（飞机）时，它就从目标反射回来，反射的电磁波到达雷达的接收机时，由接收机接收，经运算处理后一方面在雷达荧光屏上显示目标，另一方面得出目标物的方位和高度。在未搜索到目标前，力矩电动机直接接至电源，驱动雷达天线恒速扫描。一旦搜索到目标后，接收机收到由目标反射的电波时，立即使力矩电动机断开恒定的电源，而转换到由雷达接收机的输出电压来供电，使力矩电动机变为由雷达接收机控制来驱动天线跟踪目标低速转动。当目标继续飞行时，力矩电动机带动雷达天线和啮合在一起的自整角发送机一起旋转，使自整角发送机与自整角变压器转子之间出现相应的位置角差 θ（关于自整角机的工作原理，参考有关控制电机的教材）。此角差使自整角变压器的输出绕组上产生相应的输出电压。此电压放大后加在伺服电动机上，使伺服电动机跟踪转动，伺服电动机一方面拖动雷

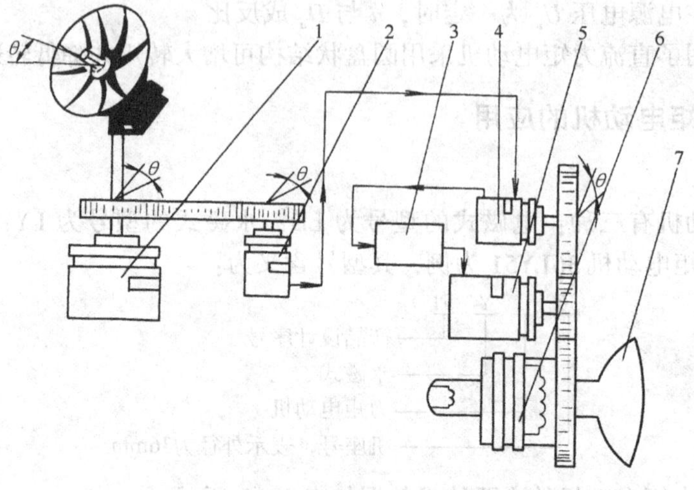

图 3－24 力矩电动机用于雷达系统的示意图

1—力矩电动机 2—自整角发送机 3—放大器 4—自整角变压器
5—伺服电动机 6—偏转线圈 7—显示器

达显示管的偏转线圈旋转 θ 角，使目标在荧光屏对应的位置显示，另一方面，伺服电动机拖动自整角变压器的转子旋转，使得自整角变压器转子与发送机之间的位置角差 θ 减小，输出电压也随之减小，当自整角变压器的转子转到使 θ 为零时，称为协调位置，这时自整角变压器的输出电压也为零，伺服电动机便停转，从而实现了目标的跟踪显示。

3.4 直流测速发电机

直流测速发电机是一种微型直流发电机，其作用是把拖动系统的旋转角速度转变为电压信号，广泛用于自动控制、测量技术和计算技术。直流测速发电机的结构和直流伺服电动机基本相同。若按定子磁极的励磁方式来分，直流测速发电机有电磁式和永磁式两种。永磁式直流测速发电机具有结构简单，不需励磁电源，使用方便，温度对磁场影响小等优点，因此应用广泛。直流测速发电机的电枢也与伺服电动机基本一致，分为普通有槽电枢、无槽电枢、圆盘电枢等。

3.4.1 直流测速发电机的输出特性

直流测速发电机的工作原理与一般直流发电机相同。图 3－25 所示为永磁式直流测速发电机的工作原理图。在恒定磁场中，电枢绕组随被测机构一起旋转时，切割磁力线而产生感应电动势，并由电刷两端引出，电枢电动势的大小为

$$E_a = C_e \Phi n = K_e n$$

上式表明，电枢感应电动势正比于转速。在空载时，由于电枢电流 $I_a=0$，则电枢两端电压等于电枢电动势，因此，电枢电压与转速成正比。

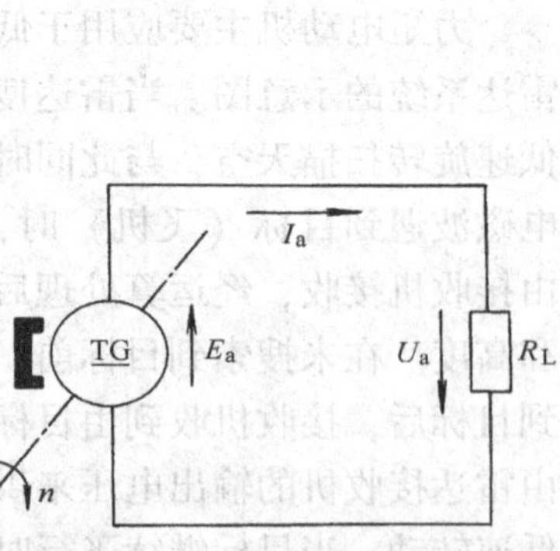

图 3－25 永磁式直流测速发电机的工作原理图

直流测速发电机的输出特性是指在励磁磁通 Φ 和负载电

阻 R_L 为常数时，输出电压随电枢转速 n 变化的关系，即 $U_a = f(n)$。

当发电机接负载时，就有了负载电流 I_a，必定在电枢电阻 R_a 上产生电压降，使输出电压不等于电枢电动势，输出电压变为

$$U_a = E_a - I_a R_a$$

式中，R_a 为电枢电路总电阻，包括电枢绕组和电刷换向器之间的接触电阻。电枢电阻 R_a 越大，负载电流越大，输出电压越低。

负载电流为

$$I_a = \frac{U_a}{R_L}$$

代入上式可得

$$U_a = E_a - \frac{U_a}{R_L} R_a$$

经变换可得

$$U_a = \frac{E_a}{1 + R_a/R_L} = \frac{C_e \Phi}{1 + R_a/R_L} n = Cn \tag{3-11}$$

式中，C 为测速发电机输出特性的斜率。当 Φ、R_a 及负载电阻 R_L 不变时，输出电压 U_a 与电枢转速 n 成正比。

当负载电阻 R_L 不同时，直流测速发电机的输出特性的斜率也不同，它随着负载电阻的减小而变小，理想的输出特性是一组直线，如图 3－26 所示。

在图 3－26 中，特性曲线 1 是空载时的输出特性，特性曲线 2 和 3 为某一负载电阻 R_{L2} 和 R_{L3} 时的输出特性，其中 $R_{L2} > R_{L3}$。

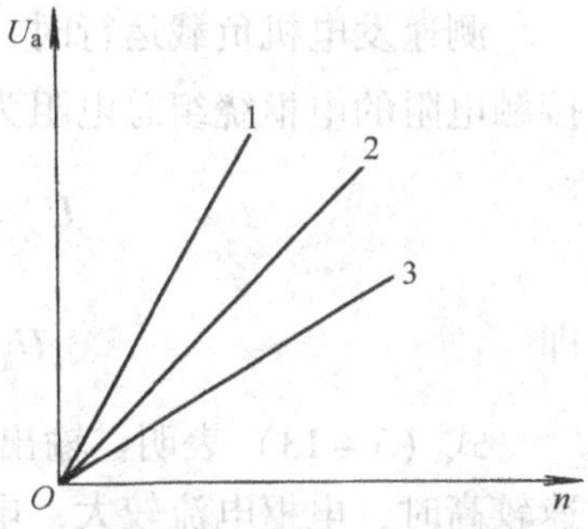

图 3－26 直流测速发电机的理想输出特性

3.4.2 直流测速发电机的误差及其减小方法

在工作中，我们要求直流测速发电机具有线性的输出特性；输出特性斜率大，灵敏度高；输出特性受温度影响小；输出电压平稳，波动小，正、反两方向的输出特性一致性好。实际上，直流测速发电机的输出电压与转速之间并不能严格保持正比关系，存在非线性误差，产生原因主要为：

1. 电枢反应

当测速发电机的转速较高时，输出电压 U_a 较大，即使电枢电阻 R_a 不变，但由于电枢电流增大，电枢磁场增强而产生电枢反应，使主磁场削弱，Φ 减小，Φ 随电枢电流的大小而变化，电流越大，Φ 越小。负载时的磁通可以看作

$$\Phi = \Phi_0 - \Phi_{ad}$$

式中，Φ_0 为空载时电机的气隙磁通；Φ_{ad} 为电枢反应的去磁磁通；Φ_{ad} 与电枢电流 I_a 基本成正比，即

$$\Phi_{ad} = K_I I_a = K_I \frac{U_a}{R_L}$$

式中，K_I 为假定比例常数。

负载电枢感应电动势为

$$E_a = C_e n\Phi = C_e n(\Phi_0 - \Phi_{ad}) = K_e n - C_e n K_I \frac{U_a}{R_L}$$

式中，$K_e = C_e\Phi_0$。

把此式代入式（3－11），经整理可得

$$U_a = \frac{Cn}{1 + C_e K_I n/[(1 + R_a/R_L)R_L]} = \frac{Cn}{1 + Kn/R_L} \tag{3-12}$$

式中，$K = \dfrac{C_e K_I}{1 + R_a/R_L}$。

由式（3－12）可知，此时 U_a 已不再与 n 成正比，随着 n 的上升，U_a 的上升变得缓慢，实际输出特性向下弯曲，如图 3－27 中的虚线所示。

为了减小电枢反应的去磁作用，改善输出特性的线性，应尽量使电机的气隙磁通保持不变。通常可以采取以下措施：

1）设计测速发电机时，适当增大电机的气隙。

2）使用时，测速发电机的负载电阻不能太小，转速不得超过最大转速。

3）对于电磁式测速发电机，可以加装补偿绕组。

2. 电刷换向器接触电阻

测速发电机负载运行时，负载电流在电刷的接触电阻上产生电压降 ΔU_b，设不包含电刷接触电阻的电枢绕组总电阻为 r_a，这时的输出电压为

$$U_a = E_a - I_a r_a - \Delta U_b = K_e n - \frac{U_a}{R_L} r_a - \Delta U_b$$

即

$$U_a = \frac{K_e n}{1 + r_a/R_L} n - \frac{\Delta U_b}{1 + r_a/R_L} = Cn - \frac{C}{K_e}\Delta U_b \tag{3-13}$$

式（3－13）表明：输出特性将平行下移。但是由于电刷的接触电阻具有非线性，当转速较高时，电枢电流较大，电刷的接触压降可认为是常数。而发电机的转速较低时，电枢电动势低，电枢电流也较小，电刷的接触电阻较大，使输出电压相对变得很小。考虑电刷接触电阻压降的影响时，直流测速发电机的输出特性变为如图 3－28 所示。在发电机转速较低时，

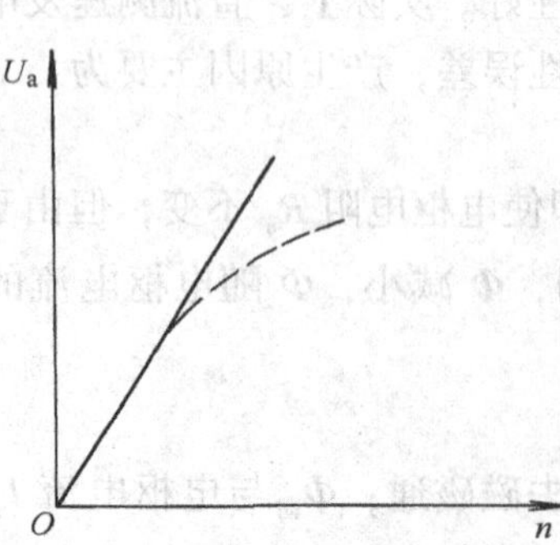

图 3－27　考虑电枢反应时的输出特性

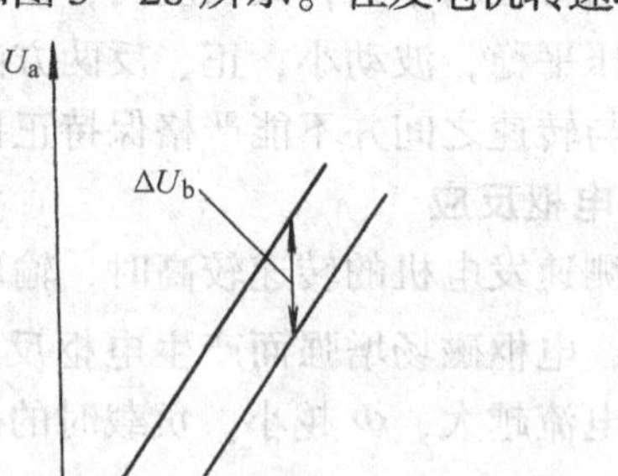

图 3－28　考虑电刷接触电压时的输出特性

输出特性上出现一个不灵敏的区域，在这一区域内，测速发电机虽有转速信号输入，但输出电压却很小。

在直流测速发电机中，为了减小电刷接触电阻的影响，常采用接触压降较小的金属电刷，如银或铜—石墨电刷。在高精度的直流测速发电机中还要采用铜电刷，并在电刷与换向器相接触的表面上镀有银层。

3. 温度的影响

在电磁式直流测速发电机中，当环境温度发生变化以及发电机本身发热，将会引起发电机绕组参数的变化。当温度升高时，励磁绕组电阻增大，电压降低。当温度下降时，输出电压又会升高。

要减小温度对直流测速发电机输出特性的影响，可采取以下措施：

1）设计测速发电机磁路时，使其正常工作时接近饱和状态，以减小励磁电流变化引起的磁通变化。

2）使用测速发电机时，在励磁回路中串联一个阻值比励磁绕组电阻大几倍的附加电阻，附加电阻选用温度系数小的合金材料，如锰镍铜或镍铜合金，还可选用具有负温度系数的电阻，这样，在温度变化时，整个励磁回路的总电阻变化不大，甚至不变。

3）要求测速精度很高时，可采用恒流源励磁。

3.4.3 直流测速发电机的应用

1. 性能指标

（1）线性误差 $\Delta U\%$　在测速发电机工作转速范围内，实际输出特性曲线和理想输出特性之间的最大误差值 ΔU_m 与最大理想输出电压 U_m 之比的百分值，称线性误差。即

$$\Delta U\% = \frac{\Delta U_m}{U_m} \times 100\%$$

ΔU_m 和 U_m 如图 3－29 所示。一般要求 $\Delta U\% = 1\% \sim 2\%$，较精密系统要求 $0.1\% \sim 0.2\%$。

（2）最大线性工作转速 n_{max}　在允许线性误差范围内的电枢最高转速，即测速发电机的额定转速。

（3）负载电阻 R_L　保证输出特性不超过允许的误差范围的最小负载电阻值。在使用时，接到测速发电机电枢两端的电阻不应小于此值，如表 3－4 所示。

（4）不灵敏区 n_{b1}　在 $n < n_{b1}$ 时，测速发电机的输出电压几乎为零。

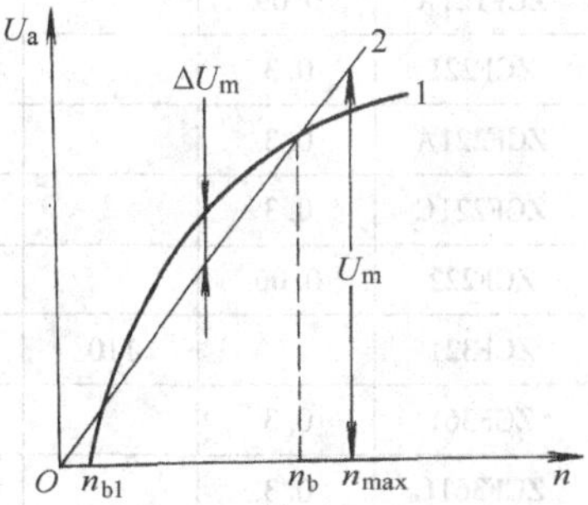

图 3－29　线性误差及最大线性工作转速
1—实际输出特性　2—理想输出特性

（5）输出电压的不对称度 K_{ub}　在相同的转速下，测速发电机正反向旋转时，输出电压绝对值之差 ΔU 与两者平均值 U_{av} 之比的百分值，即

$$K_{ub} = \frac{\Delta U}{U_{av}} \times 100\%$$

一般不对称度为 $0.35\% \sim 2\%$。

（6）纹波系数 K_u　在一定的转速下，测速发电机输出电压交流分量的有效值与输出电

压的直流分量之比，一般小于1%。

(7) 输出斜率 K　在额定励磁条件下，单位转速（kr/min）时所产生的输出电压，一般测速发电机空载时可达 10 ~ 20V/（kr · min^{-1}），特殊结构可达 40 ~ 50V/（kr · min^{-1}）。输出斜率越大越好，负载电阻 R_L 越大，输出斜率越大。

除以上性能参数外，还有变温输出误差、输出电压温度系数等。

直流测速发电机有两种系列，电磁式为 ZCF 系列，永磁式为 CYD 系列。以 ZCF221A 为例，其型号含义为：

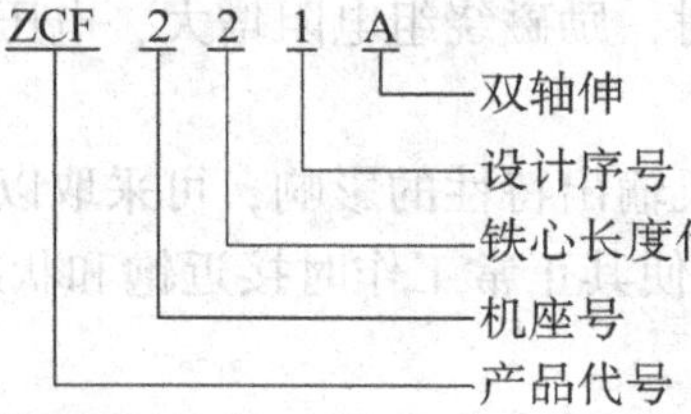

产品代号：Z—直流；C—测速；F—发电机。

机座号用 1、2、3 表示，相应的机座外径为 50、70、85mm。

铁心长度代号：2 表示短，6 表示长。

数字后的字母为特殊设计代号。

ZCF 系列直流测速发电机的技术数据如表 3 - 4 所示。

表 3 - 4　ZCF 系列直流测速发电机的技术数据

型号	励磁电流 /A	励磁电压 /V	电枢电压 /V	负载电阻 /Ω	转速 /（r/min）	输出电压不对称度 不大于（%）	输出电压线性误差 不大于（%）	质量 /kg 不大于
ZCF121	0.09		50 ± 2.5	2000	3000	1	± 1	0.44
ZCF121A	0.09		50 ± 2.5	2000	3000	1	± 1	0.44
ZCF221	0.3		51 ± 2.5	2000	2400	1	± 1	0.9
ZCF221A	0.3		51 ± 2.5	2000	2400	1	± 1	0.9
ZCF221C	0.3		51 ± 2.5	2000	2400	1	± 1	0.9
ZCF222	0.06		74 ± 3.7	2500	3500	2	± 3	0.9
ZCF321		110	100^{+10}_{-5}	1000	1500	3	± 3	1.7
ZCF361	0.3		106 ± 5	10000	1100	1	± 1	2.0
ZCF361C	0.3		174 ± 8.7	9000	1100	1	± 1	2.0

表中励磁电流是指他励绕组中的电流。电枢电压是指在额定励磁电流、额定转速下，接上所规定的负载电阻时的电枢端电压。

此外，CYD 系列为高灵敏度直流测速发电机，具有输出电压斜率大，低速精度高，能直接与低速伺服电动机耦合，适用于作低速伺服系统中的速度检测。

2. 直流测速发电机的应用

直流测速发电机是一种重要的机电元件，广泛用于自动控制系统、随动系统和计算单元。这里简要介绍它的基本应用。

(1) 作为测速元件　直流测速发电机作控制系统中的测速元件应用很普遍，能直接测出拖动电动机和执行机构的转速，以便进行速度控制和速度显示。测速发电机用于恒速控制系统的原理图如图 3－30 所示。

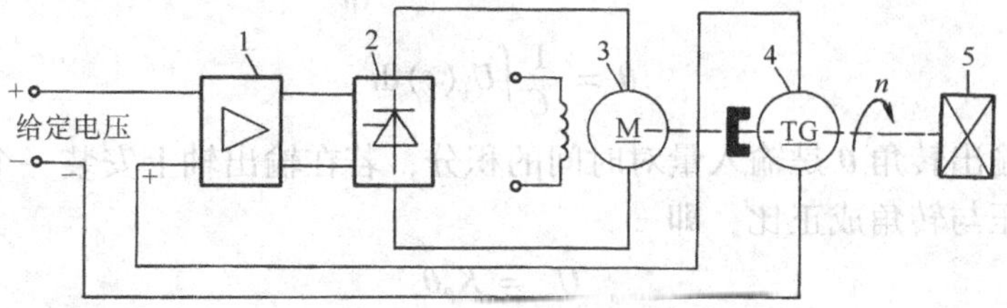

图 3－30　恒速控制系统原理图

1—放大器　2—可控整流电路　3—他励直流电动机　4—测速发电机　5—负载

系统中，直流电动机直接拖动生产机械旋转，由电动机的机械特性可知，在某一机械特性上，生产机械的负载转矩增大，电动机的转速将下降；生产机械的负载转矩减小时，电动机的转速将升高，即转速随负载转矩的波动而变化。为了稳定拖动系统的转速，这里在电动机和生产机械的同一轴上安装了一台测速发电机，并将测速发动机的输出电压送至系统输入控制端，与给定电压相减后，差值电压再加入到放大器，经放大后控制晶闸管整流电路的输出电压，以调整直流电动机的转速。当负载转矩由于某种因素影响而减小时，电动机的转速升高，测速发电机的输出电压也随之升高，使给定电压与测速发电机的输出电压之差减小，经放大后控制可整流电路，使整流输出电压降低，则直流电动机的转速下降，以抵消负载引起的转速上升。反之，若负载转矩增大，使电动机转速下降，测速发电机的输出电压随之减小，给定电压与测速发电机的差值增大，经放大后控制整流输出电压升高，则电动机的转速上升。因此，不论负载转矩如何波动，在本系统中由于具有自动调节作用，生产机械的转速变化很小，接近于恒速。要人为改变生产机械的转速，只需改变给定电压的大小即可，系统中给定电压要求很稳定，必须取自稳压电源。

(2) 作运算元件　在自动控制系统中，利用测速发电机可以实现对输入量的积分或微分运算。利用测速发电机实现积分运算的原理图如图 3－31 所示。

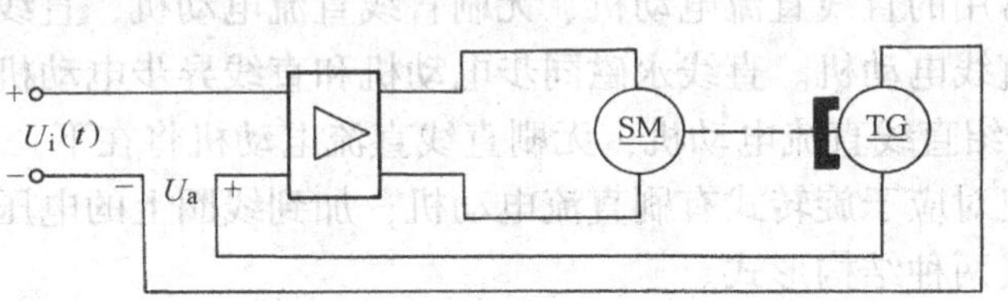

图 3－31　测速发电机用于积分运算的原理图

图中测速发电机直接耦合在伺服电动机轴上，测速发电机的输出电压正比于转速，即

$$U_a = Cn = C\frac{d\theta}{dt}$$

式中的 θ 为输出轴的转角。输入电压为 $U_i(t)$，放大器的输入信号为 $U_i(t) - U_a$，若放大器的放大倍数为 A_u，则伺服电动机的输入控制电压为

$$U = A_u[U_i(t) - U_a]$$

当放大器的放大倍数 A_u 足够大时，由于输出电压 U 有限，则放大器的输入电压 $U_i(t) - U_a$ 就很小，接近于零，即

$$U_i(t) - U_a \approx 0$$

$$U_i(t) = U_a = C\frac{d\theta}{dt}$$

$$\theta = \frac{1}{C}\int U_i(t)\,dt$$

上式说明系统的输出转角 θ 是输入量对时间的积分，若在输出轴上安装一个线性电位器，使电位器的输出电压与转角成正比，即

$$U_o = K_\theta \theta$$

则可使输出电压 U_o 为输入电压 $U_i(t)$ 的积分，即

$$U_o = \frac{K_\theta}{C}\int U_i(t)\,dt$$

以上运算系统可用于自动控制系统中校正微小误差导致的积累误差。

3.5 直线直流电动机

直线电动机是直接产生直线运动的电动机。这类电动机可看成是由旋转电动机演化而来的。与旋转电动机相比，直线电动机的优点是：结构简单，反应速度快，灵敏度高，随动性好，寿命长，容易冷却，可提高电动机的容量，运行效率和传动精度高，特别是它能直接产生直线运动，这对直线运动系统的发展具有革命性的影响。目前，一般直线运动的机械都是由旋转电动机作动力的，这样必须配有如丝杠、螺母副等由旋转运动变为直线运动的传动装置，这不但使整个装置机构庞大、成本较高、效率较低，而且精度下降。而直线电动机可与作直线运动的机械部件直接相连，不但省去了机械传动机构，而且位置控制等精度可大幅提高，因此在高新技术产品中的应用越来越广。

与旋转电动机相对应，按工作原理分类，直线电动机可分为直线直流电动机、无刷直线直流电动机、直线异步电动机、直线永磁同步电动机、直线磁阻电动机和直线步进电动机等。本书介绍其中常用的直线直流电动机、无刷直线直流电动机、直线异步电动机和直线永磁同步电动机四类直线电动机。直线永磁同步电动机和直线异步电动机将分别在第 8 章和第 9 章中介绍，本节介绍直线直流电动机，无刷直线直流电动机将在下一节介绍。

直线直流电动机对应于旋转式有刷直流电动机，加到线圈上的电压为直流电压，它主要有框架式和短行程式两种结构形式。

3.5.1 框架式直线直流电动机

对应于旋转电动机的定子和转子，直线电动机主要由定子和动子组成。根据可移动部分分类，框架式直线直流电动机可分为动圈式和动铁式两类。

动圈式直线直流电动机的结构原理如图 3－32 所示，其动子为电动机的线圈，它的作用相当于旋转电动机的电枢绕组，这个线圈绕在上面的一条软铁上，在上下两软铁的两端垂直放置两个极性方向相同的永久磁铁，由它们组成一个框架，则永久磁铁产生的磁力线如图中的虚线所示，其中气隙磁场的磁力线的方向由下向上。如果线圈加上直流电压后，则线圈在电流和磁场的相互作用下受到水平方向电磁力的作用而沿着软铁滑道作直线运动。若改变直

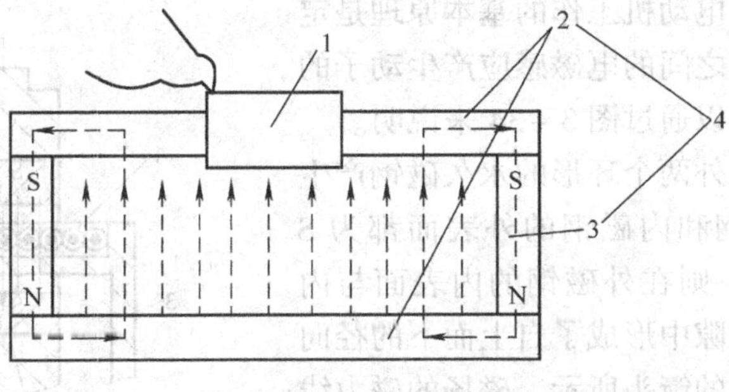

图 3－32　动圈式直线直流电动机的结构原理

1—动子（线圈）　2—软铁　3—永久磁铁　4—定子

流电压的极性，则线圈沿反方向作直线运动。

动铁式直线直流电动机的动子为永久磁铁，线圈绕在软铁框架上，两者组成电动机的定子，但线圈长度要长得多，为移动位移的整个行程。其电磁工作原理与动圈式相类似，故不作详细讨论。

3.5.2　短行程式直线直流电动机

1. 短行程式直线直流电动机的结构

图 3－33 所示是一种短行程式直线直流电动机的典型结构，电机的定子由电机外壳（本体）和内外双环结构的永久磁钢两部分组成，这种内外双环结构磁钢形成较均匀的径向磁场。动子（即旋转电动机中的转子）主要由轴向可移动的线圈组成，这个线圈质量很轻，它和位移检测装置固定在轴上，与轴一起移动。另外，还有直线轴承、刚度相同的双预压弹簧、防止轴转动的导向机构及位移检测装置等部分。

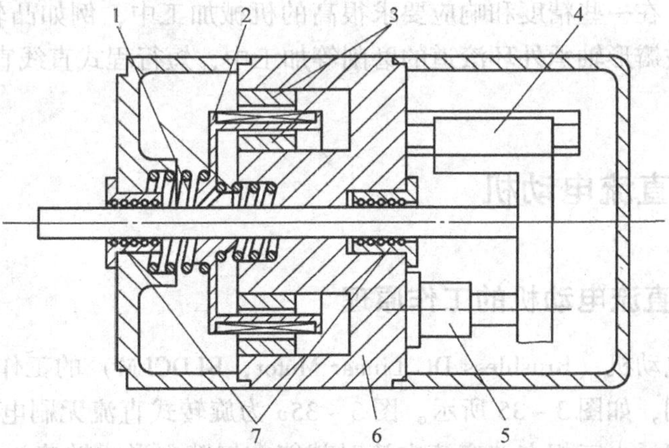

图 3－33　短行程式直线直流电动机的结构

1—预压弹簧　2—动子　3—内外双环磁钢　4—位移检测装置

5—导向机构　6—定子　7—直线轴承

2. 短行程式直线直流电动机的工作原理

短行程式直线直流电动机工作的基本原理是定子磁场与动子通电线圈之间的电磁感应产生动子的运动，这个工作原理可以通过图3－34来说明。

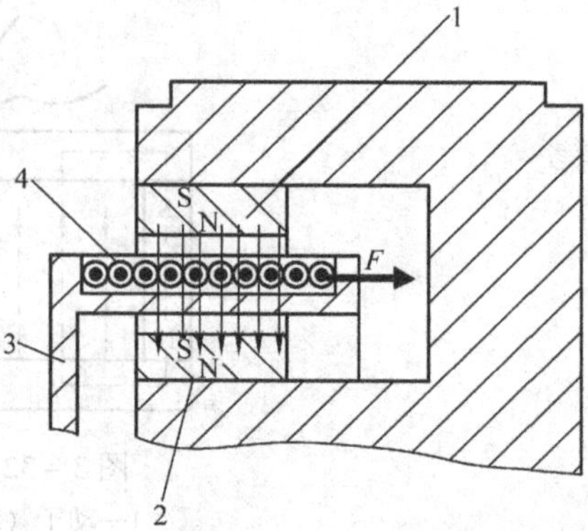

图3－34　短行程式直线直流电动机的工作原理示意图
1—定子外环磁钢　2—定子内环磁钢　3—动子骨架　4—动子线圈

定子的磁场是由内外两个环形的永久磁钢产生的：图中环形的外磁钢和内磁钢的外表面都为S极，内表面都为N极，则在外磁钢的内表面与内磁钢的外表面之间的气隙中形成了自上而下的径向磁场，如图中垂直方向的箭头所示，磁场的磁力线通过由导磁材料组成的外壳（本体）闭合。动子的圆形线圈如图所示固定在动子的骨架上，骨架为非磁性材料组成。需要注意的是这种线圈的绕向与旋转式直流电动机的转子绕组绕向差90°，它是在径向平面上的，而旋转电动机的绕组是在轴向平面上的，且在旋转过程中，线圈中的电流方向始终保持不变，这一点与旋转电动机的绕组电流要靠换向器不断变换电流方向也是完全不同的。如图所示，如果线圈中的电流流向纸面，那么根据左手定则，线圈和动子受到一个向右的拉力，这个拉力将拉着动子向右移动。如果使线圈中的电流反向，则线圈受到的拉力也反向，将拉着动子向左移动，实现电动机的双向运动。

3. 短行程式直线直流电动机的应用

短行程式直线直流电动机虽然行程较短，其位移典型值为5mm，但由于其动态响应快，控制精度高，已在某些领域得到了很好的应用。例如，在选择性激光烧结快速成形设备中，其聚焦透镜的快速往返直线运动的驱动使用短行程式直线直流电动机就可解决其定位精度高、响应快的难题。在一些精度和响应要求很高的机械加工中，例如凸轮轮廓曲线的车削、椭圆活塞的车削及波瓣形轴承外环滚道的磨削等加工中，短行程式直线直流电动机也得到了应用。

3.6　无刷直线直流电动机

3.6.1　无刷直线直流电动机的工作原理

无刷直线直流电动机（Brushless DC Linear Motor，BLDCLM）的工作原理基本与旋转式直流无刷电动机相同，如图3－35所示。图3－35a为旋转式直流无刷电动机（两极）示意图，当定子三相绕组通入三相方波交流电流时就能在气隙中形成转速为n_1的旋转磁场，n_1即为同步转速，永磁体转子在这个旋转磁场的拉动下，也以n_1的转速作同步旋转。

如果把电动机的定、转子展开成平面，如图3－35b所示，就成了直线式的无刷直流电动机。旋转电动机的转子和定子在直线电动机中分别称作定子和动子，原来的旋转磁通势变为按相序作直线运动的磁通势，所建立的磁场称为行波磁场或移动磁场，其移动速度即同步

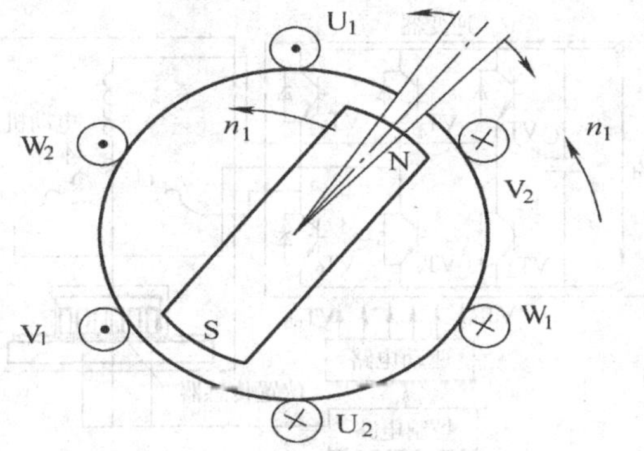

a) 旋转式直流无刷电动机示意图

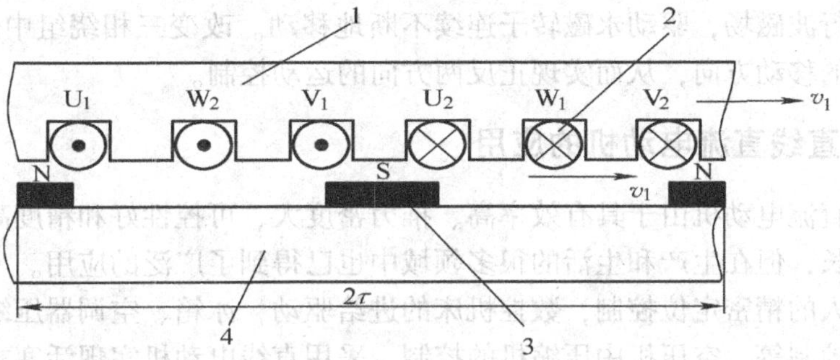

b) 无刷直线直流电动机原理示意图

图 3-35　无刷直线直流电动机原理

1—动子　2—动子三相绕组　3—定子永磁体　4—定子

线速度为

$$v_1 = 2p\tau \times (n_1/60) = 2p\tau \times (1/60) \times (60f/p) = 2\tau f$$

式中，p 为极对数；τ 为极距；f 为方波电源频率。

行波磁场与定子的永久磁场相互作用，使动子以速度 v_1 作直线运行，即其运行速度为

$$v_1 = 2\tau f$$

3.6.2　无刷直线直流电动机的结构特点

无刷直线直流电动机和一般的有刷直线直流电动机相比，结构上差异很大。用装有永磁体的平面形定子取代有刷直流电动机的环形磁极，用绕有三相绕组的平面形动子取代电枢，用逆变器和动子位置检测器组成的电子换向器取代有刷直流电动机的机械换向器和电刷，就得到了无刷直线直流电动机。无刷直线直流电动机结构组成如图 3-36 所示。

无刷直线直流电动机主要由电动机本体（包括定子和动子）、位置传感器（装在动子上）、控制电路、驱动电路和逆变器等组成。

位置传感器是无刷直线直流电动机系统的重要组成部分，也是区别于有刷直流电动机的主要标志，磁极位置信号的检测由三个位置传感器（一般采用霍尔传感器）实现。位置传感器的作用是检测动子在运动过程中的位置，将定子磁钢磁极的位置信号转换成电信号，为控制电路中的逻辑开关电路提供正确的换相信息，以控制逆变器中的 $VT_1 \sim VT_6$ 六个大功率

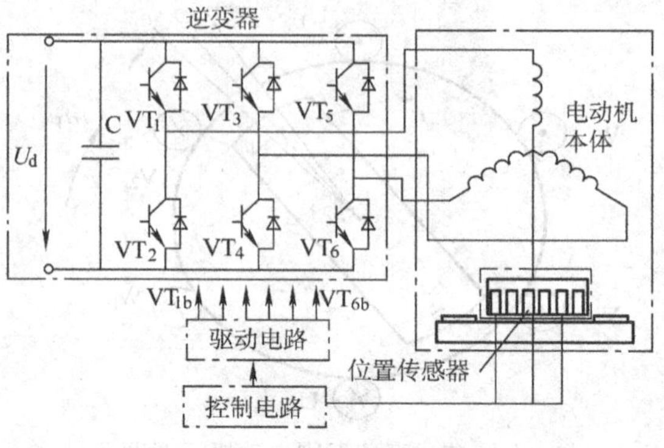

图 3-36　无刷直线直流电动机的结构组成

管导通与截止，从而控制电动机三相绕组中的电流随着转子位置的变化按次序换向，形成气隙中步进式的行波磁场，驱动永磁转子连续不断地移动。改变三相绕组中通电电流的相序，即可改变动子的移动方向，从而实现正反两方向的运动控制。

3.6.3　无刷直线直流电动机的应用

无刷直线直流电动机由于具有效率高、推力密度大、可控性好和精度高等优点，尽管其推出的历史不长，但在生产和生活的很多领域中也已得到了广泛的应用。

例如机器人的精密定位控制，数控机床的进给驱动，冰箱、空调器压缩机的控制，空压机中压缩机的控制等。空压机中压缩机的控制，采用直线电动机实现活塞式压缩机的直接驱动，已成为压缩机的一个新的发展方向。直线电动机直接驱动压缩机可使压缩机省去偏心轮传动机构，有利于压缩机的加工、安装，有利于体积结构的减小、传动能量损耗的降低、工作效率的提高和节能。这种方法唯一的机械损失为活塞的摩擦阻力，电动机输出功率全部用于机械做功，还可消除偏心轮不对称转矩对电动机产生的磨损及偏心轮系的损耗。

本 章 小 结

控制电机的主要功能是实现控制信号的转换与传输，在自动控制系统中作为伺服执行和检测运算等元件，随着高新技术的发展，自动控制系统的应用范围越来越广，控制电机的作用也显得更加重要。本章介绍了直流无刷电动机、直流伺服电动机、直流力矩电动机、直流测速发电机、直线直流电动机和无刷直线直流电动机等几种在生产、工作和生活中常用的直流控制电机。

直流无刷电动机也可看作一种定、转子反装的直流电动机。由于采用位置传感器和电子开关电路作电机绕组的换向器，因此直流无刷电动机与一般直流电动机相比，其最大的优点是无机械换向器，这使它具有调速范围广，低速性能好，响应快，寿命长，维护简单等特点而被广泛使用在各种控制系统中。

直流伺服电动机的结构和工作原理与他励直流电动机基本相同，调压调速和弱磁调速是这种电动机常采用的两种调速方法。直流伺服电动机的机械特性和调节特性的线性度好，转速控制范围大，可以在每分钟几十转到数千转范围内变化。缺点是有电刷和换向器，可靠性较低，有较大的摩擦转矩，有换向火花干扰电子设备。

直流力矩电动机在原理、结构上与普通永磁式直流伺服电动机相同，但具有特殊的几何尺寸结构。直流力矩电动机具有低转速、大转矩的特点，并可长期运行于堵转状态，因而可以不经过变速机构而直接拖动负载，既简化了传动机构，又提高了控制精度。

直流测速发电机是一种微型直流发电机，是自动控制系统中测量转速或转角信号的一种重要元件，其输出电压与转速基本保持线性关系。对于直流测速发电机，电枢反应会引起高速时线性误差；电刷换向器的接触压降会造成低速时的不灵敏区；温度变化会引起变温误差，这些因素都会降低测速发电机的精度，使用时需要采取一定措施来减小误差。直流测速发电机的输出特性斜率大，反应灵敏。在自动控制系统中，直流测速发电机常用于实现恒速控制、积分和微分运算，也可把它用作阻尼元件。

由于直线电动机能直接产生直线运动，可省略把旋转运动转化为直线运动的传动机构，这对直线运动系统的发展具有革命性的影响。本章介绍的两种直线电动机中，其中一种是与普通直流电动机相对应的直线直流电动机，另一种是与直流无刷电动机相对应的无刷直线直流电动机。把它们用于控制系统，既可简化系统结构，又可提高控制精度。

习　题

1. 简述直流无刷电动机的工作原理。
2. 在直流无刷电动机中，转子位置传感器 BQ 的作用是什么？
3. 直流无刷电动机与他励直流电动机相比，有哪些相同点？哪些不同点？
4. 直流无刷电动机调速采用什么方法？简述调速的基本原理。
5. 直流无刷电动机的转矩特性有何特点？
6. 直流无刷电动机产生的电磁转矩为什么是脉动的？采用什么措施能减小转矩脉动？
7. 相对于普通直流电动机来说，伺服电动机、力矩电动机在结构和特性上有何特点？
8. 直流伺服电动机电枢电压控制方式中，始动电压指的是什么？与负载转矩大小有什么关系？
9. 怎样从直流伺服电动机的机械特性曲线得到调节特性曲线？
10. 直流伺服电动机的励磁电压和电枢控制电压均维持不变，而负载增加时，电动机的转速、电枢电流和电磁转矩将如何变化？
11. 直流力矩电动机的电枢为何要做成圆盘形？
12. 相对于普通直流发电机来说，测速发电机结构和特性的主要特点是什么？
13. 直流测速发电机的输出特性是指什么？控制系统对输出特性的要求有哪些？
14. 不灵敏区的存在是什么原因造成的？怎样减小不灵敏区？
15. 直流测速发电机使用时，为什么转速不能超过铭牌规定的最高转速？负载电阻不能小于规定值？
16. 直线电动机在控制系统中越来越受到欢迎的主要原因是什么？
17. 简述框架式直线直流电动机的工作原理。
18. 设无刷直线直流电动机的极距为 0.03m，动子方波电流的频率变化范围为 0.1～5Hz，试问动子的移动速度可在什么范围内变化？
19. 简述无刷直线直流电动机的基本原理。
20. 设有一台直流无刷电动机，其换流超前角 $\varepsilon_0=60°$，重叠角 γ 可忽略，即 $\gamma=0°$，$C_{es}\Phi=0.15\text{V}/(\text{r}\cdot\text{min}^{-1})$，$R_\Sigma=3\Omega$，求下列两种输入情况下的转速：①$E_d=300\text{V}$，$I_d=25\text{A}$。②$E_d=100\text{V}$，$I_d=25/3\text{A}$。
21. 习题 20 中的电动机数据不变，试求下列两种输入情况下的平均转矩：①$I_d=25\text{A}$。②$I_d=25/3\text{A}$。

第4章 变压器的基本原理

变压器是将某一种电压、电流的交流电能转变成同频率的另一种电压、电流的交流电能的电气设备。在电力系统中，变压器是重要的设备。由于从发电厂到用电区距离较远，当发电厂输送的功率一定时，电压愈高，线路的电流愈小，线路的用铜量、电压降落和损耗就愈小，所以采用高压输电。而发电机受绝缘等级限制，需要用升压变压器将发电机发出的电压升高。当电能输送到用户时，考虑到安全用电、降低电器的绝缘等级及成本，再用降压变压器将电压降到配电电压，供各种动力和照明等设备使用。由此可见，变压器的安全可靠运行，对电力系统具有重要意义。

除电力系统外，变压器在通信、广播、电子、焊接、冶金、控制系统和实验等方面应用也很广泛。

本章主要讨论单相电力变压器的理论和运行情况。

4.1 变压器的工作原理和结构

4.1.1 变压器的工作原理

单相变压器的工作原理如图4-1所示。在同一铁心磁路上有两个绕组，分别接于电源和负载。接电源的绕组，即自电网吸取电能的绕组称为一次绕组，其匝数为 N_1；接负载的绕组，即向外电路输出电能的绕组，称为二次绕组，其匝数为 N_2。

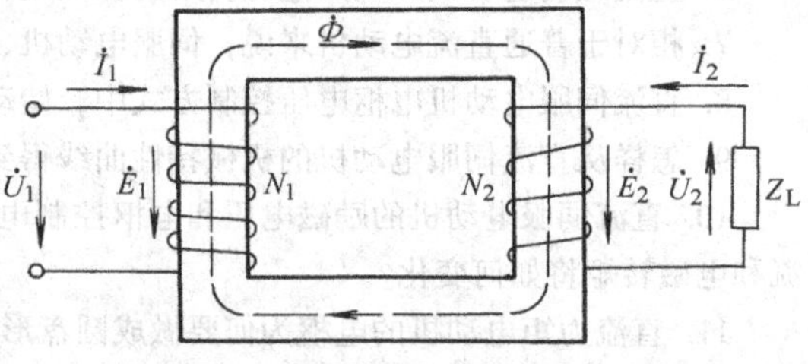

图4-1 变压器的工作原理图

当一次绕组外加电压为 U_1 的交流电源时，一次绕组将流过交流电流，并建立交变磁通势，铁心中产生交变磁通 Φ。该磁通同时交链一、二次绕组，从而在一、二次绕组中产生感应电动势 E_1、E_2。根据电磁感应定律，一、二次绕组中的感应电动势瞬时值分别为

$$\left.\begin{aligned} e_1 &= -N_1\frac{\mathrm{d}\phi}{\mathrm{d}t} \\ e_2 &= -N_2\frac{\mathrm{d}\phi}{\mathrm{d}t} \end{aligned}\right\} \tag{4-1}$$

若忽略绕组的漏电抗压降，设一、二次绕组间的耦合系数为1，且不考虑绕组的电阻压降，则变压器一、二次绕组的端电压可近似表示为

$$\left.\begin{aligned} u_1 &\approx -e_1 = N_1\frac{\mathrm{d}\phi}{\mathrm{d}t} \\ u_2 &\approx -e_2 = -N_2\frac{\mathrm{d}\phi}{\mathrm{d}t} \end{aligned}\right\} \tag{4-2}$$

从上述两公式可得出一、二次绕组电压和电动势有效值与匝数的关系为

$$\frac{U_1}{U_2}=\frac{E_1}{E_2}=\frac{N_1}{N_2} \tag{4-3}$$

由此可见，变压器一、二次绕组感应电动势之比及电压之比，都等于一、二次绕组的匝数之比。在磁通势一定的条件下，只改变一、二次绕组的匝数比，便可改变二次绕组输出电压的大小，以满足各种不同用电者的要求，这就是变压器的基本工作原理。

4.1.2 变压器的基本结构

电力变压器主要由铁心、绕组、绝缘套管、油箱及附件等部分组成。在电力系统中应用最广泛的是油浸式电力变压器，如图 4－2 所示，下面将着重介绍其基本结构。

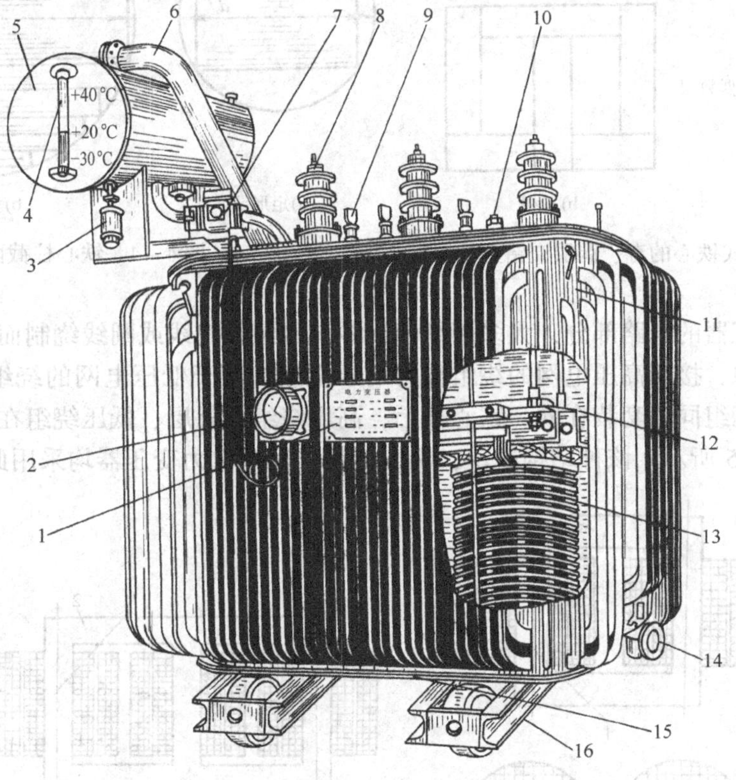

图 4－2 油浸式电力变压器

1—铭牌 2—信号式温度计 3—吸湿器 4—油表 5—储油柜 6—安全气道 7—气体继电器 8—高压套管 9—低压套管 10—分接开关 11—油箱 12—铁心 13—绕组及绝缘 14—放油阀门 15—地线 16—小车

1. 铁心

铁心是变压器的磁路，又是绕组的机械骨架。铁心由心柱和铁轭两部分组成，套装在绕组中的铁心称为心柱，连接心柱以构成闭合磁路的部分称为铁轭。

为了减少铁心的磁滞和涡流损耗，提高磁路的导磁性能，铁心均采用 0.35～0.5mm 厚的高磁导率的热轧硅钢片或冷轧硅钢片叠成。通常在硅钢片表面涂以绝缘漆，使铁心心片之间绝缘，避免片间短路。铁心和铁轭的硅钢片一般采用叠接式，即上层和下层交错重叠的方

式，如图 4－3 所示。此结构可减少叠片接缝处磁路的气隙，从而减少磁路磁阻，改善变压器性能，所以被广泛采用。

变压器容量不同，铁心截面的形状也不一样。小容量变压器的铁心截面一般为矩形或正方形，如图 4－4a 所示；在容量较大的变压器中，为了充分利用绕组内圆空间，增大铁心的有效面积，一般采用多级阶梯形截面，如图 4－4b 所示。

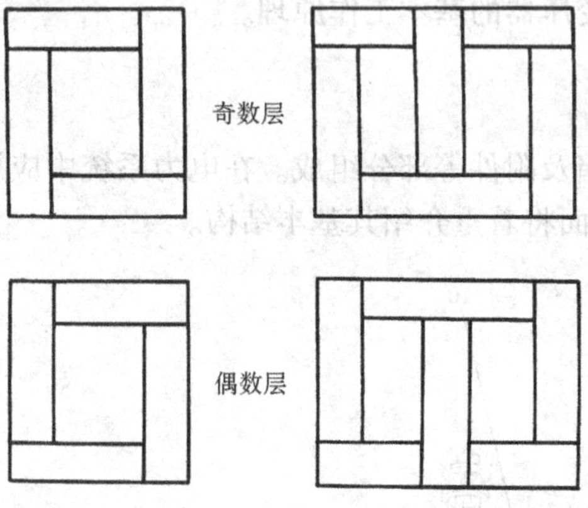

图 4－3　叠接式铁心的奇、偶层交错叠片

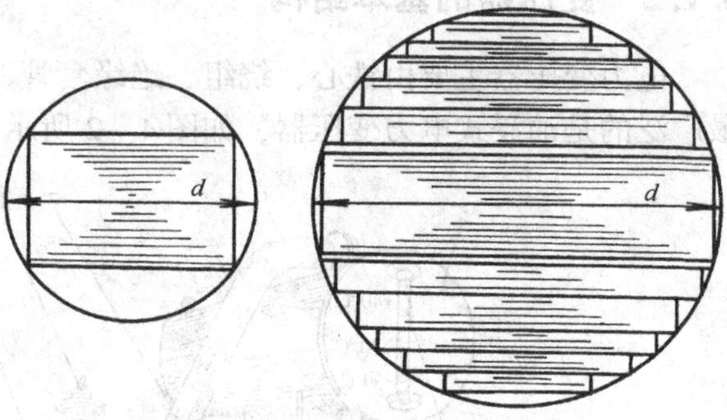

图 4－4　铁心柱截面

2. 绕组

绕组是变压器的电路部分，大多用纸包或纱包的绝缘扁线或圆线绕制而成。

在变压器中，接于高压电网的绕组称为高压绕组；接于低压电网的绕组称为低压绕组。一般高、低压绕组同心套装在同一铁心柱上，高压绕组在外层、低压绕组在里层，这样容易绝缘，如图 4－5 所示。该种结构简单，制造方便，国产电力变压器均采用此结构。

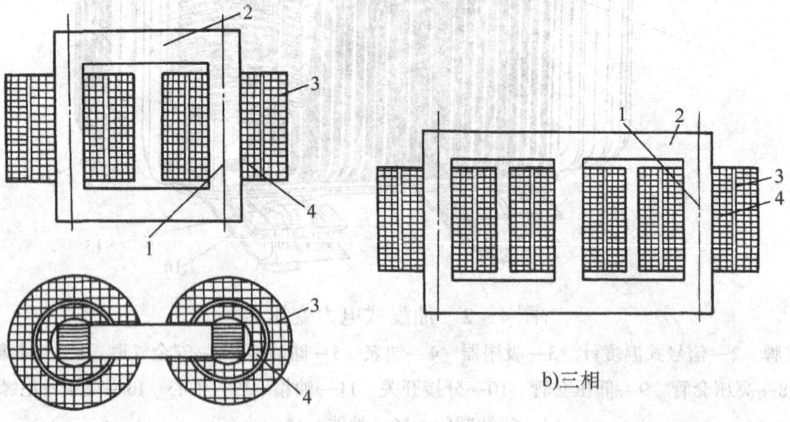

图 4－5　心式变压器

1—铁心柱　2—铁轭　3—高压绕组　4—低压绕组

3. 绝缘套管

变压器的绝缘套管装在变压器的油箱盖上。变压器绕组的引出线从油箱内穿过油箱盖时，必须经过瓷质的绝缘套管，以保证带电的引线与接地的油箱之间绝缘。为了增加表面放电距离，高压绝缘套管外部做成多级伞形，电压越高，级数越多。

4. 油箱及附件

铁心和绕组组成变压器的器身，器身放置在装有变压器油的油箱内。变压器油是从石油中提炼出来的绝缘油，起绝缘和冷却作用。油箱的结构与变压器容量和发热情况密切相关。变压器容量越大，运行时发热问题就越严重。因此，为了扩大散热面，一般油箱的侧面装设 1～3 排扁形或圆形的散热管。当油箱内热油升至油箱上部，经散热管冷却后，再降至油箱底部，形成自然的对流循环冷却。

为了使变压器油能够较长久地保持良好状态，一般在变压器油箱盖的上方，安装圆筒形的储油柜（又称油枕），并通过连通管与油箱相通。柜内油面高度随着变压器油的热涨冷缩而变动，储油柜使油与空气的接触面积减少，从而减缓变压器油的受潮及老化的速度。

在油箱和储油柜的连通管里，还装有气体继电器（又称瓦斯继电器），当变压器发生故障时起保护作用。故障发生时，内部绝缘物气化并产生气体，使气体继电器动作，发出故障信号或自动切除变压器电源。

电力变压器的附件有测温装置、安全气道、吸湿器、油表和分接开关等。

4.1.3 变压器的额定值与主要系列

为使用户了解变压器的结构特点和运行性能，每一台变压器都有一个铭牌，铭牌上标注着变压器的型号、额定值及其他数据。电力变压器的铭牌示意图如图 4－6 所示。

电力变压器

产品型号	S7－500/10	标准号	
额定容量	500kV·A	使用条件	户外式
额定电压	10000V/400V	冷却条件	ONAN
额定电流	28.9A/721.7A	短路电压	4.05%
额定频率	50Hz	器身吊重	1015kg
相数	3 相	油重	302kg
联结组别	Y yn0	总重	1753kg
制造厂		生产日期	

图 4－6　电力变压器的铭牌示意图

1. 额定值

额定值是对变压器正常工作状态所作的使用规定，它是正确使用变压器的依据。在额定状态下运行时，可以保证变压器长期可靠地工作，并具有良好的性能。

（1）额定容量 S_N　表示变压器在额定工作条件下输出能力的保证值，是变压器的视在功率，单位为 V·A、kV·A 或 MV·A。

单相变压器的额定容量为　$S_N = U_{N1} I_{N1} = U_{N2} I_{N2}$　(4－4)

三相变压器的额定容量为　$S_N = \sqrt{3} U_{N1} I_{N1} = \sqrt{3} U_{N2} I_{N2}$　(4－5)

（2）额定电压 U_{N1}/U_{N2}　表示变压器空载时，在额定分接下各绕组端电压的保证值，单位为 V 或 kV。U_{N1} 是一次绕组的额定电压；U_{N2} 是在一次绕组上加额定电压时，二次绕组的开路电压，即空载电压。对于三相变压器，额定电压指线电压。

（3）额定电流 I_{N1}/I_{N2}　是指变压器额定负载情况下，各绕组长期允许通过的线电流，单位为 A。I_{N1} 是一次绕组的额定电流；I_{N2} 是二次绕组的额定电流。对于三相变压器，额定电流指线电流。

（4）额定频率f　我国规定的标准工业用电频率为50Hz，有的国家如美国等国的额定频率为60Hz。

电力变压器的容量等级和电压等级，在国家标准中都做了规定。

例4-1　有一台三相铝线变压器$S_N=500kV\cdot A$，一、二次绕组均为Y联结，$U_{N1}/U_{N2}=10kV/0.4kV$，试求一、二次绕组的额定电流。

解：

$$I_{N1}=\frac{S_N}{\sqrt{3}U_{N1}}=\frac{500\times10^3}{\sqrt{3}\times10\times10^3}A=28.87A$$

$$I_{N2}=\frac{S_N}{\sqrt{3}U_{N2}}=\frac{500\times10^3}{\sqrt{3}\times400}A=721.69A$$

2. 电力变压器的型号及主要系列

（1）电力变压器的型号　变压器的型号包括说明结构性能特点的基本代号、额定容量和额定电压。基本代号按表4-1所列的代表符号依规定的顺序排列组成。例如SL7-100/10，其中"S"表示三相，"L"表示铝导线，"7"表示设计序号，"100"表示额定容量为100kV·A，"10"表示高压绕组电压等级为10kV。

表4-1　变压器型号代表符号的含义

类别项目	代表符号	类别项目	代表符号
自耦变压器	O	强迫油循环	P
单相变压器	D	强迫油导向循环	D
三相变压器	S	双绕组	—
油绝缘介质	—	三绕组	S
空气绝缘介质	G	双分裂绕组	F
空气自冷式	—	无励磁调压	—
风冷式	F	有载调压	Z
水冷式	W	铜导线	—
油自然循环	—	铝导线	L

（2）电力变压器的主要系列　目前我国生产的各种系列变压器产品有SJL1（三相油浸铝线电力变压器）、SL7（三相铝线低损耗电力变压器）、S7和S9（三相铜线低损耗电力变压器）、SJ1和SJ6（三相油浸铜线电力变压器）、SFL1（三相强油风冷铝线电力变压器）、SFPSL1（三相强油风冷三线圈铝线电力变压器）、SWP0（三相强油水冷自耦电力变压器）等，基本上满足了生产、生活等方面发展的要求。

通常750kV·A以下的电力变压器称为小型变压器；1000～6300kV·A称为中型变压器；8000～63000kV·A称为大型变压器；90000kV·A及以上的变压器称为特大型变压器。

4.2　单相变压器的空载运行

变压器的空载运行是指变压器的一次绕组接电源，二次绕组不带负载（即开路）时的工作情况。

4.2.1 变压器空载时的磁场

图 4－7 所示为单相变压器空载运行时的原理图。当变压器一次绕组接在电压为额定值的交流电源上时，一次绕组中产生电流；由于二次绕组开路，所以二次绕组没有电流流过，此时一次绕组中的电流称为空载电流，用 i_0 表示。该运行状态称为空载运行状态。

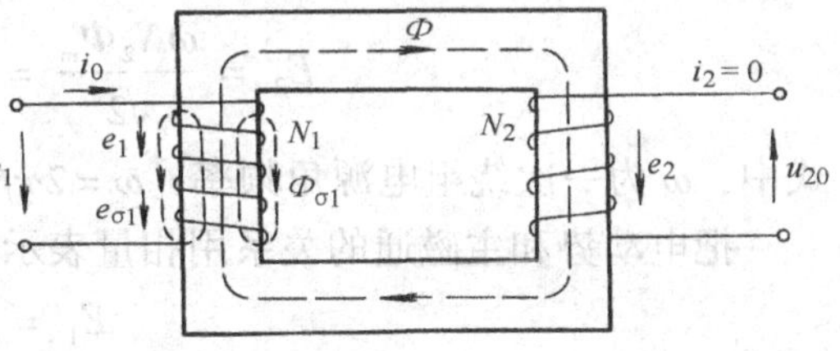

图 4－7　单相变压器空载运行原理图

当 i_0 流过一次绕组时，即建立空载磁通势 i_0N_1，并产生交变磁通，所以 i_0N_1 也称励磁磁通势，空载电流 i_0 也称励磁电流。由于铁心的磁导率远大于空气的磁导率，所以绝大部分磁通沿铁心而闭合，同时交链一、二次绕组，该磁通称为主磁通 Φ。另外有很少的一部分磁通只交链一次绕组，主要沿非铁磁材料路径而闭合的磁通，称为一次绕组的漏磁通 $\Phi_{\sigma1}$。

根据电磁感应定律，主磁通在一、二次绕组中分别产生感应电动势 e_1 和 e_2；漏磁通 $\Phi_{\sigma1}$ 只在一次绕组中产生感应电动势 $e_{\sigma1}$，称为漏感电动势。二次绕组的空载电压为 u_{20}。

4.2.2 电压、电动势和磁通的关系

1. 电压、磁通和感应电动势正方向的确定

变压器接到交流电源运行时，各电磁量的瞬时值大小和方向都随时间变化。为了正确地表示各电磁量之间的关系，在列电动势方程式前，必须先规定电压、磁通和感应电动势等各物理量的正方向。在研究变压器问题时，一般将一次绕组看成一次侧电源的负载；将二次绕组看成变压器负载的电源。习惯上规定：

1）电压降的正方向与电流的正方向一致。

2）磁通的正方向与产生该磁通电流的正方向之间符合右手螺旋定则。

3）由交变磁通产生的感应电动势，其正方向与磁通的正方向之间符合右手螺旋关系。此时，$e=-N\mathrm{d}\phi/\mathrm{d}t$，其正方向与产生该磁通电流的正方向一致。

2. 感应电动势与磁通之间的关系

如果主磁通按正弦规律变化，即 $\phi=\Phi_{\mathrm{m}}\sin\omega t$，则电动势瞬时值为

$$\begin{aligned} e_1 &= -N_1\frac{\mathrm{d}\phi}{\mathrm{d}t} = -\omega N_1\Phi_{\mathrm{m}}\cos\omega t \\ &= \omega N_1\Phi_{\mathrm{m}}\sin(\omega t-90^\circ) \\ &= E_{\mathrm{m1}}\sin(\omega t-90^\circ) \end{aligned} \tag{4-6}$$

$$e_2=-N_2\frac{\mathrm{d}\phi}{\mathrm{d}t}=E_{\mathrm{m2}}\sin(\omega t-90^\circ) \tag{4-7}$$

式中，Φ_{m} 为主磁通 ϕ 的幅值；E_{m1} 为一次绕组电动势的最大值，$E_{\mathrm{m1}}=\omega N_1\Phi_{\mathrm{m}}$；$E_{\mathrm{m2}}$ 为二次绕组电动势的最大值，$E_{\mathrm{m2}}=\omega N_2\Phi_{\mathrm{m}}$。

它们的有效值为

$$\left.\begin{aligned} E_1 &= \frac{\omega N_1 \Phi_m}{\sqrt{2}} = \frac{2\pi f N_1 \Phi_m}{\sqrt{2}} = 4.44 f N_1 \Phi_m \\ E_2 &= \frac{\omega N_2 \Phi_m}{\sqrt{2}} = \frac{2\pi f N_2 \Phi_m}{\sqrt{2}} = 4.44 f N_2 \Phi_m \end{aligned}\right\} \quad (4-8)$$

式中，ω 为一次绕组电源角频率，$\omega = 2\pi f$；f 为一次绕组电源频率。

把电动势和主磁通的关系用相量表示，则为

$$\left.\begin{aligned} \dot{E}_1 &= -\mathrm{j}4.44 f N_1 \dot{\Phi}_m \\ \dot{E}_2 &= -\mathrm{j}4.44 f N_2 \dot{\Phi}_m \end{aligned}\right\} \quad (4-9)$$

同理，漏磁通在一次绕组中也产生漏感电动势，即

$$\dot{E}_{\sigma1} = -\mathrm{j}\frac{2\pi f N_1}{\sqrt{2}}\dot{\Phi}_{\sigma1} = -\mathrm{j}4.44 f N_1 \dot{\Phi}_{\sigma1} \quad (4-10)$$

由于漏磁通所通过的路径主要是非磁性物质（油或空气），其磁导率近似认为是个常数，所以漏磁通的大小与产生此漏磁通绕组的励磁电流成正比，相位相同。采用绕组的漏电感系数来表示二者之间的关系为

$$L_1 = \frac{N_1 \Phi_{\sigma1}}{\sqrt{2} I_0}$$

式中，L_1 为一次绕组的漏电感系数，是一个不随励磁电流大小变化的常数，将 $\Phi_{\sigma1}$ 代入式（4－10）中可得漏磁通电动势为

$$\dot{E}_{\sigma1} = -\mathrm{j}\dot{I}_0 \omega L_1 = -\mathrm{j}\dot{I}_0 X_1 \quad (4-11)$$

式中，X_1 为一次绕组的漏电抗，$X_1 = \omega L_1$。

由于漏电抗与漏磁通相对应，所以 X_1 为常数，不随励磁电流的大小而变化。

3. 电动势平衡方程式

变压器空载运行时，除感应电动势外，空载电流流过一次绕组时，还要产生电阻压降 $\dot{I}_0 R_1$。根据基尔霍夫第二定律以及如图 4－7 所示设定的正方向，可得一次绕组的电动势平衡方程式为

$$\dot{U}_1 = -\dot{E}_1 - \dot{E}_{\sigma1} + \dot{I}_0 R_1 = -\dot{E}_1 + \dot{I}_0 R_1 + \mathrm{j}\dot{I}_0 X_1 = -\dot{E}_1 + \dot{I}_0 Z_1 \quad (4-12)$$

式中，Z_1 为一次绕组的漏阻抗，$Z_1 = R_1 + \mathrm{j}X_1$。

由于空载电流 I_0 很小，电阻 R_1 和漏电抗 X_1 均很小，故 $I_0 Z_1$ 也很小，在近似算法中可忽略不计，即

$$\dot{U}_1 \approx -\dot{E}_1 = \mathrm{j}4.44 f N_1 \dot{\Phi}_m$$

这就是说，当忽略漏阻抗压降时，$\dot{U}_1$ 仅与电动势 $\dot{E}_1$ 所平衡，且两者大小相等，波形相同，但相位相反。当频率不变时，主磁通 Φ_m 的大小主要决定于外施电压 U_1 的大小。即当电源电压和频率均不变时，主磁通 Φ_m 及磁路饱和状态基本不变，产生 Φ_m 的励磁磁通势 $I_0 N_1$ 也大致恒定。这是分析变压器空载运行时得出的一个重要结论。

变压器空载运行时，二次绕组中没有电流，不产生电阻压降，所以二次绕组的端电压就等于其感应电动势，即

$$\dot{U}_{20} = \dot{E}_2$$

变压器一、二次绕组的匝数之比称为变压器的电压比，用 k 表示，即

$$k = \frac{N_1}{N_2} = \frac{E_1}{E_2} = \frac{U_1}{U_{20}} \tag{4-13}$$

实际的电力变压器负载运行时，存在着绕组电阻和漏电抗的压降。所以有

$$\frac{U_1}{U_2} \approx \frac{E_1}{E_2} = \frac{N_1}{N_2} = k$$

只要 $N_1 \neq N_2$，$k \neq 1$，即可实现变电压的目的。若 $k>1$，则是降压变压器；若 $k<1$，则是升压变压器。

例 4-2 一台单相变压器，$U_{N1}=220V$，$f=50Hz$，$N_1=200$ 匝。试求：①主磁通的最大值 Φ_m。②二次侧要得到 100V 和 36V 电压时相应的二次绕组匝数。③如果一次绕组有 ±5% 匝数（即全匝数为 $N_1 \pm 5\% N_1$）的分接头，求一次绕组各分接头上加额定电压时的二次电压。

解：① 主磁通的最大值为

$$\Phi_m \approx \frac{U_1}{4.44fN_1} = \frac{220}{4.44 \times 50 \times 200} Wb = 0.00496Wb$$

② 二次电压为 100V 时

$$k = \frac{220}{100} = 2.2$$

则二次匝数为

$$N_2 = \frac{N_1}{k} = \frac{200}{2.2} 匝 = 91 匝$$

二次电压为 36V 时

$$k = \frac{220}{36} = 6.1$$

则二次匝数为

$$N_2 = \frac{N_1}{k} = \frac{200}{6.1} 匝 = 33 匝$$

③ 当一次绕组匝数分接头为 ±5% 时，二次电压为

$$U_{20} = \frac{U_1}{N_1(1 \pm 5\%)/N_2} = \frac{U_1}{k(1 \pm 5\%)}$$

对应 100V

$$U_{20} = \frac{220}{200 \times (1 \pm 5\%)/91} V \approx \frac{95}{105} V \left(\frac{+5\%}{-5\%}\right)$$

对应 36V

$$U_{20} = \frac{220}{200 \times (1 \pm 5\%)/33} V \approx \frac{34.6}{38.2} V \left(\frac{+5\%}{-5\%}\right)$$

4.2.3 空载电流和空载损耗

变压器空载运行时，空载电流 I_0 主要用以产生主磁通。空载电流的大小与绕组匝数、铁心的磁化性能和饱和程度等因素有关。空载电流包含两个分量：一个是磁化电流 I_μ，单纯起励磁作用，不消耗有功功率，称为空载电流的无功分量，它与主磁通同相，滞后感应电

动势 $-\dot{E}_1 90°$；另一个是铁耗电流 $\dot{I}_{Fe}$，由磁滞和涡流损耗引起，称为空载电流的有功分量，它与 $-\dot{E}_1$ 同相。空载电流若用相量形式表示，即为

$$\dot{I}_0 = \dot{I}_\mu + \dot{I}_{Fe} \tag{4-14}$$

材料的磁化性能愈好，产生一定的主磁通所需要的磁化电流就愈小。由于磁化特性曲线是非线性的，铁心饱和后，增加主磁通使磁化电流增长很快，因此铁心的磁通密度不应选得过高，否则铁心过分饱和是不利的。铁心磁路中的空气隙对磁化电流的影响也很大。由于空气的磁导率很低，磁路中只要有一个较小的气隙，产生同一磁通所需要的磁化电流就会增加很多。

磁化电流一般比铁耗电流大10倍左右，空载电流几乎属于纯无功电流，它使电力系统的功率因数降低，因此应该尽量减少空载电流。

铁心材料具有饱和现象，当变压器磁路处于饱和状态时，主磁通与磁化电流之间不是线性关系。主磁通是正弦波时，其磁化电流为非正弦波，主要包含了三次谐波分量。因为空载电流很小，只占额定电流的3% ~10%左右，所以谐波电流更小。即使它的波形有些畸变，但就总体而言则无关紧要，所以单相变压器中仍可认为 I_μ 是与 Φ_m 同相位的正弦波。

变压器空载时没有输出功率，它从电源吸取的功率全部消耗在内部，故称为空载损耗。空载损耗的绝大部分是铁心损耗，只有极少部分是一次绕组电阻产生的铜损耗 $I_0^2R_1$。铜损耗约占空载损耗的2%，因此可以认为空载损耗等于铁心损耗。

铁心损耗是铁心在交变磁场下产生的磁滞损耗和涡流损耗。磁滞损耗与电源频率的一次方和铁心最大磁密的平方成正比。

涡流损耗是交变磁场在铁心内部感应涡流所引起的损耗。涡流损耗与铁心最大磁密和频率的平方成正比，还与钢片厚度的平方成正比。

综上所述，由于磁滞和涡流都消耗有功功率，在铁心中转化为热能，对变压器运行不利。所以，为了减少磁滞和涡流损耗，变压器的铁心一般都用磁滞回线面积较小的薄硅钢片叠成。

4.2.4 空载运行时的相量图和等效电路

变压器内部的电磁关系，除了可用基本方程式表示以外，还可用相量图和等效电路表示。

1. 相量图

当把空载电流用等值正弦电流来代替时，变压器的电压、电流、磁通和电动势都是正弦量，但各自的相位不同。为了清楚地表示各量之间的相位关系，可以用图4-8所示的相量图表示。相量图在定性分析问题时是比较方便的。

工程上通常用电动势平衡方程式 $\dot{U}_1 = -\dot{E}_1 + \dot{I}_0 R_1 + j\dot{I}_0 X_1$ 来画变压器空载运行时的相量图。

绘图步骤如下：

1）首先将相量 $\dot{\Phi}_m$ 画在横轴正方向，作为参考相量。根据 $\dot{I}_0 = \dot{I}_\mu + \dot{I}_{Fe}$ 画出 $\dot{I}_0$，$\dot{I}_0$ 超前于 $\dot{\Phi}_m$ 一个铁耗角 δ。其中 $\dot{I}_\mu$ 与 $\dot{\Phi}_m$ 同相位，$\dot{I}_{Fe}$ 超前 $\dot{\Phi}_m 90°$。

2）根据 $\dot{E}_1 = -j4.44fN_1\dot{\Phi}_m$ 和 $\dot{E}_2 = -j4.44fN_2\dot{\Phi}_m$ 画出滞后 $\dot{\Phi}_m 90°$ 的 $\dot{E}_1$ 和 $\dot{E}_2 = \dot{U}_{20}$。

3）根据 $\dot{U}_1=-\dot{E}_1+\dot{I}_0R_1+\mathrm{j}\dot{I}_0X_1$，在 $\dot{E}_1$ 的相反方向，即纵轴正方向画出 $-\dot{E}_1$。再从 $-\dot{E}_1$ 末端沿平行于 $\dot{I}_0$ 方向画相量 $\dot{I}_0R_1$；再在 $\dot{I}_0R_1$ 末端沿超前 $\dot{I}_0 90°$ 的方向画相量 $\mathrm{j}\dot{I}_0X_1$；最后连接相量 $-\dot{E}_1$ 的始端 O 与相量 $\mathrm{j}\dot{I}_0X_1$ 的末端，即得到电压 $\dot{U}_1$ 的相量。

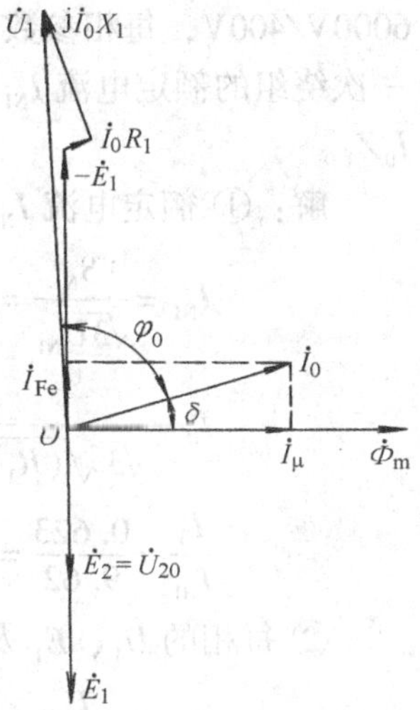

图 4-8　变压器空载相量图

注意：*一次漏阻抗压降一般均小于0.5% U_{N1}。为了清楚起见，作相量图时，$\dot{I}_0R_1$ 和 $\mathrm{j}\dot{I}_0X_1$ 是经过放大比例画的。*

由相量图可见，空载电流 $\dot{I}_0$ 与电源电压 $\dot{U}_1$ 间的相位差 $\varphi_0\approx 90°$，因此空载时变压器的功率因数 $\cos\varphi_0$ 很低，约为 0.1 ~0.2。

2. 等效电路

变压器内部既有电路关系，又有磁路关系，还有电和磁之间的相互联系问题，这使得对变压器的分析过程复杂、相量图绘制困难、计算精度降低。可以用一个既能保持变压器原来内部的电磁关系不变，又便于工程计算的线性电路来代替既有电路关系，又有电磁耦合的实际变压器，这种电路被称为等效电路。

对于外加电压 $\dot{U}_1$ 来说，漏感电动势 $\dot{E}_{\sigma1}$ 的作用可看成是空载电流 $\dot{I}_0$ 在漏电抗 X_1 上的电压降，即可采用式（4-11）的形式：$\dot{E}_{\sigma1}=-\mathrm{j}\dot{I}_0X_1$。同样感应电动势 $\dot{E}_1$ 可以类似地引入一个参数来表示。但考虑到主磁通在铁心中还会引起铁耗，因此不能引入一个纯电抗参数，而应当引入一个阻抗参数 Z_m，将 $\dot{E}_1$ 和 $\dot{I}_0$ 联系起来。这样，$\dot{E}_1$ 的作用可看作是电流 $\dot{I}_0$ 流过阻抗 Z_m 时产生的压降，即

$$-\dot{E}_1=\dot{I}_0Z_m=\dot{I}_0(R_m+\mathrm{j}X_m) \qquad (4-15)$$

式中，Z_m 为变压器的励磁阻抗，$Z_m=R_m+\mathrm{j}X_m$；R_m 为变压器的励磁电阻，是反映铁耗大小的一个等效电阻；X_m 为变压器的励磁电抗，是主磁通在铁心中引起的等效电抗。

将式（4-15）代入式（4-12）可得

$$\dot{U}_1=\dot{I}_0Z_1+\dot{I}_0Z_m=\dot{I}_0(R_1+\mathrm{j}X_1)+\dot{I}_0(R_m+\mathrm{j}X_m) \qquad (4-16)$$

由式（4-16）可画出变压器的空载等效电路，如图 4-9 所示。

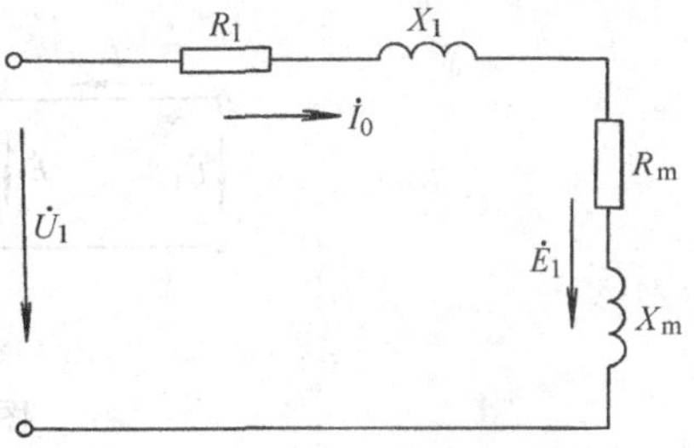

图 4-9　变压器空载时的等效电路

从等效电路可以看出，空载变压器相当于两个电抗线圈串联。一个是空心线圈，其阻抗为 $Z_1=R_1+\mathrm{j}X_1$；另一个是铁心线圈，其阻抗为 $Z_m=R_m+\mathrm{j}X_m$。其中 R_1 和 X_1 是常数，而 R_m 和 X_m 均随电压和铁心饱和程度不同而变化。只有当外加电压的大小和频率都不变时，Z_m 才可以看成是常数（由于实际运行的电力变压器一般都接在电力电网上，而电网上的电压和频率近似不变，这时可以认为是常数）。在应用等效电路时，这一点需要注意。

例 4-3　一台三相电力变压器，一、二次绕组均为Y联结，$S_N=100\mathrm{kV\cdot A}$，$U_{N1}/U_{N2}=$

6000V/400V，每相参数：$R_1=4.2\Omega$，$X_1=9\Omega$，$R_m=514\Omega$，$X_m=5526\Omega$，试求：①变压器一次绕组的额定电流 I_{N1} 及空载电流所占百分比值。②一次绕组每相的 U_1、E_1 及漏阻抗压降 I_0Z_1。

解：① 额定电流 I_{N1} 和励磁电流 I_0 为

$$I_{N1}=\frac{S_N}{\sqrt{3}U_{N1}}=\frac{100\times10^3}{\sqrt{3}\times6000}\text{A}=9.62\text{A}$$

$$I_0=\frac{U_{N1}}{\sqrt{3}\sqrt{(R_1+R_m)^2+(X_1+X_m)^2}}=\frac{6000}{\sqrt{3}\sqrt{(4.2+514)^2+(9+5526)^2}}\text{A}=0.623\text{A}$$

$$\frac{I_0}{I_{N1}}=\frac{0.623}{9.62}=6.48\%$$

② 每相的 U_1、E_1 及 I_0Z_1 为

$$U_1=\frac{U_{N1}}{\sqrt{3}}=\frac{6000}{\sqrt{3}}\text{V}=3464\text{V}$$

$$E_1=I_0Z_m=I_0\sqrt{R_m^2+X_m^2}=0.623\sqrt{514^2+5526^2}\text{V}=3458\text{V}$$

$$I_0Z_1=0.623\sqrt{4.2^2+9^2}\text{V}=6.2\text{V}$$

$$\frac{\sqrt{3}I_0Z_1}{U_{N1}}=\frac{\sqrt{3}\times6.2}{6000}=0.18\%$$

由计算结果证实，I_0Z_1 很小，只有 $0.18\%U_{N1}$，所以可认为 $U_1=E_1$。

4.3 单相变压器的负载运行

4.3.1 负载时磁通势的平衡关系

变压器的负载运行是指一次绕组加上额定正弦交流电压，二次绕组接上负载时的运行情况，如图 4-10 所示。

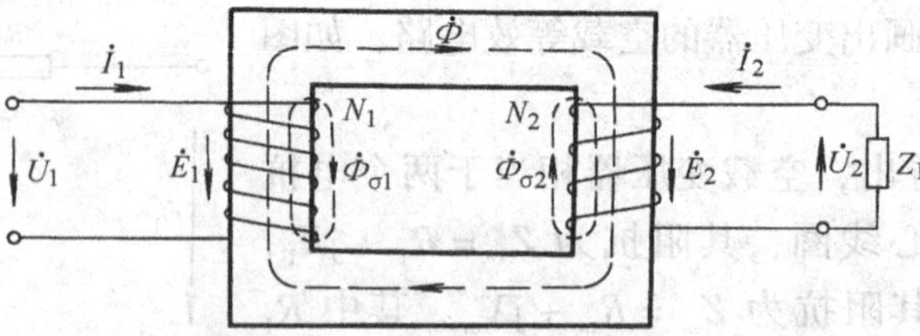

图 4-10　变压器负载运行示意图

当二次绕组接上负载时，电动势 E_2 将在二次绕组中产生电流 I_2，I_2 随负载的变化而变化。I_2 流过二次绕组 N_2 时建立磁通势 I_2N_2，磁通势 I_2N_2 也将在铁心内产生磁通。即此时铁心中的主磁通 Φ 不再单独由一次绕组的磁通势决定，而是由一次和二次绕组共同产生的。I_2N_2 的出现将使主磁通 Φ 趋于改变，随之电动势 E_1 和 E_2 也将改变，从而破坏了空载运行时的电动势平衡关系 $U_1\approx-E_1$。但由于电源电压和频率都为常数，相应地主磁通也应保持

不变。于是，为了维护主磁通基本不变，从空载到负载时，一次绕组电流应从 $\dot{I}_0$ 增加一个分量 $\Delta\dot{I}_1$ 以平衡二次电流 $\dot{I}_2$ 的作用。换句话说，一次电流增加量 $\Delta\dot{I}_1=\dot{I}_1-\dot{I}_0$ 所产生的磁通势 $\Delta\dot{I}_1N_1$ 恰好与二次绕组电流 $\dot{I}_2$ 产生的磁通势 $\dot{I}_2N_2$ 相抵消，以维持主磁通基本不变。即

$$\Delta\dot{I}_1N_1+\dot{I}_2N_2=0$$

或

$$\Delta\dot{I}_1=-\frac{N_2}{N_1}\dot{I}_2$$

上式称为变压器负载时的磁通势平衡关系。它说明变压器负载运行时，通过电磁感应关系，一、二次电流是紧密地联系在一起的，二次电流变化的同时必然引起一次电流的变化；相应地，二次侧输出功率变化的同时也必然引起一次侧从电网吸取功率的变化。

4.3.2 变压器的基本方程式

1. 磁通势平衡方程式

变压器负载运行时，作用在主磁路上的磁通势有两个，即一次绕组磁通势 $\dot{I}_1N_1$ 和二次绕组磁通势 $\dot{I}_2N_2$，这两个磁通势的相量构成了负载时的合成磁通势，从而产生铁心内的主磁通。

根据磁路的全电流定律，可写出变压器负载运行时的磁通势平衡方程式为

$$\dot{I}_1N_1+\dot{I}_2N_2=\dot{I}_0N_1$$

或

$$\dot{F}_1+\dot{F}_2=\dot{F}_0$$

两边除以 N_1，则得电流平衡方程式

$$\dot{I}_1=\dot{I}_0+(-\frac{N_2}{N_1})\dot{I}_2=\dot{I}_0+(-\frac{\dot{I}_2}{k})$$

上式表明，变压器负载运行时，一次电流 $\dot{I}_1$ 有两个分量，一个是励磁分量 $\dot{I}_0$，用以产生负载时铁心中的主磁通；另一个是负载分量 $(-N_2/N_1)\dot{I}_2$ 用来抵消二次绕组磁通势 $\dot{I}_2N_2$ 对主磁通产生的影响。

由于 $I_0 \ll I_1$，故忽略 I_0 时，一、二次绕组电流关系为

$$\dot{I}_1=-\frac{\dot{I}_2}{k}$$

用有效值表示为

$$\frac{I_1}{I_2}=\frac{N_2}{N_1}=\frac{1}{k}$$

这说明变压器负载运行时，一、二次电流与其匝数成反比。

2. 电动势平衡方程式

实际上变压器的一、二次绕组之间不可能完全耦合，所以负载时，一、二次绕组的磁通势除在主磁路中共同建立主磁通 Φ，并产生感应电动势 E_1 和 E_2 外，磁通势 F_1、F_2 还将产生只与一次或二次绕组交链的漏磁通 $\Phi_{\sigma1}$、$\Phi_{\sigma2}$。它们又分别在各自交链的绕组内产生漏感电动势 $E_{\sigma1}$ 和 $E_{\sigma2}$。

归纳起来，变压器负载时的电流、磁通势、磁通、电动势或电压降的相互关系如图4－11所示。

与空载时一次绕组同样的道理，$E_{\sigma1}$ 和 $E_{\sigma2}$ 也可用电抗压降的形式表示，即

$$\dot{E}_{\sigma1} = -\mathrm{j}\omega L_1\dot{I}_1 = -\mathrm{j}\dot{I}_1X_1$$

$$\dot{E}_{\sigma2} = -\mathrm{j}\omega L_2\dot{I}_2 = -\mathrm{j}\dot{I}_2X_2$$

以上两式中，$X_1 = \omega L_1$ 为一次绕组漏电抗；$X_2 = \omega L_2$ 为二次绕组漏电抗。

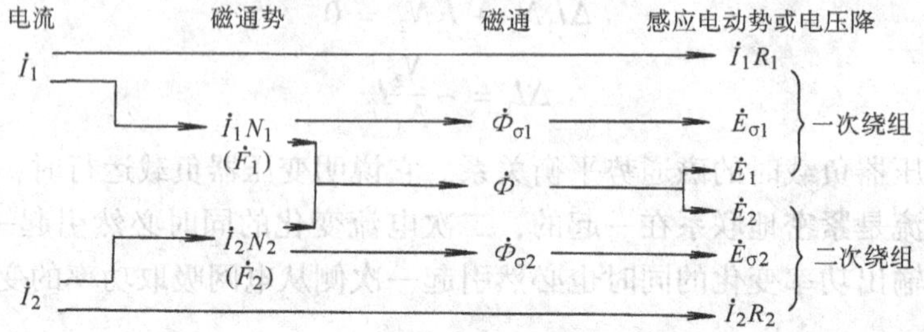

图 4－11　变压器负载时各物理量之间的关系

根据图 4－10 所示正方向和基尔霍夫第二定律，可分别列出变压器负载运行时一、二次绕组的六个基本方程式如下：

$$\dot{U}_1 = -\dot{E}_1 + \dot{I}_1R_1 + \mathrm{j}\dot{I}_1X_1$$

$$\dot{U}_2 = \dot{E}_2 - \dot{I}_2R_2 - \mathrm{j}\dot{I}_2X_2$$

$$\dot{I}_1N_1 + \dot{I}_2N_2 = \dot{I}_0N_1$$

$$-\dot{E}_1 = \dot{I}_0Z_{\mathrm{m}}$$

$$\dot{U}_2 = \dot{I}_2Z_{\mathrm{L}}$$

$$\dot{E}_1 = k\dot{E}_2$$

式中，Z_{L} 为二次绕组的负载阻抗。

4.3.3　绕组折算与等效电路

1. 绕组折算

由于变压器一、二次绕组匝数不等，在分析、计算时很不方便。变压器的折算就是把一、二次绕组的匝数变换成相同匝数。折算的目的是为了作出变压器一、二次绕组间仅有电的联系的等效电路，从而简化计算，便于画出相量图。

在变压器中，通常把二次绕组折算到一次绕组，即用一个匝数和一次绕组相等，电磁效应与二次绕组相同的绕组去代替实际的二次绕组。

我们把变压器中经过折算的各物理量都加上“′”表示，以区别于未折算的物理量。

（1）二次侧电动势、电压的折算值　由于绕组感应电动势与匝数成正比，而折算后的二次绕组与一次绕组有相同匝数，即 $N'_2 = N_1 = kN_2$。所以折算后的二次电动势 E'_2 比原来 E_2 大 k 倍，即

$$E'_2 = E_1 = kE_2$$

同理

$$E'_{\sigma2} = kE_{\sigma2}$$

$$U'_2 = kU_2$$

（2）二次电流的折算值　折算前后二次绕组的磁通势应保持不变，即 $I'_2N_1 = I_2N_2$，据此原则可得

$$I_2' = \frac{N_2}{N_1} I_2 = \frac{1}{k} I_2$$

(3) 二次阻抗的折算值　折算前后二次绕组的损耗、无功功率和输出功率均应保持不变，据此原则可得

$$I_2'^2 R'_2 = I_2^2 R_2$$

$$R'_2 = \left(\frac{I_2}{I_2'}\right)^2 R_2 = k^2 R_2$$

同理

$$I_2'^2 X_2' = I_2^2 X_2$$

$$X_2' = \left(\frac{I_2}{I_2'}\right)^2 X_2 = k^2 X_2$$

$$Z_2' = \sqrt{R_2'^2 + X_2'^2} = k^2 \sqrt{R_2^2 + X_2^2} = k^2 Z_2$$

$$I_2'^2 Z'_L = I_2^2 Z_L$$

$$Z'_L = \left(\frac{I_2}{I_2'}\right)^2 Z_L = k^2 Z_L$$

综上所述，折算过的二次绕组各量，凡是单位为“V”的物理量，折算值均等于原值乘以 k；凡是单位为“Ω”的物理量，折算值均等于原值乘以 k^2；电流的折算值等于原值乘以 $1/k$。

2. 等效电路

经过折算以后，变压器负载运行时的基本方程式为

$$\dot{I}_1 + \dot{I}_2' = \dot{I}_0$$

$$\dot{U}_1 = -\dot{E}_1 + \dot{I}_1(R_1 + jX_1)$$

$$\dot{U}_2' = \dot{E}_2' - \dot{I}_2'(R_2' + jX_2')$$

$$\dot{E}_1 = \dot{E}_2' = -\dot{I}_0 Z_m$$

$$\dot{U}_2' = \dot{I}_2' Z_L'$$

根据上面方程组，可以画出图 4－12 所示的等效电路。从物理的角度看，由于折算后一、二次绕组匝数相等，则主磁通在一、二次绕组中的感应电动势 E_1 和 E_2' 也相等，即可将一、二次侧电路连接起来，在这两个等效空心线圈中间有由 R_m 和 X_m 组成的电抗线圈，即励磁支路，其中有励磁电流 I_0 流过，可用等效阻抗 $Z_m = R_m + jX_m$ 来代替。整个电路从外观上看，形同英文字母“T”，故称“T”形等效电路。

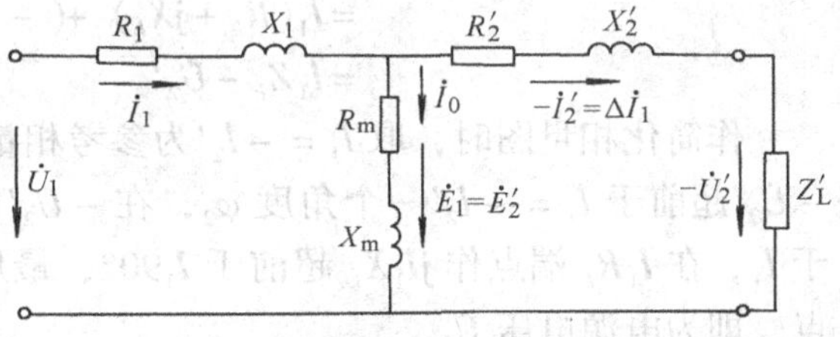

图 4－12　变压器的“T”形等效电路

“T”形等效电路虽正确地表述了变压器内部的电磁关系，但“T”形等效电路属于复联电路，运算比较复杂。考虑到一般变压器中，$Z_m >> Z_1$，因而 $I_0 Z_1$ 很小，可以忽略不计；同时，负载变化时 $E_1 = E_2'$ 的变化也很小，因此可认为 I_0 不随负载变化。这样，便可把励磁支路从“T”形等效电路中前移至电源端，该电路称为“Γ”形等效电路，如图 4－13 所示。根据这种电路对变压器的运行情况进行定量计算，所引起的误差是很小的，“Γ”形电路是

一个并联电路，因此大大地简化了计算过程。

在实际应用的变压器中，由于 $I_{N1} >> I_0$，可进一步把励磁电流 I_0 忽略不计，即将励磁支路去掉。这样就得到一个非常简单，便于计算的阻抗串联电路，我们称这个电路为简化等效电路，如图 4－14 所示。此时变压器表现为一串联阻抗 Z_k，即

$$Z_k = Z_1 + Z_2' = R_k + jX_k$$

式中，Z_k 为变压器的短路阻抗；R_k 为变压器的短路电阻，$R_k = R_1 + R_2'$；X_k 为变压器的短路电抗，$X_k = X_1 + X_2'$。

短路阻抗（短路电压）的标幺值标示在变压器的铭牌上，其大小表征变压器在额定负载时的电压降落，是变压器的重要参数之一（标幺值概念见本章 4.3.5 节）。

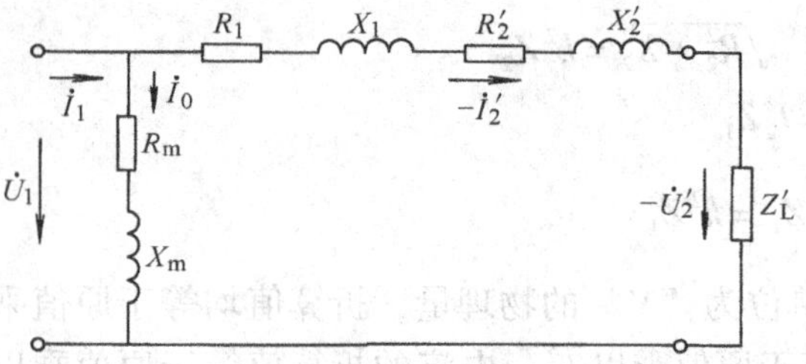

图 4－13　变压器的“Γ”形等效电路

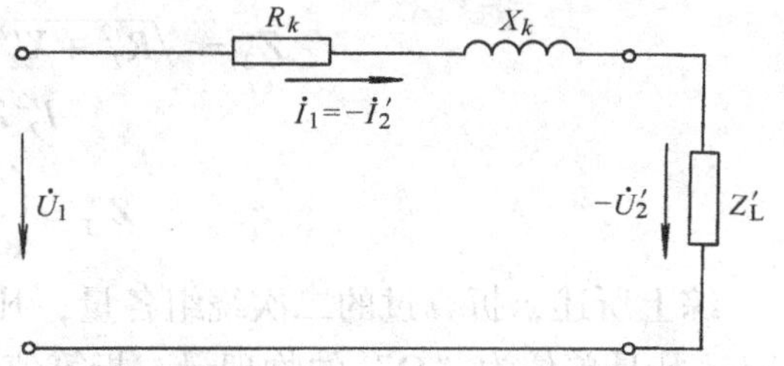

图 4－14　变压器的简化等效电路

4.3.4　变压器负载时的相量图

在分析变压器负载运行时，常根据简化等效电路来绘制相量图，如图 4－15 所示。由简化等效电路可知：

$$\dot{I}_1 = -\dot{I}_2'$$

$$\begin{aligned}\dot{U}_1 &= \dot{I}_1 Z_1 - \dot{I}_2' Z_2' + (-\dot{U}_2') \\ &= \dot{I}_1 Z_1 + \dot{I}_1 Z_2' + (-\dot{U}_2') \\ &= \dot{I}_1 (R_k + jX_k) + (-\dot{U}_2') \\ &= \dot{I}_1 Z_k - \dot{U}_2'\end{aligned}$$

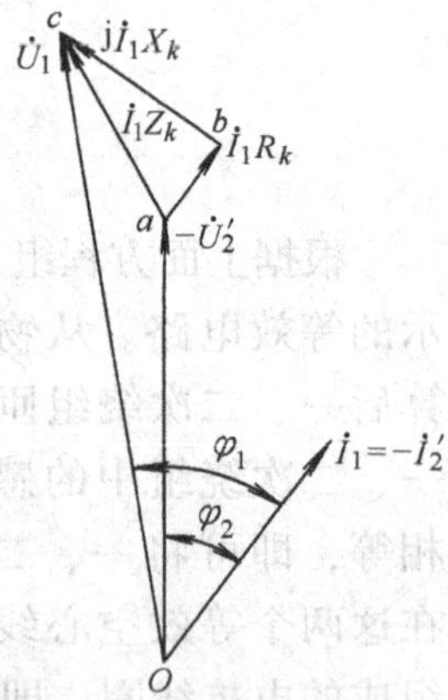

图 4－15　变压器负载运行时的简化相量图

作简化相量图时，取 $\dot{I}_1 = -\dot{I}_2'$ 为参考相量。设负载为感性，故 $-\dot{U}_2'$ 超前于 $\dot{I}_1 = -\dot{I}_2'$ 一个角度 φ_2，在 $-\dot{U}_2'$ 的端点作出 $\dot{I}_1 R_k$ 平行于 $\dot{I}_1$，在 $\dot{I}_1 R_k$ 端点作 $j\dot{I}_1 X_k$ 超前于 $\dot{I}_1 90°$，最后连接 O 点与 $\dot{I}_1 X_k$ 端点，即为电源电压 $\dot{U}_1$。

图 4－15 简化相量图中的三角形 abc 一般称为漏阻抗三角形。对一个已确定的变压器来说，此三角形的形状是不变的，其大小与负载大小成正比。额定负载时的漏阻抗三角形称为短路三角形。

4.3.5　等效电路参数的测定及标幺值

变压器等效电路中的电路参数，可分别用空载试验和短路试验来测定。

1. 空载实验

空载试验的接线图如图 4－16 所示。图 4－16a 是单相变压器的试验线路图，图 4－16b 是

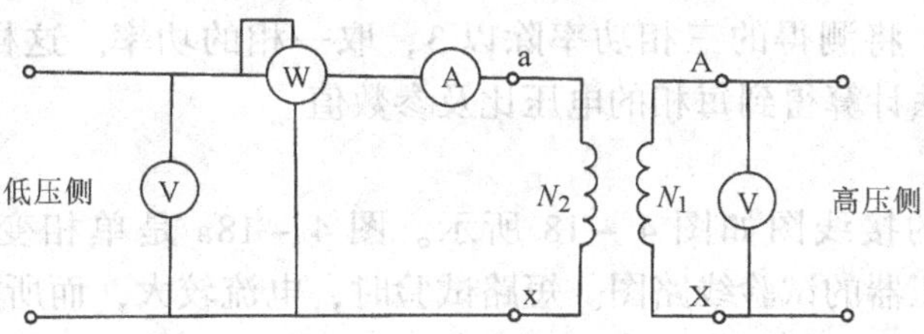

a)单相变压器的试验线路图

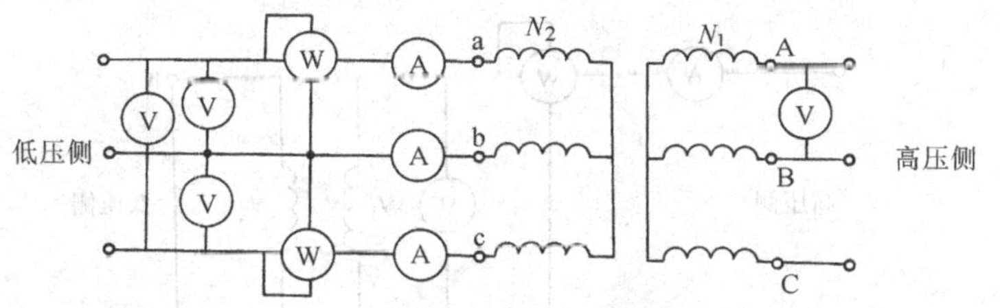

b)三相变压器的试验线路图

图 4－16　空载试验的线路图

三相变压器的试验线路图。空载试验可以在任何一侧进行，但考虑到试验时所加电压较高(为额定电压)，电流较小，故为了试验安全和仪表选择方便，一般在低压绕组加电压，高压绕组开路。通过空载试验可以测得空载电流 I_0 和空载损耗 p_0，求得变压器的电压比 k 和励磁参数 R_m、X_m、Z_m。

由于空载试验时，外加电压为额定值，感应电动势和铁心中的磁通密度为正常运行时的数值，铁心中的磁滞和涡流损耗也是正常运行时的数值。空载试验的等效电路如图 4－17所示。从图中看出，此时变压器不输出有功功率，变压器空载运行时的输入功率 p_0 为铁心损耗 p_{Fe} 与空载铜损耗 $I_{20}{}^2R_1$ 之和，由于 $I_{20}{}^2R_1 << p_{Fe}$，即铜损耗很小可以忽略不计。故可以认为变压器空载时的输入功率 p_0 就等于变压器的铁心损耗，即 $p_0 = p_{Fe} = I_{20}{}^2R_m$。

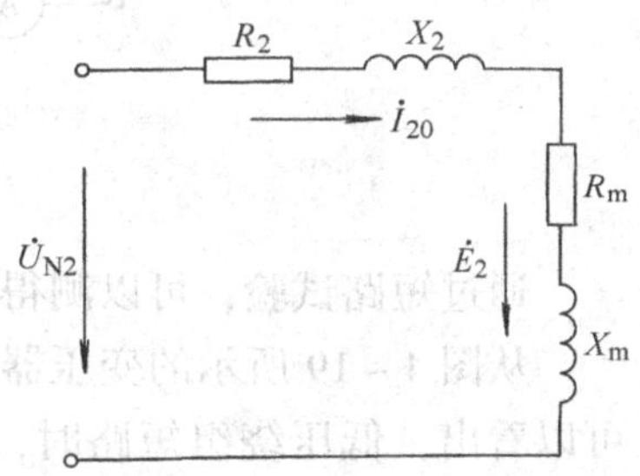

图 4－17　变压器空载试验时的等效电路

这样，根据测量的数据，就可以计算下列单相变压器的参数。

电压比
$$k = \frac{N_2}{N_1} = \frac{U_{20}}{U_1}$$

励磁阻抗
$$Z_m = \frac{U_{N2}}{I_{20}}$$

励磁电阻
$$R_m = \frac{p_0}{I_{20}^2}$$

励磁电抗
$$X_m = \sqrt{Z_m^2 - R_m^2}$$

应当注意，励磁阻抗 Z_m 与磁路的饱和程度有关，它随电压的大小而变化，故应取额定电压下的数据来计算励磁参数。由于空载试验是在低压侧做的，所以测量和计算所得的励磁参数是低压侧的值。如果要折算到高压侧，则必须在计算所得数据上乘以 k^2。

对于三相变压器，试验测得的电压、电流都是线值，根据接线方式，应将测得的电压、电流换算成相值；将测得的三相功率除以 3，取一相的功率。这样，就与单相变压器一样了，按上面的办法计算得到每相的电压比及参数值。

2. 短路试验

短路试验时的接线图如图 4－18 所示。图 4－18a 是单相变压器的试验线路图；图 4－18b是三相变压器的试验线路图。短路试验时，电流较大，而所加电压却很低，因此一般在高压绕组上加电压，低压绕组直接短路。

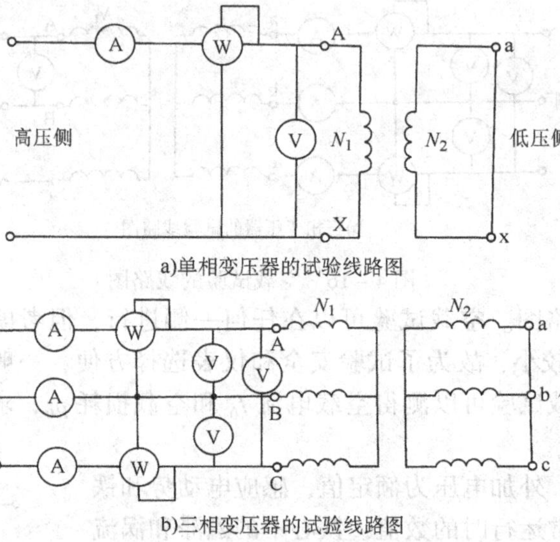

图 4－18　短路试验时的线路图

通过短路试验，可以测得短路电流 I_k、短路电压 U_k 和短路损耗 p_k，计算出短路参数。

从图 4－19 所示的变压器短路试验简化等效电路可以看出，低压绕组短路时，高压绕组外加电压 U_k 仅用来平衡变压器中的短路阻抗压降 I_kZ_k。由于一般电力变压器的 Z_k 很小，为了避免过大的短路电流损坏变压器的绕组，短路试验时，变压器的高压绕组接至自耦调压器输出端，将自耦调压器的输出电压由零开始慢慢地升压。当短路电流达到额定电流时应立即停止升压，同时记下 I_k、p_k、U_k 的数值。一般中小型容量的电力变压器的外加电压约为额定电压的 5%～10%左右，大容量的变压器的外加电压约为额定电压的 12.5%～17.5%左右。

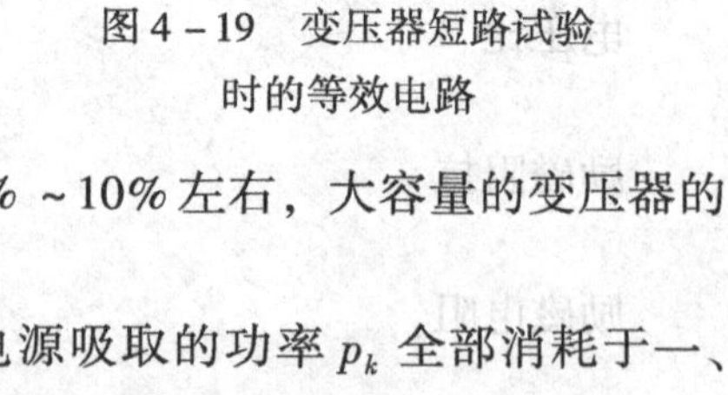

图 4－19　变压器短路试验时的等效电路

短路试验时，低压绕组不输出有功功率，变压器从电源吸取的功率 p_k 全部消耗于一、二次绕组的铜损耗和铁心中的铁损耗。一般来讲，$R_1\approx R_2'$，$X_1\approx X_2'$，即 $Z_1\approx Z'_2$，则$E_1=E_2'\approx\frac{1}{2}I_k(Z_1+Z_2')=\frac{1}{2}U_k$。而短路试验时外加电压 U_k 又很低，因而与 E_1 成正比的主磁通比正常运行时小得多，所以变压器的铁损耗 p_{Fe} 与此时的铜损耗 p_{Cu} 相比，可以忽略不计。于是 $p_k\approx p_{Cu}=I_1^2R_1+I_2'^2R_2'\approx I_k^2R_k$。

根据试验测量结果，可以算出单相变压器的短路参数如下：

短路阻抗 $$Z_k = \frac{U_k}{I_k} = \frac{U_k}{I_{N1}}$$

短路电阻 $$R_k = \frac{p_k}{I_k^2} = \frac{p_k}{I_{N1}^2}$$

短路电抗 $$X_k = \sqrt{Z_k^2 - R_k^2}$$

由于绕组的电阻随温度而变，而短路试验一般在室温下进行，故测得的电阻应换算到75℃这个国家标准规定的工作温度时的值。

对于铜线变压器 $$R_{k75℃} = R_k \frac{234.5 + 75}{234.5 + \theta}$$

对于铝线变压器 $$R_{k75℃} = R_k \frac{228 + 75}{228 + \theta}$$

式中，θ 为试验时的环境温度（℃）；R_k 为温度是 θ 时的短路电阻值（Ω）。

在75℃时的短路阻抗为

$$Z_{k75℃} = \sqrt{R_{k75℃}^2 + X_k^2}$$

短路试验时，使短路电流达到额定值时所需加的电压，称为短路电压 U_k。若把短路电压表示成额定电压的百分数，可得：

$$U_k^* \% = \frac{U_k}{U_{N1}} \times 100\% = \frac{I_k Z_k}{U_{N1}} \times 100\% = \frac{I_{N1} Z_k}{U_{N1}} \times 100\% = \frac{Z_k}{Z_{N1}} \times 100\% = Z_k^* \%$$

可见用额定值的百分数表示时，短路电压与短路阻抗是相等的。短路电压通常标在变压器的铭牌上，它的大小反映了变压器在额定负载下运行时的漏阻抗的大小。短路阻抗对变压器的运行是很有影响的，正常运行时，希望此值小，这样使变压器输出电压受负载波动的影响小些。但对变压器突然短路来说，短路阻抗大一些好，可使短路电流减小。

如果是三相变压器，则在计算上述参数时，都要用每相的功率、电压和电流值来计算，求得的参数也是每相的数值。

3. 标幺值

在变压器和电机的工程计算中，各种物理量如电压、电流、阻抗和功率等往往不用它们的实际值进行计算，而常采用将某一物理量的实际值与选定的一个同单位的基值进行比较的形式，它们的比值就称为这个物理量的标幺值。通常以各物理量的额定值作为基值。为了与实际值在书写上有所区别，标幺值都用在其右上角加“＊”号表示。

一、二次绕组电压的标幺值为

$$U_1^* = \frac{U_1}{U_{N1}}$$

$$U_2^* = \frac{U_2}{U_{N2}}$$

一、二次绕组电流的标幺值为

$$I_1^* = \frac{I_1}{I_{N1}}$$

$$I_2{}^* = \frac{I_2}{I_{N2}}$$

阻抗的标幺值为

$$Z_1{}^* = \frac{U_1{}^*}{I_1^*} = \frac{U_1/U_{N1}}{I_1/I_{N1}} = \frac{U_1/I_1}{U_{N1}/I_{N1}} = \frac{Z_1}{Z_{N1}}$$

$$Z_2{}^* = \frac{U_2{}^*}{I_2^*} = \frac{U_2/U_{N2}}{I_2/I_{N2}} = \frac{U_2/I_2}{U_{N2}/I_{N2}} = \frac{Z_2}{Z_{N2}}$$

采用标幺值时，短路阻抗的标幺值与额定电流下的短路电压的标幺值相等，即

$$U_k{}^* = \frac{U_k}{U_{N1}} = \frac{I_k Z_k}{U_{N1}} = \frac{Z_k}{U_{N1}/I_k} = \frac{Z_k}{Z_{N1}} = Z_k{}^*$$

采用标幺值有以下优点：

1）不论变压器的容量大小，当用标幺值表示时，变压器的参数和性能数据通常总在一定的范围以内，因此便于分析和比较。

2）用标幺值表示时，折算到一次绕组或二次绕组的参数值恒相等，故用标幺值计算时不必再进行折算。

3）便于直观地表示变压器的运行情况。例如有两台运行中的变压器，第一台 $U_1 = 6\text{kV}$，$I_1 = 9\text{A}$；第二台 $U_1 = 35\text{kV}$，$I_1 = 20\text{A}$，若不知道它们的额定值，则判断不出什么问题。如果给出它们的标幺值分别为 $U_1{}^* = 1.0$、$I_1{}^* = 1.0$ 和 $U_1{}^* = 1.0$、$I_1{}^* = 0.6$，那么我们就可以直观地判断出，第一台变压器处于额定运行状态，而第二台变压器一次绕组加额定电压，但运行在欠载情况。通常称 $I_1{}^* = 1$ 时为满载；$I_1{}^* = 0.5$ 时为半载；$I_1{}^* < 1$ 时为欠载。

例 4－4 一台三相电力变压器，$S_N = 1250\text{kV}\cdot\text{A}$，$U_{N1}/U_{N2} = 10\text{kV}/0.4\text{kV}$，一、二次铝线绕组均为Y联结，在室温 20℃时的试验数据记录如下：

空载试验（低压侧接电源），$U_2 = U_{N2} = 400\text{V}$，$I_2 = I_{20} = 25.2\text{A}$，$p_0 = 2405\text{W}$；

短路试验（高压侧接电源），$U_1 = U_k = 440\text{V}$，$I_1 = I_k = 72.17\text{A}$，$p_k = 13590\text{W}$。

试求：①变压器每一相的参数值（用标幺值表示）。②变压器的短路电压及其标幺值。

解：因为是三相变压器，而等效电路是一相的，所以要求的是三相变压器中一相的参数。由于一、二次绕组均接成Y联结，所以线电压为相电压的$\sqrt{3}$倍。

① 计算参数：变压器的电压比为

$$k = \frac{U_{N1}/\sqrt{3}}{U_{N2}/\sqrt{3}} = \frac{10/\sqrt{3}}{0.4/\sqrt{3}} = 25$$

一次额定电流为

$$I_{N1} = \frac{S_N}{\sqrt{3}U_{N1}} = \frac{1250\times10^3}{\sqrt{3}\times10000}\text{A} = 72.2\text{A}$$

二次额定电流为

$$I_{N2} = kI_{N1} = 25\times72.2\text{A} = 1805\text{A}$$

一次阻抗基值为

$$Z_{N1}=\frac{U_{N1}}{\sqrt{3}I_{N1}}=\frac{10000}{\sqrt{3}\times 72.2}\Omega=80\Omega$$

二次阻抗基值为

$$Z_{N2}=\frac{U_{N2}}{\sqrt{3}I_{N2}}=\frac{400}{\sqrt{3}\times 1805}\Omega=0.128\Omega$$

低压侧测得励磁阻抗为

$$Z_m=\frac{U_{N2}}{\sqrt{3}I_{20}}=\frac{400}{\sqrt{3}\times 25.2}\Omega=9.164\Omega$$

$$Z_m^*=\frac{Z_m}{Z_{N2}}=\frac{9.164}{0.128}=71.59$$

励磁电阻为

$$R_m=\frac{p_0}{3I_{20}^2}=\frac{2405}{3\times 25.2^2}\Omega=1.262\Omega$$

$$R_m^*=\frac{R_m}{Z_{N2}}=\frac{1.262}{0.128}=9.86$$

励磁电抗为

$$X_m^*=\sqrt{Z_m^{*2}-R_m^{*2}}=\sqrt{5027.9}=70.9$$

高压侧测得短路阻抗为

$$Z_k=\frac{U_k/\sqrt{3}}{I_k}=\frac{440/\sqrt{3}}{72.17}\Omega=3.52\Omega$$

短路电阻为

$$R_k=\frac{p_k/3}{I_k^2}=\frac{13590/3}{72.17^2}\Omega=0.87\Omega$$

短路电抗为

$$X_k=\sqrt{Z_k^2-R_k^2}=\sqrt{3.52^2-0.87^2}\Omega=3.39\Omega$$

换算到75℃时的各参数为

$$R_{k75℃}=\frac{228+75}{228+20}\times 0.87\Omega=1.06\Omega$$

$$Z_{k75℃}=\sqrt{R_{k75℃}^2+X_k^2}=\sqrt{1.06^2+3.39^2}\Omega=3.55\Omega$$

在75℃时各参数的标幺值为

$$R_{k75℃}^*=\frac{1.06}{80}=0.013$$

$$X_k^*=\frac{3.39}{80}=0.042$$

$$Z_{k75℃}^*=\frac{3.55}{80}=0.044$$

一、二次绕组电阻为

$$R_{1 75℃}^{*} \approx R_{2 75℃}^{*} = \frac{1}{2}R_{k75℃}^{*} = \frac{1}{2} \times 0.013 = 0.0065$$

一、二次绕组漏电抗为

$$X_{1}^{*} \approx X_{2}^{*} = \frac{1}{2}X_{k}^{*} = \frac{1}{2} \times 0.042 = 0.021$$

② 计算短路电压为

$$U_{k} = I_{N1} Z_{k75℃} = \frac{S_{N}}{\sqrt{3}U_{N1}} Z_{k75℃}$$

$$= \frac{1250 \times 10^{3}}{\sqrt{3} \times 10 \times 10^{3}} \times 3.55\text{V} = 256.2\text{V} \approx 440/\sqrt{3}\text{V}$$

$U_k^*\%$ 的标幺值为

$$U_{k}^{*}\% = \frac{U_{k}}{U_{N1}/\sqrt{3}} \times 100\% = \frac{440/\sqrt{3}}{10000/\sqrt{3}} \times 100\% = 4.4\%$$

4.4 变压器的运行特性

变压器的运行特性主要是指其外特性和效率特性。

标志变压器性能的主要指标有电压调整率（又称电压变化率）和效率。

4.4.1 电压调整率和外特性

1. 电压调整率

由于变压器内部存在电阻和漏电抗，故当负载电流流过时，变压器内部将产生电压降，从而使二次绕组端电压随负载电流的变化而变化。这个变化程度可用电压调整率 ΔU^* 来表示。

电压调整率是指在一次绕组端电压保持为额定值，负载功率因数为常数时，空载与负载时二次绕组端电压的代数差值与额定电压的比值。即

$$\Delta U^{*} = \frac{U_{20} - U_{2}}{U_{N2}} \times 100\% = \frac{U_{N1} - U'_{2}}{U_{N1}} \times 100\%$$

电压调整率反映了变压器供电电压的稳定性，在一定程度上反映了电能的质量，所以它是表征变压器运行性能的重要数据之一。

由简化等效电路的相量图可以推导出电压调整率为

$$\Delta U^{*} = \frac{U_{N1} - U'_{2}}{U_{N1}} \times 100\% = \beta \frac{I_{N1} R_{k} \cos\varphi_{2} + I_{N1} X_{k} \sin\varphi_{2}}{U_{N1}} \times 100\%$$

$$= \beta(R_{k}^{*} \cos\varphi_{2} + X_{k}^{*} \sin\varphi_{2}) \qquad (4-17)$$

式中，β 为变压器的负载系数，$\beta = \frac{I_1}{I_{N1}} = \frac{I_2}{I_{N2}}$。

从式（4-17）可以看出，变压器的电压调整率不仅取决于它的短路参数 R_k、X_k 和负

载系数 β，而且还与负载的功率因数角 φ_2 有关。

2. 外特性

变压器的外特性是指电源电压和负载的功率因数为常数时，二次绕组端电压随负载电流变化的规律，即 $U_2=f(I_2)$，如图 4-20 所示。

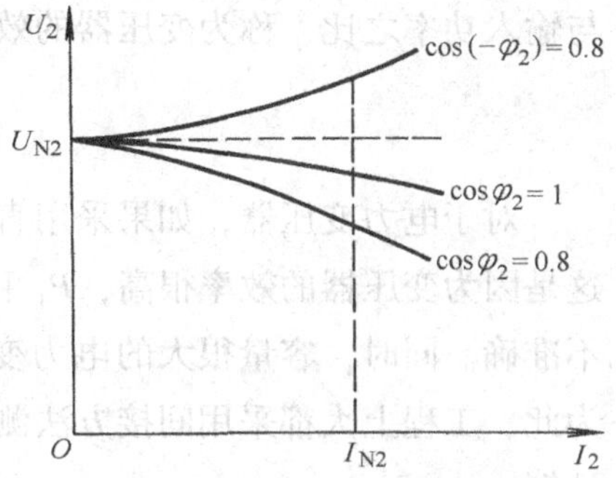

图 4-20 变压器的外特性

从图中看出，在电阻性负载 $\cos\varphi_2=1$ 和电感性负载 $\cos\varphi_2=0.8$ 时，外特性曲线是下降的；而电容性负载 $\cos(-\varphi_2)=0.8$ 时的外特性可能是上翘的。由于在一般电力变压器中，X_k 比 R_k 大得多，故对不同性质负载的外特性作如下分析：

1）电阻性负载时，因为 $\varphi_2=0$，所以 $\cos\varphi_2=1$，$\sin\varphi_2=0$，电压调整率 ΔU 为正值且很小，故外特性曲线下垂程度很小。

2）电感性负载时，因为 $\varphi_2>0$，所以 $\cos\varphi_2$ 和 $\sin\varphi_2$ 均为正值，电压调整率 ΔU 也为正值且较大，外特性曲线下斜程度增大，也就是说，二次绕组端电压 U_2 将随负载电流 I_2 的增加而下降。而且 φ_2 越大，U_2 下降也越多。

3）电容性负载时，因为 $\varphi_2<0$，所以 $\cos\varphi_2$ 为正值，$\sin\varphi_2$ 为负值，而且一般情况下 $|I_1R_k\cos\varphi_2|<|I_1X_k\sin\varphi_2|$，因而使电压调整率 ΔU 为负值，故外特性曲线上翘。也就是说，二次电压 U_2 随负载电流 I_2 的增加而升高，而且 $|\varphi_2|$ 越大，U_2 与空载电压 U_{20} 相比就越大。

4.4.2 损耗与效率、效率特性

1. 变压器的损耗与效率

变压器是一种传递电能的静止设备，在电能传递过程中，虽然没有机械损耗，但总有铜损耗和铁损耗产生。实际上，不论是铜损耗还是铁损耗都包括基本损耗和附加损耗两部分。

基本铜损耗是电流在一、二次绕组中产生的直流电阻损耗 $I_1^2R_k$，计算时电阻应为工作温度（75℃）下的电阻值。附加铜损耗包括由于漏磁通引起的集肤效应使导线有效电阻变大而增加的铜损耗，多根导体并绕时的内部环流损耗以及漏磁通在结构部件、油箱壁等处引起的涡流损耗等。附加铜损耗和基本铜损耗一样，与负载电流的平方成正比。附加铜损耗在中小型变压器中约为基本铜损耗的 0.5% ~5%，在大型变压器中可达基本铜损耗的 10% ~20%。

基本铁损耗是变压器铁心中的磁滞和涡流损耗。附加铁损耗包括铁心叠片间绝缘损伤造成的局部涡流损耗、主磁通在结构部件中引起的涡流损耗以及高压变压器中的介质损耗等。它的大小一般为基本铁损耗的 15% ~20%。铁心损耗近似地与 B_m^2 或 U_1^2 成正比。

由于同一台变压器空载和负载时铁心中的主磁通不变，所以相应铁损耗就基本不变，故铁损耗又称为不变损耗。而铜损耗随负载电流 I_2^2 而变化，所以铜损耗又称为可变损耗。

在变压器中，由于铜损耗和铁损耗的存在，使得输出功率总是小于输入功率。输出功率与输入功率之比，称为变压器的效率。用 η 表示即为

$$\eta = \frac{P_2}{P_1} \times 100\% \tag{4-18}$$

对于电力变压器，如果采用直接测量 P_2 和 P_1 的办法来测取变压器的效率是不现实的。这是因为变压器的效率很高，P_1 和 P_2 相差很小，测量仪表本身的误差就有可能使测量结果不准确。同时，容量很大的电力变压器，直接加负载以获得输出功率 P_2 也是很难办到的。为此，工程上大都采用间接方法测定变压器的效率，即首先测出各种损耗，然后再进行效率计算。

变压器的输入有功功率 P_1 为

$$P_1 = P_2 + p_{Cu} + p_{Fe}$$

一、二次绕组任意负载时铜损耗为

$$p_{Cu} = I_1^2 R_k$$

由于额定负载时一、二次绕组总铜损耗近似等于额定电流时的短路损耗，即

$$p_k = I_{N1}{}^2 R_k$$

所以

$$p_{Cu} = \beta^2 p_k$$

而变压器的输出功率为

$$P_2 = U_2 I_2 \cos\varphi_2 \approx U_{N2} I_2 \cos\varphi_2 = \frac{I_2}{I_{N2}} U_{N2} I_{N2} \cos\varphi_2$$

即

$$P_2 = \beta S_N \cos\varphi_2$$

式中，S_N 为变压器的额定容量，$S_N = U_{N1} I_{N1} = U_{N2} I_{N2}$。

于是，式（4-18）可写成：

$$\eta = \frac{P_2}{P_1} \times 100\% = \left(1 - \frac{p_{Cu} + p_{Fe}}{P_2 + p_{Cu} + p_{Fe}}\right) \times 100\%$$

$$= \left(1 - \frac{\beta^2 p_k + p_0}{\beta S_N \cos\varphi_2 + \beta^2 p_k + p_0}\right) \times 100\% \tag{4-19}$$

上式表明，当负载的功率因数一定（$\cos\varphi_2$ 为常数）时，变压器的效率 η 仅随负载系数 β 而变化。

2. 效率特性

效率特性是指电源电压和负载的功率因数为常数时，变压器的效率随负载电流变化的规律，即 $\eta = f(I_2)$ 或 $\eta = f(\beta)$，如图 4-21 所示。

效率特性曲线的变化特征也可通过分析得出：变压器空载时，输出功率为零，所以效率 $\eta = 0$。而负载较小时，空载损耗 p_0 占输出功率的比值较大，所以效率 η 较低。当负载很小时，β 较小，p_{Cu} 较小，p_{Fe} 是决定效率的主要因素。所以，如负载电流增大，总损耗变化不大，而 P_2 随负载电流正比增大，故效率随负载增加而显著增加。当负载较大时，铜损耗成

为总损耗的主要因素，它与负载电流的平方成正比，而输出功率 P_2 只与电流成正比，故效率增加变得缓慢。当 p_{Cu} 等于 p_{Fe} 时，效率 η 达到最大值。之后随着负载的增大，效率将下降。

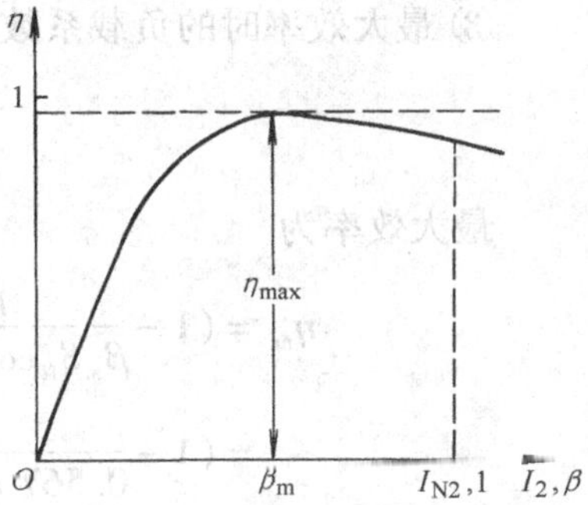

图 4－21　变压器的效率特性

从效率特性曲线可以看出，当负载变化到某一数值时，将出现最大效率 η_{max}。令 $d\eta/d\beta=0$，即可求出最大效率时的负载系数 β_m。

当不变损耗等于可变损耗时，$\eta=\eta_{max}$，即

$$\beta_m^2 p_k = p_0 \text{ 或 } \beta_m = \sqrt{\frac{p_0}{p_k}}$$

将 β_m 代入式（4－19）即可求得最大效率 η_{max}。

由于变压器常年接在电网上，总有铁损耗，而铜损耗却随负载变化，不可能一直在满载下运行，所以铁损耗小些对提高全年的平均效率有利。一般取 $p_0/p_k\approx 1/4\sim1/3$，故最大效率大致出现在 $\beta_m=0.5\sim0.6$ 的情况下。

例 4－5　一台三相变压器，$S_N=5600\text{kV}\cdot\text{A}$，$U_{N1}/U_{N2}=6000\text{V}/400\text{V}$，一、二次绕组分别为Y和 d 联结，测得 75℃时 $p_k=56\text{kW}$，$R_k=0.064\Omega$，$X_k=0.293\Omega$，$p_0=18\text{kW}$。试求：①额定负载且 $\cos\varphi_2=0.8$（滞后）时的电压调整率、二次绕组端电压和效率。②额定负载且 $\cos\varphi_2=0.8$（超前）时的电压调整率、二次绕组端电压和效率。③$\cos\varphi_2=0.8$（滞后）时的最大效率及对应的负载系数。

解：① 一次绕组电流　$I_{N1}=\dfrac{S_N}{\sqrt{3}U_{N1}}=\dfrac{5600}{\sqrt{3}\times6}\text{A}=539\text{A}$

当 $\beta=1$ 时

$$\Delta U^*\%=\frac{I_{N1}R_k\cos\varphi_2+I_{N1}X_k\sin\varphi_2}{U_{N1}/\sqrt{3}}\times100\%$$

$$=\frac{539\times0.064\times0.8+539\times0.293\times0.6}{6000/\sqrt{3}}\times100\%=3.53\%$$

二次绕组端电压为

$$U_2=(1-\Delta U^*)U_{N2}=(1-0.0353)\times400\text{V}=386\text{V}$$

$$\eta=(1-\frac{p_0+\beta^2p_k}{\beta S_N\cos\varphi_2+p_0+\beta^2p_k})\times100\%$$

$$=(1-\frac{18+56}{5600\times0.8+18+56})\times100\%=98.37\%$$

② $\cos\varphi_2=0.8$（超前），$\sin\varphi_2=-0.6$

$$\Delta U^*=\frac{539\times0.064\times0.8+539\times0.293\times(-0.6)}{6000/\sqrt{3}}\times100\%=-1.94\%$$

$$U_2=(1+0.0194)\times400\text{V}=407.76\text{V}$$

η 同①

③ 最大效率时的负载系数为

$$\beta_{\mathrm{m}}=\sqrt{\frac{p_0}{p_k}}=\sqrt{\frac{18}{56}}=0.567$$

最大效率为

$$\begin{aligned}\eta_{\mathrm{m}}&=\left(1-\frac{p_0+\beta_{\mathrm{m}}^2p_k}{\beta_{\mathrm{m}}S_{\mathrm{N}}\cos\varphi_2+P_0+\beta_{\mathrm{m}}^2p_k}\right)\times100\%\\&=\left(1-\frac{18+0.567^2\times56}{0.567\times5600\times0.8+18+0.567^2\times56}\right)\times100\%=98.6\%\end{aligned}$$

本章小结

变压器是一种用于交流电能或交流电信号传递、转换的电气设备，本章以单相电力变压器为例，说明变压器因其一、二次绕组匝数不同，通过电磁感应关系，把一种电压的电能转换成另一种电压的电能的基本原理。主磁通是联系一、二次绕组的桥梁。

变压器结构的基本部分是铁心和绕组，铁心为构成磁路的主要部分，绕组则构成电路。

变压器有空载运行和负载运行两种运行状态，空载运行仅是负载运行的一种特殊运行状态。在对两种运行状态进行理论分析的基础上，导出了变压器的基本方程式、等效电路和相量图。基本方程式是电磁关系的数学表达式，但用这组相量方程组求解工程问题时非常麻烦。相量图是基本方程式的相量图形表示，其特点是能表示出变压器各物理量的大小和相位关系，用它作定性分析比较直观。等效电路是基本方程式的模拟电路，在工程计算中应用最广，是研究变压器和异步电动机运行问题的重要工具之一。基本方程式、相量图和等效电路是表示变压器各种电磁关系的三种不同形式，但实质上三者是一致的，究竟取哪一种形式，则视具体情况而定。

空载运行且当外加电压和频率不变时，主磁通的最大值不变，空载电流大小约为额定电流的2%～10%。

负载运行时，其功率传递是通过二次磁通势对一次磁通势的作用而实现的。两者之间的关系，即磁通势平衡方程式为 $\dot{I}_1N_1+\dot{I}_2N_2=\dot{I}_0N_1$

通过空载试验和短路试验可求得变压器的励磁参数、电压比和短路参数。短路阻抗是变压器的一个重要参数，短路阻抗标幺值与短路电压标幺值相等。

变压器的电压调整率表征了负载运行时二次电压的稳定性和供电质量，而效率则表示了变压器运行时的经济性。

本章讨论得出的变压器的基本电磁关系：如磁通势平衡方程式、电动势公式、电压比公式及等效电路、相量图等基本原理都适用于其他变压器，甚至可用于频率折算后的异步电动机的分析。

习 题

1. 什么是变压器？它有什么用途？为什么高压输电比低压输电经济？
2. 如变压器的一次绕组接直流电源，则二次绕组有电压吗？为什么？
3. 变压器铁心为什么要用硅钢片叠成？用整块铁做铁心或不用铁心是否可以？

4. 变压器中，主磁通和漏磁通在数量上和物理本质上有何不同？它们对变压器的作用有何不同？在分析变压器时，是怎样反映它们的作用的？

5. 变压器空载时，一次绕组加额定电压，虽然绕组的电阻 R_1 很小，为什么电流并不大？为什么空载电流比主磁通超前一个 δ 角？

6. 为什么改变变压器电压比就能调压？如果一台工厂电气设备运行时电源电压太低，需要提高电压，那么调节该厂配电变压器高压侧分接头时，高压绕组匝数应增加还是应减少？

7. 一台 50Hz 单相变压器，如接在 60Hz 的电网上运行，额定电压不变，问励磁电流、铁心损耗、漏电抗、励磁阻抗及电压调整率有何变化？

8. 一台单相变压器，额定电压为 $U_{N1}/U_{N2}=380V/220V$，额定频率为 50Hz，试问：①如将低压绕组接到 380V 电源上，变压器会发生什么异常现象？励磁电流 I_0、励磁阻抗 Z_m、铁损耗 p_{Fe} 与正常相比会发生什么变化？②如果电源电压为额定值，但频率比额定值高 20%，那么 I_0、Z_m、p_{Fe} 三者又会发生怎样的变化？③如果将变压器误接到电压等于其额定电压的直流电源上时，又会发生什么现象？

9. 变压器负载运行时，一次绕组电流为什么会随二次绕组电流的变化而变化？能量是如何从一次绕组传递到二次绕组的？

10. 变压器的空载损耗为什么可以近似看成是铁损耗？短路损耗为什么可以近似看成是铜损耗？负载时的实际铜损耗和铁损耗，与空载试验和短路试验时测定的空载损耗和短路损耗有无差别，为什么？

11. 在低压侧接电源做空载试验与在高压侧接电源做空载试验求得的参数有什么不同？二者有什么关系？

12. 为什么变压器铁心中的主磁通几乎不随负载电流的变化而变化？

13. 变压器的电压调整率 $\Delta U^*\%$ 和短路电压 U_k^*（%）有什么关系？短路电压的大小决定于哪些因素？其大小对变压器有何影响？电压调整率与哪些因素有关？从运行观点看是大一些好，还是小一些好？

14. 当变压器的输出功率为零时，其效率为零；当输出功率增大到一定值时，其效率又下降了，这是什么原因造成的？效率为最大的条件是什么？

15. 一台单相变压器，额定容量 $S_N=250kV\cdot A$，额定电压 $U_{N1}/U_{N2}=10kV/0.4kV$，试求一、二次侧额定电流 I_{N1}、I_{N2}。

16. 一台三相变压器，$S_N=5000kV\cdot A$，$U_{N1}/U_{N2}=10kV/6.3kV$，一、二次绕组分别为 Y 和 d 联结，试求一、二次侧额定电流 I_{N1}、I_{N2}。

17. 一台单相变压器，$S_N=500kV\cdot A$，一、二次绕组的额定电压 $U_{N1}/U_{N2}=35kV/6.6kV$，铁心的有效截面积为 $1120cm^2$，铁心磁密最大值 $B_m=1.45Wb/m^2$。试求一、二次绕组的匝数和电压比。

18. 变压器的数据为 $S_N=100kV\cdot A$，$U_{N1}/U_{N2}=6300V/400V$，一、二次绕组均为Y联结，现将电源电压由 6300V 改为 1000V，并用改换高压绕组的办法来满足电源电压的改变，若保持低压绕组匝数每相为 40 匝不变。试问：原来高压绕组的匝数为多少？新的高压绕组匝数应改为多少？如不改变，对励磁电流、参数及损耗会有什么影响？

19. 一台单相变压器，额定容量为 5kV·A，一、二次绕组均有两个匝数相同的线圈，一、二次侧每个线圈的额定电压分别为 1100V 和 110V，现将它们进行不同方式的连接。试问：可得几种不同的电压比？每种联结时的一、二次侧额定电流为多少？

20. 一台铝线三相变压器：$S_N=750kV\cdot A$，$U_{N1}/U_{N2}=10000V/400V$，一、二次绕组均为Y联结。

低压侧空载试验数据为：$U_{20}=400V$，$I_{20}=60A$，$p_0=3800W$。

高压侧短路试验数据为：$U_{1k}=440V$，$I_{1k}=43.3A$，$p_k=10900W$，室温为 20℃。试求：①变压器的参数，并画出 T 形等效电路。②当额定负载 $\cos\varphi_2=0.8$（感性）和 $\cos\varphi_2=-0.8$（容性）时，计算电压调整率 $\Delta U\%$、二次电压 U_2 及效率 η。

21. 一台单相变压器，$S_N=10kV\cdot A$，$U_{N1}/U_{N2}=380V/220V$，$R_1=0.14\Omega$，$R_2=0.035\Omega$，$X_1=0.22\Omega$，$X_2=0.055\Omega$，$R_m=30\Omega$，$X_m=310\Omega$，负载阻抗 $Z_L=(4+j3)\Omega$。试求：①试用Γ形等效电路和简化等效电路分别计算当一次绕组加额定电压时，一、二次绕组的电流 I_1 及 I_2，二次绕组端电压 U_2。②根据简化等效电路图画相量图。

第 5 章　常用变压器及其应用

5.1　三相变压器

在当前的电力系统中，普遍采用三相制供电，故三相变压器得到广泛应用。其他很多领域也经常使用三相变压器，例如变频调速异步电动机及三相永磁同步电动机的交－直－交变换电源，也采用三相变压器。

三相变压器在对称负载下运行时，各相的电压、电流大小相等，相位互差 120°，故可以取三相中的任一相来研究，即三相问题可以简化为单相问题。因此前面分析单相变压器的基本方程式、等效电路、相量图及参数计算时的方法和结论完全适用于三相对称负载下稳态运行的三相变压器。

下面主要讨论有关三相变压器磁路、电路特性及并联运行等问题。

5.1.1　三相变压器的磁路系统

三相变压器的磁路系统有两类，即三相磁路彼此无关的磁路和三相磁路彼此相关的磁路。由三个相同的单相变压器组成的变压器称为三相变压器组，对应的三相磁路称为彼此无关的磁路，如图 5－1 所示。由于每相的主磁通 Φ 沿各自的磁路闭合，相互独立，所以三相变压器组各相之间只有电的联系，没有磁的联系。如果一次绕组施以三相对称电压时，则三相铁心磁通必对称，各相空载电流也是对称的。

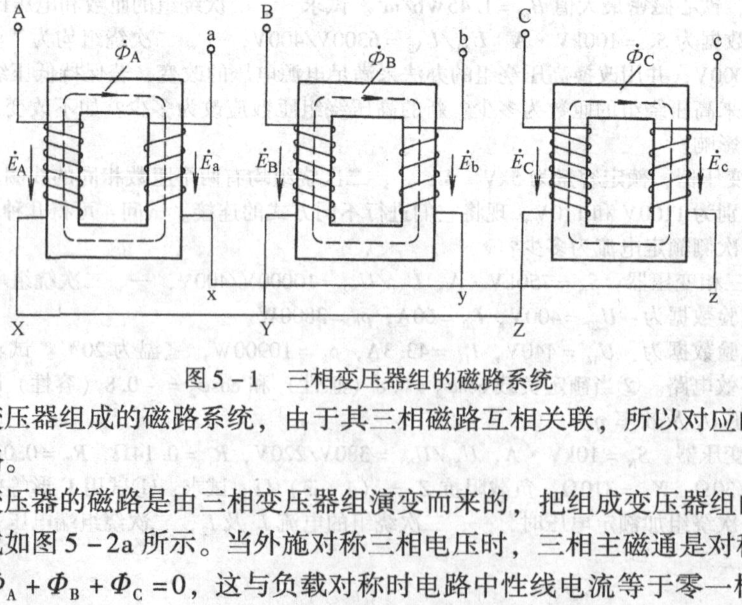

图 5－1　三相变压器组的磁路系统

三相心式变压器组成的磁路系统，由于其三相磁路互相关联，所以对应的三相磁路称为彼此相关的磁路。

三相心式变压器的磁路是由三相变压器组演变而来的，把组成变压器组的三个单相变压器的铁心合并成如图 5－2a 所示。当外施对称三相电压时，三相主磁通是对称的，中间铁心柱内的磁通为 $\Phi_A+\Phi_B+\Phi_C=0$，这与负载对称时电路中性线电流等于零一样，因此可将中间铁心柱省去，即可变成图 5－2b 所示的结构型式。为了制造方便和节省材料常把三相铁心柱布置在同一平面内，即成为目前广泛采用的三相心式变压器的铁心，如图 5-2c 所示。由于这种变压器的三相磁路长度不相等，中间 B 相最短，两边 A、C 两相较长，所以三相磁阻不相等。当外施对称三相电压时，三相空载电流便不相等，B 相最小，A、C 两相大一些。但由于空载电流很小，它的不对称对变压器负载运行的影响极小，可略去不计。

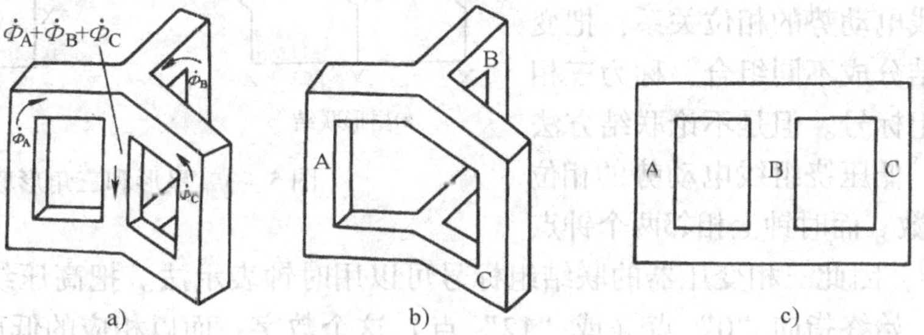

图 5-2　三相心式变压器的磁路系统

比较以上两种类型磁路系统的三相变压器可以看出，它们各有优缺点。在相同的额定容量下，三相心式变压器较之三相变压器组具有效率高、维护方便、安装占地少等优点，却由于节省材料带来磁路不对称。而三相变压器组中每个单相变压器都比三相心式变压器的体积小、重量轻、运输方便，另外还可减少备用容量，所以对于一些超高压、特大容量的三相变压器，为减少制造及运输困难，常采用三相变压器组。而控制用三相变压器的容量都很小，故一般都采用三相心式变压器。

5.1.2　三相变压器的联结组标号

三相变压器绕组的联结不仅仅是组成电路系统的问题，而且还关系到变压器电磁量中的高次谐波以及并联运行等一些运行问题。为此，研究变压器绕组的联结法和联结组标号，有着十分重要的意义。

1. 三相变压器绕组的联结法

三相电力变压器的绕组一般采用星形和三角形两种联结，为表明联结方法，对绕组的首端和末端的标志规定如表 5-1 所示。

表 5-1　绕组首端和末端的标志

绕组（线圈）名称	首　端	末　端	中　点
高压绕组（线圈）	A、B、C	X、Y、Z	N
低压绕组（线圈）	a、b、c	x、y、z	n

星形联结（Y）：一次或二次绕组用符号“Y（或 y）”表示，把三个首端 A、B、C（或 a、b、c）引出，将末端 X、Y、Z（或 x、y、z）联结在一起成为中性点，如图 5-3a 所示。若把中性点引出，表示为“N（或 n）”，就成为 Y_N 或 y_n 接法，为三相四线制。

三角形联结（D）：一次或二次绕组用符号“D（或 d）”表示，规定顺序三角形联结的各相间联结次序为 AX→CZ→BY（或 ax→cz→by），然后从首端 A、B、C（或 a、b、c）向外引出，如图 5-3b 所示。若按 AX→BY→CZ（或 ax→by→cz）顺序联结，则称为逆序三角形联结。现在新国标只有顺序法。

我国生产的三相电力变压器常用 Yyn、Yd、YNd、Dyn 等四种联结方法。其中，大写字母表示高压绕组的联结法，小写字母表示低压绕组的联结法。当有中性线引出时标有 N（或 n）。

2. 联结组

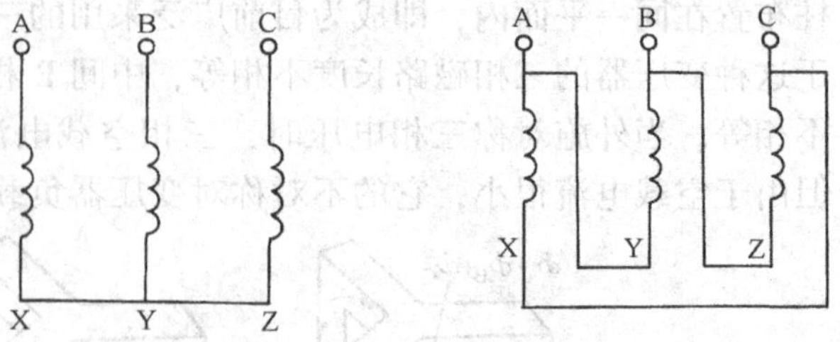

a)星形联结　　b)三角形联结

图5－3　星形和三角形联结法

由于三相变压器的各相绕组之间可采用不同的联结方法，使得高、低压绕组中的线电动势具有不同的相位差，因此按高、低压绕组线电动势的相位关系，把变压器绕组的联结分成不同组合，称为三相变压器的联结组标号。但是不论联结方法如何配合，高、低压绕组线电动势的相位差总是30°的倍数。而时钟上相邻两个钟点的夹角也是30°，因此三相变压器的联结组标号可以用时钟表示法。把高压绕组线电动势的相量作为分针，始终指向“0”点（或“12”点）这个数字；而以相应的低压绕组线电动势相量作为时针，时针指向哪个钟点，就把这个钟点作为联结组标号。例如Yd7中的7表示联结组的标号，该三相变压器的高压绕组为星形联结，低压绕组为三角形联结，低压绕组线电动势滞后于高压绕组线电动势210°。

三相变压器高、低压绕组线电动势相量间的相位差，不仅决定于三相绕组的联结法，而且还与绕组的绕向和绕组首、末端的标志有关。也就是高、低压绕组线电动势之间的相位差，首先决定于相电动势之间的相位差，所以先要弄清相电动势间的相位差。下面先分析单相变压器高、低压绕组间电动势相位差，再进一步说明三相变压器的联结组问题。

无论单相变压器的高、低压绕组，还是三相变压器同一相的高、低压绕组，都是绕在同一个铁心柱上，它们是被同一主磁通所交链。故当主磁通交变时，在高、低压绕组中感应出的电动势之间有一定的极性关系。即任一瞬间，高压绕组的某一端点的电位为正时，低压绕组必有一个端点的电位也为正，这两个绕组间同极性的端点称为同名端，用符号“·”表示。

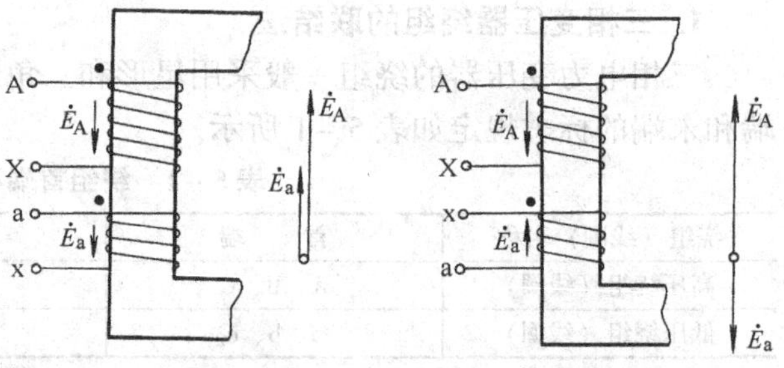

a)同相位　　b)反相位

图5－4　单相变压器的两种不同标记法

单相变压器的两个绕组的绕向相同，高、低压绕组相电动势相位是否相同，取决于其首端是否为同名端。当高、低压绕组的同名端都标为首端（或末端），如图5－4a所示，此时，高、低压绕组相电动势 E_A 与 E_a 同相位（感应电动势的正方向均规定从首端指向末端）。当把高、低压绕组的非同名端标为首端（或末端），如图5－4b所示，此时 E_A 与 E_a 的相位相差为180°。相电动势相位差等于零的单相变压器的标号就是“0”；相位差为180°的标号则为“6”。

对于已制成的变压器绕组，多经浸漆处理，且安装在封闭的铁壳之中，难以看出其绕向，同名端也就难以辨认，但可以用实验方法来测定同名端。如图5－5所示，把X和x点连起来，在高压侧加以降低的便于测量的交流电压，用电压表分别测出 U_{Aa}、U_{AX} 和 U_{ax}。如果 $U_{Aa}=U_{AX}-U_{ax}$，则说明 U_{AX} 和 U_{ax} 是同相的，即A与a、X与x为同名端；如果 $U_{Aa}=U_{AX}+U_{ax}$，则说明 U_{AX} 和 U_{ax} 是反相的，即A与a、X与x为非同名端。

单相变压器或者说三相变压器中的一相高、低压绕组相电动势的相位关系，只有同相和反相两种情况，它取决于绕组的同名端和首末端的标记。

三相变压器的联结组标号不仅与绕组的同名端和首末端的标记有关，而且还与三相绕组的联结方法有关。

确定三相变压器联接组标号的步骤为：

1）按绕组接线方式（Y或 y、D 或 d）画出高、低压绕组接线图。

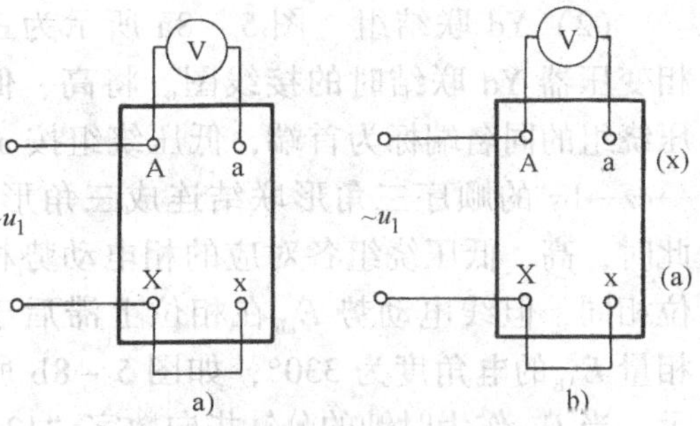

图 5 -5　变压器极性的测定

2）在接线图上画出相电动势和线电动势的假设正方向。

3）判断同一相的相电动势相位，并画高、低压绕组三相对称电动势的相量图（注意，将 A 和 a 重合)。

4）根据高、低压绕组线电动势的相位差，确定联结组标号。

（1）Yy 联结组　图5 -6a 所示为三相变压器 Yy 联结时的接线图。图中将高、低压绕组的同名端标为首端。这时高、低压绕组相电动势间的相位相同，根据线电动势与相电动势的相量关系，如 $E_{AB}=E_{AX}-E_{BY}$ 或 $E_{ab}=E_{ax}-E_{by}$，确定线电动势 E_{AB} 和 E_{ab}。当将 A 与 a 画在一起时，由相量图可知，E_{AB} 与 E_{ab} 也同相位，如图 5 -6b 所示。此时若把 E_{AB} 作为时钟的分针指向数字“12”，E_{ab} 作为时钟的时针也指向数字“12”是零点，故其联结组标号为“0”，用 Yy0 表示。

若将高、低压绕组的非同名端作为首端，如图 5 -7a 所示，高、低压绕组各对应的相电动势相位相反，这时高、低压绕组线电动势 E_{AB} 和 E_{ab} 相位也相反，即 E_{ab} 顺时针转过了 180°指向“6”点，故联结组标号用 Yy6 表示，如图 5 -7b 所示。

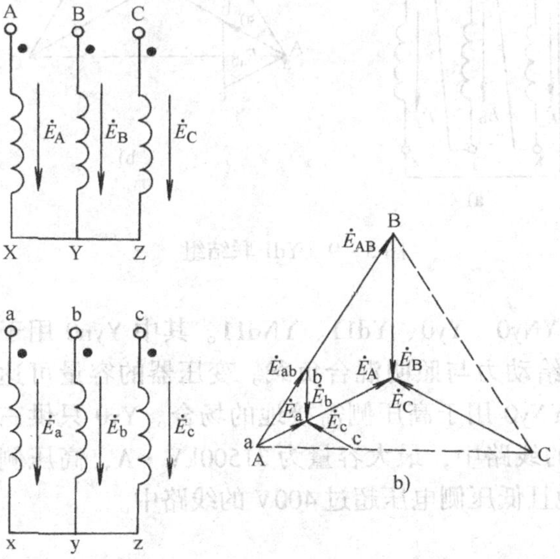

图 5 -6　Yy0 联结组

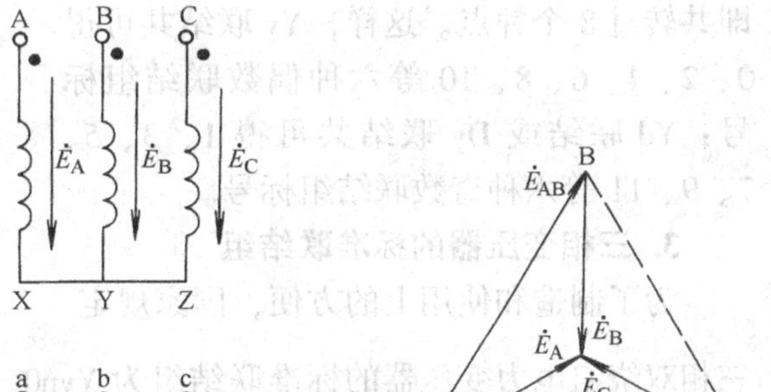

图 5 -7　Yy6 联结组

(2) Yd 联结组　图 5-8a 所示为三相变压器 Yd 联结时的接线图。将高、低压绕组的同名端标为首端，低压绕组按 ax→cz→by 的顺序三角形联结连成三角形。此时，高、低压绕组各对应的相电动势相位相同，但线电动势 E_{ab} 在相位上滞后于相量 E_{AB} 的电角度为 330°，如图 5-8b 所示。当 E_{AB} 作为时钟的分针指向数字“12”时，E_{ab} 作为时钟的时针指向数字“11”。故联结组标号为“11”，用 Yd11 表示。

如将低压绕组的三角形联结按 ax→by→cz 顺序，即按逆序三角形联结，如图 5-9a所示。此时高、低压绕组各对应的相电动势同相位，但线电动势 E_{ab} 滞后于 E_{AB} 的电角度为 30°，相当于指向“1”点，所以联结组标号用 Yd1 表示，如图 5-9b 所示。

上面讨论的四种联结组，无论是 Yy 联结，还是 Yd 联结，如保持高压绕组的三相标记不变，而把低压绕组的三相标记 a、b、c 改为 c、a、b（相序 a→b→c→a 不能变），则低压绕组的各线电动势相量分别转过 120°角度，相当于转过 4 个钟点；若把标记改为 b、c、a，则又转过 120°角度，即共转过 8 个钟点。这样，Yy 联结共可得 0、2、4、6、8、10 等六种偶数联结组标号；Yd 联结或 Dy 联结共可得 1、3、5、7、9、11 等六种奇数联结组标号。

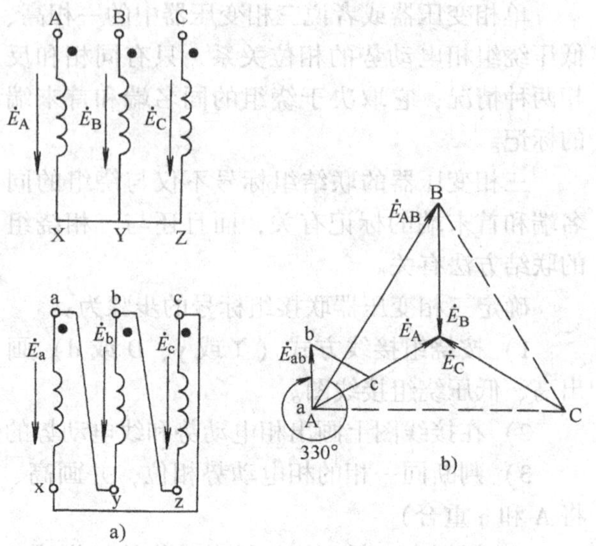

图 5-8　Yd11 联结组

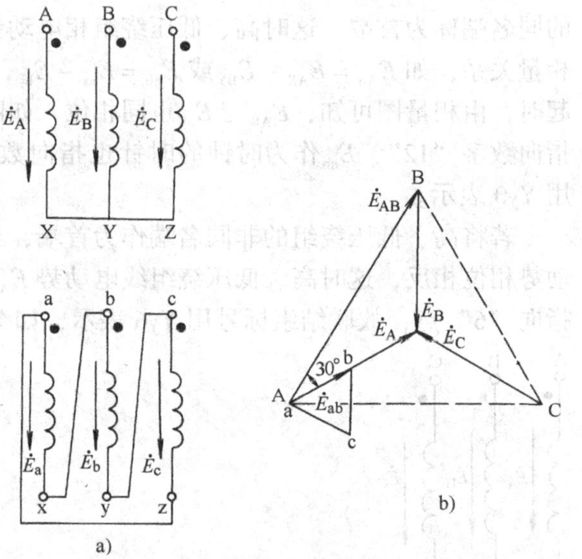

图 5-9　Yd1 联结组

3. 三相变压器的标准联结组

为了制造和使用上的方便，国家规定三相双绕组电力变压器的标准联结组为 Yyn0、YNy0、Yy0、Yd11、YNd11。其中 Yyn0 用于低压侧电压为 400~230V 的配电变压器中，供给动力与照明混合负载。变压器的容量可达 1800kV · A，高压侧的额定电压不超过 35kV。YNy0 用于高压侧需接地的场合。Yy0 只供三相动力负载。Yd11 用在低压侧电压超过 400V 的线路中，最大容量为 31500kV · A，高压侧电压在 35kV 以下。YNd11 用在高压侧需要接地且低压侧电压超过 400V 的线路中。

4. 三相变压器的绕组联结时应注意的问题

利用单相变压器接成三相变压器组时，要注意绕组的极性。把三相心式变压器的一、二次侧三相绕组接成星形或三角形时，其首端都应为同名端；一、二次绕组相序要一致。下面以 Yy 和 Yd 联结组的二次侧有一相绕组极性不一致为例进行分析。图 5-10a 所示是 Yy 联结组的三相变压器，其中有一相的极性与其余两相不一致。从图 5-10b 所示的相量图可看出，二次侧三相线电动势不对称，即不互差 120°，幅值也不相等。

$$E_{ca}=2E_{bc}\cos30°=2\times\frac{\sqrt{3}}{2}E_{bc}=\sqrt{3}E_a \tag{5-1}$$

而

$$E_{ab}=E_{bc}=E_a=\frac{1}{\sqrt{3}}E_{ca} \tag{5-2}$$

从上面分析可知，若二次绕组有一相错接时，任一相与错接相之间的线电动势数值是正确接线时线电动势的 $1/\sqrt{3}$。

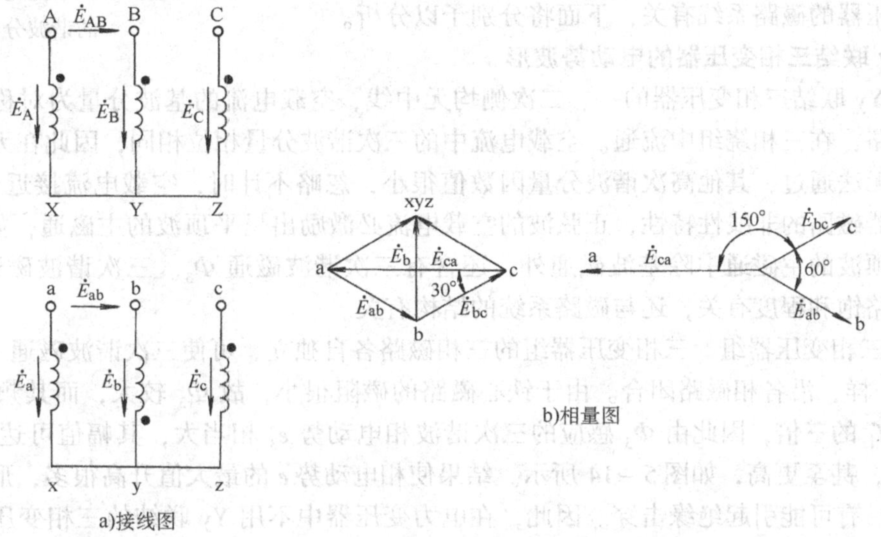

图 5-10　Yy 联结组二次绕组有一相错接

图 5-11 表示的是 Yd 联结组的三相变压器，其中 b 相与其余两相极性不一致。在正确接线时，二次侧闭合三角形回路中，三相总电动势等于零，即

$$\dot{E}_a+\dot{E}_b+\dot{E}_c=0$$

可是在 b 相极性不对时，由相量图看出，在闭合三角形回路中，三相总电动势不为零，而是等于相电动势的两倍。这时如果在一次侧加上额定电压，由于闭合三角形回路的阻抗很小，将在三角形回路中产生很大的环流而烧坏变压器的绕组。因此在二次侧三相绕组连成三角形之前，必须注意绕组极性是否正确，并测量其开口电压值。若开口电压不为零，则不能封口。

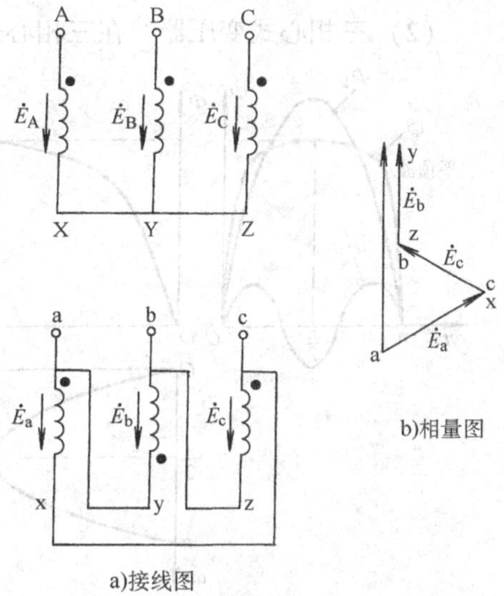

图 5-11　Yd 联结组二次绕组有一相错接

5.1.3　三相变压器的空载电动势波形

根据第 4 章对单相变压器空载电流的分析可知，当外施电压 u_1 为正弦波时，电动势 e_1 和主磁通 Φ 也

是正弦波，但由于铁心饱和的影响，空载电流 I_0 的波形为尖顶波。根据谐波分析，空载电流中除基波外，还含有较强的三次谐波电流以及其他高次谐波电流，如图 5－12 所示。前已述及，变压器的空载电流只有额定电流的 1%～10%，其波形的畸变对电流本身来说是无关紧要的，故在等效电路和相量图中均未予考虑。

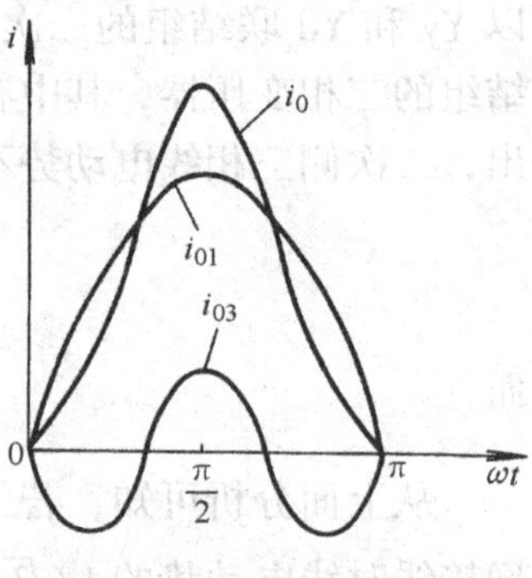

图 5－12　尖顶波空载电流的谐波分析

在三相变压器中，由于一、二次绕组的联结关系，空载电流中不一定含有三次谐波电流分量，这就将影响到主磁通与相电动势的波形。并且这种影响不仅与绕组的联结有关，而且还与三相变压器的磁路系统有关，下面将分别予以分析。

1. Yy 联结三相变压器的电动势波形

由于 Yy 联结三相变压器的一、二次侧均无中线，空载电流的基波分量为对称系统，可以互成回路，在三相绕组中流通。空载电流中的三次谐波分量相位相同，因此在无中线的星形联结中无法通过，其他高次谐波分量因数值很小，忽略不计时，空载电流接近于正弦波。由于变压器磁路的非线性特性，正弦波的空载电流必激励出呈平顶波的主磁通，如图 5－13 所示。平顶波的主磁通中除基波磁通外，还含有三次谐波磁通 Φ_3。三次谐波磁通的大小，不仅与磁路饱和程度有关，还与磁路系统的结构有关。

（1）三相变压器组　三相变压器组的三相磁路各自独立，可使三次谐波磁通 Φ_3 和基波磁通 Φ_1 一样，沿各相磁路闭合。由于铁心磁路的磁阻很小，故 Φ_3 较大，而其频率 f_3 又为基波频率 f_1 的三倍，因此由 Φ_3 感应的三次谐波相电动势 e_3 相当大，其幅值可达基波 e_1 幅值的45%，甚至更高，如图 5－14 所示。结果使相电动势 e 的最大值升高很多，形成的波形严重畸变，有可能引起绝缘击穿。因此，在电力变压器中不用 Yy 联结的三相变压器组。应当注意，无论相电动势波形如何严重畸变，线电动势却由于三次谐波已互相抵消而仍为正弦波，如图 5－14 中的曲线 e_L 所示。

（2）三相心式变压器　在三相心式变压器中，由于三相磁路彼此相关，而各相的三次谐

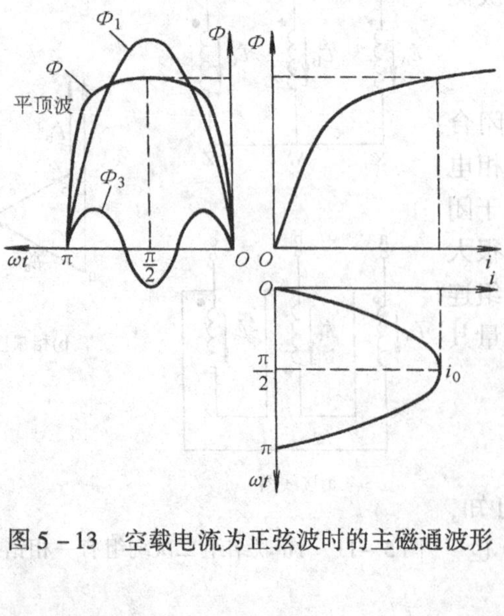

图 5－13　空载电流为正弦波时的主磁通波形

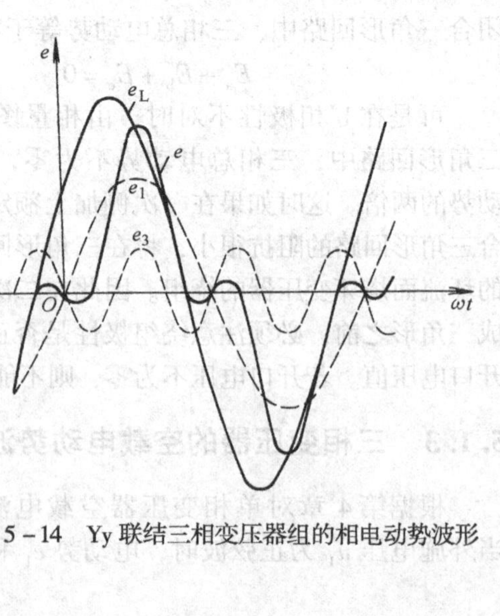

图 5－14　Yy 联结三相变压器组的相电动势波形

波磁通大小相同，相位也相同，因此不可能通过铁心闭合，而只能借助于油和油箱壁形成闭合回路，如图 5－15 所示。这样使三次谐波磁通磁路的磁阻很大，Φ_3 的幅值很小，主磁通仍接近于正弦波，相电动势也接近于正弦波。但因为交变的 Φ_3 通过油箱壁等介质时，产生涡流损耗和磁滞损耗，降低了变压器效率，特别是涡流损耗很大，使温升增高。因此 Yy 或 Yyn 联结方式，只用在容量不大于 1600kV · A 的三相心式变压器中。

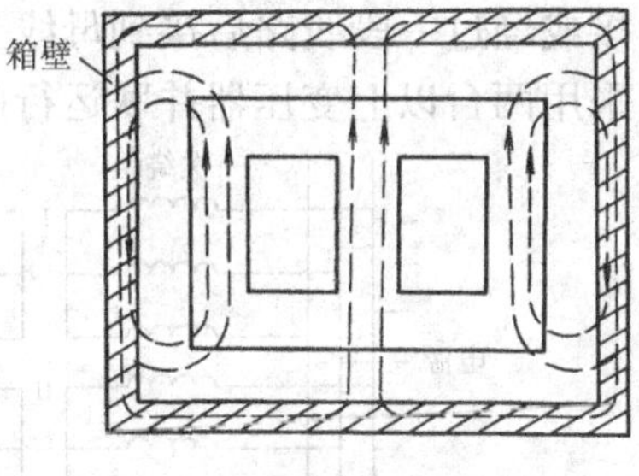

图 5－15　三相心式变压器中三次谐波磁路的路径

2. Dy 或 Yd 联结三相变压器的电动势波形

当三相变压器绕组采用 Dy 联结时，由于其一次侧接成三角形，故励磁电流中的三次谐波分量可以流通，因此由尖顶波励磁电流产生的主磁通是正弦波，相应地一、二次侧的相电动势 e_1 和 e_2 也是正弦波，与单相变压器的情况相同。

当三相变压器绕组采用 Yd 联结时，如图 5－16 所示。由于一次侧为星形联结，故其励磁电流中不存在三次谐波分量，主磁通和一、二次侧相电动势中都会有三次谐波分量。由于二次侧是三角形联结，故三相的三次谐波相电动势将在闭合的三角形联结绕组内形成三次谐波环流，但一次绕组中没有相应的三次谐波电流与之平衡，故二次侧的三次谐波电流便成为励磁性质的电流 I_{23}。这时变压器的主磁通将由一、二次绕组的正弦波形的励磁电流和二次绕组的三次谐波环流共同激励，其效果和 Dy 联结时相同，于是最后主磁通和感应电动势的波形接近于正弦波形。

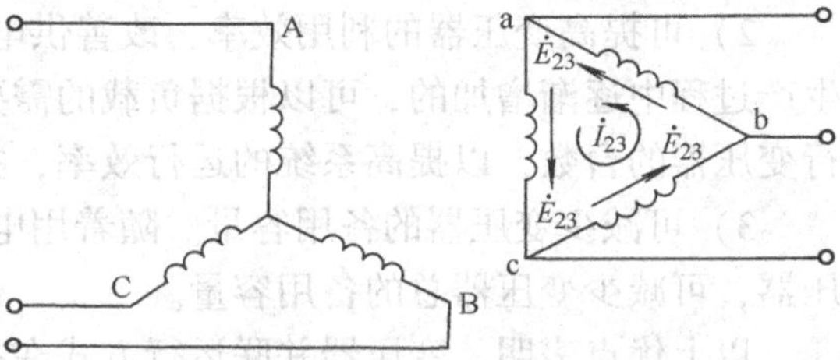

图 5－16　Yd 联结三相变压器中的三次谐波电流

根据以上分析可知，在一、二次绕组中，只要有一侧接成 D 联结，就能保证主磁通和电动势为正弦波形，这是因为铁心中的磁通取决于一、二次绕组中的总磁通势，所以 D 联结的绕组在一次侧或二次侧是一样的，故容量较大的变压器常采用 Yd 或 Dy 联结。在大容量的变压器中，当电力系统需要其一、二次侧都接成 Y 联结时，往往要在每相心柱上再加上被连成 D 联结的第三绕组，如图 5－17 所示。设此第三绕组的主要目的是提供励磁电流中三次谐波电流 I_3 的通路，以改善电动势波形。

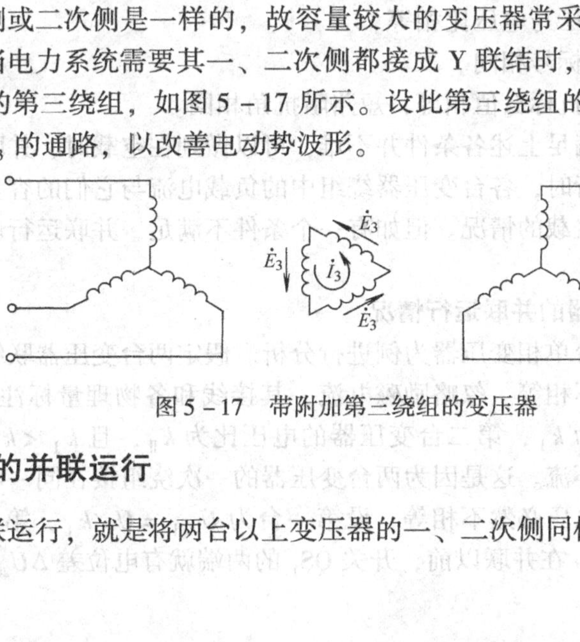

图 5－17　带附加第三绕组的变压器

5.1.4　变压器的并联运行

变压器的并联运行，就是将两台以上变压器的一、二次侧同标号的出线端连在一起，直接或经过一段线路后接到母线上的运行方式，图 5－18 所示为其接线示意图。电力系统广泛采用两台以上变压器并联运行的供电方式。变压器并联供电方式的优点是：

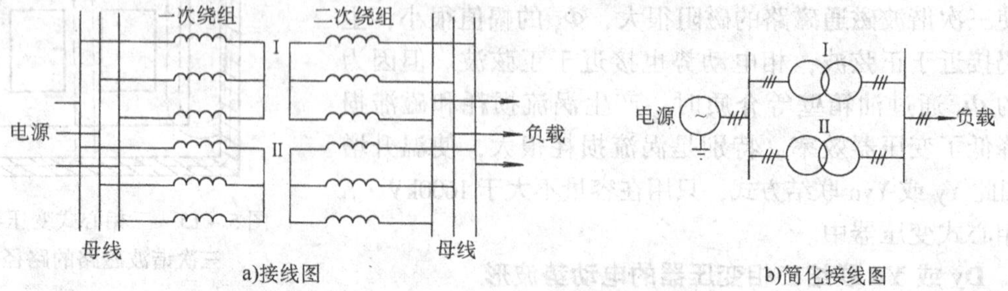

图 5－18　两台三相变压器的并联运行

1）可提高供电的可靠性，检修方便。当某台变压器发生故障时，可以把它从电网上切除检修，其他变压器继续运行，保证电网正常供电。

2）可提高变压器的利用效率，改善供电系统的功率因数。变电所的负载通常是在发展生产过程中逐渐增加的，可以根据负载的需要以及季度和生产需求的不同，调整投入并联运行变压器的台数，以提高系统的运行效率，并可改善系统的功率因数。

3）可减少变压器的备用容量。随着用电量的增加，逐步增加变压器，分期安装新增变压器，可减少变压器总的备用容量。

以上优点表明，变压器并联运行方式在技术上是经济合理的。但是并联变压器的台数过多，将增加设备投资和安装面积。

变压器并联运行时，各台变压器的容量和结构型式可以不同，但希望达到：

1）在并联组未带负载前，组内各变压器之间没有环流，以免增加铜损耗。

2）负载时，各变压器所承担的负载应按其容量的大小成比例地分配，使并联组的容量得到充分发挥。

3）负载时，各变压器所分担的电流与总的负载电流同相位，以使共同承担的总电流最大。

要达到上述的理想并联情况，必须满足下列条件：

1）各变压器的额定电压与电压比相等。

2）各变压器的联结组标号相同。

3）各变压器的短路阻抗标幺值相等，短路阻抗角相同。

一般情况下，要同时满足上述各条件并不难，可以做到在空载时，并联运行的各台变压器之间没有环流；负载运行时，各台变压器绕组中的负载电流与它们的容量成正比分配，而不出现某台变压器过载或欠载的情况。但如有一个条件不满足，并联运行就会存在问题，下面分别进行说明。

1. 电压比不等时变压器的并联运行情况

为了简化起见，以两台单相变压器为例进行分析。假定两台变压器联结组标号相同，短路阻抗相等，只是电压比不相等。忽略励磁电流，其接线和各物理量标注如图 5－19 所示。若第一台变压器的电压比为 k_{I}，第二台变压器的电压比为 k_{II}，且 $k_{\mathrm{I}} < k_{\mathrm{II}}$。则在未带负载前，两台变压器之间就有环流。这是因为两台变压器的一次绕组接在同一电源上，由于电压比不等，二次绕组的空载电压必然不相等，设第一台为 $\dot{U}_{20\mathrm{I}} = \dot{U}_1 / k_{\mathrm{I}}$，第二台为 $\dot{U}_{20\mathrm{II}} = \dot{U}_1 / k_{\mathrm{II}}$，且 $U_{20\mathrm{I}} > U_{20\mathrm{II}}$。这样，在并联以前，开关 QS_1 的两端就有电位差 $\Delta\dot{U}_{20}$：

$$\Delta \dot{U}_{20} = \dot{U}_{20\text{I}} - \dot{U}_{20\text{II}} = \frac{\dot{U}_1}{k_\text{I}} - \frac{\dot{U}_1}{k_\text{II}} \tag{5-3}$$

要并联投入，先把开关 QS_1 闭合，两台变压器的二次绕组内便有环流产生。根据磁通势平衡关系，两台变压器的一次绕组也同时产生环流。值得注意的是，环流仅沿两台变压器相应绕组所组成的回路流通。因此，对 $\Delta \dot{U}_{20}$ 来说，相当于两台变压器处在短路状况。

由图 5-19 可知，变压器二次侧回路内的空载环流应为

$$I_{2h} = \frac{\Delta U_{20}}{Z_{k\text{I}} + Z_{k\text{II}}} \tag{5-4}$$

式中，$Z_{k\text{I}}$、$Z_{k\text{II}}$ 分别为两台变压器折算到二次侧的短路阻抗。

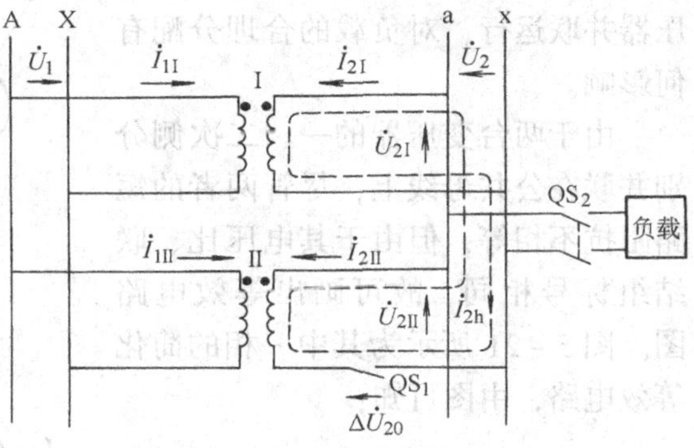

图 5-19　变压器电压比不等时的并联运行

由于短路阻抗值很小，即使电压比相差很小，也能产生较大的环流。总的来说，环流对变压器运行的不良后果是：①环流虽然并非负载电流，但却占据变压器的容量，增加了变压器的损耗，使变压器的输出容量减小。②两台变压器二次绕组内的环流相等，但由磁通势平衡关系可知，两台变压器电压比不等，两台变压器一次侧的环流就不相等，电压比小的变压器一次侧环流大，电压比大的变压器一次侧环流小。因此若两台变压器容量相同，必有一台变压器不能达到额定容量。

由于环流的存在，就可能使各变压器实际分担的电流不合理，形成一台满载，一台欠载；或一台已过载，另一台刚满载。当两台变压器的电压比相差较大时，环流可能达到很大的数值，以致影响变压器的正常运行。例如，两台并联运行的变压器，短路阻抗标幺值为 $Z_{k\text{I}}^* = Z_{k\text{II}}^* = 0.05$，电压比相差 1%（例如 $k_\text{I} = 1.01k_\text{II}$）时，二次侧环流的标幺值为

$$I_{2h}^* \approx \frac{0.01}{2 \times 0.05} = 0.1$$

可见，环流的实际值约为二次侧额定电流的 10%。这样当负载运行时，增加了变压器的负担，等于降低了变压器的利用率。因此，应把环流限制在一定范围内，一般要求它不超过额定电流的 10%，通常规定并联运行的变压器电压比相差不超过 1%。

2. 联结组标号不相同的变压器的并联运行情况

如把两台联结组标号不同的三相变压器并联运行，即使两者的电压比和短路阻抗标幺值均相等，也会产生严重的后果。这种情况下，它们二次侧线电压的相位就不同，且二者的相位差至少差 30°，因此会产生很大的电压差 $\Delta \dot{U}_2$，由 $\Delta \dot{U}_2$ 在二次侧产生环流。下面以 Yy0 与 Yd11 并联为例进行分析，如图 5-20 所示。

图中第一台变压器的联结组标号为 Yd11，$\dot{U}_{2\text{I}}$ 滞后于 $\dot{U}_{1\text{I}}$ 330°；第二台变压器的联结组标号为 Yy0；$\dot{U}_{2\text{II}}$ 与 $\dot{U}_{1\text{II}}$ 同相位，这样就使 $\dot{U}_{2\text{I}}$ 与 $\dot{U}_{2\text{II}}$ 之间相位差 30°。由相量图看出，$U_{2\text{I}} = U_{2\text{II}} = U_2$，$\Delta U_2 = 2U_2\sin 15° = 0.518U_2$，即 ΔU_2 达到二次额定电压的 51.8%，二次线电压的相位差越大（≤180°），ΔU_2 越大。由于变压器的短路阻抗很小，这样大的电位差将在两台变压器的二次绕组中产生很大的环流，其数值会超过额定电流的很多倍，导致变压器严重发热，时间长了还会使变压器的绕组烧毁，因此联结组标号不同的变压器绝对不允许并

联运行。

3. 短路阻抗标幺值不相等时变压器的并联运行情况

现在来分析两台电压比相等，联结组标号相同，短路阻抗不相等的变压器并联运行，对负载的合理分配有何影响。

由于两台变压器的一、二次侧分别并联在公共母线上，尽管两者的短路阻抗不相等，但由于其电压比、联结组标号相同，故可画出等效电路图。图5－21所示为其中一相的简化等效电路，由图可知：

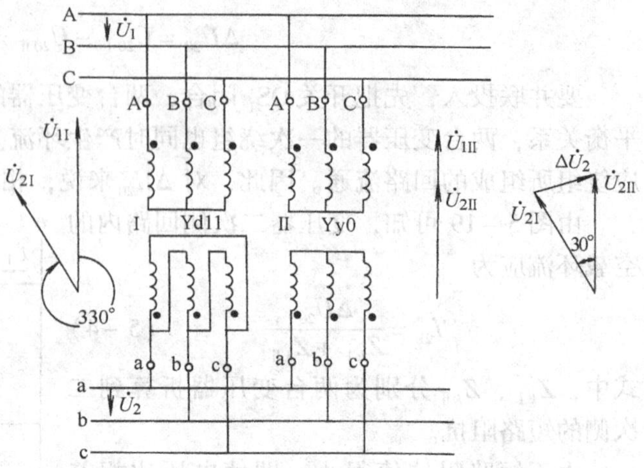

图5－20　变压器联结组标号不同时的并联运行

$$\dot{I}=\dot{I}_{\mathrm{I}}+\dot{I}_{\mathrm{II}}$$

此外两台变压器的内部阻抗压降应相等，即

$$\dot{I}_{\mathrm{I}}Z_{k\mathrm{I}}=\dot{I}_{\mathrm{II}}Z_{k\mathrm{II}}$$

或

$$\frac{\dot{I}_{\mathrm{I}}}{\dot{I}_{\mathrm{II}}}=\frac{Z_{k\mathrm{II}}}{Z_{k\mathrm{I}}} \tag{5-5}$$

上式说明，并联运行的各台变压器所分担的电流与其短路阻抗成反比，即短路阻抗大分担电流小；短路阻抗小分担电流大。假如两台变压器容量相同，也就是额定电流相同，若要使它们所分担的电流相等，则必须具备 $Z_{k\mathrm{I}}=Z_{k\mathrm{II}}$ 的条件。但并联变压器的容量不要求一定相等，故负载分配是否合理，应从各变压器所分担的电流是否与其额定容量成正比来判断，亦即应视其负载电流的相对值是否相等来判断。

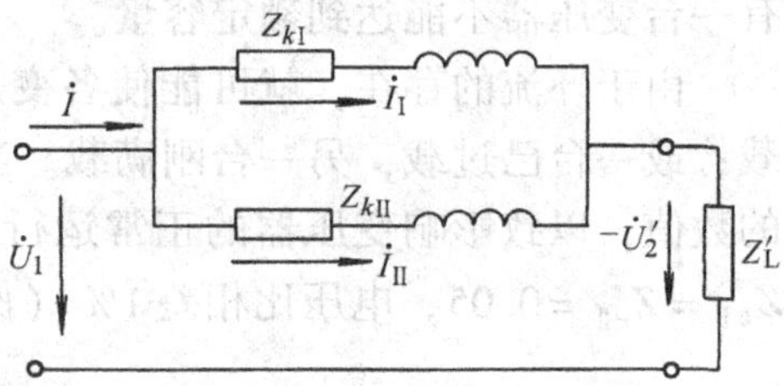

图5－21　变压器短路阻抗标幺值不等时并联运行的简化等效电路

由于 $U_{\mathrm{NI}}=U_{\mathrm{NII}}$，即

$$I_{\mathrm{NI}}Z_{\mathrm{NI}}=I_{\mathrm{NII}}Z_{\mathrm{NII}}$$

若把式（5－5）用标幺值的形式表示，可得

$$\frac{I_{\mathrm{I}}Z_{k\mathrm{I}}}{I_{\mathrm{NI}}Z_{\mathrm{NI}}}=\frac{I_{\mathrm{II}}Z_{k\mathrm{II}}}{I_{\mathrm{NII}}Z_{\mathrm{NII}}}$$

即

$$I_{\mathrm{I}}^{*}Z_{k\mathrm{I}}^{*}=I_{\mathrm{II}}^{*}Z_{k\mathrm{II}}^{*}$$

或

$$\frac{I_{\mathrm{I}}^{*}}{I_{\mathrm{II}}^{*}}=\frac{Z_{k\mathrm{II}}^{*}}{Z_{k\mathrm{I}}^{*}} \tag{5-6}$$

上式说明，各台变压器负载电流的标幺值与其短路阻抗（或短路电压）的标幺值成反比分配。合理的分配是，各台变压器应根据其本身的能力（容量）来分担负载，即 $I_{\mathrm{I}}^{*}=I_{\mathrm{II}}^{*}$。这就要求各台变压器短路阻抗标幺值相等，即 $Z_{k\mathrm{I}}^{*}=Z_{k\mathrm{II}}^{*}$。要使各台变压器所分担的电流均为同相，则各台变压器短路阻抗的幅角均应相等。

实际变压器的短路电阻比短路电抗小得多，阻抗角相差不大，阻抗角相等的条件可以不考虑，主要要求各并联变压器的短路阻抗标幺值不超过平均值的10%，这样可认为总的负载电流是各变压器二次电流的代数和。通常变压器的额定容量相差越大，短路阻抗的标幺值相差就越大，因此容量相差太大的变压器不宜并联。

通过以上分析看出，在实际运行时，并联运行的三个条件中，必须严格保证第二个条件，其余两个条件可稍有出入。

例5-1 两台变压器并联运行，其额定数据为

$S_{\text{N I}}=1600\text{kV}\cdot\text{A}$	Yd11	35kV/10kV	$Z_{k\text{I}}^*=0.08$
$S_{\text{N II}}=1000\text{kV}\cdot\text{A}$	Yd11	35kV/10kV	$Z_{k\text{II}}^*=0.06$

当负载为2600kV·A时，试求：①每台变压器的电流、输出容量及负载系数。②若不使任何一台变压器过载，能供给的最大负载是多少？

解：① 计算电流、输出容量及负载系数

一次总电流

$$I=I_{\text{I}}+I_{\text{II}}=\frac{2600\times10^3}{\sqrt{3}\times35\times10^3}\text{A}=42.9\text{A}$$

一次额定电流

$$I_{\text{N1 I}}=\frac{1600\times10^3}{\sqrt{3}\times35\times10^3}\text{A}=26.4\text{A}$$

$$I_{\text{N1 II}}=\frac{1000\times10^3}{\sqrt{3}\times35\times10^3}\text{A}=16.5\text{A}$$

每相短路阻抗

$$Z_{k\text{I}}=Z_{k\text{I}}^*\frac{U_{\text{N1}}/\sqrt{3}}{I_{\text{N1 I}}}=0.08\times\frac{35\times10^3/\sqrt{3}}{26.4}\Omega=61.24\Omega$$

$$Z_{k\text{II}}=Z_{k\text{II}}^*\frac{U_{\text{N1}}/\sqrt{3}}{I_{\text{N1 II}}}=0.06\times\frac{35\times10^3/\sqrt{3}}{16.5}\Omega=73.48\Omega$$

电流比值

$$\frac{I_{\text{I}}}{I_{\text{II}}}=\frac{Z_{k\text{II}}}{Z_{k\text{I}}}=\frac{73.48}{61.24}=1.2$$

变压器的电流

$$I_{\text{I}}+I_{\text{II}}=1.2I_{\text{II}}+I_{\text{II}}=I=42.9\text{A}$$

$$I_{\text{II}}=19.5\text{A}\quad I_{\text{I}}=23.4\text{A}$$

变压器的输出容量

$$S_{\text{I}}=\sqrt{3}U_{\text{N1}}I_{\text{I}}=\sqrt{3}\times35\times23.4\text{kV}\cdot\text{A}=1418\text{kV}\cdot\text{A}$$

$$S_{\text{II}}=\sqrt{3}U_{\text{N1}}I_{\text{II}}=\sqrt{3}\times35\times19.5\text{kV}\cdot\text{A}=1182\text{kV}\cdot\text{A}$$

变压器的电流和输出容量也可以采用如下方法计算：

两台变压器电流比为

$$\frac{I_{\text{I}}}{I_{\text{II}}}=\frac{S_{\text{N I}}}{Z_{k\text{I}}^*}\bigg/\frac{S_{\text{N II}}}{Z_{k\text{II}}^*}=\frac{1600\times10^3}{0.08}\times\frac{0.06}{1000\times10^3}=1.2$$

一次侧负载电流

$$I_{\mathrm{I}}+I_{\mathrm{II}}=1.2I_{\mathrm{II}}+I_{\mathrm{II}}=2.2I_{\mathrm{II}}=I=42.9\mathrm{A}$$

$$I_{\mathrm{II}}=19.5\mathrm{A}\quad I_{\mathrm{I}}=23.4\mathrm{A}$$

输出容量

$$\frac{S_{\mathrm{I}}}{S_{\mathrm{II}}}=\frac{I_{\mathrm{I}}}{I_{\mathrm{II}}}=1.2$$

$$S_{\mathrm{I}}+S_{\mathrm{II}}=1.2S_{\mathrm{II}}+S_{\mathrm{II}}=2600\mathrm{kV\cdot A}$$

$$S_{\mathrm{II}}=1182\mathrm{kV\cdot A}\quad S_{\mathrm{I}}=1418\mathrm{kV\cdot A}$$

两种方法对比可见，第二种方法稍简单些。

负载系数：

$$\beta_{\mathrm{I}}=I_{\mathrm{I}}^{*}=\frac{23.4}{26.4}=0.89\text{（欠载）}$$

$$\beta_{\mathrm{II}}=I_{\mathrm{II}}^{*}=\frac{19.5}{16.5}=1.18\text{（过载）}$$

② 任何一台都不过载时的最大负载

最大负载时的负载系数：

当$\beta_{\mathrm{II}}=1$时

$$\beta_{\mathrm{I}}=\frac{Z_{k\mathrm{II}}^{*}}{Z_{k\mathrm{I}}^{*}}=\frac{0.06}{0.08}=0.75$$

最大负载时各变压器的输出容量

$$S_{\mathrm{I}}=\beta_{\mathrm{I}}S_{\mathrm{NI}}=0.75\times1600\mathrm{kV\cdot A}=1200\mathrm{kV\cdot A}$$

$$S_{\mathrm{II}}=\beta_{\mathrm{II}}S_{\mathrm{NII}}=1000\mathrm{kV\cdot A}$$

最大负载

$$S=S_{\mathrm{I}}+S_{\mathrm{II}}=(1200+1000)\mathrm{kV\cdot A}=2200\mathrm{kV\cdot A}$$

例 5－2 两台变压器并联运行，其联结组标号、额定电压和电压比均相同，第一台容量为 3200kV · A，$Z_{k\mathrm{I}}^{*}=0.0688$；第二台容量为 5600kV · A，$Z_{k\mathrm{II}}^{*}=0.0748$。试求：①第一台变压器满载时，第二台变压器的负载是多少？②并联组的利用率是多少？

解：① 第二台变压器的负载

$$\frac{I_{\mathrm{I}}^{*}}{I_{\mathrm{II}}^{*}}=\frac{Z_{k\mathrm{II}}^{*}}{Z_{k\mathrm{I}}^{*}}=\frac{0.0748}{0.0688}=1.09$$

第一台满载时，$I_{\mathrm{I}}^{*}=1$，第二台的负载电流为

$$I_{\mathrm{II}}^{*}=\frac{1}{1.09}=0.917$$

第二台变压器的输出容量为

$$S_{\mathrm{II}}=0.917\times5600\mathrm{kV\cdot A}=5135\mathrm{kV\cdot A}$$

总输出容量为

$$S=S_{\mathrm{I}}+S_{\mathrm{II}}=(3200+5135)\mathrm{kV\cdot A}=8335\mathrm{kV\cdot A}$$

② 并联组的利用率为

$$\frac{S}{S_{\mathrm{N}}}=\frac{8335}{3200+5600}=94.7\%$$

5.2 自耦变压器

一、二次绕组之间既有磁的联系，又有电路直接相连的变压器，称为自耦变压器。

自耦变压器与普通的双绕组变压器一样，也有单相和三相之分。下面以单相自耦变压器为例，分析电压、电流和容量的关系及其主要特点。

5.2.1 自耦变压器电压、电流和容量的关系

自耦变压器的结构如图5-22a所示。当作为降压变压器使用时，一次绕组的一部分兼作二次绕组用；若作为升压变压器使用时则与此相反，即把二次绕组的一部分兼作一次绕组用。同时属于一次侧和二次侧的一部分绕组称为公共绕组，其余的部分绕组称为串联绕组。自耦变压器一、二次绕组之间既有磁的耦合，又有电的联系，这是其他变压器所没有的。

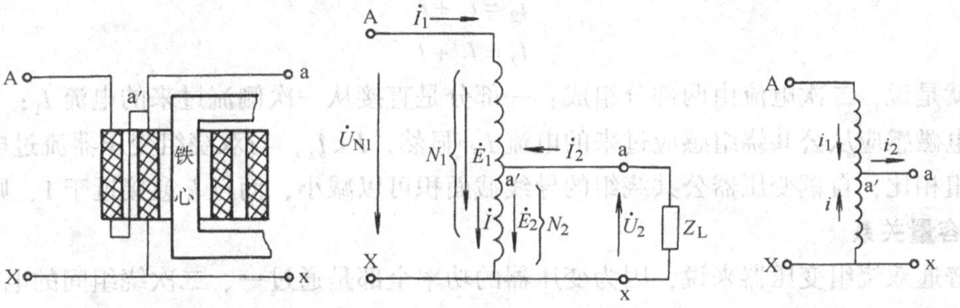

a)结构示意图　　b)绕组接线图　　c)实际电流之间的关系

图5-22　自耦变压器

1. 电压、电流关系

自耦变压器绕组接线如图5-22b所示，其工作原理与双绕组变压器相同，有主磁通和漏磁通。主磁通在一、二次侧均感应电动势，其有效值分别为

$$E_1 = 4.44fN_1\Phi_m$$
$$E_2 = 4.44fN_2\Phi_m$$

由于主磁通比漏磁通大得多，而且绕组电阻很小，在分析电压、电动势关系时，同样可以忽略漏磁通所对应的漏阻抗的影响。当一次侧接在额定电压为 U_{N1} 的电源上时，二次侧空载电压为 U_{N2}，则自耦变压器的电压比为

$$k = \frac{E_1}{E_2} = \frac{N_1}{N_2} \approx \frac{U_{N1}}{U_{N2}} \tag{5-7}$$

式中，k 为自耦变压器的电压比，$k>1$ 为降压变压器。

自耦变压器带负载时，二次侧便有电流 $\dot{I}_2$。此时，铁心中的主磁通由合成磁通势 $\dot{I}_1(N_1-N_2)+(\dot{I}_1+\dot{I}_2)N_2$ 所产生。与双绕组变压器相同，电源电压保持额定值时，主磁通为常数。因此，也有同样的磁通势平衡关系，即

$$\dot{I}_1(N_1-N_2)+(\dot{I}_1+\dot{I}_2)N_2 = \dot{I}_0N_1 \tag{5-8}$$

若忽略空载电流，则得

$$\dot{I}_1N_1 + \dot{I}_2N_2 = 0$$

或
$$\dot{I}_1=-\frac{N_2}{N_1}\dot{I}_2=-\frac{1}{k}\dot{I}_2 \tag{5-9}$$

上式说明，在自耦变压器的串联绕组中，电流 $\dot{I}_1$ 与 $\dot{I}_2$ 的实际方向是相反的。

利用基尔霍夫定律，可得自耦变压器公共绕组中的电流 $\dot{I}$ 为
$$\dot{I}=\dot{I}_1+\dot{I}_2=-\frac{1}{k}\dot{I}_2+\dot{I}_2=\left(1-\frac{1}{k}\right)\dot{I}_2 \tag{5-10}$$

从式（5-10）可看出，$\dot{I}_2=\dot{I}-\dot{I}_1$，代入式（5-9），则有
$$\dot{I}_1N_1+(\dot{I}-\dot{I}_1)N_2=0$$

由此可得
$$\dot{I}_1=-\frac{N_2}{N_1-N_2}\dot{I}=-\frac{1}{k-1}\dot{I} \tag{5-11}$$

由式（5-11）可看出，电流 $\dot{I}_1$ 与 $\dot{I}$ 的实际方向也是相反的。若维持 $\dot{I}_1$ 方向不变，则这时 $\dot{I}_1$、$\dot{I}_2$ 及 $\dot{I}$ 的瞬时值关系如图 5-22c 所示，即
$$i_2=i_1+i$$

或
$$I_2=I_1+I \tag{5-12}$$

也就是说，二次电流由两部分组成：一部分是直接从一次侧流过来的电流 I_1；另一部分是通过电磁感应从公共绕组感应过来的电流 I。显然，$I<I_2$，与双绕组变压器流过电流 I_2 的二次绕组相比，自耦变压器公共绕组的导线截面积可以减小，而且 k 愈接近于 1，则 I 愈小。

2. 容量关系

对普通双绕组变压器来说，因为变压器的功率全部是通过一、二次绕组间的电磁感应关系从一次侧传递到二次侧的，所以变压器容量就等于一次绕组的容量或二次绕组的容量，即 $S_N=U_{N1}I_{N1}=U_{N2}I_{N2}$。但对于自耦变压器，铭牌上标注的容量（额定容量）和绕组的实际容量却不相等。

自耦变压器的额定容量为
$$S_{aN}=U_{N1}I_{N1}=U_{N2}I_{N2} \tag{5-13}$$

绕组的实际容量称为设计容量或电磁容量，它指的是绕组上所加的电压和该段绕组的额定电流的乘积。绕组 Aa 段的容量为
$$S_{Aa}=U_{Aa}I_{N1}=U_{N1}\frac{N_1-N_2}{N_1}I_{N1}=S_N\left(1-\frac{1}{k}\right) \tag{5-14}$$

绕组 ax 段的容量为
$$S_{ax}=U_{ax}I=U_{N2}I_{N2}\left(1-\frac{1}{k}\right)=S_N\left(1-\frac{1}{k}\right) \tag{5-15}$$

由以上两式可以看出，额定运行时，绕组 Aa 和 ax 的容量相等，都仅为自耦变压器容量 S_{aN} 的（$1-1/k$）倍，即绕组 Aa 和 ax 的容量均小于自耦变压器容量。而普通双绕组变压器一、二次绕组 AX 和 ax 的容量 $U_{N1}I_{N1}$ 和 $U_{N2}I_{N2}$ 都等于变压器的额定容量。因此，将这两种变压器比较，当变压器绕组容量相同时，自耦变压器的额定容量大于普通双绕组变压器的额定容量。

自耦变压器的输出容量为
$$S_2=U_{ax}I_2=U_{ax}I_1+U_{ax}I=S_{cd}+S_{em} \tag{5-16}$$

式中，S_{cd}为传导容量；S_{em}为电磁容量。

由上式可以看出，自耦变压器的输出容量 S_2 分为两部分：一部分是传导容量 $S_{cd}=U_{ax}I_1$，这部分功率是通过一、二次侧之间电的联系直接传递给负载的，它不需要增加绕组的容量；另一部分是电磁容量 $S_{em}=U_{ax}I$，这部分功率是通过电磁感应关系，从一次侧传递到二次侧负载上的。一、二次侧既有磁的联系，又有电的联系，这是自耦变压器和普通双绕组变压器的根本区别。

上面分析自耦变压器所得出的结论，同样适用于对称运行的三相自耦变压器的每一相。

5.2.2 自耦变压器的特点

与普通双绕组变压器比较，自耦变压器的主要特点如下：

1）由于自耦变压器的绕组容量小于额定容量，故当变压器的额定容量相同时，自耦变压器与双绕组变压器相比，其单位容量所消耗的材料少、造价低，变压器的体积小、重量轻，有利于变压器的运输和安装。同时，因为材料消耗少，铜损耗、铁损耗都少，所以效率高。巨型自耦变压器的效率可高达99.7%，这是其主要优点。

2）自耦变压器的绕组容量是变压器额定容量的$(1-1/k)$倍，而且 k 愈接近于1，绕组容量可愈小，此优点就愈明显。一般电力系统用的自耦变压器电压比取 $k=1.25\sim2$，经济效益很高。

3）由于自耦变压器一、二次绕组之间有电的直接联系，当一次侧过电压时，必然导致二次侧严重过电压，存在着高低压窜边的潜在危险。因而对于电力系统中应用的三相自耦变压器的中点必须可靠接地，并且一、二次侧都要安装避雷器，这样使得自耦变压器过电压保护装置比较复杂。此外，由于漏阻抗比双绕组变压器小，故当二次侧发生短路时，将产生较大的短路电流，从而给选择高压电气设备增加了困难。为保证自耦变压器不至受突然短路时产生的巨大电磁力而损坏，设计时应注意绕组的机械强度，并适当增大短路电抗以限制短路电流。

5.2.3 自耦变压器的应用

在输电系统中，自耦变压器主要用来连接电压相近的电力系统。在配电系统中，为了补偿线路的电压降，自耦变压器常被用作升压器。在工厂里，自耦变压器常被用作异步电动机的起动补偿器。在实验室里，常把它的二次绕组引出线做成可以在绕组上滑动的形式，以便方便地改变二次电压的大小，这种自耦变压器又称为自耦调压器。

例5-3 一台容量为15kV·A的自耦变压器，$U_{N1}=220V$，$N_1=500$ 匝。试求：①若要使输出电压 $U_{N2}=209V$，应该在什么地方抽头？满载时的 I_{N1} 和 I_{N2} 各为多大？此时公共绕组中的电流为多大？②如果输出电压 $U_2=110V$，则公共绕组中的电流又为多大？

解：①公共绕组的匝数为

$$N_2=\frac{U_{N2}}{U_{N1}}N_1=\frac{209}{220}\times500\text{匝}=475\text{匝}$$

由于自耦变压器的效率很高，可认为

$$U_{N1}I_{N1}=U_{N2}I_{N2}=S_N=15\times10^3\text{V}\cdot\text{A}$$

满载时的电流为

$$I_{N1}=\frac{15\times10^3}{220}\text{A}=68.2\text{A}$$

$$I_{N2}=\frac{15\times10^3}{209}\text{A}=71.8\text{A}$$

公共绕组中的电流是一、二次电流的代数差，即

$$I=I_2-I_1=(71.8-68.2)\text{A}=3.6\text{A}$$

② 当输出电压 $U_2=110\text{V}$ 时，则

$$I_2=\frac{15\times10^3}{110}\text{A}=136.4\text{A}$$

这时公共绕组中的电流为

$$I=I_2-I_1=(136.4-68.2)\text{A}=68.2\text{A}$$

由此可见，一、二次电压相差增大时，公共绕组中的电流也就增大。若电压相差很大，自耦变压器的经济效益就降低。

5.3 仪用互感器

仪用互感器是一种用于测量的专用变压器，它包括测量大电流的电流互感器和测量高电压的电压互感器。它们的工作原理基本与普通双绕组变压器相同，主要区别是它们分别工作在两种极端状态。

5.3.1 电流互感器及其应用

在电力系统中用来测量大电流的仪用互感器称为电流互感器。使用电流互感器有两个目的：①为了保护操作人员和设备的安全，使测量回路与高压电网隔离。②可以使用小量程的仪表测量大电流。

电流互感器的接线原理如图 5-23 所示。电流互感器均制成单相的，它的一次绕组 N_1 由一匝或若干匝截面较大的导线构成，并串接在被测量的电路中。二次绕组 N_2 的匝数较多，线径较细，它与阻抗很小的电流表、功率表的电流线圈或电流继电器的线圈相连，组成闭合回路。由于这些线圈阻抗很小，因此，电流互感器的运行情况相当于一台二次侧处于短路状态的升压变压器。

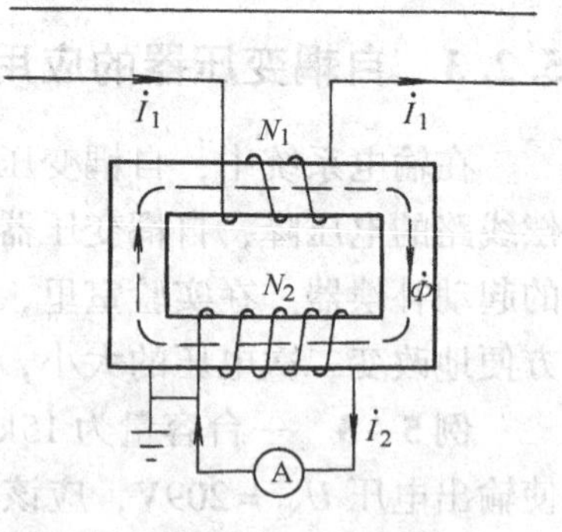

图 5-23 电流互感器原理图

当线路负载一定时，一次电流 I_1 和 I_1N_1 一定，根据磁通势平衡关系，$\dot{I}_1N_1+\dot{I}_2N_2=\dot{I}_0N_1$。作为测量仪器，为了减小测量误差，应尽量减小励磁磁通势I_0N_1，I_0N_1 的减小势必会减弱铁心磁通密度，因此即使采用高性能的冷轧硅钢片，铁心磁通密度也仅有 0.08～0.10Wb/m^2。电流互感器的一次侧匝数 N_1 很小，正常工作时励磁电流 I_0 也很小，故可忽略励磁磁通势。这样，磁通势平衡关系可表示为

$$\dot{I}_1N_1+\dot{I}_2N_2=0$$

或
$$I_1 = -\frac{N_2}{N_1}I_2 = -kI_2 \tag{5-17}$$
用有效值表示，则有
$$I_1 = kI_2 \tag{5-18}$$
式中，k 为电流互感器的变流比。

电流互感器是利用一、二次绕组的不同匝数，将线路上的大电流变为小电流来测量。其一次侧额定电流范围为 10～2500A，二次侧额定电流通常为 5A。一次侧可以有很多抽头，分别用于不同的电流变比。

由于电流互感器内总有一定的励磁电流，因此，测量的电流总有一定的电流误差和相位误差。按照误差的大小，电流互感器分为 0.2、0.5、1.0、3.0 和 10.0 五个等级。级次数字越大，误差亦越大。例如，0.5 级的电流互感器就表示在额定电流时，其一、二次电流比的误差不超过 0.5%。

电流互感器使用时应注意的事项有：

1）二次侧绝对不允许开路。如果二次侧开路，电流互感器将空载运行，此时被测线路中的大电流 I_1 将全部成为励磁电流。它比正常的励磁电流要大几百倍以上，使铁心中的磁密猛增。这样，一方面使铁损耗急剧增加，铁心严重过热，以致烧毁绕组绝缘，或使高压侧对地短路；另一方面将在二次绕组感应很高的电压，可能使绕组绝缘击穿，而且危及操作人员和其他设备的安全。

2）为了安全，电流互感器的二次绕组一端和铁心一起必须可靠地接地。以防止由于绝缘损坏后，一次侧的高电压传到二次侧，发生人身事故。

3）在电流互感器二次绕组回路中，所串入仪表阻抗值不应超过有关技术标准的规定。如果二次侧阻抗太大，I_2 变小，而 I_1 不变，则铁心磁通和空载电流 I_0 增大，从而使检测误差增大，降低了电流互感器的精确度。为此，电流表不能串得太多。在自动控制系统中，电流互感器的负载阻抗值不应太大。

电流互感器与测量仪表配合，可对线路的电流和电能进行测量；与继电器配合，可对电力系统和电气设备进行过电流、过负荷和单相接地等保护，也可在单相、三相控制系统中作为专用的电流检测元件。

5.3.2 电压互感器及其应用

在电力系统中用来测量线路中高电压的仪用互感器，称为电压互感器。

使用电压互感器也有两个目的：①为了保护操作人员和设备的安全，使测量回路、继电保护装置回路与高压电网隔离。②可以使用低量程的电压表测量高电压。

电压互感器的原理接线图如图 5-24 所示。电压互感器在结构上类似普通双绕组变压器，它的一次绕组匝数 N_1 很多，直接并联到被测的高压线路上，二次绕组匝数 N_2 较少，经电压表或功率表的电压线圈形成闭合回路。电压互感器二次侧的额定电压规定为 100V，而一次侧匝数可以有很多抽头，根据被测线路电压大小，适当选取电压变比。由于二次侧所接电压表或功率表的电压线圈阻抗很大，二次侧的电流很小，故电压互感器实际上相当于一台空载运行的普通双绕组降压变压器。

如果忽略漏阻抗压降的影响，则有

$$\frac{U_1}{U_2}=\frac{E_1}{E_2}=\frac{N_1}{N_2}=k \tag{5-19}$$

式中，k 为电压互感器的变压比。

因此，改变 N_1 或 N_2 的匝数，即可制成不同变压比的电压互感器。由于 $N_1 \gg N_2$，当 U_1 和 N_1 一定时，即可用低量程的电压表去测量线路上的高电压。一般与电压互感器相配的电压表，已考虑了电压互感器变比的折算，所以从电压表上可以直接读出实际的电压值。

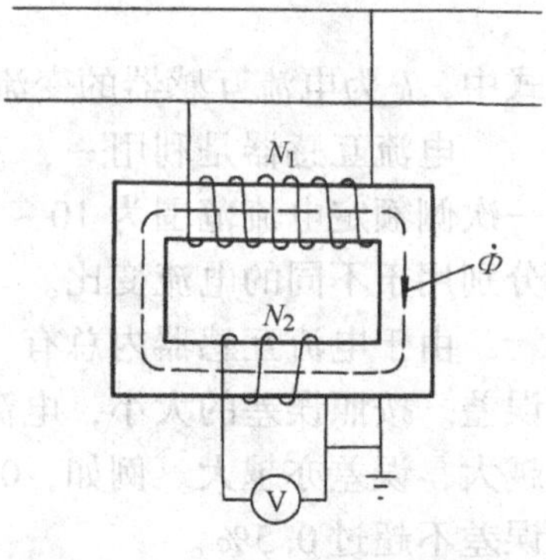

图 5-24　电压互感器原理图

由于空载电流和一、二次绕组漏阻抗的存在，使电压互感器产生两种误差：①变比误差，即二次实际电压折算值 kU_2 与一次电压 U_1 的算术差。②相角误差，即 $-U_2$ 与 U_1 之间的相位差。电压互感器的测量误差与其励磁电流和一次绕组的阻抗有关，也与二次绕组负载大小和短路阻抗有关。为了减少误差，应减少励磁电流和短路阻抗。因此电压互感器的铁心一般采用性能较好的硅钢片制成，并尽量减小磁路中的气隙，使铁心磁路不饱和。在绕组绕制上，也应尽量设法减少两个绕组之间的漏磁。

尽管如此，实际的电压互感器短路阻抗上仍有压降，使之产生误差。根据误差大小，分为 0.2、0.5、1.0、3.0 四个等级。每个等级的允许误差请参见有关技术标准。

电压互感器在使用中应注意的主要事项有：

1）二次侧不允许短路。电压互感器正常运行时接近空载，如二次侧短路，则会产生很大的短路电流而烧坏电压互感器。

2）为了安全起见，电压互感器的二次绕组一端和铁心一起必须可靠接地。

3）由于电压互感器有一定的额定容量，故使用时二次侧不宜并接太多的电压表线圈，以免电流过大引起较大的短路阻抗压降，而降低电压互感器的精度等级。

电压互感器与测量仪表配合，可对线路的电压进行测量；与自动控制回路配合，可对电压进行自动控制；还可对电力系统和电气设备进行过电压保护等。电压互感器也有单相和三相之分。电力系统中广泛应用三相电压互感器，由于三相对称，所以以上分析对三相电压互感器完全适用。

5.4　旋转变压器

旋转变压器是自动控制装置中的一种精密控制电机。从物理本质来看，因其基本原理与普通变压器相同，故旋转变压器可以看成是一种能转动的变压器。旋转变压器的一、二次绕组分别放置在定、转子上。转动它的转子，可以改变定、转子绕组的电磁耦合程度，因此，转子绕组的输出电压与其转子的转角有关。旋转变压器能把转角转换为电压输出，使输出电压与转角或转角的正、余弦函数成正比。输出电压与转角的正、余弦函数成正比的旋转变压器称为正余弦旋转变压器；在一定转角范围内输出电压与转角成正比的旋转变压器称为线性旋转变压器。这些旋转变压器主要作为解算元件，如坐标变换、三角运算、角度数据传输和信号转换等。

5.4.1 旋转变压器的结构特点

旋转变压器的定、转子铁心是采用高导磁率的硅钢片或铁镍软磁合金片叠压而成的，定、转子分别安置两个互相垂直的正弦分布绕组，如图5－25所示。定子绕组为一次绕组，其中绕组F为励磁绕组，绕组Q为补偿绕组。转子上的绕组S和C为正弦和余弦输出绕组，这两个绕组的结构完全相同。定、转子间的气隙是均匀的，气隙磁场一般为两极，定子绕组引出线可直接引出或接到固定的接线板上，而转子绕组和滑环相接，并经电刷直接引出或引到固定的接线板上。对于线性旋转变压器，因其工作转角有限，可用软导线直接将转子绕组引到固定的接线板上。

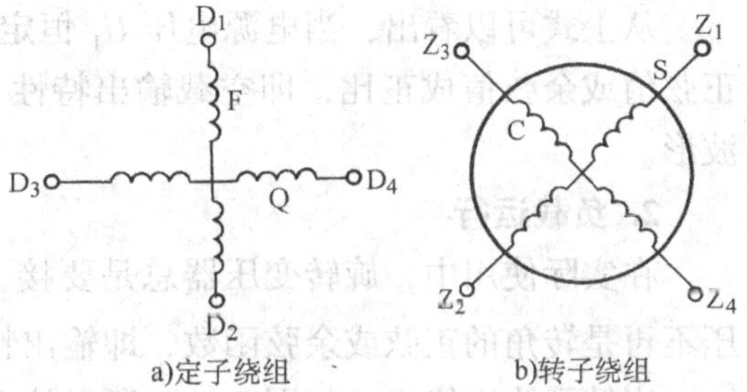

图5－25　旋转变压器定、转子绕组示意图

5.4.2 正余弦旋转变压器的工作原理

1. 空载运行

旋转变压器空载运行时，其输出绕组S和C全开路，定子补偿绕组Q也开路，唯有励磁绕组F施加交流电压U_1。绕组F励磁后，产生一脉振磁通，其幅值为Φ_m，方向与绕组F的轴线重合，如图5－26所示。此脉振磁场将在转子的输出绕组中感应变压器电动势。由于旋转变压器的输出绕组S和C是可转动的，所以它匝链的磁通多少，决定于绕组S和C与F绕组的相对位置。所以，绕组S和C的电动势在时间上是同相的，其有效值和两绕组的相对位置有关。

设绕组F的轴线为d轴，其交轴为q轴。若绕组S和q轴的夹角为θ时，励磁绕组的有效匝数为N_F，输出绕组的有效匝数$N_S=N_C=N_2$，励磁磁通幅值在绕组S的轴线上的分量为$\Phi_m\sin\theta$，在绕组C轴线上的分量为$\Phi_m\cos\theta$，则励磁磁场在正弦和余弦绕组中的感应电动势为

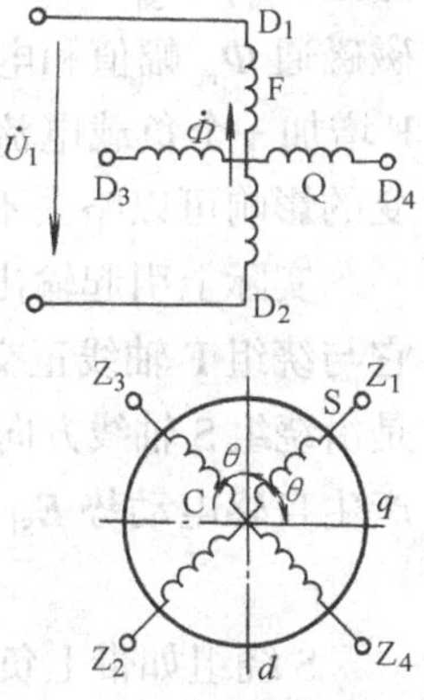

图5－26　旋转变压器的工作原理图

$$E_S=4.44fN_2\Phi_m\sin\theta=E_{2m}\sin\theta$$
$$E_C=4.44fN_2\Phi_m\cos\theta=E_{2m}\cos\theta$$

式中，$E_{2m}=4.44fN_2\Phi_m$为励磁绕组和输出绕组轴线重合时，磁通Φ_m在该输出绕组中感应的电动势幅值。

设Φ_m在励磁绕组F中所感应的电动势有效值为E_F，则与变压器一样，其电动势比为

$$E_S/E_F=(N_2/N_F)\sin\theta=k\sin\theta$$
$$E_C/E_F=(N_2/N_F)\cos\theta=k\cos\theta$$

式中，电压比$k=N_2/N_F$，通常$k=0.5\sim0.6$。

若略去励磁绕组F的阻抗，则$E_F\approx U_1$，这样正弦和余弦绕组的输出电压即感应电动势为

$$U_{S0}=E_S=kE_F\sin\theta\approx kU_1\sin\theta$$
$$U_{C0}=E_C=kE_F\cos\theta\approx kU_1\cos\theta \tag{5-20}$$

从上式可以看出，当电源电压 U_1 恒定不变时，旋转变压器空载时的输出电压与转角的正弦值或余弦值成正比，即空载输出特性 $E_S=f(\theta)$、$E_C=f(\theta)$ 曲线分别呈正弦波形和余弦波形。

2. 负载运行

在实际使用中，旋转变压器总是要接上一定的负载 Z_L，由于负载的影响，此时输出电压不再是转角的正弦或余弦函数，即输出特性偏离正、余弦规律，使波形发生畸变。

当转子输出绕组 S 如图 5-27 所示接上负载 Z_L 时，绕组中便有电流 I_S 流过，并在气隙中产生相应的脉振磁场，若该磁场沿定子内圆作正弦分布，则其磁通势幅值 F_S 位于绕组 S 的轴线上，该磁通势的大小与绕组 S 中的电流成正比。如图 5-27 所示，磁通势 F_S 可分解成两个分量：一个分量和励磁绕组 F 轴线一致，称为直轴分量 F_{Sd}，$F_{Sd}=F_S\sin\theta$；另一个分量和绕组 F 正交，称为交轴分量 F_{Sq}，$F_{Sq}=F_S\cos\theta$。按照变压器的磁通势平衡关系，由于励磁磁通 Φ_m 幅值和电动势基本不变，直轴磁通势 F_{Sd} 将由励磁绕组 F 增加一个负载电流分量补偿掉，所以直轴磁通势对输出电压畸变的影响可以略去不计。

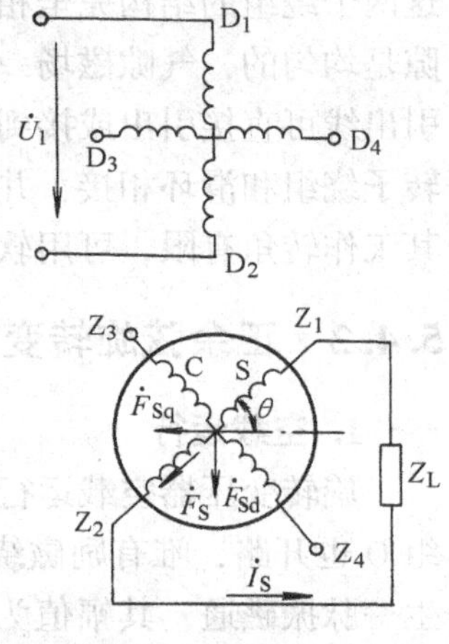

图 5-27　正弦输出绕组接负载 Z_L

实际上引起输出电压畸变的主要因素是交轴磁通势分量 F_{Sq}，它与绕组 F 轴线正交，不可能由绕组 F 中的励磁电流来补偿，但是沿绕组 S 轴线方向的分量为 $F_{Sq}\cos\theta$(或 $\Phi_{Sq}\cos\theta$)，将在绕组 S 中产生自感电动势 E_{S1}，称为交轴电枢反抗电动势，由于 $\Phi_{Sq}\cos\theta=\Phi_S\cos^2\theta$，故

$$E_{S1}=4.44fN_2\Phi_S\cos^2\theta$$

S 绕组如带上负载，由于交轴磁场 Φ_{Sq} 的影响，使绕组 S 中的电动势 E_S 不再正比于 $\sin\theta$，所以输出电压 U_S 与 θ 之间的关系曲线形状有了畸变，如图 5-28 所示。图中 $\Delta U_S=U_{S0}-U_S$ 称为负载时输出电压的函数误差值，很明显，对于一定的转角，负载越大（Z_L 变小），I_S 越大，畸变程度越大，则 ΔU_S 越大。同样，如仅有 C 绕组带上负载，输出电压 U_C 也将发生畸变。

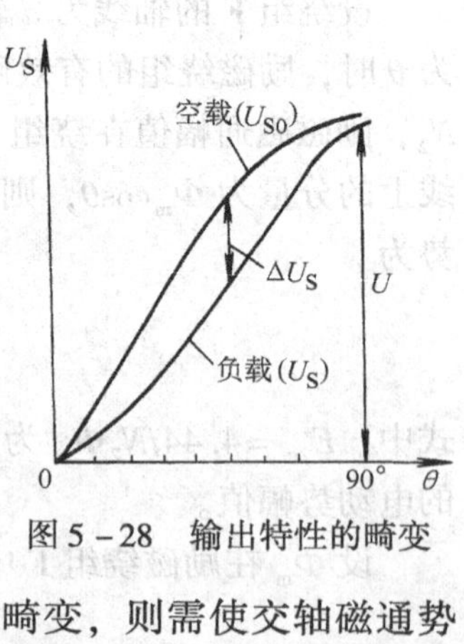

图 5-28　输出特性的畸变

为了消除输出电压的畸变，必须在负载时设法对交轴磁通势予以补偿，即在负载时设法消除交轴磁通势。通常可采用一次侧补偿和二次侧补偿两种方法。现分述如下：

（1）二次侧补偿的正余弦旋转变压器　为了消除输出特性的畸变，则需使交轴磁通势为零。由图 5-29 中相量关系可知，当绕组 S 的负载为 Z_{LS} 时，如果让绕组 C 也带上负载 Z_{LC}，有可能使绕组 C 产生的磁场 F_C 在 q 轴上的分量 F_{Cq} 和 F_{Sq} 大小相等，但方向相反，此时，交轴磁通势被补偿，从而消除了输出特性的畸变。如果要使绕组 S 和 C 的交轴磁通势分量之和为零，则必使

$$I_S\cos\theta = I_C\sin\theta$$

若S和C绕组回路总电阻各为 Z'_S 和 Z'_C，则有

$$(E_S/Z'_S)\cos\theta = (E_C/Z'_C)\sin\theta$$

将式（5－20）代入上式得

$$\frac{kE_F}{Z'_S}\sin\theta\cos\theta = \frac{kE_F}{Z'_C}\sin\theta\cos\theta$$

即

$$Z'_S = Z'_C$$

由于S和C绕组的内阻抗 $Z_s - Z_C$，所以有

$$Z_{LS} = Z_{LC} = Z_L$$

此时绕组S和C磁通势在直轴上的两个分量 F_{Sd} 和 F_{Cd} 方向相同，合成后对励磁磁通势起去磁作用。上式表明，当两输出绕组所接负载对称时，旋转变压器交轴磁通势为零。输出电压和转角之间即可保持严格的正弦或余弦关系。

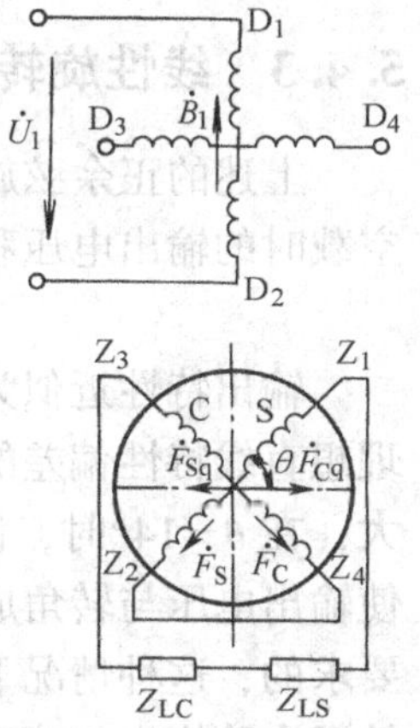

图5－29　二次侧补偿的正余弦旋转变压器

（2）一次侧补偿的正余弦旋转变压器　交轴磁通势的影响也可以用一次侧补偿的方法来消除，其接线如图5－30所示。即励磁绕组接交流励磁电压 U_1，补偿绕组Q接阻抗 Z，输出绕组S接负载 Z_L，在 Z_L 上输出信号电压，绕组C开路。因为补偿绕组Q轴线在 q 轴上，交轴磁场在绕组Q中所感应的电流在气隙中产生磁通势 F_q，其方向是阻碍交轴磁场变化的，因而对交轴磁场起去磁作用，达到补偿的目的。若阻抗 Z 等于电源内阻抗 Z_0 时，定子两绕组处于对称状态，则气隙磁场均不含有交轴分量，使特性的畸变得到完全补偿，通常电源内阻很小，因而补偿绕组可以短路。如将S绕组开路，在C绕组上加负载，将C绕组的信号输出，则得到全补偿的余弦旋转变压器。

比较一次侧补偿和二次侧补偿的两种方法可以知道，二次侧补偿时，要获得全补偿，要求补偿阻抗 Z_{LC} 随负载阻抗 Z_{LS} 的变化而变化，这在实际上是困难的。而一次侧补偿时，补偿绕组短路时与负载无关，易于实现，但它对电源内阻要求较高。从减小误差的角度考虑，同时采用一、二次侧补偿是最有利的，此时旋转变压器的四个绕组全部用上，如图5－31所示。

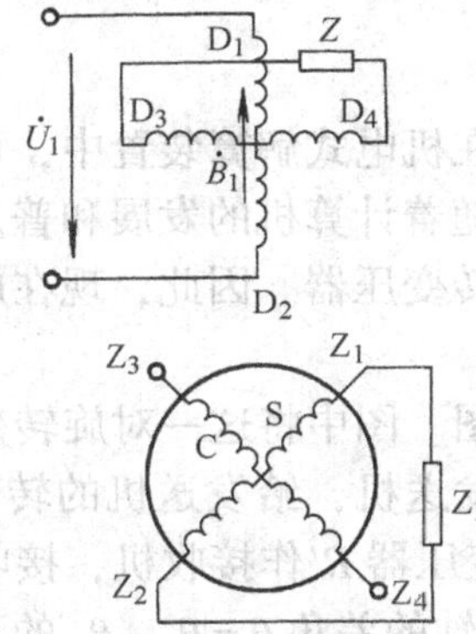

图5－30　一次侧补偿的正余弦旋转变压器

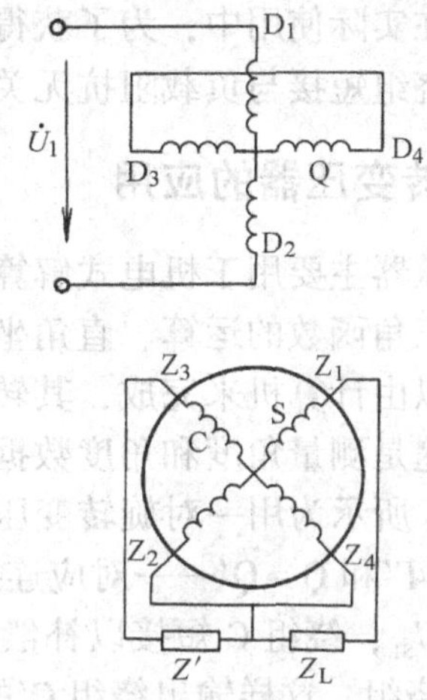

图5－31　一、二次侧同时补偿的正余弦旋转变压器

5.4.3 线性旋转变压器

上述的正余弦旋转变压器，当转角很小时，$\sin\theta \approx \theta$，则正弦绕组空载时的输出电压和转角成正比，即

$$E_S = kE_F\sin\theta = kE_F\theta$$

输出特性近似为直线，当转角范围在 ±4.5°内时，其输出特性与理想直线特性偏差的相对值，即线性度不大于 0.1%。如转角范围扩大，在 $\theta = 14°$时，误差增加到 1%。可见，欲在较大的转角范围内，使输出电压与转角成线性关系，只采用正余弦旋转变压器是不能满足要求的，这种情况下可采用图 5-32 所示的线路。图中定子绕组 F 与转子余弦绕组 C 串联后，加交流电压 U_1；转子正弦绕组 S 接负载 Z_L；定子补偿绕组 Q 短接。

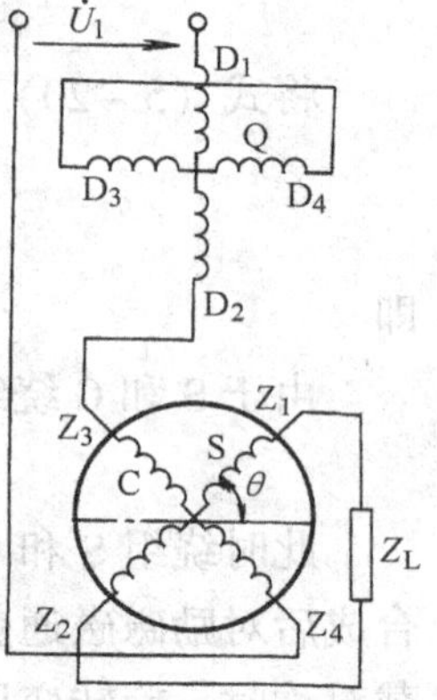

图 5-32 线性旋转变压器接线原理图

采用一次侧补偿方法后，可以使旋转变压器中仅有直轴磁通势，而没有交轴磁通势。主磁场在绕组 F 中感应电动势 E_F，而在绕组 C 中感应电动势 $E_C = kE_F\cos\theta$，由于绕组 F 和 C 相串联，略去绕组的漏阻抗压降不计，则有

$$U_1 = E_F + E_C = E_F\ (1 + k\cos\theta)$$

输出电动势

$$E_S = kE_F\sin\theta = kU_1\frac{\sin\theta}{1 + k\cos\theta} \tag{5-21}$$

依台劳级数将 $\sin\theta$ 及 $\cos\theta$ 展开，经推导整理，当 $k = 0.52$ 时，在 $\theta = \pm 60°$的范围内，式（5-21）可写成

$$E_S = 2kU_1\theta/3 \tag{5-22}$$

输出特性和转角成线性关系，和理想直线比较，误差不大于 0.06%。由式（5-21）作出的输出特性如图 5-33 所示。

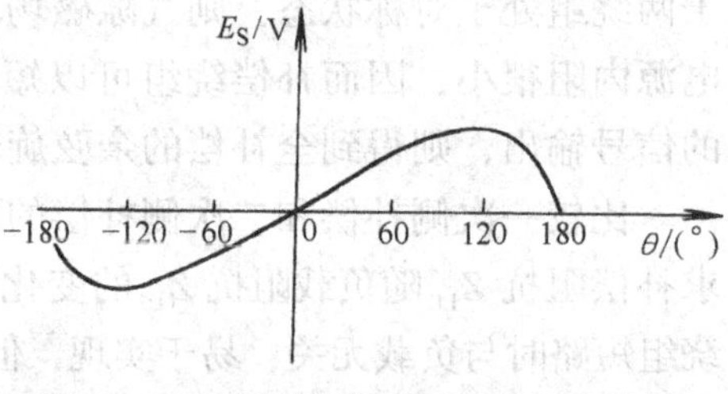

图 5-33 线性旋转变压器的输出特性

由于未计漏阻抗压降，故式（5-21）和式（5-22）是近似的。在实际使用中，为了获得最佳的线性特性，电压比 k 一般取 0.56～0.57。由于一次侧补偿绕组短接与负载阻抗无关，使用较为方便，故实际使用中多采用此法。

5.4.4 旋转变压器的应用

旋转变压器主要用于机电式解算装置和精密机械测角。在机电式解算装置中，可用旋转变压器进行三角函数的运算、直角坐标转换和矢量合成等。随着计算机的发展和普及，上述功能完全可以由计算机来完成，其转换速度和精度均优于旋转变压器。因此，现在旋转变压器的主要用途是测量角度和角度数据传输。

图 5-34 所示为用一对旋转变压器测量角差的原理接线图。图中将这一对旋转变压器的定子绕组 F-F′和 Q-Q′一一对应连接。将旋转变压器 R 作发送机，给发送机的转子绕组 S 接励磁电压 U_{S1}，绕组 C 短接以补偿交轴磁通。另一只旋转变压器 R'作接收机，接收机的绕组 C′作输出绕组，这样输出绕组 C′的两端可得到一个与两转轴的差角 $\theta = \theta_1 - \theta_2$ 的正弦函数成正比的输出电动势 E_2。当 θ 较小时，E_2 正比于 θ，故可用来测量转轴间的角差。

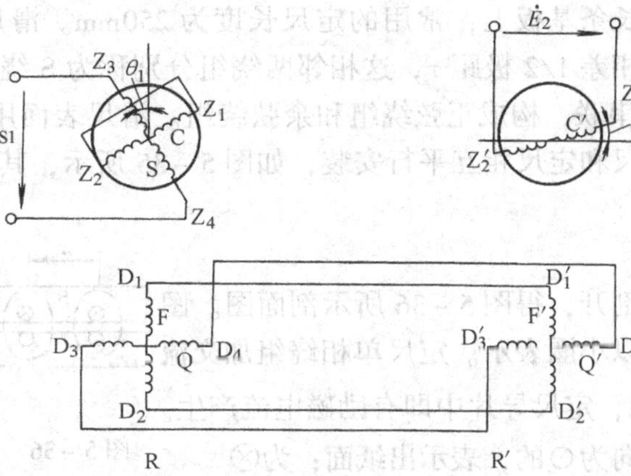

图 5－34　用一对旋转变压器测角差

一般说来，旋转变压器的精度比较高。这是因为旋转变压器为了满足输出和转角之间的正、余弦关系，对绕组进行了特殊设计和精密加工。加之旋转变压器利用一次侧短路补偿，可以消除由于工艺上造成的绕组不对称所引起的交轴磁通势。旋转变压器多用于精度要求较高的场合。

5.5　感应同步器

感应同步器又称平面变压器，它是一种感应式角度或位移传感器。感应同步器是利用两个平面绕组的电磁感应原理进行工作的一种较新颖而精密的检测元件。它在结构上采用了印制绕组，使之具有一些独有的特性，因而在精密机床、数字显示系统、数控机床闭环伺服系统以及高精度跟踪系统中获得了广泛的应用。它能自动测量机械加工过程的长度或角度，可作为点位控制和数控机床的位置反馈元件。感应同步器的工作频率比较高，一般为 1～10kHz，有的可达 100kHz。它的输出电压很小，最大也只有几毫伏。

感应同步器精度高，结构简单，工作可靠，使用维护方便，寿命长，对工作环境要求不高，能在普通的机加工车间正常使用。直线式感应同步器的精度可达 1μm，旋转式感应同步器的角度精度可达 0.5″。因此，感应同步器的应用非常广泛。

5.5.1　直线式感应同步器

1. 基本结构

直线式感应同步器由定尺（相当于定子）和滑尺（相当于转子）两部分组成，如图 5－35 所示。定尺和滑尺的基板通常采用磁导率高，矫顽力小，便于加工，不易变形的材料。要求其膨胀系数与机床相似，可用 10mm 厚的钢板，也可用铸铁和非金属材料。基板上敷以 0.1mm 厚的绝缘层，绝缘层上粘有 0.06mm 厚的铜箔，利用照相腐蚀的方法制成印制绕组。一般定尺的绕组是连续的，它由许多具有一定宽度的导片

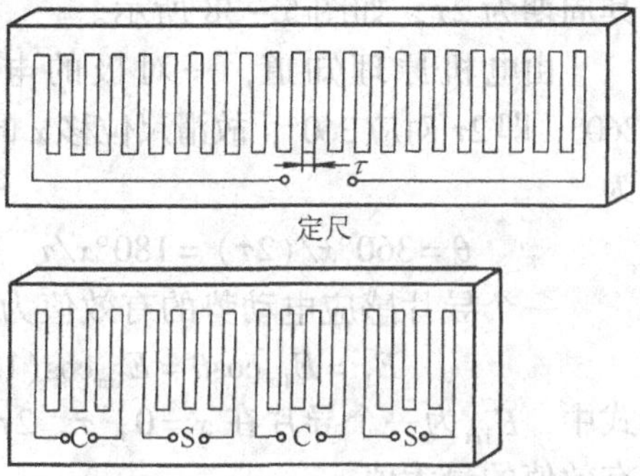

图 5－35　直线式感应同步器

串联成，均匀地分布在长条基板上，常用的定尺长度为 250mm。滑尺上有许多绕组，相邻两绕组之间的空间位置相差 1/2 极距 τ，这相邻两绕组分别称为 S 绕组和 C 绕组。所有的 S 绕组和 C 绕组分别对应串联，构成正弦绕组和余弦绕组。滑尺表面用绝缘粘合剂贴有铝箔，用以防止静电感应。滑尺和定尺相互平行安装，如图 5－35 所示，其间隙应尽量小些，一般在 0.25mm 左右。

2. 基本工作原理

将定尺、滑尺垂直剖开，得图 5－36 所示剖面图。图中只画出部分导片，并以小圈表示。定尺单相绕组加交流励磁电压 $U_F=\sqrt{2}U_F\sin\omega t$，定尺导片中即有励磁电流产生。设定尺导片中的电流流向为⊙的，表示出纸面；为⊗的，表示进入纸面。我们知道，一根直导线通以电流后，在导线的周围就要产生磁场。故当定尺单相绕组通以交流励磁电流 I_F 时，根据右手螺旋法则就可作出各导片所产生的磁力线。由图 5－36 可以看出，每条导片相当于电机一个极，相邻两导片的距离即一个极距 τ。

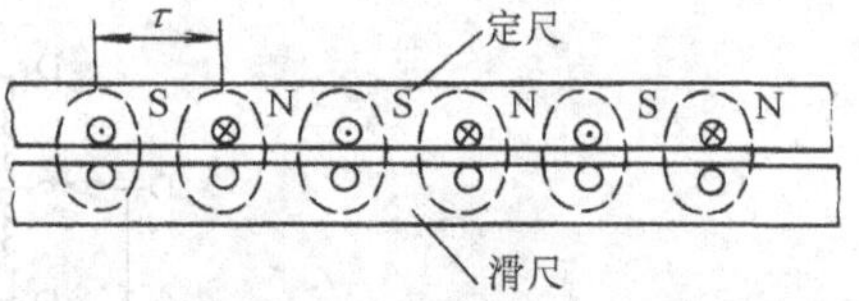

图 5－36　直线式感应同步器剖面图

由于 I_F 是单相交流电流，所以各点的磁通是随时间作正弦交变的脉振磁场。该磁场将在滑尺导片上产生变压器电动势，其有效值的大小取决于定尺、滑尺之间的电磁耦合程度，即与定尺、滑尺之间相对位置密切相关。由图 5－37 可以看出，在位置 a，导片磁通势的耦合最强，感应电动势最大；在位置 b，导片磁通势的耦合为零，感应电动势亦为零；在位置 c，导片磁通势的耦合又最强，但与位置 a 时的磁通方向相反，所以感应电动势为负的最大；在位置 d，导片磁通势的耦合又为零，电动势为零；在位置 e，情况与 a 相同。如此周而复始，滑尺的感应电动势随滑尺位移 x 的变化作周期性变化，其周期为 2τ，如图 5－38 所示。

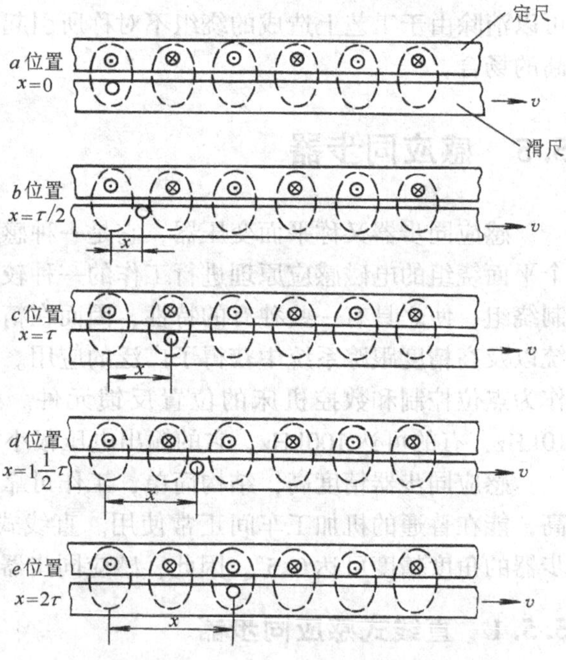

图 5－37　定尺、滑尺相对位置改变时滑尺导片所匝链磁通的变化

由电机原理知道，一对极的电角度为 360°，即 2τ 对应 360°，故滑尺位移 x 的电角度为

$$\theta=360°x/(2\tau)=180°x/\tau$$

一个导片感应电动势的有效值为

$$E_1=E_{1m}\cos\theta=E_{1m}\cos(180°x/\tau)$$

式中，E_{1m} 为一个导片在 $x=0$，τ，2τ，…位置时感应电动势有效值的最大值。

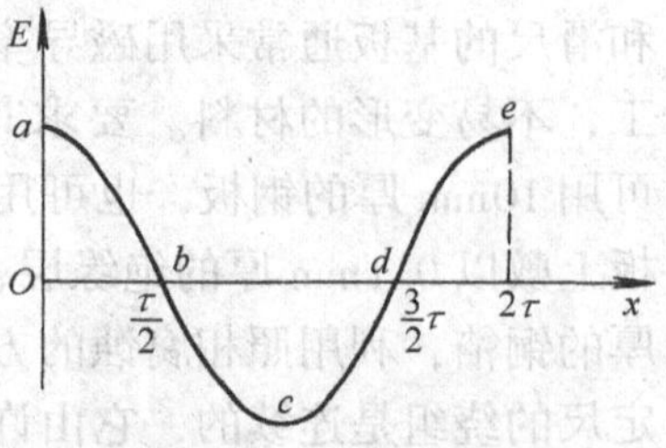

图 5－38　滑尺导片感应电动势有效值

当滑尺的余弦绕组由 N_C 个导片串联时，余弦绕组总感应电动势的有效值为

$$E_C=N_CE_1=E_{2m}\cos(180°x/\tau)$$

式中，E_{2m}为余弦绕组感应电动势有效值的最大值。

由于正弦绕组 S 和余弦绕组 C 在空间间隔 $\tau/2$，即 90°电角度，所以正弦绕组感应电动势的有效值为

$$E_S = E_{2m}\sin(180°x/\tau)$$

滑尺正、余弦绕组感应电动势的瞬时值为

$$e_S = \sqrt{2}E_{2m}\sin(180°x/\tau)\sin\omega t$$

$$e_C = \sqrt{2}E_{2m}\cos(180°x/\tau)\sin\omega t$$

式中，ω 是电源角频率。

以上分析表明，直线式感应同步器的感应电动势与正、余弦旋转变压器十分类似，不同的是直线式感应同步器用 $180°x/\tau$ 表示相应的电角度。

5.5.2 旋转式感应同步器

旋转式感应同步器又称圆盘形感应同步器，旋转式感应同步器被做成两个可进行相对转动的圆盘，其固定的圆盘称为定子，转动的圆盘称为转子。和直线式感应同步器一样，其定子、转子绕组也是印制绕组，如图 5－39 所示。转子为单相绕组，定子分成许多组绕组。相邻两绕组互差 90°电角度。各对应的绕组分别串联成正弦和余弦绕组。

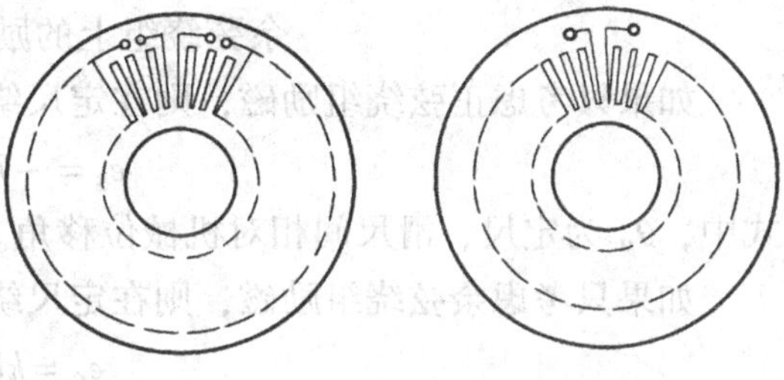

a)定子绕组示意图　　b)转子绕组示意图

图 5－39　旋转式感应同步器

旋转式感应同步器定子、转子两个平面与转轴垂直安装，平面间的间隙为 0.2～0.3mm。旋转式感应同步器的工作原理同于直线式感应同步器。转子单相绕组加励磁电压时，它的每一根导片便形成一个极，相邻两导片的距离等于一个极距。极对数 p 等于二分之一的导片数。如设定子上余弦绕组的轴线与转子励磁绕组的轴线之间的机械夹角为 θ，则对应的电角度为 $p\theta$，定子正、余弦绕组感应电动势有效值和转子转角的关系为

$$E_S = E_{2m}\sin p\theta$$

$$E_C = E_{2m}\cos p\theta$$

其瞬时值为

$$e_S = \sqrt{2}E_{2m}\sin p\theta\sin\omega t$$

$$e_C = \sqrt{2}E_{2m}\cos p\theta\sin\omega t$$

从上式可看出，转子旋转一周，旋转式感应同步器定子正、余弦绕组的感应电动势变化 p 个周期。

5.5.3 感应同步器的应用

对于感应同步器组成的检测系统，可采取不同的励磁方式，并对信号采取不同的处理方式。从励磁形式来说，可分成两大类：①励磁电源加在定尺上，由滑尺输出感应电动势信号。②以滑尺励磁，由定尺输出感应电动势信号。目前在实际应用中多数采用后一种励磁方式。感应同步器的滑尺上加励磁电源，其应用灵活，可在滑尺的正弦绕组和余弦绕组上同时

分别加相位互差90°的电源电压，也可单独在正弦或余弦绕组上加电源电压，当励磁方法不同时，定尺上的输出电压与θ的函数关系随之变化。另外，由于滑尺的绕组比定尺短，所需励磁电源的功率也比定尺小。根据对输出感应电动势信号的处理方式不同，可把感应同步器的检测系统分为相位工作状态和幅值工作状态，它们的特征是用输出感应电动势的相位或幅值来进行处理。下面以标准型感应同步器的鉴幅处理为例述其应用。

鉴幅处理又叫幅值处理。在感应同步器滑尺的两绕组加上同频率、同相位和不同幅值的交流电压，对感应同步器励磁，就可以根据输出感应电动势的幅值来鉴别感应同步器定尺、滑尺间的相对位移量。

例如，加在滑尺两相绕组上的交流励磁电压如下：

正弦绕组上的励磁电压　$U_S = U_m \sin\omega t$

余弦绕组上的励磁电压　$U_C = U_m \sin\omega t$

如果只考虑正弦绕组励磁，则在定尺绕组上感应出的电动势e_S为

$$e_S = -kU_S\cos\omega t\cos\theta_M$$

式中，θ_M为定尺、滑尺间相对机械位移角。

如果只考虑余弦绕组励磁，则在定尺绕组上感应出的电动势e_C为

$$e_C = kU_C\cos\omega t\sin\theta_M$$

实际情况是：当滑尺两相绕组以同频率、同相位和同幅值的交流电压励磁，并且定尺、滑尺之间有相对位移时，定尺绕组上的感应电动势e应为e_S和e_C之和，即

$$e = e_S + e_C = -kU_S\cos\omega t\cos\theta_M + kU_C\cos\omega t\sin\theta_M$$

设

$$U_S = U_m\sin\theta_E$$

$$U_C = U_m\cos\theta_E$$

式中，θ_E为控制系统给定的电相位角。把U_S和U_C代入上式则得

$$\begin{aligned} e &= -kU_m\cos\omega t(\cos\theta_M\sin\theta_E - \sin\theta_M\cos\theta_E) \\ &= -kU_m\cos\omega t\sin(\theta_E - \theta_M) \\ &= kU_m\cos\omega t\sin(\theta_M - \theta_E) \end{aligned}$$

这样我们就把感应同步器的输出电动势e的幅值和定尺、滑尺间相对机械位移角θ_M与控制系统给定的电相位角θ_E联系起来了。

设当定尺、滑尺的原始状态$\theta_E = \theta_M$，$e = 0$。然后滑尺相对定尺有一位移，使$\theta_M \to \theta_M + \Delta\theta_M$，则感应电动势的增量为

$$\Delta e = kU_m\cos\omega t\sin\Delta\theta_M \approx kU_m\cos\omega t\sin(180°/\tau)\Delta x$$

由此可见，在位移增量Δx较小的情况下，感应电动势Δe的幅值与Δx成正比，通过鉴别感应电动势Δe的幅值，就可以测出Δx的大小。这就是感应同步器输出电动势鉴幅处理的基本原理。

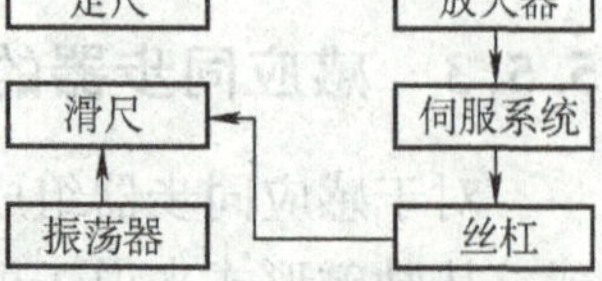

图5-40　鉴幅式测量系统的框图

图5-40给出鉴幅式测量系统的框图。电路的工作原理如下：

图中振荡器产生10Hz的正弦波$\sin\omega t$，经控制系统产生$\sin\theta_E$和$\cos\theta_E$，使滑尺正、余弦绕组分别励磁，各励磁电压为

$$U_S = U_m\sin\omega t\sin\theta_E$$

$$U_C = U_m \sin\omega t \cos\theta_E$$

当滑尺相对定尺作位移时，θ_M 有变化，则在定尺绕组产生的感应电动势为

$$e = kU_m \cos\omega t \sin(\theta_M - \theta_E)$$

若 $\theta_E \neq \theta_M$ 时，则感应电动势 e 经放大后，通过伺服系统变为机床丝杠的旋转运动，带动滑尺移动，改变 θ_M 的值，直至 $\theta_E = \theta_M$ 时，输出感应电动势 $e=0$，伺服系统才停止工作，完成机床的定位。

因此，这种感应同步器鉴幅式测试系统，是将实际位置和指令位置进行比较，当两者一致时就实现定位，它和点位控制数控机床的运动要求相符。

本章小结

本章主要介绍分析了三相变压器的联结组别、并联运行，自耦变压器、仪用互感器的结构与特点，以及两种常用的一、二次侧作相对运动的变压器：旋转变压器及感应同步器。

三相变压器按其磁路系统的不同分为两大类，即各相磁路彼此无关的三相变压器组和各相磁路彼此相关的三相心式变压器。

为了满足包括并联运行在内的变压器正常工作的要求，按一、二次绕组联结方法和一、二次侧线电动势的相位差，把变压器分为不同的联结组别。变压器的联结组别采用“时钟表示法”表示。三相变压器联结组别共有12种，即一、二次侧对应线电动势的相位移有12种。决定三相变压器联结组别的三个因素是：绕组的接线方式、绕组的相对极性和出线端的标志。

不同的磁路系统和绕组联结，对空载电动势波形有很大影响。为了改善相电动势波形，三相变压器组不宜采用Yy联结，三相心式变压器可采用Yy联结。变压器有一侧为三角形联结，便能基本保证主磁通和感应电动势为正弦波。对相电动势的波形影响最大的是三次谐波磁通。

三相变压器并联运行时，应满足电压比相等、短路阻抗标幺值相等和联结组别相同等三个条件，否则并联运行中的变压器就要损坏。

自耦变压器和仪用互感器的基本工作原理与普通双绕组变压器相同。自耦变压器除电磁感应传递能量外，还有从一次侧直接向二次侧传导电能的方式，因此在相同容量下，比双绕组变压器节省材料，效率也高。

仪用互感器实质上是变比很大的、且运行于短路状态（电流互感器）或空载状态（电压互感器）的双绕组变压器。使用互感器有两个目的：①为了工作人员的安全，使测量回路与高压电网隔离。②可以使用小量程的电流表测量大电流，或用低量程的电压表测量高电压。

旋转变压器的电磁耦合情况随转子的转角变化，输出电压与转子转角成正、余弦或线性函数关系。当旋转变压器负载运行时，由于交轴磁通势的影响，输出电压会发生畸变，因此必须采用补偿的方法，消除交轴磁通势的影响。

感应同步器是一种位置检测装置，随着滑尺与定尺相对位置的变化，输出绕组输出电压发生相应的变化。输出电压的大小与定尺、滑尺的相对位置有关。因此，感应同步器可作为位置检测装置，精确测定位移和角位移。

习　题

1. 三相变压器组和三相心式变压器的磁路有何不同？其励磁电流和磁通有何差异？

2. 变压器的一、二次绕组按图 5-41 所示联结，试画出它们的线电动势相量图，并判断其联结组别。

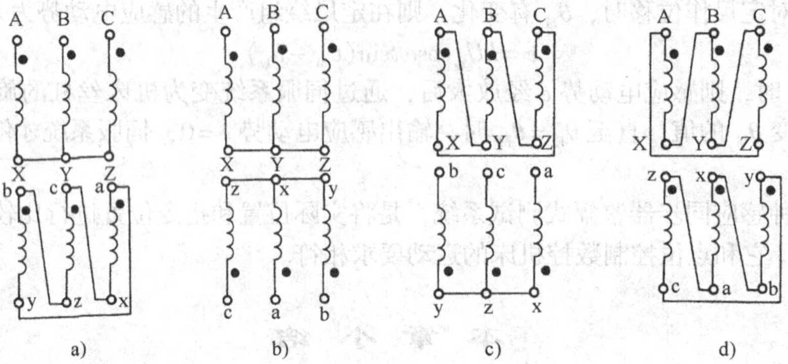

图 5-41 习题 5-2 图

3. 若把图 5-41 所示的变压器各联结方式保持不变，使一次侧的首端与二次侧的尾端为同名端时，请分析并写出其对应的联结组别。

4. 试说明三相变压器组为什么不采用 Yy 联结，而三相心式变压器却可以？为什么常希望三相变压器的一次侧或二次侧中有一侧接成三角形？

5. Yd 联结的变压器，一次绕组接三相对称电源，试问一、二次相电流和线电流、主磁通、二次线电动势中有无三次谐波分量？

6. 一台 Yd 接法的三相变压器，在一次侧加额定电压空载运行，此时将二次绕组打开一角，测量开口处的电压，再将其闭合测量电流。试问：该三相变压器是三相变压器组或三相心式变压器时，所得的数值有无不同？为什么？

7. 三相变压器绕组有几种联结组别？其连法如何？

8. 变压器并联运行必须符合哪些条件？分别说明当这些条件不满足时会产生什么后果？

9. 两台三相心式变压器的联结组别分别为 Yd11 和 Yd1，它们的电压比相同，容量相等，试用相量图说明如何改动绕组间的接线可使两台变压器并联运行。

10. 有两台相同的三相变压器，其中一台联成 Yd11，另一台联成 Yd3，在不允许改变其绕组接线的情况下，试问用什么方法能使这两台变压器并联运行。

11. 自耦变压器的主要特点有哪些？它和普通的双绕组变压器有何区别？

12. 仪用互感器运行时，为什么电流互感器不允许开路？而为什么电压互感器不允许短路？

13. 两台三相变压器并联运行，它们的联结组别、额定电压、电压比均相同，第一台为 3200kV·A，$Z_{k\mathrm{I}}^{*}=0.069$；第二台为 5600kV·A，$Z_{k\mathrm{II}}^{*}=0.075$。试求：第一台变压器恰好满载时，第二台变压器的负载是多少？并联组的利用率是多少？

14. 两台变压器并联运行，均为 Yd11 联法，$U_{\mathrm{N1}}/U_{\mathrm{N2}}=35\mathrm{kV}/10.5\mathrm{kV}$。第一台为 1250kV·A，$Z_{k\mathrm{I}}^{*}=0.065$；第二台为 2000kV·A，$Z_{k\mathrm{II}}^{*}=0.06$，试求：①总输出为 3250kV·A 时，每台变压器的负载为多少？②在两台变压器均不过载情况下，并联组的最大输出为多少？并联组的利用率是多少？

15. 一单相自耦变压器：$U_1=220\mathrm{V}$，$U_2=180\mathrm{V}$，$I_2=400\mathrm{A}$，当不计损耗和漏阻抗压降时。试求：①自耦变压器 I_1 及公共绕组电流 I。②输入和输出功率、绕组电磁功率、传导功率各为多少（各功率均指视在功率）？

16. 为什么正余弦旋转变压器在变压器负载时输出电压会发生畸变？如何解决？

17. 正余弦旋转变压器采用二次侧补偿消除输出电压畸变的条件是什么？为什么？

18. 直线式感应同步器测量位移的基本原理是什么？

19. 试简述感应同步器鉴幅处理的基本原理。

第 6 章　三相异步电动机的基本原理

从本章开始主要讨论各类交流电动机及它们的拖动。交流电动机主要分为异步电动机和同步电动机两大类，两者的工作原理和运行性能差别很大。同步电动机的转速与定子电源的频率成确定的比例，异步电动机的转速虽然也与定子电源频率有很大关系，但两者没有确定的比例关系。异步电动机特别是三相异步电动机的应用非常广泛，大部分的生产机械、家用电器都用异步电动机作原动机。它的单机容量从几十瓦到几千千瓦。我国总用电量的 2/3 左右是用来运行异步电动机的。

异步电动机特别是笼型异步电动机能得到广泛应用主要是由于它的结构简单、运行可靠、价格便宜、没有火花和维护简单，且由于交流电源可直接来自电网，用电方便、经济，所以异步电动机在大多数领域已逐步替代直流电动机，成为电力拖动中使用最广泛的动力装置。

6.1　三相异步电动机的工作原理与结构

6.1.1　三相异步电动机的基本工作原理

三相异步电动机的定子装有三相对称绕组，当接至三相交流电源时，流入定子绕组的三相对称电流在电机的气隙内产生一个以同步转速 n_1 旋转的磁场。转子导体嵌放在转子铁心槽内，两端被导电环短接。当旋转磁场以逆时针方向旋转时，转子导条切割磁力线产生感应电动势，其方向可用右手定则来判别，如图 6－1 所示。转子上半部导体中的电动势方向都是进入纸面，用⊕表示，下半部导体中的电动势方向都是穿出纸面，用⊙表示。在转子回路闭合的情况下，转子导体中就有电流流通。如不考虑转子绕组电感，那么电流的方向与电动势的方向相同。

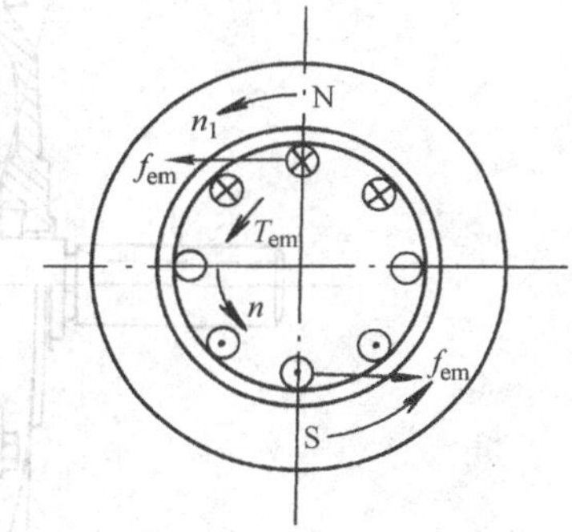

图 6－1　三相异步电动机的工作原理

转子载流导体在旋转磁场中将受到电磁力 f_{em} 的作用，导体所受电磁力的方向可用左手定则来判定。如图 6－1 所示，转子上各导条都受到逆时针方向的力，这些力对转子形成了一个逆时针的电磁转矩 T_{em}，在电磁转矩 T_{em} 的作用下转子以逆时针方向旋转，其转速为 n，与旋转磁场方向相同。由于转子导体电流是通过电磁感应产生的，所以也可把这种电动机称作感应电动机。

在正常情况下，异步电动机的转子转速不能达到旋转磁场的转速，即不能达到同步转速 n_1，而总是略低于 n_1。例如两极异步电动机的同步转速 $n_1=3000\text{r/min}$，在额定负载时，它的转速约为 2880r/min。因为如果 $n=n_1$，则旋转磁场和转子导体之间将不存在相对运动，因而转子导体电动势、电流和电磁转矩都将变为零。因此转子转速 n 总是略小于同步转速

n_1，即运行于异步转速，异步电动机的名称也就由此而来。

旋转磁场的同步转速 n_1 与转子转速 n 之差称为转差，转差与同步转速 n_1 之比称为转差率 s，即

$$s=\frac{n_1-n}{n_1}\times 100\%$$

转差率 s 是异步电动机的一个非常重要的变量。当负载变化时，转子的转差率 s 也随之变化，通常异步电动机额定负载时的转差率 $s_N=2\%\sim6\%$ 左右。

例 6－1 一台 4 极异步电动机，其旋转磁场同步转速 $n_1=1500\text{r/min}$，额定转速 $n_N=1440\text{r/min}$，试求该电动机的额定转差率 s_N。

解：已知 $n_1=1500\text{r/min}$，$n_N=1440\text{r/min}$，则

$$s_N=\frac{n_1-n_N}{n_1}=\frac{1500-1440}{1500}=0.04$$

6.1.2 三相异步电动机的基本结构

图 6－2 所示的是一台笼型三相异步电动机的结构图。它主要分为定子和转子两大部分，定、转子中间是空气隙。

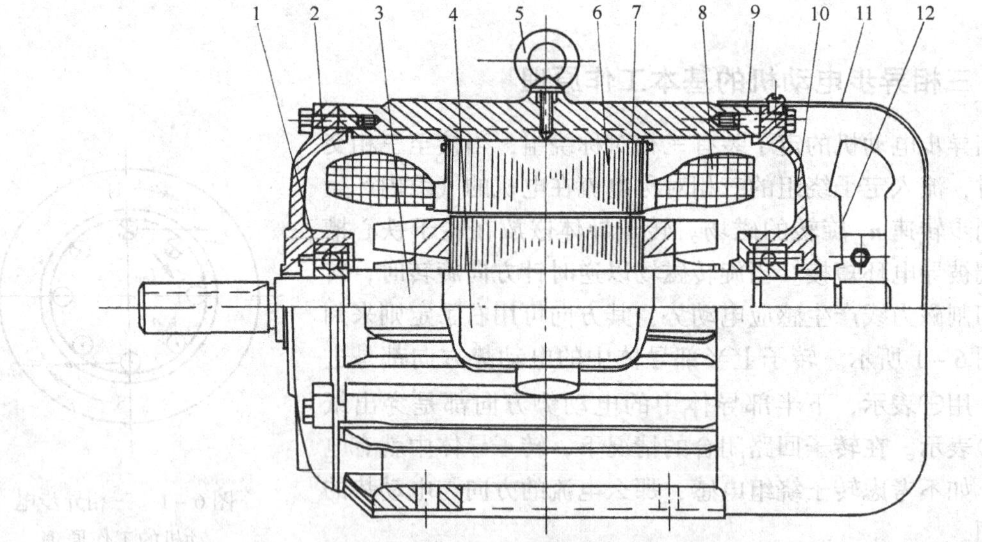

图 6－2 笼型三相异步电动机结构图

1—轴承 2—前端盖 3—转轴 4—接线盒 5—吊攀 6—定子铁心 7—转子 8—定子绕组 9—机座 10—后端盖 11—风罩 12—风扇

1. 定子

三相异步电动机的定子主要由定子铁心、定子绕组和机座三部分组成。

（1）定子铁心 定子铁心是电动机磁路的一部分，是用 0.5mm 厚的硅钢片冲叠而成并固定在机座内。冲片两面涂有绝缘漆，用来降低旋转磁场在铁心中引起的涡流损耗。常用的硅钢片有 D_{22}、D_{23}等型号。沿定子铁心内圆均匀地冲有许多形状相同的槽，用以嵌放定子绕组。

（2）定子绕组 三相异步电动机的定子绕组是由三个在空间互隔 120°电角度、对称排列的结构完全相同的绕组连接而成，这些绕组的各个线圈按一定规律分别嵌放在定子各槽

内。按定子绕组在槽中的位置，可分为单层和双层绕组。10kW 以下的小容量异步电动机常用单层同心式、链式或交叉式绕组。双层绕组的优点是可以灵活选择节距以改善电动势和磁通势波形，因此容量较大的异步电动机都采用双层短距叠绕组或波绕组。双层叠绕组的连接规律已在直流电机中叙述过。这里仅以三相单层绕组为例来说明交流绕组的连接规律。

例 6-2 一台三相 4 极 $2p=4$ 异步电动机，其定子槽数 $Z_1=24$，试计算其定子绕组的主要参数。

解： ① 计算极距 τ。极距 τ 为旋转磁场两相邻磁极的中心距，即

$$\tau=Z_1/(2p)=24/4=6$$

② 计算每极每相槽数 q。每极每相槽数 q 即为一个磁极下一相绕组所占有的槽数。设定子为 $m_1=3$ 相绕组，则

$$q=Z_1/(2pm_1)=24/(4\times3)=2$$

一般 q 为整数。为了节省材料，当 $q=2$ 时，采用链式绕组：当 $q=3$ 时，采用交叉式绕组；当 $q=4$ 时，采用同心式绕组。

③ 划分相带。相带是一相绕组在一个极下连续所占的范围。电机圆周从几何上量度为 360°，这种角度称为机械角度，但是从电磁观点来看，经过 N、S 一对极时，磁场的空间分布曲线恰好是正负交变一周，相当于 360°，这种角度称为电角度。显然当电动机有 p 对磁极时，则其电角度与机械角度的关系如下：

$$电角度=p\times机械角度$$

由于一个极距为 180°电角度，所以三相交流绕组每相绕组在一个极下占有三分之一范围，即 60°相带。如图 6-3 所示，U、V、W 三相对称绕组在空间互隔 120°电角度。相带的排列秩序为 U_1、W_2、V_1、U_2、W_1、V_2。

④ 画绕组展开图。首先用 24 根直线表示 $Z_1=24$ 个槽。然后根据 $\tau=6$ 划出极距，标出相带。用最短的线将 U_1 相带的 2 根导体与 U_2 相带的 2 根导体连起来，如图 6-4 所示，构成了 4 个线圈，最后按照电动势叠加原则将 4 个线圈连起来就构成一相绕组，如图 6-4 所示。而另两相绕组与 U 相绕组规律相同。该绕组的形状像链条，故称之为链式绕组。

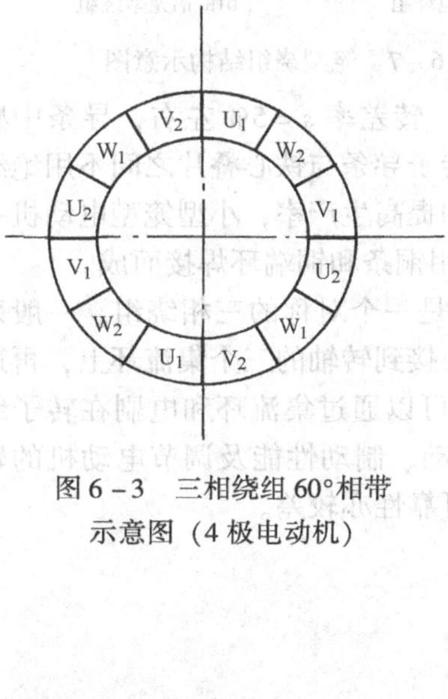

图 6-3 三相绕组 60°相带示意图（4 极电动机）

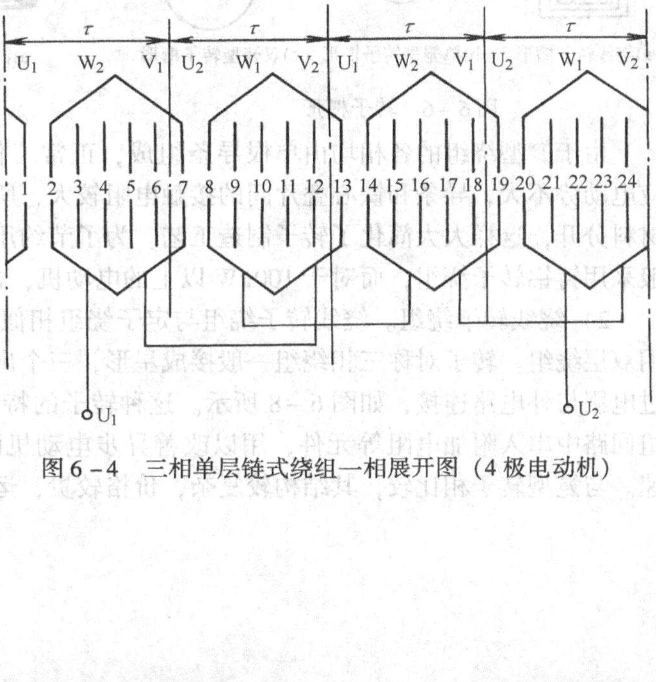

图 6-4 三相单层链式绕组一相展开图（4 极电动机）

三相绕组共有六个引线端接到电动机的出线盒中，分别对应于三相绕组的 U_1-U_2、V_1-V_2、W_1-W_2 端，这六个引线端可根据工作需要把绕组接成对称的Y或△，如图6-5所示。

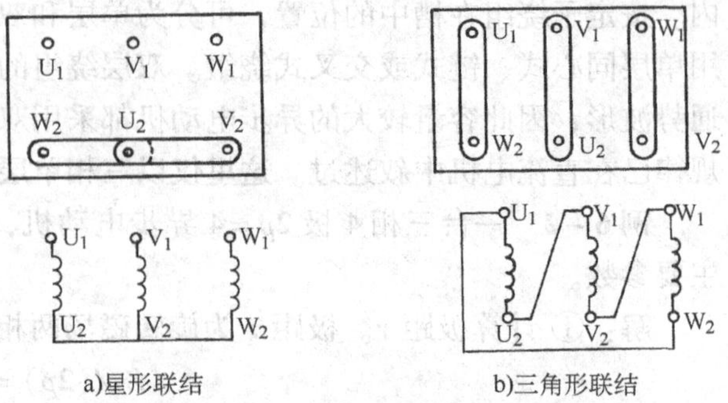

图6-5 三相异步电动机接线端联结方法

(3) 机座 机座主要是用来固定定子铁心与前后端盖以支撑转子。中、小型异步电动机一般都采用铸铁机座，大型异步电动机一般采用钢板焊接机座。小型及微型电动机采用铸铝机座。为了加强散热，小型封闭式电动机的机座外表面铸有许多均匀分布的散热筋，以增大散热面积。

2. 转子

异步电动机的转子由转子铁心、转子绕组和转轴组成。

(1) 转子铁心 转子铁心也是电动机磁路的一部分。所用材料与定子一样，是由0.5mm厚的硅钢片叠成，整个铁心固定在转轴或转子支架上，转子铁心外圆冲有均匀的槽，用以安放转子绕组，如图6-6所示。

(2) 转子绕组 转子绕组分为笼型和绕线型两种结构。

1) 笼型转子绕组。异步电动机的转子不必由外界电源供电，故转子绕组可自行闭合，且绕组的相数也不必限定为三相，图6-7表示的是一个多相闭合的笼型绕组，该绕组由插入转子槽中的多根导条和两个环形的端环组成。如果去掉转子铁心，整个绕组的外形就像一个鼠笼，故称笼型绕组。

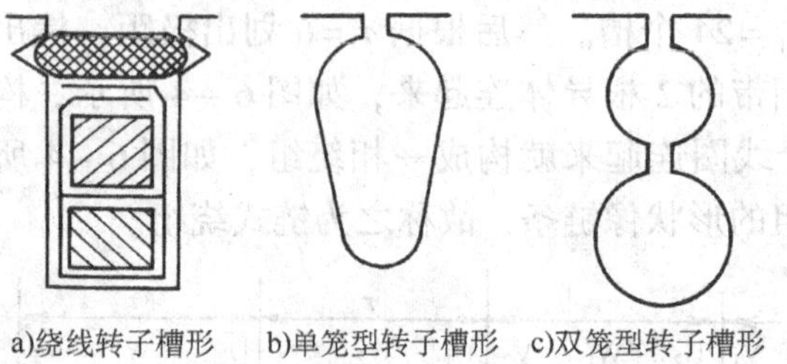

图6-6 转子槽形

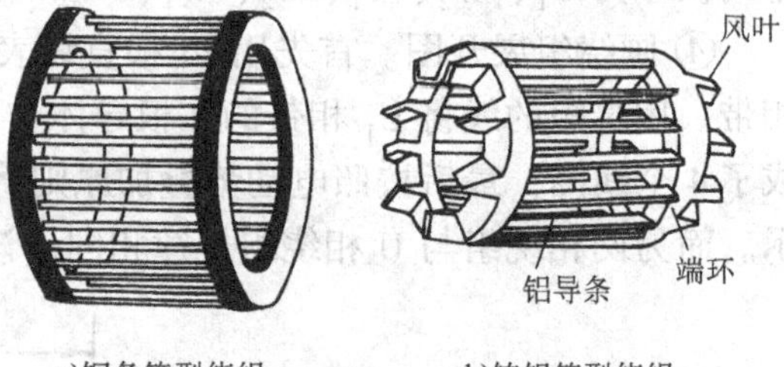

图6-7 笼型绕组结构示意图

由于笼型绕组的各相均由单根导条组成，正常工作时，转差率 $s=5\%$ 左右，导条中感应电动势不大，导条和铁心叠片间的接触电阻较大，所以转子导条与铁心叠片之间不用绝缘材料分开，这样大大简化了转子制造工艺。为了节约用铜和提高生产率，小型笼型电动机一般采用铸铝转子绕组，而对于100kW以上的电动机，常采用铜条和铜端环焊接而成。

2) 绕线转子绕组。绕线转子绕组与定子绕组相似，也是一个对称的三相绕组。一般采用双层绕组。转子对称三相绕组一般接成星形，三个出线头接到转轴的三个集流环上，再通过电刷与外电路连接，如图6-8所示。这种转子的特点是可以通过集流环和电刷在转子绕组回路中串入附加电阻等元件，用以改善异步电动机的起动、制动性能及调节电动机的转速。与笼型转子相比较，其结构较复杂，价格较贵，运行可靠性亦较差。

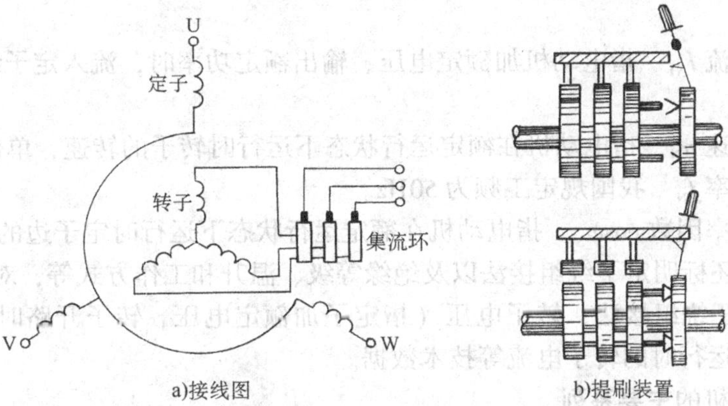

图 6-8　绕线转子绕组接线示意图

3. 气隙

与直流电动机相比，异步电动机定、转子之间的气隙要小得多，中小型电动机一般为 0.2～2mm。由于气隙是电机磁路的一部分，气隙愈大，磁阻也愈大，要产生同样大小的旋转磁场，就需要较大的励磁电流，从而使异步电动机的功率因数下降。为了提高功率因数，气隙应尽可能地小。但是气隙的最小值常由制造工艺和运行安全可靠性等因素决定。如果从减小附加损耗和减小高次谐波磁通来看，则气隙大点比较好。

6.1.3　三相异步电动机的铭牌数据及主要系列

1. 三相异步电动机的铭牌数据

每台异步电动机的机座上都有一个铭牌，上面标明的是电动机的型号、额定值和有关技术数据。图 6-9 所示是某台三相异步电动机的铭牌。电动机按铭牌所规定的条件和额定值运行时就叫额定运行状态。

三相异步电动机					
型号	Y90L-4	电压	380V	接法	Y
容量	1.5kW	电流	3.7A	工作方式	连续
转速	1400r/min	功率因数	0.79	温升	90°C
频率	50Hz	绝缘等级	B	出厂年月	×年×月
×××电机厂		产品编号		重量	kg

图 6-9　三相异步电动机铭牌

（1）型号　Y90L-4 中的第一个字母 Y 表示 Y 系列异步电动机，90 代表机座中心高；L 表示铁心长度代号（短、中、长铁心分别用 S、M、L 表示），4 表示极数。

（2）容量即额定功率 P_N　指电动机在额定运行状态下运行时电动机轴上输出的机械功率，单位为 kW。对三相异步电动机

$$P_N = \sqrt{3}U_{N1}I_{N1}\eta_N\cos\varphi_N$$

式中，U_{N1}、I_{N1}、η_N、$\cos\varphi_N$ 分别为电动机额定的线电压、线电流、效率、功率因数。

（3）额定电压 U_{N1}　指电动机在额定运行状态下运行时定子绕组所加的线电压，单位为

V 或 kV。

（4）额定电流 I_{N1}　指电动机加额定电压、输出额定功率时，流入定子绕组中的线电流，单位为 A。

（5）额定转速 n_N　指电动机在额定运行状态下运行时转子的转速，单位为 r/min。

（6）额定频率 f_N　我国规定工频为 50Hz。

（7）额定功率因数 $\cos\varphi_N$　指电动机在额定运行状态下运行时定子边的功率因数。

此外，铭牌还标明定子绕组接法以及绝缘等级、温升和工作方式等，对绕线转子异步电动机还常标明转子绕组接法、转子电压（指定子加额定电压、转子开路时，集流环之间的线电压）和额定运行时的转子电流等技术数据。

2. 异步电动机的主要系列

我国生产的异步电动机种类很多，主要系列产品有：

Y 系列为小型笼型全封闭的自冷式三相异步电动机，取代老产品 JO_2 系列。用于金属切削机床、通用机械、矿山机械和农业机械等，也可用于拖动静止负载或惯性负载较大的机械，如压缩机、传送带、锤击机、粉碎机、小型起重机和运输机械等。额定电压为 380V，功率范围为 0.55～90kW，同步转速为 750～3000r/min，外壳防护型式为 IP44，B 级绝缘。

J_2、JO_2 和 JO_2-L 系列为小型笼型三相异步电动机。其中，J_2 是防护式结构，JO_2、JO_2-L（铝）是封闭式结构，额定电压为 380V，同步转速为 600～3000r/min，采用 E 级绝缘。

JQ_2 和 JQO_2 系列是高起动转矩异步电动机，用于起动静止负载或惯性负载较大的机械上。JQ_2 是防护式，JQO_2 是封闭式。

JD_2 和 JDO_2 系列是从 J_2、JO_2 系列派生出来的，为防护式和封闭式多速笼型异步电动机，主要用于各种机床及起重设备中需多种速度的传动装置。

JN 系列是中型防护式笼型异步电动机。

JR 系列是中型防护式三相绕组转子异步电动机，容量为 45～410kW，可用于频繁起动的起重机上。

JZ_2 和 JZR_2 系列是起重和冶金用的笼型和绕线转子异步电动机。

JZTEM 系列是电磁调速异步电动机。

YR 系列是大型三相绕线转子异步电动机，容量为 250～2500kW，主要用于冶金工业和矿山机械中。

其他类型异步电动机可参阅产品目录。

例 6-3　已知一台三相异步电动机的额定功率 $P_N=5.5\text{kW}$，额定电压 $U_N=380\text{V}$，额定功率因数 $\cos\varphi_N=0.86$，额定效率 $\eta_N=0.86$，额定转速 $n_N=1440\text{r/min}$，求额定电流 I_N 为多少？

解：额定电流为

$$I_N=\frac{P_N}{\sqrt{3}U_N\cos\varphi_N\eta_N}=\frac{5500}{\sqrt{3}\times380\times0.86\times0.86}\text{A}=11.3\text{A}$$

上例说明，实际应用中人们常将 380V 的三相异步电动机的额定电流数值以 I_N 近似等于 $2P_N$ 数值来进行估算是有一定根据的（若 P_N 的单位为 kW，则 I_N 的单位为 A）。

6.2 三相异步电动机的定子磁场和感应电动势

6.2.1 三相异步电动机定子绕组的旋转磁场

因为三相异步电动机定子绕组的旋转磁场是由三个在时间和空间互差 120°电角度的单相绕组产生的磁通势所合成，而单相磁通势和三相合成磁通势在性质上又是截然不同的，所以在讨论异步电动机旋转磁场之前，有必要先讨论单相交流绕组的磁通势问题。

1. 单相交流绕组脉振磁场

图 6－10 所示为最简单的单相绕组，在图 6－10a 中只有一个线圈，在图 6－10b 中则由两个线圈串联起来。当线圈通过电流时，铁心磁通分布如图 6－10 所示，显然图 6－10a 的磁极数 $2p=2$ 极，图 6－10b 的磁极数 $2p=4$ 极，所以定子磁场的磁极数决定于线圈的节距 y。

如图 6－10 所示，磁力线的分布是以线圈的中心线为轴对称分布，并且每对极的磁场是相同的，所以只讨论一对极的磁场分布就可以了。现以图 6－10a 为例来说明磁场在气隙中的分布规律，根据全电流定律

$$\oint H\mathrm{d}l = \sum I = N_C I$$

式中，$\sum I$ 为每根磁力线所包围的全电流；H 为磁场强度；N_C 为线圈的有效匝数。

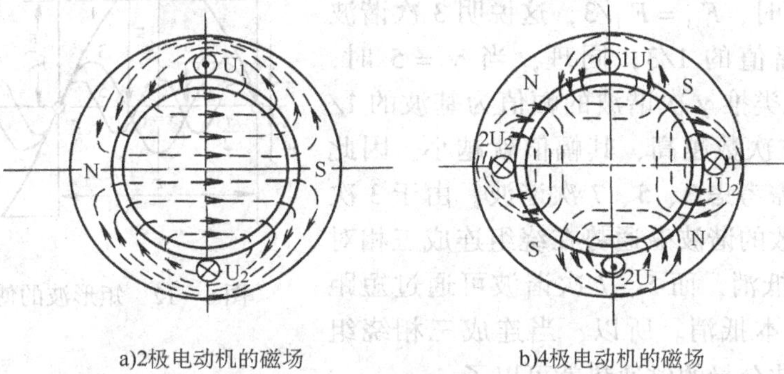

a)2极电动机的磁场　　b)4极电动机的磁场

图 6－10　定子绕组电流所建立的磁场

可知任一磁力线上的磁通势是相等的。因为与空气隙相比，铁心磁阻要远小得多，所以忽略定、转子铁心磁阻上的磁压降，则线圈磁通势全部降落在每条磁力线的两个气隙上，即作用在每个空气隙的磁通势等于全部磁通势的一半：$F_y=N_C I/2$，而且在沿圆周气隙任一点上的磁通势都有相同的数值。如果把电动机沿 U_1U_2 绕组轴线剖开展平，即得到如图 6－11 所示的矩形波磁通势曲线。它在空间的位置仅仅取决于 U_1U_2 绕组在空间的位置。

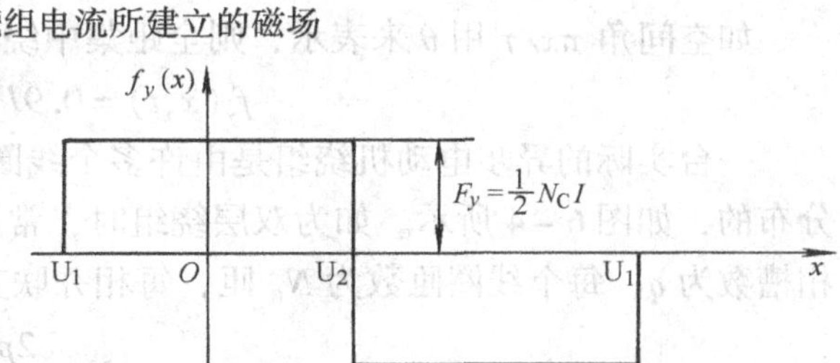

图 6－11　全距集中绕组磁通势曲线

设 U_1U_2 绕组通入单相正弦交流电流

$$i_U = \sqrt{2} I\cos\omega t$$

则每极磁通势

$$f_y = \frac{1}{2} N_C i_U = \frac{\sqrt{2}}{2} I N_C \cos\omega t$$

由上式可知，单相绕组的每极磁通势的幅值是随时间按正弦规律变化的，当 $\omega t = 0$ 时，$f_y = \sqrt{2} I N_C / 2 = F_{ym}$ 为最大；当 $\omega t = 90°$ 时，$f_y = 0$；当 $\omega t = 180°$ 时，$f_y = -\sqrt{2} I N_C / 2$ 为负的最大。这种空间位置固定，幅值随时间作正弦变化的磁通势称为脉振磁通势，其脉振频率为线圈中的电流频率。

下面对矩形波磁通势进行谐波分析。

如图 6－11 所示，该矩形波磁通势既对称于横轴，又对称于纵轴，所以其按傅氏级数展开的谐波中既无偶次谐波项，也无正弦项，如图 6－12 所示。该矩形波磁通势（幅值）可写成

$$F_{ym}(x) = F_{y1}\cos\left(\frac{\pi}{\tau}x\right) - F_{y3}\cos\left(\frac{3\pi}{\tau}x\right) + \cdots + F_{y\gamma}\cos\left(\frac{\gamma\pi}{\tau}x\right)\sin\left(\frac{\gamma\pi}{2}\right)$$

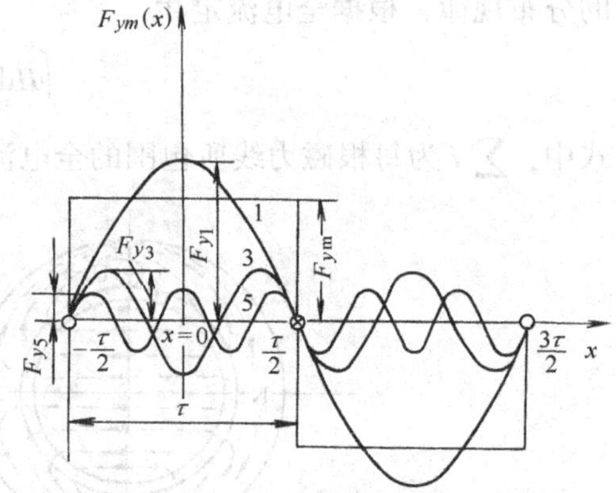

图 6－12　矩形波的傅里叶级数分解

式中，$\gamma = 1$、3、5、…为谐波次数；$F_{y\gamma} = \frac{1}{\gamma} \times \frac{4}{\pi} \times \frac{\sqrt{2}}{2} I N_C = \frac{1}{\gamma} \times 0.9 I N_C$，当 $\gamma = 1$ 时，$F_{y1} = 0.9 I N_C$ 为基波幅值；当 $\gamma = 3$ 时，$F_{y3} = F_{y1}/3$，这说明 3 次谐波的幅值为基波幅值的 1/3，同理，当 $\gamma = 5$ 时，$F_{y5} = F_{y1}/5$，以此类推 γ 次谐波的幅值为基波的 $1/\gamma$。由此说明谐波次数越高，其幅值就越小，因此除了基波外，只需考虑 3、5、7 次谐波。由于 3 次谐波及其 3 的倍数的谐波磁通势在绕组连成三相对称绕组时已互相抵消，而 5、7 次谐波可通过短距和分布绕组来基本抵消。所以，当连成三相绕组后，只需考虑基波分量的磁通势就可以了。

如空间角 $\pi x/\tau$ 用 θ 来表示，则全距集中绕组的基波脉振磁通势为

$$f_y(x,t) = 0.9 I N_C \cos\theta\cos\omega t$$

一台实际的异步电动机绕组是由许多个线圈串联或并联而成的，这些线圈在空间是均匀分布的，如图 6－4 所示。如为双层绕组时，常采用短距线圈。设电动机极数为 $2p$，每极每相槽数为 q，每个线圈匝数为 N_C 匝，每相并联支路数为 a，则每相有效串匝数 N_1 为

$$N_1 = \frac{2pqN_C}{a}$$

对于单层绕组，每相串联匝数为双层绕组的一半，即为 $N_1 = pqN_C/a$。

异步电动机每相绕组产生的每对极基波脉振磁通势改写为

$$f_{\phi 1}(x,t) = 0.9\,\frac{N_1 K_{W1}}{p} I\cos\theta\cos\omega t$$

式中，K_{W1} 为考虑定子绕组分布和短距后产生的磁通势比全距集中时产生的磁通势小的一个

系数，称之为定子绕组系数，在后面将略作介绍。

2. 三相交流绕组的合成旋转磁场

三相交流绕组彼此在空间上相差 120°电角度，当通以三相对称正弦波电流时，三相绕组产生三相脉振磁通势，彼此在空间和时间上都相差 120°电角度，这三个脉振磁通势合成的结果是一个什么样的磁场呢？

先用图解法来说明。为简单起见，以 2 极三相全距集中绕组基波磁通势为例，三相绕组 Y 联结，并通以三相对称电流 i_U、i_V、i_W，如图 6－13 所示。规定电流的正方向从线圈的始端流进，从末端流出。

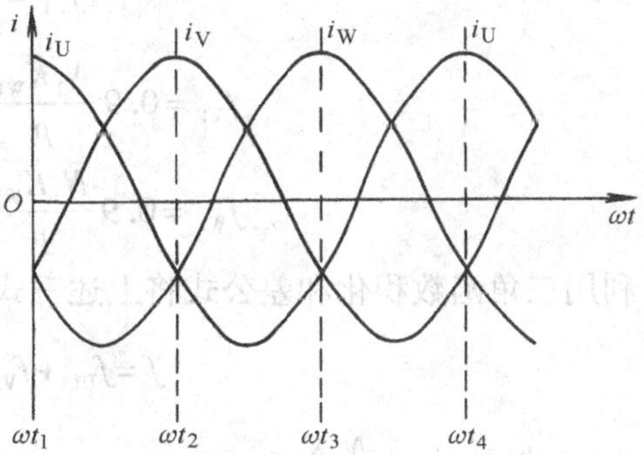

图 6－13　三相交流绕组中的各电流波形

图 6－14a 所示的 ωt_1 瞬间，$i_U=\sqrt{2}I$ 为最大值，且从 U_1 端流入，U_2 端流出，这时 $i_V=i_W=-\sqrt{2}I/2$，且从 V_2、W_2 端流入，V_1、W_1 端流出。U、V、W 三相绕组产生的单相脉振磁通势幅值分别在 U、V、W 三相绕组轴线上，此时 $F_U=F_{\phi1}$，$F_V=F_W=F_{\phi1}/2$ 将三个脉振磁通势相加，得到合成磁通势幅值大小为 $F=3F_{\phi1}/2$，幅值位于电流为最大的 U 相轴线上。

图 6－14b 所示的 $\omega t_2=120°$时刻，$i_U=i_W=-\sqrt{2}I/2$，且分别从 U_2、W_2 端流入，U_1、W_1 端流出，而 $i_V=\sqrt{2}I$，从 V_1 端流入，V_2 端流出。此时三相合成磁通势幅值大小仍为 $F=3F_{\phi1}/2$，但幅值位置位于 V 相绕组轴线，相比 ωt_1 时刻，时间上经过了 120°电角度，合成磁通势在空间也已逆时针转过了 120°电角度，位于电流为最大值的 V 相轴线上。

图 6－14c 所示的 $\omega t_3=240°$时刻，$i_U=i_V=-\sqrt{2}I/2$，$i_W=\sqrt{2}I$，此时合成磁通势大小不变，仍为 $3F_{\phi1}/2$，但是其幅值位置已从 ωt_2 时刻又逆时针转过了 120°电角度，位于电流为最大的 W 相轴线上。

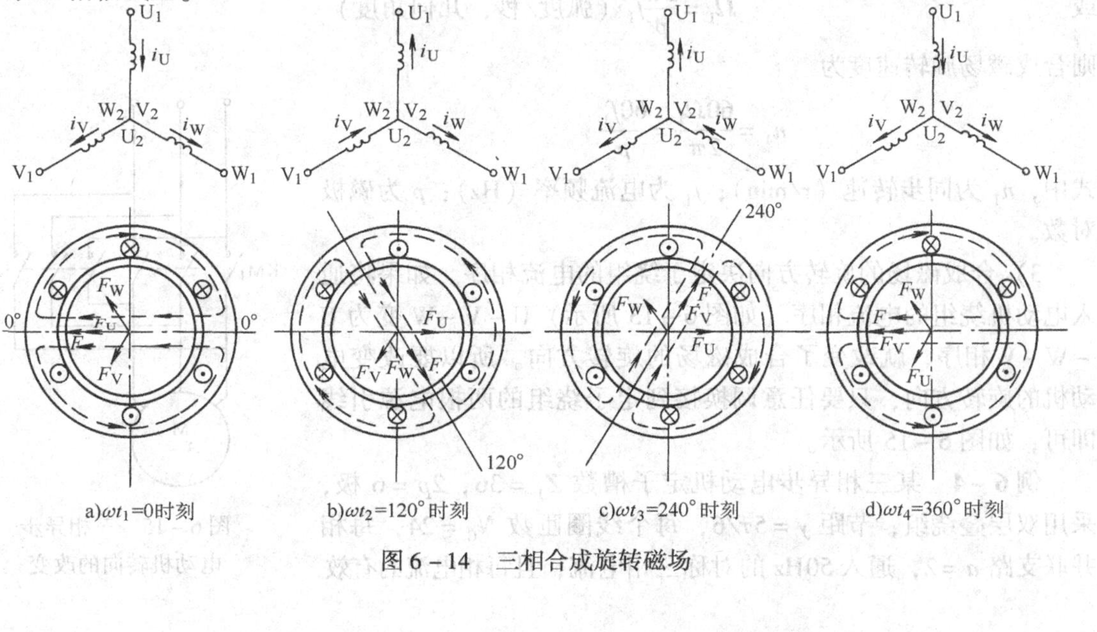

a) ωt_1=0时刻　b) ωt_2=120°时刻　c) ωt_3=240°时刻　d) ωt_4=360°时刻

图 6－14　三相合成旋转磁场

图 6－14d 所示的 $\omega t_4=360°$时刻，重复 $\omega t=0°$时刻。

图 6－14 说明了三相合成基波磁通势是一个旋转磁通势。也可以用数学分析的方法来导出三相合成旋转磁通势的性质和特点。设以 U 相位置为空间参考点，U 相电流为时间参考点，则 U、V、W 三相绕组的基波脉振磁通势分别为

$$f_{U1}=0.9\frac{N_1K_{W1}}{p}I\cos\theta\cos\omega t$$

$$f_{V1}=0.9\frac{N_1K_{W1}}{p}I\cos(\theta-120°)\cos(\omega t-120°)$$

$$f_{W1}=0.9\frac{N_1K_{W1}}{p}I\cos(\theta-240°)\cos(\omega t-240°)$$

利用三角函数积化和差公式将上述三式分解后相加得

$$f=f_{U1}+f_{V1}+f_{W1}=\frac{3}{2}F_{\phi1}\cos(\omega t-\theta)$$

式中，$F_{\phi1}=0.9\frac{N_1K_{W1}}{p}I$。

由上式可知，三相对称绕组通以三相对称电流所建立的合成基波磁通势和单相脉振磁通势性质完全不同，主要具有以下性质和特点：

1）三相合成磁通势在任何瞬时均保持一确定的振幅，为每相脉振磁通势最大幅值的 3/2 倍，即 $F_1=3F_{\phi1}/2$，对 m_1 相电动机，可写成一般式 $F_1=m_1F_{\phi1}/2$。

2）三相合成磁通势是一个旋转磁通势。图 6－14 已充分证明了这点，从数学表达式也可证明。只要观察其振幅 $F_1=3F_{\phi1}/2$ 点的运动轨迹即可。令 $\cos(\omega t-\theta)=1$，即 $\omega t-\theta=0$，则振幅位置 $\theta=\omega t$，θ 角随时间变化而变化，且合成磁场在空间旋转的角速度和电流变化是相等的，故合成旋转磁通势的角速度为

$$\omega_1=\frac{d\theta}{dt}=\omega=2\pi f_1 \text{（电弧度/秒，电角度）}$$

或

$$\Omega_1=\frac{2\pi}{p}f_1 \text{（弧度/秒，几何角度）}$$

则合成磁场旋转速度为

$$n_1=\frac{60\Omega_1}{2\pi}=\frac{60f_1}{p}$$

式中，n_1 为同步转速（r/min）；f_1 为电流频率（Hz）；p 为磁极对数。

3）合成磁场的旋转方向决定于绕组的电流相序。如果将通入电动机绕组的电流相序（如图 6－13 所示）U－V－W 变为 U－W－V 相序，就改变了合成磁场的旋转方向。所以要改变电动机的旋转方向，只要任意调换接到定子绕组的两根电源引线即可，如图 6－15 所示。

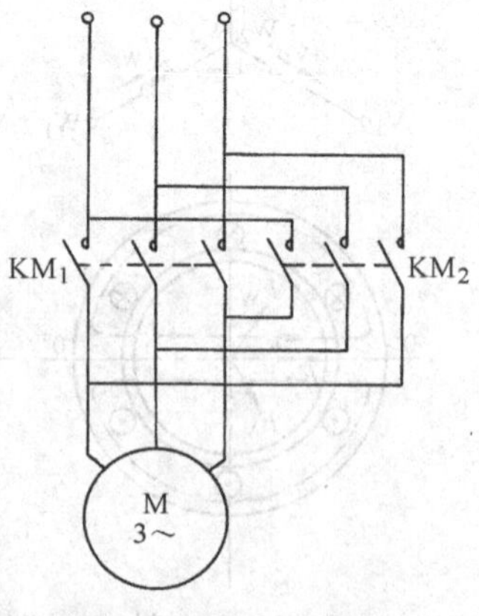

图 6－15　三相异步电动机转向的改变

例 6－4　某三相异步电动机定子槽数 $Z_1=36$，$2p=6$ 极，采用双层叠绕组，节距 $y=5\tau/6$，每个线圈匝数 $N_C=24$，每相并联支路 $a=2$，通入 50Hz 的对称三相电流，且每相电流的有效

值为 $I_1=20\text{A}$，定子绕组系数 $K_{W1}=0.933$。试求三相合成的基波磁通势的幅值、转速。

解：每极每相槽数为

$$q=\frac{Z_1}{2pm_1}=\frac{36}{6\times3}=2$$

绕组每条支路匝数为

$$N_1=\frac{2pqN_C}{a}=\frac{6\times2\times24}{2}\text{匝}=144\text{ 匝}$$

三相基波合成磁通势幅值为

$$F_1=\frac{3}{2}\times0.9\frac{N_1K_{W1}}{p}I_1=\frac{3}{2}\times0.9\frac{144\times0.933}{3}\times20\text{A}=1209\text{A}$$

基波磁通势的转速为

$$n_1=\frac{60f_1}{p}=\frac{60\times50}{3}\text{r/min}=1000\text{r/min}$$

6.2.2 三相异步电动机的定子感应电动势

三相异步电动机定子绕组产生的三相合成旋转磁场将切割定、转子绕组而产生感应电动势。因为定子绕组是固定不动的，而转子是在空间旋转的，所以定、转子绕组中的感应电动势频率是不同的，这里首先讨论定子绕组的感应电动势。

1. 单根导体电动势

当正弦波旋转磁场切割定子导体时，导体中产生了正弦波的电动势，其幅值为

$$E_{cm}=B_m lv$$

其有效值为

$$E_{c1}=\frac{\sqrt{2}}{2}B_m lv \tag{6-1}$$

式中，B_m 为导体切割旋转磁场磁密的幅值；l 为导体长度；v 为导体切割磁场的线速度。

如图 6-16 所示，因为每极磁通 $\Phi_m=B_{av}\tau l=2B_m\tau l/\pi$，经变换得到 $B_m=\pi\Phi_m/(2\tau l)$，又因为 $v=\omega_1 D_{i1}/2=2\tau f_1$，式中 D_{i1} 为定子内径。将上述两式代入式（6-1）中得到每根导体电动势的有效值为

$$E_{c1}=2.22f_1\Phi_m$$

注意这里的 Φ_m 为异步电动机的每极磁通，与变压器电动势公式中的最大磁通 Φ_m 不同。

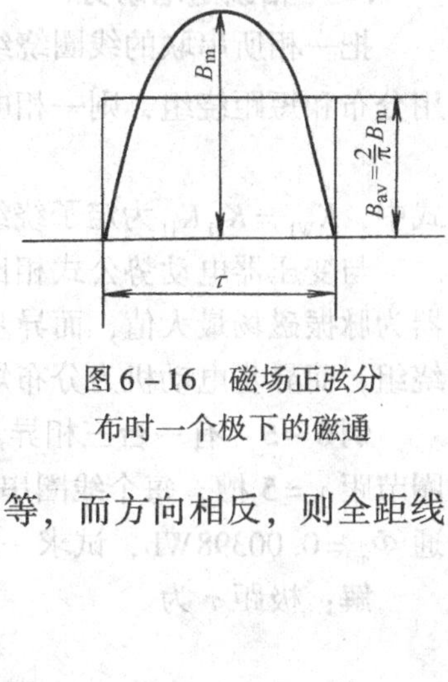

图 6-16　磁场正弦分布时一个极下的磁通

2. 全距线圈电动势

两根导体可以构成一匝全距线圈，如图 6-17 所示，线圈的两条边正好处于相隔 180°电角度位置，相对应的磁场大小相等，而方向相反，则全距线圈的电动势 E_{t1} 为

$$E_{t1}=2E_{c1}=4.44f_1\Phi_m$$

3. 短距线圈电动势

为了削弱 5 次或 7 次谐波磁通势和电位势，绕组常采用短距线圈，即 $y<\tau$。此时，线

圈的两条边不是处于相差180°电角度的位置，因此两根导体中的电动势瞬时值的大小不相等（相位差小于180°电角度），比全距线圈小，则短距线圈的电动势为

$$E_{t1} = 4.44 f_1 \Phi_m K_{y1}$$

式中，K_{y1}为绕组短距系数，经推导可得 $K_{y1} = \sin \frac{y}{\tau} 90° < 1$。

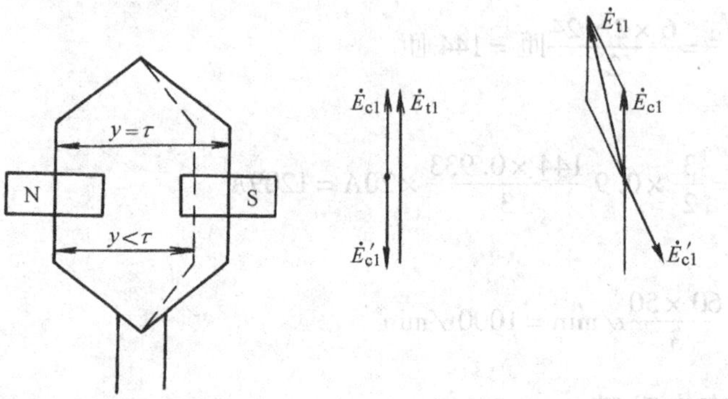

a)全矩线圈与短矩线圈　b)全矩线圈电动势　c)短矩线圈电动势

图6-17　线圈电动势

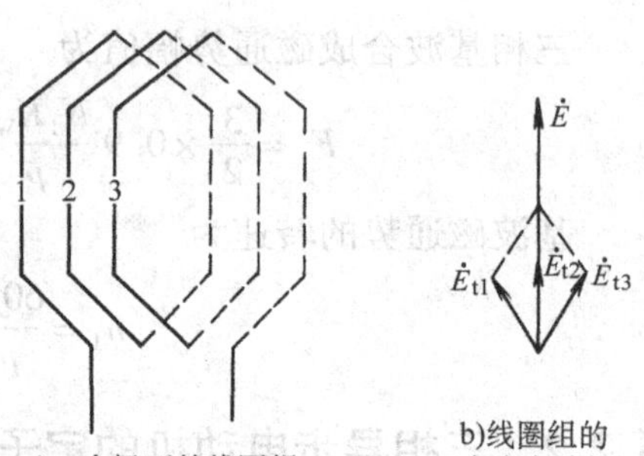

a)一个极下的线圈组　b)线圈组的合成电动势

图6-18　一个极下线圈组的合成电动势

4. 分布线圈电动势

异步电动机的每相定子绕组由许多个线圈组成，且均匀分布在定子内圆的槽中。图6-18所示为一个磁极下U相绕组由3个线圈串联而成，每个线圈相隔一个槽距角（α电角度），也即每个线圈电动势相位也相差α电角度，那么该相绕组电动势为三个线圈电动势相量和，其值为

$$\dot{E}_{q1} = \dot{E}_{t1} + \dot{E}_{t2} + \dot{E}_{t3}$$

其有效值为：

$$E_{q1} = 3E_{t1}K_{q1}$$

式中，K_{q1}为绕组分布系数，经推导可得 $K_{q1} = \sin(q\alpha/2)/q\sin(\alpha/2) < 1$。

5. 一相绕组电动势

把一相所串联的线圈绕组电动势相量相加就是相电动势，设每相有N_1匝线圈，且都采用分布和短距绕组，则一相电动势为

$$E_{\phi1} = 4.44 f_1 N_1 K_{W1} \Phi_m$$

式中，$K_{W1} = K_{q1}K_{y1}$为定子绕组系数。

与变压器电动势公式相比，形式基本一致，但实质上有两点不同：①主磁通Φ_m，变压器为脉振磁场最大值，而异步电动机为旋转磁场（每极磁通）②绕组结构，变压器为集中绕组，而异步电动机为分布短距绕组，故要乘上绕组系数。

例6-5　有一台三相异步电动机，定子槽数$Z_1 = 36$，极对数$2p = 6$，采用双层绕组，线圈节距$y = 5$槽，每个线圈串联匝数$N_C = 20$，并联支路数$a = 1$，频率$f = 50\text{Hz}$。基波每极磁通$\Phi_m = 0.00398\text{Wb}$，试求一相绕组基波电动势有效值。

解：极距τ为

$$\tau = \frac{Z_1}{2p} = \frac{36}{6} = 6$$

每极每相槽数为

$$q = \frac{Z_1}{2pm_1} = \frac{36}{6 \times 3} = 2$$

槽距角为

$$\alpha = \frac{p360°}{Z_1} = \frac{3 \times 360°}{36} = 30°$$

一相串联匝数为

$$N_1 = \frac{2pqN_C}{a} = \frac{6 \times 2 \times 20}{1} = 240$$

基波分布系数为

$$K_{q1} = \frac{\sin\frac{q\alpha}{2}}{q\sin\frac{\alpha}{2}} = \frac{\sin\frac{2 \times 30°}{2}}{2\sin\frac{30°}{2}} = 0.966$$

基波短距系数为

$$K_{y1} = \sin\frac{y}{\tau}90° = \sin\frac{5}{6} \times 90° = 0.966$$

基波绕组系数为

$$K_{W1} = K_{q1}K_{y1} = 0.966 \times 0.966 = 0.933$$

基波相电动势有效值为

$$E_1 = 4.44f_1N_1K_{W1}\Phi_m = 4.44 \times 50 \times 240 \times 0.933 \times 0.00398\text{V} = 197.6\text{V}$$

6.3 三相异步电动机的运行原理

6.3.1 三相异步电动机的空载运行

三相异步电动机的定子绕组内通以三相对称电流时，在气隙中产生三相基波合成旋转磁通势 $\boldsymbol{F}$，它以同步转速 n_1 旋转，由 $\boldsymbol{F}$ 产生的磁通 Φ 同时切割定子和转子的绕组，从而在定、转子绕组中分别产生了感应电动势 E_1 和 E_{2s}，由于转子绕组闭合，转子回路中将产生电流 I_{2s}。于是，在气隙磁场和转子电流的相互作用下，产生电磁力和电磁转矩，使转子沿旋转磁场的方向转动起来。

电动机空载运行时，其轴上没有带任何机械负载，故电动机的转速将非常接近同步转速，即 $n_0 \approx n_1$。转子与旋转磁场相对转速接近于零，因而可认为 $E_{2s} \approx 0$，于是 $I_{2s} \approx 0$。由此可见，空载运行时，定子空载电流可近似等于励磁电流 I_0。与变压器相类似，电动机的空载电流为无功感性电流，其主要作用是产生三相旋转磁通势，同时也提供空载损耗用，包括定子铜耗、定子铁心损耗和转子机械摩擦损耗。

主磁通在定子绕组中的感应电动势有效值为

$$E_1 = 4.44f_1N_1K_{W1}\Phi_m$$

异步电动机定子绕组电流产生的磁通，其中除主磁通 Φ_m 外，还产生仅与定子绕组相匝链的定子漏磁通 $\Phi_{\sigma1}$，如图 6－19 所示。漏磁通 $\Phi_{\sigma1}$ 主要经过气隙闭合，故它基本不受磁饱和影响，它将在定子绕组中感应漏感电动势，和变压器一样，用漏感抗压降来表示为

$$E_{\sigma1} = -jI_0X_{\sigma1}$$

式中，$X_{\sigma1}=2\pi f_1 L_{\sigma1}$为定子绕组的每相漏电抗；$L_{\sigma1}$为定子绕组漏电感。

设定子绕组每相电阻为r_1，则根据基尔霍夫电压定律，得到定子绕组电压平衡方程式：

$$\dot{U}_1=-\dot{E}_1-\dot{E}_{\sigma1}+\dot{I}_0 r_1=-\dot{E}_1+\dot{I}_0(r_1+\mathrm{j}x_{\sigma1})$$
$$=-\dot{E}_1+\dot{I}_0 Z_{\sigma1}$$

式中，$Z_{\sigma1}=r_1+\mathrm{j}x_{\sigma1}$为定子绕组每相漏阻抗。

和变压器处理方法相同，$\dot{E}_1$也可写成：

$$\dot{E}_1=-\dot{I}_0(r_{\mathrm{m}}+\mathrm{j}x_{\mathrm{m}})=-\dot{I}_0 Z_{\mathrm{m}}$$

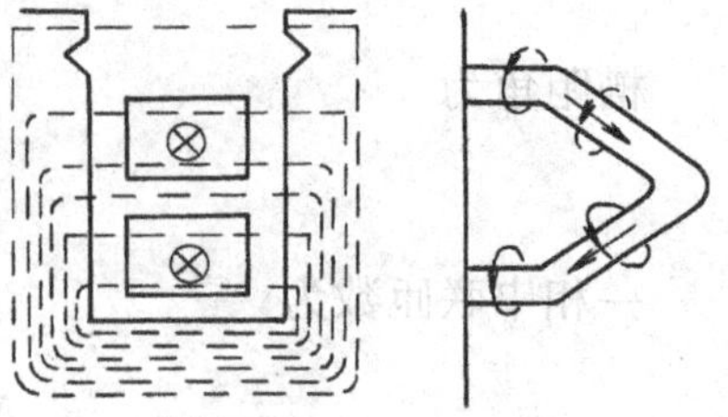

图 6－19　定子漏磁通

式中，Z_{m}为励磁阻抗，$Z_{\mathrm{m}}=r_{\mathrm{m}}+\mathrm{j}x_{\mathrm{m}}$；$r_{\mathrm{m}}$为励磁电阻，它对应的是铁耗的等效电阻，即$r_{\mathrm{m}}=p_{\mathrm{Fe}}/(m_1 I_0^2)$；$x_{\mathrm{m}}$为励磁电抗，它对应的是主磁通$\Phi_{\mathrm{m}}$对定子绕组的等效电抗；$m_1$为定子相数。

因为$I_0 Z_{\sigma1} \ll E_1$，将$I_0 Z_{\sigma1}$忽略，则得：

$$\dot{U}_1 \approx -\dot{E}_1$$

或

$$U_1 \approx E_1=4.44 f_1 N_1 K_{\mathrm{W1}} \Phi_{\mathrm{m}} \tag{6-2}$$

上式说明，当电源频率一定时，电动机的主磁通Φ_{m}仅与外施电压U_1成正比。一般情况下，电源电压为额定值，所以主磁通Φ_{m}基本上是一恒定值，当负载变化时，Φ_{m}也基本不变。

根据电压平衡方程式，可以作出和变压器相似的等效电路图，如图 6－20 所示。

空载运行时，三相异步电动机的电磁现象、电压平衡方程式和等效电路与变压器基本相似，但变压器中不存在机械摩擦损耗，也基本上不存在气隙，所以，异步电动机的空载电流标幺值比变压器大得多。例如，在小型异步电动机中$I_0=60\% I_{\mathrm{N}}$，而变压器空载电流仅为$I_0=(2\%\sim10\%)I_{\mathrm{N}}$。

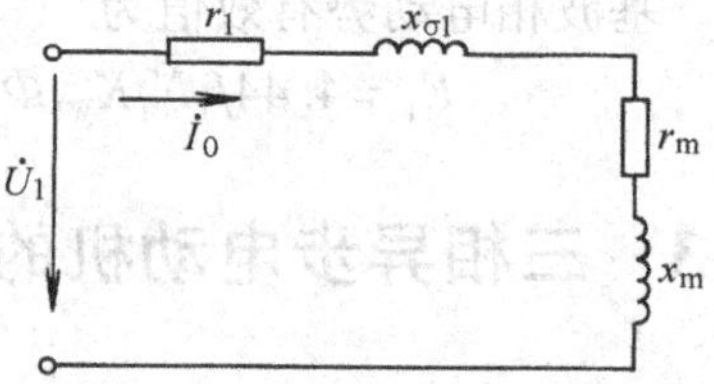

图 6－20　三相异步电动机空载时的等效电路

6.3.2　三相异步电动机的负载运行

1. 磁通势平衡方程式

当异步电动机轴上带上机械负载后，转子转速n比空载时有所下降，即在显然低于气隙旋转磁场同步转速n_1状态下运行。此时，气隙旋转磁场便以(n_1-n)的相对转速切割转子绕组，于是在转子绕组中感应电动势和电流，其交变频率为

$$f_2=\frac{p_2(n_1-n)}{60}=\frac{n_1-n}{n_1}\frac{p_2 n_1}{60}=sf_1$$

式中，p_2为转子绕组极对数，p_2恒等于定子磁极对数p。

转子电流产生转子磁通势F_2，这时气隙磁通势就由定子磁通势F_1和转子磁通势F_2合成。为了搞清负载时的物理情况，首先应对转子磁通势的性质作进一步分析。

三相异步电动机的转子绕组分为绕线型和笼型两种，它们都是多相对称绕相。当三相合成旋转磁场切割转子对称绕组时，感应的电动势和电流也将是对称的。那么转子对称的绕组流过对称的电流产生的转子合成磁通势必定是一个旋转磁通势，而且旋转磁通势的转向与定子旋转磁通势转向相同，如图 6-21 所示。设定子旋转磁场的转向是沿定子绕组 U-V-W 相序逆时针方向旋转，则它在转子绕组中感应电动势的相序为 U-V-W，于是转子电流的相序也是 U-V-W，与定子电流的相序是一致的，因此就证明了转子旋转磁通势转向必然与定子旋转磁通势相同。

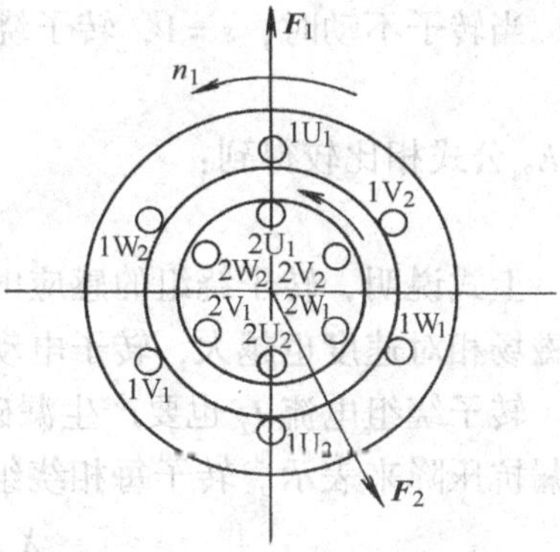

图 6-21 转子旋转磁通势转向

转子旋转磁通势的转速决定于转子绕组中的电流频率，则

$$n_2 = \frac{60f_2}{p_2} = \frac{60sf_1}{p} = sn_1$$

该转速 n_2 为旋转磁通势 $\boldsymbol{F}_2$ 相对于转子本身的转速。设转子转速为 n，则 $\boldsymbol{F}_2$ 相对空间的转速应为

$$n_2 + n = sn_1 + n = n_1$$

由此可见，转子磁通势和定子磁通势在空间同转向、同转速，均为同步转速 n_1，也即两者在空间总是保持相对静止的，如图 6-22 所示。

由于定子磁通势 $\boldsymbol{F}_1$ 和转子磁通势 $\boldsymbol{F}_2$ 在空间保持相对静止，因此，可将 $\boldsymbol{F}_1$ 和 $\boldsymbol{F}_2$ 相量合成，得到作用于异步电动机主磁路上的合成磁通势。负载时异步电动机内的主磁通就是由该合成磁通势所产生，该合成磁通势称励磁磁通势，用 $\boldsymbol{F}_{\mathrm{m}}$ 表示，即

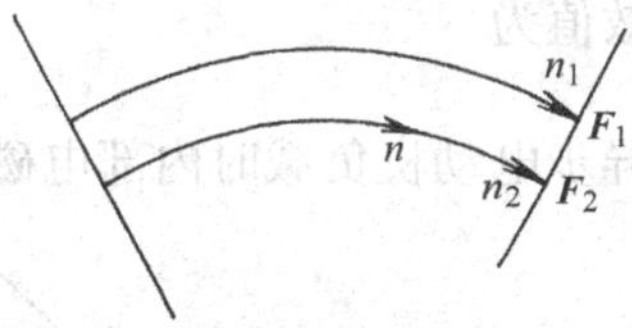

图 6-22 定、转子磁通势的速度关系

$$\boldsymbol{F}_1 + \boldsymbol{F}_2 = \boldsymbol{F}_{\mathrm{m}}$$

根据公式（6-2）中 $U_1 \approx E_1 = 4.44 f_1 N_1 K_{\mathrm{W1}} \Phi_{\mathrm{m}}$ 可知，只要电动机外施电源电压 U_1 及电源频率 f_1 不变，电动机从空载变化到负载时，主磁通 Φ_{m} 是基本不变的，这样励磁磁通势也应基本不变。因此空载时励磁磁通势 $\boldsymbol{F}_0$ 等于负载时励磁磁通势 $\boldsymbol{F}_{\mathrm{m}}$，即

$$\boldsymbol{F}_1 + \boldsymbol{F}_2 = \boldsymbol{F}_{\mathrm{m}} = \boldsymbol{F}_0$$

式中，$F_1 = \frac{m_1}{2} \times 0.9 \frac{N_1 K_{\mathrm{W1}}}{p} I_1$；$F_2 = \frac{m_2}{2} \times 0.9 \frac{N_2 K_{\mathrm{W2}}}{p} I_{2\mathrm{s}}$；$F_0 = \frac{m_1}{2} \times 0.9 \frac{N_1 K_{\mathrm{W1}}}{p} I_0$；$m_1$、$m_2$ 分别为定、转子绕组的相数；N_1、N_2 分别为定、转子绕组的匝数；K_{W1}、K_{W2} 分别为定、转子的绕组系数。

上式即为三相异步电动机的磁通势平衡方程式。

2. 电动势平衡方程式

异步电动机负载时与空载相比，定子绕组回路除了定子电流从 I_0 变为 I_1 之外，其他物理量如 E_1 和 $E_{\sigma1}$ 都没有变化，因此不再重复分析。但转子绕组与气隙主磁通 Φ_{m} 有相对切割运动，产生感应电动势 $E_{2\mathrm{s}}$，其值为

$$\dot{E}_{2\mathrm{s}} = -\mathrm{j}4.44 f_2 N_2 K_{\mathrm{W2}} \dot{\Phi}_{\mathrm{m}}$$

式中，N_2 为转子绕组每相串联匝数；K_{W2} 为转子绕组系数。

当转子不动时，$s=1$，转子绕组感应电动势有效值为

$$E_2 = 4.44 f_1 N_2 K_{W2} \Phi_m$$

与 E_{2s} 公式相比较得到：

$$E_{2s} = sE_2$$

上式说明，转子绕组的感应电动势是随转差率 s 成正比变化的，s 越大，转子绕组切割主磁场相对速度也越大，转子电动势也就越大。

转子绕组电流 I_2 也要产生漏磁通 $\Phi_{\sigma2}$，并在转子绕组中产生漏磁电动势，与定子相似，用漏抗压降来表示。转子每相绕组的漏电抗为

$$X_{\sigma2s} = 2\pi f_2 L_{\sigma2} = s2\pi f_1 L_{\sigma2} = sX_{\sigma2}$$

式中，$X_{\sigma2}$ 为转子不转时转子绕组的漏电抗，转子漏抗 $X_{\sigma2s}$ 也是随 s 成正比变化的。

设转子绕组每相电阻为 r_2，因为异步电动机转子回路总是短路的，所以根据基尔霍夫第二定律可得出转子回路的电动势平衡方程式为

$$\dot{E}_{2s} + \dot{E}_{\sigma2s} = \dot{I}_{2s} r_2$$

$$\dot{E}_{2s} = \dot{I}_{2s}(r_2 + \mathrm{j}x_{\sigma2s}) = \dot{I}_{2s}(r_2 + \mathrm{j}sx_{\sigma2})$$

或

$$\dot{I}_{2s} = \frac{\dot{E}_{2s}}{r_2 + \mathrm{j}sx_{\sigma2}}$$

其有效值为

$$I_{2s} = \frac{E_{2s}}{\sqrt{r_2^2 + (sx_{\sigma2})^2}}$$

异步电动机负载时内部电磁关系可用图 6-23 表示。

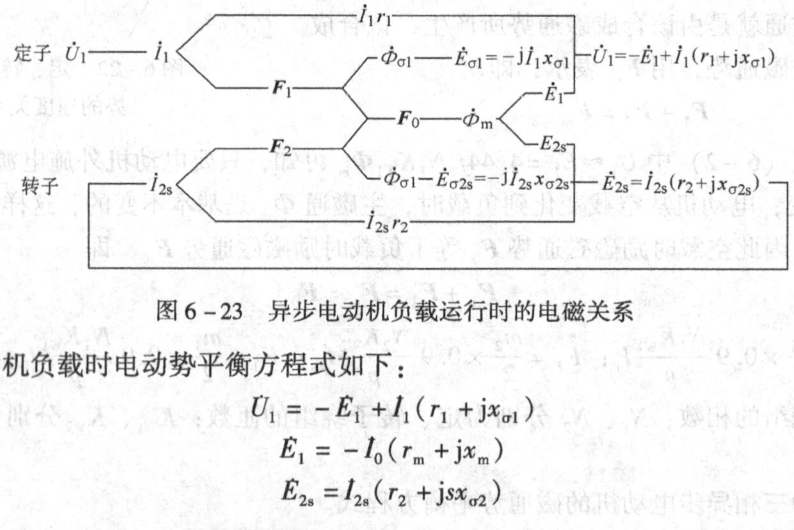

图 6-23 异步电动机负载运行时的电磁关系

异步电动机负载时电动势平衡方程式如下：

定子

$$\dot{U}_1 = -\dot{E}_1 + \dot{I}_1(r_1 + \mathrm{j}x_{\sigma1})$$

$$\dot{E}_1 = -\dot{I}_0(r_m + \mathrm{j}x_m)$$

转子

$$\dot{E}_{2s} = \dot{I}_{2s}(r_2 + \mathrm{j}sx_{\sigma2})$$

6.3.3 三相异步电动机的等效电路

如果要像变压器那样，将异步电动机有磁耦合的定、转子电路变换成一个只有纯电路的等效电路，而又不改变电动机的电磁性能，除了进行绕组折算以外，还必须因定、转子电路的频率不同而进行频率折算。但是无论何种折算，其折算原则是相同的，即必须保证折算前后电动机的磁通势平衡关系不变和功率（包括损耗）平衡关系不变。

1. 频率折算

所谓频率折算，就是将转子的频率 f_2 折算成定子频率 f_1，也就是用一个静止的等效转子去代替实际旋转的转子。

频率折算前，异步电动机转子回路的电流和功率因数分别为

$$\dot{I}_{2s}=\frac{\dot{E}_{2s}}{r_2+\mathrm{j}sx_{\sigma2}} \tag{6-3}$$

$$\cos\varphi_2=\frac{r_2}{\sqrt{r_2^2+(sx_{\sigma2})^2}} \tag{6-4}$$

如果把上两式中的分子与分母同除以 s，则变为

$$\dot{I}_2=\frac{\dot{E}_2}{r_2/s+\mathrm{j}x_{\sigma2}} \tag{6-5}$$

$$\cos\varphi_2=\frac{r_2/s}{\sqrt{(r_2/s)^2+(x_{\sigma2})^2}} \tag{6-6}$$

显然，经变换后的式（6-5）、式（6-6）与式（6-3）、式（6-4）相比，转子电流的大小和相位没有发生变化，但是其表示的物理意义已发生了变化。式（6-3）和式（6-4）对应的是转子转动时的情况，此时的电动势 E_{2s} 和漏抗 $X_{\sigma2s}$ 具有的频率为 $f_2=sf_1$，而式(6-5)和式（6-6）对应的却是转子静止时的情况，此时的 E_2、I_2 和 $X_{\sigma2}$ 具有的频率均为 f_1。这表明，一台以转差率 s 旋转的异步电动机转子可以用一台等效的静止的转子来代替，不过在频率折算时，等效的静止转子中还应串入一个大小等于 $r_2/s-r_2=(1-s)r_2/s$ 的附加电阻。

频率折算后，在附加电阻 $(1-s)r_2/s$ 中将消耗电功率，而在实际的电动机转子中并不存在这项电阻损耗，但却存在机械功率。由于折算前后，有功功率应相等，因此消耗在附加电阻 $(1-s)r_2/s$ 中的损耗 $m_2I_2^2(1-s)r_2/s$ 就代表实际电动机的总机械功率，用 P_m 表示。

由于折算前后转子电流大小和相位没有发生变化，因此转子磁通势仍保持不变，从而保证了定、转子磁通势平衡关系也保持不变。如图 6-24 所示为频率折算后异步电动机的定、转子电路图。与变压器电路完全相似，要消除定、转子电路的磁耦合关系，则采用变压器的绕组折算就可以了。

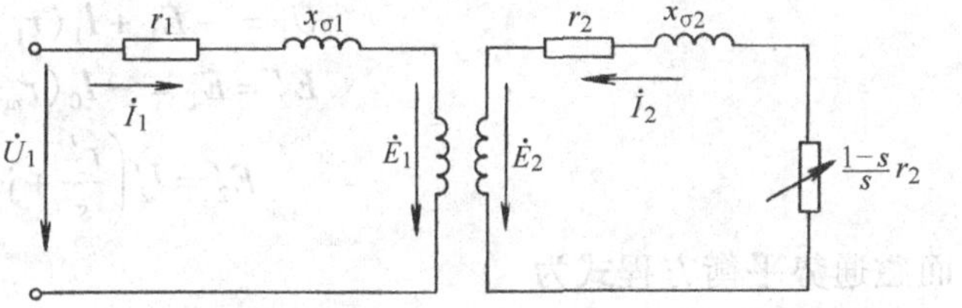

图 6-24　频率折算后异步电动机的等效电路

2. 绕组折算

所谓绕组折算，就是把相数为 m_2、每相串联匝数为 N_2、绕组系数为 K_{W2} 的实际转子绕组折算成与定子绕组完全相同的一个等效转子绕组，即用 m_1、N_1、K_{W1} 来代替 m_2、N_2、K_{W2}。设绕组折算后的转子电路中物理量和参数均用“′”表示。

根据折算前、后转子磁通势应保持不变的条件，可得

$$\frac{m_1}{2}\times0.9\frac{N_1K_{W1}}{p}I_2'=\frac{m_2}{2}\times0.9\frac{N_2K_{W2}}{p}I_2$$

则

$$I_2' = \frac{m_2 N_2 K_{W2}}{m_1 N_1 K_{W1}} I_2 = \frac{1}{K_i} I_2$$

式中，K_i 为电流折算系数（亦称电流变比），$K_i = m_1 N_1 K_{W1}/(m_2 N_2 K_{W2})$。

绕组折算后，异步电动机磁通势方程式可改写为

$$\dot{I}_1 + \dot{I}_2' = \dot{I}_0$$

根据功率不变的条件（并可证明，转子电路的功率因数角不变），可得：

$$m_2 E_2 I_2 = m_1 E_2' I_2'$$

则

$$E_2' = \frac{N_1 K_{W1}}{N_2 K_{W2}} E_2 = K_u E_2$$

式中，K_u 为电压折算系数（亦称电压变比），$K_u = N_1 K_{W1}/(N_2 K_{W2})$。

显然，折算以后 $E_2' = E_1$。

同理可得：

$$m_1 I_2'^2 r_2' = m_2 I_2^2 r_2 \text{ 和 } m_1 I_2'^2 x_{\sigma2}' = m_2 I_2^2 x_{\sigma2}$$

即

$$r_2' = \frac{m_2}{m_1} K_i^2 r_2 = K_i K_u r_2$$

$$x_{\sigma2}' = \frac{m_2}{m_1} K_i^2 x_{\sigma2} = K_i K_u x_{\sigma2}$$

根据 r_2' 和 $x_{\sigma2}'$ 可得转子每相阻抗的折算值为

$$Z_{\sigma2}' = K_i K_u Z_{\sigma2}$$

3. 三相异步电动机的等效电路

经过频率折算和绕组折算后，定、转子的电动势平衡方程式为

$$\dot{U}_1 = -\dot{E}_1 + \dot{I}_1 (r_1 + jx_{\sigma1})$$
$$\dot{E}_2' = \dot{E}_1 = -\dot{I}_0 (r_m + jx_m)$$
$$\dot{E}_2' = \dot{I}_2' \left(\frac{r_2'}{s} + jx_{\sigma2}' \right)$$

而磁通势平衡方程式为

$$\dot{I}_1 + \dot{I}_2' = \dot{I}_0$$

根据上述公式，可画出三相异电动机一相绕组的 T 形等效电路，如图 6-25 所示。

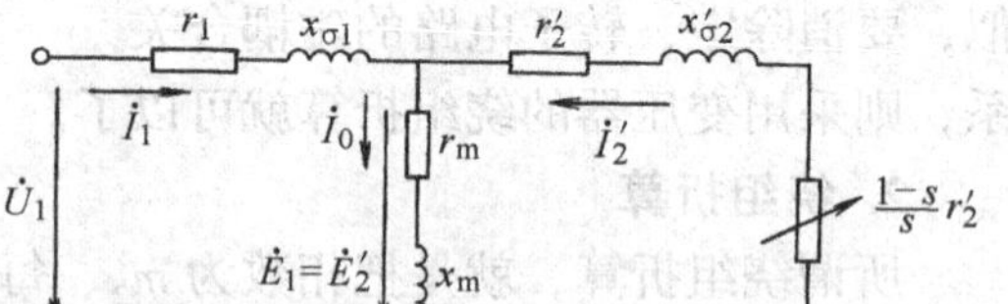

图 6-25　异步电动机的 T 形等效电路

从等效电路可见，当电动机空载时，转子转速接近于同步转速，$s \approx 0$，$r_2'/s \to \infty$，$I_2' \approx 0$ 即转子相当于开路，$I_1 \approx I_0$，用于产生主磁通，因此电动机空载时的功率因数很低。

当电动机在额定负载运行时，$s_N \approx 0.02 \sim 0.06$，此时，$r_2'/s \gg x_{\sigma2}'$，使转子电路基本上成为电阻性电路，因而转子电路的功率因数 $\cos\varphi_2 \approx 1$，定子电流 $\dot{I}_1 = \dot{I}_0 + (-\dot{I}_2')$，由励磁电流 $\dot{I}_0$ 和负载分量（$-\dot{I}_2'$）两部分组成，定子电路的功率因数 $\cos\varphi_1 = 0.8 \sim 0.9$。

当电动机起动时，$s = 1$，$r_2'/s = r_2$，转子的功率因数很低，电流很大，所以定子电流也

很大。假设 $Z_{\sigma1}=Z_{\sigma2}'$，则起动时 E_1 和气隙主磁通因定子漏阻抗压降增大将降至空载运行时的一半。

为了简化运算，可把串并联复合的 T 形等效电路中的励磁支路移到输入端，使电路简化成单纯的并联电路，如图 6－26 所示，我们称之为 Γ 形等效电路，即异步电动机的近似等效电路。根据此电路计算出的各物理量与实际值有一定的偏差，且电动机越小，偏差越大。如果求得精确的数据，应采用 T 形等效电路。

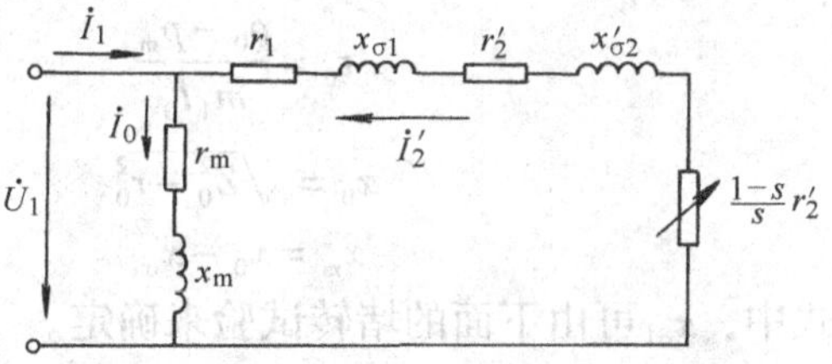

图 6－26　异步电动机的近似等效电路

等效电路中的各个参数，可以用实验法或计算法确定。参数确定后，根据等效电路即可算出不同负载下定、转子的电流、电磁转矩、功率以及其他运行数据。

6.3.4　三相异步电动机的参数测定

和变压器相似，异步电动机的参数也可以用空载试验和短路试验来测定，短路试验又名堵转试验。

1. 空载试验

空载试验的目的是测定电动机的励磁参数 r_m、x_m、铁耗 p_{Fe} 及机械损耗 p_m。

空载试验时，电动机轴上不带任何负载，施加额定频率的三相对称电压 U_1，从（1.1～1.3）U_N 开始，逐渐降低到可能达到的最低值，测量 7～9 组，每次测取电动机的电压 U_0、电流 I_0、空载功率 p_0 和转速 n。U_1 可能达到的最低值是指转速 n 已明显低于 n_1。试验结束后，应立即测量定子电阻 r_1。

根据测取的 U_0、I_0、p_0 数据，作空载特性曲线 $I_0=f(U_0)$ 和 $p_0=f(U_0)$，如图 6－27 所示。电动机的空载功率为

$$p_0=m_1I_0^2r_1+p_{Fe}+p_m$$

从空载功率中减去定子铜耗，可得铁耗和机械损耗之和，即

$$p_0'=p_0-m_1I_0^2r_1=p_{Fe}+p_m$$

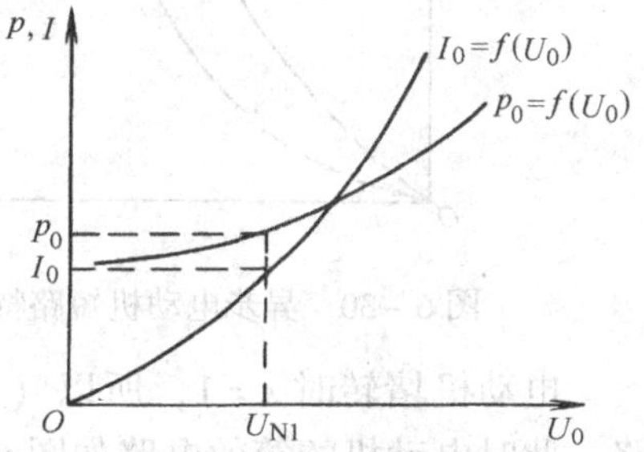

图 6－27　异步电动机的空载特性

由于铁耗 p_{Fe} 近似与电压的平方成正比，而机械损耗 p_m 与电压无关，仅与转速有关，因此作曲线 $p_0'=f(U_0^2)$，如图 6－28 所示。延长直线部分与纵轴交于 a 点，$U_0=0$ 时，$p_{Fe}=0$，则 $p_0'=p_m$，因此 Oa 的大小即为机械损耗 p_m。

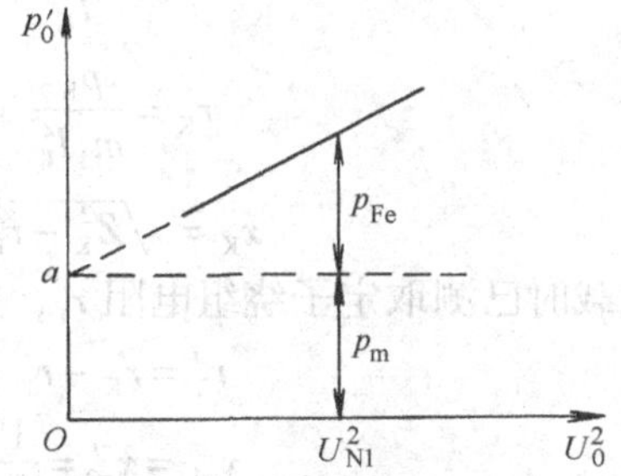

图 6－28　异步电动机铁耗与机械损耗的分离

空载时 $s\approx0$，转子绕组可认为是开路，此时的等效电路如图 6－29 所示。根据等效电路，可求得励磁阻抗为

$$Z_0=\frac{U_1}{I_0}$$

$$r_m = \frac{p_{Fe}}{m_1 I_0^2}$$

$$r_0 = \frac{p_0 - p_m}{m_1 I_0^2}$$

$$x_0 = \sqrt{Z_0^2 - r_0^2}$$

$$x_m = x_0 - x_{\sigma1}$$

式中，$x_{\sigma1}$ 可由下面的堵转试验来确定。

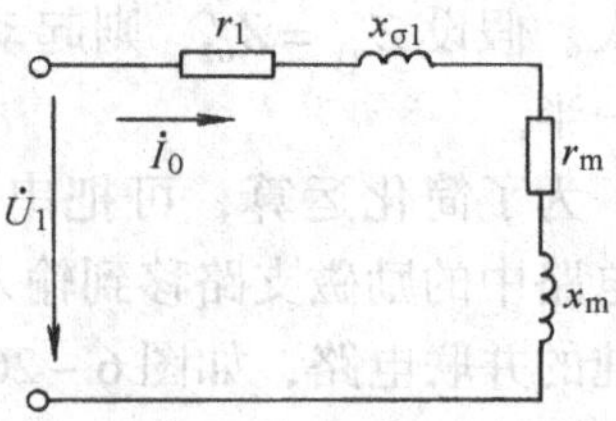

图 6-29　异步电动机的空载等效电路

2. 堵转试验

堵转试验的目的是确定异步电动机的短路阻抗、转子电阻和定、转子漏抗。

堵转试验是在转子堵住不动时，对电动机施加三相对称电压，理想的状况是从 U_N 开始逐步下降到使电流为额定值时为止。但由于额定电压时，电动机电流将达（4～7）I_N，时间稍长些，将使电动机烧毁，所以通常从 $0.4U_N$ 左右做起，此时电流约为（2～3）I_N。测量 5～7 组数据，每次测取电压 U_K、短路电流 I_K、短路损耗 p_K。

利用测取的数据，可作出短路特性曲线 $I_K=f(U_K)$ 和 $p_K=f(U_K)$，如图 6-30 所示。由于对应不同电流时电动机的磁路饱和程度不同，并且其漏抗值是有变化的，因此 $I_K=f(U_K)$ 关系曲线不是一条直线。如果试验从 $0.4U_N$ 做起，此时需作 $\lg I_K=f(\lg U_K)$ 曲线，如图 6-31 所示。延长曲线，可查出对应于 U_N 时的短路电流 I_K，该电流即为电动机的起动电流。

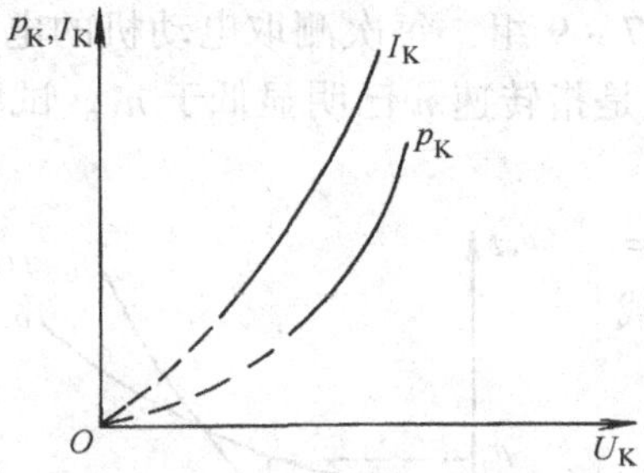

图 6-30　异步电动机短路特性

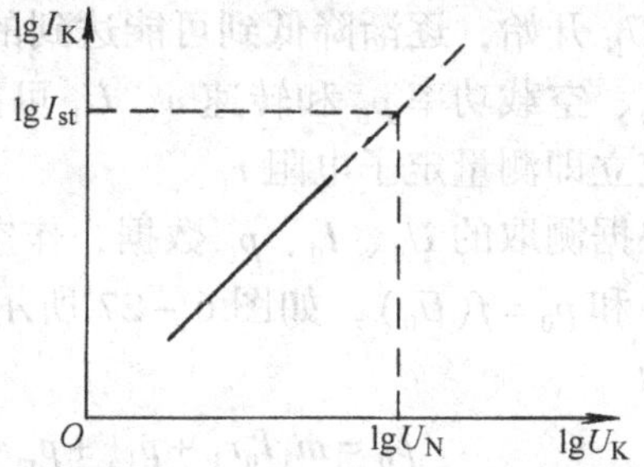

图 6-31　短路电流的对数曲线

电动机堵转时 $s=1$，所以 $(1-s)r_2'/s=0$，又因为 $Z_{\sigma2} \ll Z_m$，故励磁支路可认为是开路，此时电动机的等效电路如图 6-32 所示，则

$$Z_K = \frac{U_K}{I_K}$$

$$r_K = \frac{p_K}{m_1 I_K^2}$$

$$x_K = \sqrt{Z_K^2 - r_K^2}$$

空载时已测取定子绕组电阻 r_1，并设 $x_{\sigma1} \approx x_{\sigma2}'$，则

$$r_2' = r_K - r_1$$

$$x_{\sigma1} = x_{\sigma2}' = \frac{1}{2} x_K$$

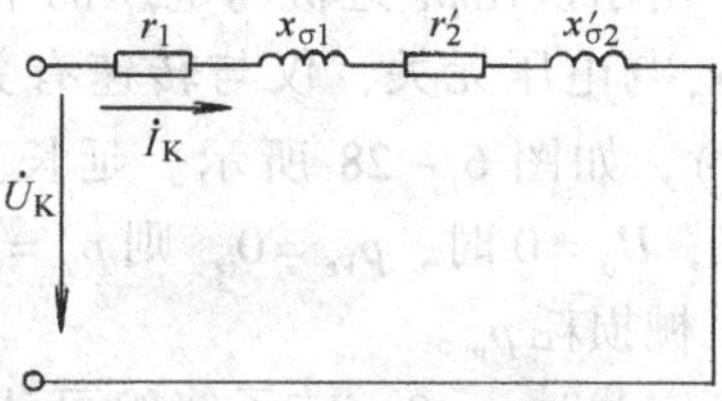

图 6-32　异步电动机堵转时的等效电路

需要说明的是，当电动机全压起动时，定、转子电流都比额定电流大许多倍，漏磁路的

铁磁部分（为齿部）饱和，漏抗减小，通常饱和值比正常工作时的不饱和值小15%～30%，所以计算起动特性时采用漏抗饱和值较为接近实际，计算工作特性用漏抗不饱和值比较准确。

空载电流、空载损耗和短路电流、短路损耗可以用来衡量异步电动机的运行性能，相同容量和电压等级的异步电动机，空载电流大反映 $\cos\varphi_1$ 低，空载损耗大反映铁损耗和机械损耗大，因此希望空载电流和空载损耗越小越好。短路电流的大小反映了起动电流的大小，短路损耗的大小反映了起动转矩的大小，因此短路电流和短路损耗不宜过大或过小。

6.4 三相异步电动机的基本方程式

6.4.1 功率平衡方程式

异步电动机稳定运行时，功率变换和传递过程可以用图6－25所示的T形等效电路来说明，设定子从电源输入的电功率为 P_1，由T形等效电路可知，P_1 中的一小部分功率将消耗在定子绕组的电阻上，称之为定子铜耗 p_{Cu1}，另一部分将消耗于定子铁心上，称之为铁耗 p_{Fe}，余下的有功功率则通过气隙旋转磁场传递给转子，这部分功率称之为电磁功率 P_{em}，则

$$P_{em}=P_1-p_{Cu1}-p_{Fe}$$

式中，$P_1=m_1U_1I_1\cos\varphi_1$；$p_{Cu1}=m_1I_1^2r_1$；$p_{Fe}=m_1I_0^2r_m$；$U_1$、$I_1$ 分别为定子相电压和相电流；$\cos\varphi_1$ 为定子功率因数。

电磁功率 P_{em} 则为

$$P_{em}=m_1E_2'I_2'\cos\varphi_2=m_1I_2'^2\frac{r_2'}{s} \tag{6-7}$$

式中，$\cos\varphi_2$ 为转子功率因数。

因为转子铁心中磁通变化频率 f_2 很低，所以转子铁耗很小，可略去不计。因此，从电磁功率 P_{em} 中扣除转子铜耗 p_{Cu2} 以后，就是转子上的总机械功率 P_m，即

$$P_m=P_{em}-p_{Cu2}$$

其中

$$p_{Cu2}=m_1I_2^2r_2=sP_{em} \tag{6-8}$$

则

$$P_m=P_{em}-p_{Cu2}=(1-s)P_{em}$$

从式（6－8）可见，转子铜耗等于转差率 s 乘以电磁功率，故称为转差功率。转差率 s 越大，电磁功率中将有更多的部分变为转子铜耗。总机械功率 P_m 扣除因电动机旋转而产生的机械摩擦损耗 p_m 以及成因比较复杂的杂散损耗 p_{ad} 以后，就是电动机轴上输出的机械功率 P_2，即

$$P_2=P_m-(p_m+p_{ad})$$

综上所述，可得

$$P_2=P_1-\sum p \tag{6-9}$$

式中，$\sum p=p_{Cu1}+p_{Fe}+p_{Cu2}+p_m+p_{ad}$ 为电动机的总损耗。

对于铜条笼型转子，$p_{ad}=0.5\%P_N$；对于铸铝笼型转子，$p_{ad}=(1\sim3)\%P_N$，P_N 为额

定功率。式（6-9）即为异步电动机的功率平衡方程式，与其相应的功率流程图如图 6-33 所示。

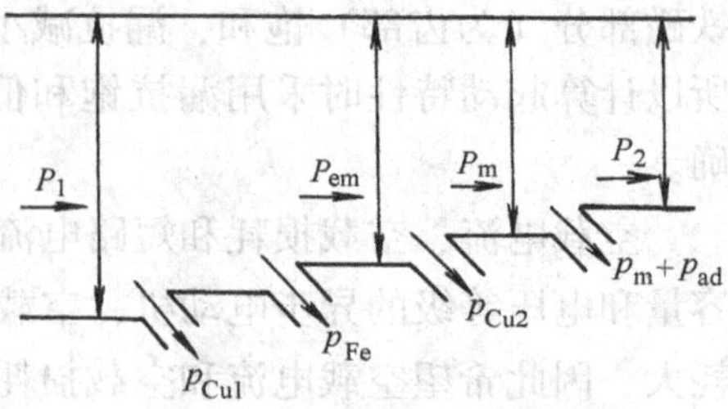

图 6-33　异步电动机的功率流程图

三相异步电动机的效率为

$$\eta=\frac{P_2}{P_1}\times 100\%=\frac{P_1-\sum p}{P_1}\times 100\%=\left(1-\frac{\sum p}{P_1}\right)\times 100\%$$

6.4.2　转矩平衡方程式

因为机械功率等于转矩乘以机械角速度，所以将公式 $P_m=P_2+p_m+p_{ad}$ 两边均除以机械角速度 Ω，即得到电动机的转矩平衡方程式：

$$\frac{P_m}{\Omega}=\frac{P_2}{\Omega}+\frac{p_m+p_{ad}}{\Omega}$$

即

$$T_{em}=T_2+T_0$$

式中，$\Omega=2\pi n/60$ 为机械角速度；$T_{em}=P_m/\Omega$ 为电动机的电磁转矩；$T_2=P_2/\Omega$ 为输出的机械转矩；$T_0=(p_m+p_{ad})/\Omega$ 为机械和杂散损耗转矩，通常称为空载阻转矩。

由此可见，电动机产生的电磁转矩减去轴上的空载阻转矩后，才是电动机轴上的输出转矩。

由于总机械功率 $P_m=(1-s)P_{em}$，机械角速度 $\Omega=(1-s)\Omega_1$，Ω_1 为同步角速度，则

$$T_{em}=\frac{P_m}{\Omega}=\frac{P_{em}}{\Omega_1} \tag{6-10}$$

上式说明，电磁转矩既可以用总机械功率除以机械角速度来计算，也可以用电磁功率除以同步角速度来计算。

6.4.3　电磁转矩公式

为了进一步说明电磁转矩的本质，可从等效电路来推导它的物理表达式和参数表达式。

1. 电磁转矩的物理表达式

由式（6-7）和式（6-10）可知，电磁转矩公式为

$$\begin{aligned}T_{em}&=\frac{P_{em}}{\Omega_1}=\frac{m_1E_2'I_2'\cos\varphi_2}{\Omega_1}=\frac{pm_1}{2\pi f_1}4.44f_1N_1K_{W1}\Phi_m I_2'\cos\varphi_2\\&=\frac{pm_1N_1K_{W1}}{\sqrt{2}}\Phi_m I_2'\cos\varphi_2\\&=C_T\Phi_m I_2'\cos\varphi_2\end{aligned}$$

式中，$\Omega_1=2\pi n_1/60=2\pi f_1/p$；$C_T$ 为异步电动机的电磁转矩系数，$C_T=pm_1N_1K_{W1}/\sqrt{2}$。对于已制造好的电动机，$C_T$ 为常数。

上式表明，电磁转矩的大小与主磁通及转子电流的有功分量 $I_2'\cos\varphi_2$ 的乘积成正比。即电磁转矩是由气隙磁场与转子电流有功分量共同作用产生的。上式主要用于定性分析异步电动机电磁转矩的大小。

2. 电磁转矩的参数表达式

当需要用参数来定量分析异步电动机电磁转矩大小时，就要采用电磁转矩的参数表达

式。这可从图 6－26 所示的异步电动机的近似等效电路导出，即

$$I_2' = \frac{U_1}{\sqrt{\left(r_1 + \frac{r_2'}{s}\right)^2 + (x_{\sigma1} + x_{\sigma2}')^2}}$$

将上式和式（6－7）代入式（6－10）得

$$T_{em} = \frac{P_{em}}{\Omega_1} = \frac{p}{2\pi f_1} m_1 I_2'^2 \frac{r_2'}{s} = \frac{p m_1 U_1^2}{2\pi f_1} \frac{r_2'/s}{(r_1 + r_2'/s)^2 + (x_{\sigma1} + x_{\sigma2}')^2}$$

上式即为异步电动机电磁转矩参数表达式，该式表明当外施电源 U_1 和 f_1 额定、电动机参数一定时，电磁转矩 T_{em} 仅与转差率 s 有关。T_{em} 与 s 关系曲线表示的就是异步电动机的机械特性曲线，这将在后面进一步讨论。

例 6－6 某三相 4 极异步电动机的额定数据如下：$P_N = 5.5\text{kW}$，$U_N = 380\text{V}$，$f_N = 50\text{Hz}$，$n_N = 1440\text{r/min}$，$\cos\varphi_N = 0.88$，定子绕组为三角形联结。已知额定运行时各项损耗如下：$p_{Cu1} = 341\text{W}$，$p_{Fe} = 167\text{W}$，$p_m = 45\text{W}$，$p_{ad} = 29\text{W}$。试求额定运行时的：①转子电流频率。②效率。③额定电流。④电磁转矩。

解：① 额定运行时

$$s_N = \frac{n_1 - n_N}{n_1} = \frac{1500 - 1440}{1500} = 0.04$$

则

$$f_2 = s_N f_1 = (0.04 \times 50)\text{Hz} = 2\text{Hz}$$

②

$$P_m = P_2 + p_m + p_{ad} = (5500 + 45 + 29)\text{W} = 5574\text{W}$$

$$p_{Cu2} = \frac{s_N}{1 - s_N} P_m = \frac{0.04}{1 - 0.04} \times 5574\text{W} = 232\text{W}$$

$$P_1 = P_2 + p_{Cu1} + p_{Fe} + p_{Cu2} + p_m + p_{ad} = (5500 + 341 + 167 + 232 + 45 + 29)\text{W} = 6314\text{W}$$

则

$$\eta_N = \frac{P_N}{P_1} \times 100\% = \frac{5500}{6314} \times 100\% = 87.1\%$$

③

$$I_N = \frac{P_1}{\sqrt{3} U_{N1} \cos\varphi_N} = \frac{6314}{\sqrt{3} \times 380 \times 0.88}\text{A} = 10.9\text{A}$$

④

$$\Omega = \frac{2\pi n_N}{60} = \frac{2\pi \times 1440}{60}\text{rad/s} = 150.8\text{rad/s}$$

$$T_{em} = \frac{P_m}{\Omega} = \frac{5574}{150.8}\text{N} \cdot \text{m} = 37.0\text{N} \cdot \text{m}$$

6.5 三相异步电动机的工作特性

异步电动机的工作特性是指在 $U_1 = U_N$ 和 $f = f_N$ 的条件下，电动机的转速 n、定子电流 I_1、电磁转矩 T_{em}、功率因数 $\cos\varphi_1$、效率 η 与输出功率 P_2 的关系。

6.5.1 转速特性

电动机转速随输出功率变化的曲线 $n = f(P_2)$ 称为转速特性。

根据式（6－8），电动机的转差率和转速为

$$s=\frac{p_{Cu2}}{P_{em}}$$

$$n=(1-s)n_1$$

空载时，$P_2=0$，转差率 $s\approx0$，转子转速非常接近同步转速 n_1，随着负载 P_2 增大，转子电流增大，转子铜耗 p_{Cu2} 和电磁功率 P_{em} 也相应增大。但是 $p_{Cu2}=m_1I_2'^2r_2'$ 与转子电流平方成正比，而 $P_{em}=m_1E_2'I_2'\cos\varphi_2$ 近似与转子电流的一次方成正比，p_{Cu2} 增加得比 P_{em} 快，故随着 P_2 增大，转差率 s 也增大，转速 n 稍有下降，为了保证电动机具有较高的效率，额定负载时的转差率 $S_N=0.02\sim0.06$。因此，异步电动机的转差率 s 随着输出功率增大而略微增加，对应电动机转速特性为一条略为下倾的曲线，如图 6－34 所示。

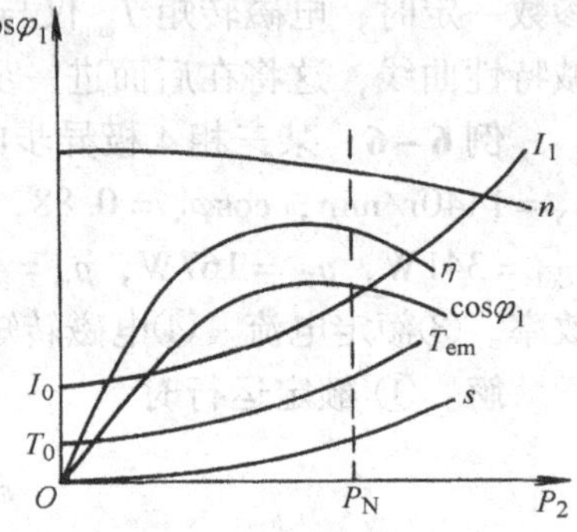

图 6－34　异步电动机的工作特性

6.5.2　定子电流特性

电动机定子电流随输出功率变化的曲线 $I_1=f(P_2)$ 称为定子电流特性。

电动机的定子电流为

$$\dot{I}_1=\dot{I}_0+(-\dot{I}_2')$$

空载时，$P_2=0$，转子电流 $I_2'\approx0$，$\dot{I}_1=\dot{I}_0$；随着负载 P_2 增大，转子转速下降，转子电流增大，为抵消转子电流所产生的磁通势，定子磁通势和电流将随之而增大，如图 6－34 所示。

6.5.3　功率因数特性

电动机定子功率因数随输出功率变化的曲线 $\cos\varphi_1=f(P_2)$ 称为功率因数特性。

异步电动机是一个电感性负载，必须从电网中吸取无功功率，所以异步电动机的功率因数 $\cos\varphi_1$ 总是滞后的。空载时，异步电动机定子电流基本上为励磁电流，这时功率因数低，$\cos\varphi_1=0.01\sim0.02$ 左右。当负载增大时，定子有功电流分量随着 P_2 增大而增大，因而异步电动机的定子功率因数随之提高，接近额定负载时，功率因数将达到最大值。如果负载继续增大，使转差率 s 增大，转子功率因数角 $\varphi_2=\arctan(sx_{\sigma2}'/r_2')$ 较大，转子功率因数下降得较快，电流无功分量增加得较快，反而使定子功率因数下降，其特性曲线如图 6－34 所示。

6.5.4　电磁转矩特性

电动机电磁转矩随输出功率变化的曲线 $T_{em}=f(P_2)$ 称为电磁转矩特性。

根据转矩平衡方程式可知

$$T_{em}=T_2+T_0=\frac{P_2}{\Omega}+T_0$$

空载时，$P_2=0$，$T_{em}=T_0$。当负载 P_2 增大时，因为转差率 s 变化不大，所以机械角速度 Ω 变化也不大，而 T_0 可认为不变，则 $T_{em}=f(P_2)$ 近似为一直线，如图 6－34 所示。

6.5.5 效率特性

电动机效率随输出功率变化的曲线 $\eta=f(P_2)$ 称为效率特性。

异步电动机的效率为

$$\eta=\frac{p_2}{P_1}=1-\frac{\sum p}{P_2+\sum p}$$

空载时，$P_2=0$，$\eta=0$。当负载 P_2 增大时，效率 η 的变化将取决于损耗。由于定、转子铜损耗和杂散损耗随负载变化而变化，故称之为可变损耗，而铁心损耗和机械摩擦损耗不随负载变化而变化，故称之为不变损耗。随着负载逐步增大，效率 η 亦随着增加，直到可变损耗等于不变损耗时，效率将达到最大。若负载继续增大，则电动机的效率就要下降。效率特性曲线如图 6－34 所示。一般地，电动机最大效率发生在 $(0.75\sim1.0)P_N$ 这一范围内。

额定负载时，$\eta_N=(75\sim94)\%$ 左右，容量越大，η_N 越高。

本章小结

三相异步电动机主要由定子、转子和气隙三部分组成。定子主要由定子铁心和定子绕组组成。定子铁心一般用0.5mm 厚的硅钢片冲制叠成的，目的是为了减小旋转磁场引起的磁滞和涡流损耗，即铁耗。定子绕组是由三个完全相同的在空间互隔120°电角度安放的对称绕组组成，用来产生三相对称的电动势和合成旋转磁场，三相对称绕组的六个引线可以接成Y或△。

转子主要由转子铁心和转子绕组组成，转子铁心与定子铁心相同，转子绕组分为笼型和绕线型两类，转子绕组电路永远是短路的，气隙的大小将影响异步电动机的励磁电流 I_0 和功率因数 $\cos\varphi_1$ 的大小，为了提高 $\cos\varphi_1$，减小 I_0，则应尽可能地使气隙减小到最低程度。

三相对称绕组通以三相对称电流时，在气隙中便会产生一个合成旋转磁场，这个旋转磁场的幅值是恒定的，其转速取决于电流频率和电动机极数，即 $n_1=60f_1/p$，其转向取决于三相绕组中电流的相序。要改变旋转磁场的转向，只要将三相绕组所接的任意二相电源线对调即可。

转差率 s 是异步电动机最重要的基本变量。正是由于异步电动机的转子与旋转磁场存在转差，所以才能使异步电动机转子绕组切割磁场感应电动势、电流，从而产生电磁转矩，使电动机转动起来。电动机负载运行时，同时满足磁通势平衡、电动势平衡、功率平衡和转矩平衡关系，这些平衡关系概括了异步电动机运行的基本电磁关系。

通过频率折算和绕组折算，可以用一个由定、转子绕组漏阻抗和励磁阻抗混联的等效电路来如实地和比较全面地反映异步电动机内部的电流、功率、转矩和它们之间的相互关系。因此工程上，常用等效电路来计算异步电动机的各种运行数据和特性，而等效电路中的参数可以用空载试验和堵转（短路）试验来求取。

异步电动机的工作特性是指电源电压和频率为额定值时，n、I_1、$\cos\varphi_1$、T_{em}、η 等与 P_2 之间的关系。η_N、$\cos\varphi_N$ 是标志异步电动机运行性能的重要指标，一般称之为力能指标。$\cos\varphi_N$ 的高低主要与励磁电流 I_0 大小有关，其次还与定、转子漏抗大小有关。I_0 越小，漏抗越小，$\cos\varphi_N$ 就越高。η_N 的大小主要取决于损耗，或者说取决于空载和短路损耗的大小。由

于 I_0 大小与 $\cos\varphi_N$ 的高低有关，p_0 大小与 η_N 大小有关，所以通常要求电动机的空载电流和空载功率越小越好。

习 题

1. 异步电动机的基本工作原理是什么？为什么异步电动机作为电动机运行时，其转子的转速只能低于同步转速（发电运行方式时可有 $n > n_1$）？

2. 什么叫转差率？三相异步电动机的额定转差率为多少？为什么讲转差率是异步电动机最重要的基本变量？

3. 何谓异步电动机的三相对称绕组？三相对称绕组通常是如何连接的？在连接的过程中，是否与变压器一样要考虑绕组的同名端？

4. 为什么异步电动机的气隙要尽可能地小，而直流电机的气隙可以大一些？

5. 试说明异步电动机的型号 Y100L－4 的含义？

6. 异步电动机的额定功率 P_N 是输入功率还是输出功率？是电功率还是机械功率？

7. 单相绕组通以单相交流电将在气隙中产生什么样的磁场？三相对称绕组通以三相对称电流将在气隙中产生什么样的磁场？两者之间有何关联？m 相对称绕组通以 m 相对称电流又将在气隙中产生什么样的磁场？

8. 三相旋转磁通势的幅值、极数、转向和转速各决定于什么？

9. 一台 50Hz 的三相异步电动机，若施加 60Hz 的三相对称交流电，当电流有效值不变时，则基波旋转磁通势的幅值、极对数、转速和转向有何变化？

10. 若将三相异步电动机外施电源的任何两根引线对调一下，则异步电动机的转子转向有什么变化？

11. 若将异步电动机定子绕组的每相串联匝数减小，则在电源电压不变的条件下，气隙中每极磁通将怎样变化？

12. 有一台三相绕线转子异步电动机，如果将定子三相绕组短路而在转子三个集电环上通入频率为 50Hz 的三相交流电产生逆时针方向的旋转磁场，则试求转子转速为 1450r/min 时，转子绕组中感应电动势的频率、定子绕组中的感应电动势频率，并说明转子转向？

13. 为什么异步电动机的负载从空载到满载之间变化时，主磁通变化不大？为什么当转子输出的转矩增大时，与转子绕组没有直接电气上联系的定子绕组的电流和输入功率会随之增大？

14. 为什么三相异步电动机的功率因数总是滞后的？

15. 为什么要进行频率折算？为什么要进行绕组折算？折算应遵循什么样的基本原则？

16. 异步电动机转速变化时，转子磁通势在空间的转速是否改变？为什么？

17. 说明异步电动机等效电路中，参数 r_1、$X_{\sigma1}$、r_2'、$X_{\sigma2}'$、r_m、x_m 以及 $(1-s)r_2'/s$ 各代表什么含义？

18. 异步电动机和变压器在额定电压时的空载电流标幺值哪个大？为什么？

19. 一台原设计用在频率 $f_1 = 50$Hz 的电源上运行的三相异步电动机，现改用在电压相同，频率 $f = 60$Hz 的电源上，问电动机的漏电抗和空载电流如何变化？

20. 有一台三相异步电动机的铭牌上标有：额定电压 $U_N = 380/220$V，定子绕组接法：Y/△。使用时若：①定子绕组△联结时，电源接 380V。②定子绕组Y联结时，电源接 200V，则两种使用情况是否允许？是否能带负载运行？会产生什么严重的后果呢？为什么？

21. 一台三相异步电动机，额定运行时转速 $n_N = 950$r/min，问这时传递到转子的电磁功率有百分之几消耗在转子电阻上？有百分之几转化成机械功率？

22. 什么是异步电动机的力能指标？它们的大小与什么因素有关？

23. 什么是异步电动机的不变损耗？什么是可变损耗？在什么条件下异步电动机的效率为最大？

24. 异步电动机为什么不可以长期空载或轻载运行？

25. 设一台三相异步电动机的铭牌标明其额定频率$f_N=50\text{Hz}$，额定转速$n_N=1440\text{r/min}$，则此电动机的极对数和额定转差率为多少？若另一台三相异步电动机极数为$2p=6$，$f_N=50\text{Hz}$，转差率$s_N=0.04$，则该电动机的额定转速为多少？

26. 设一台三相异步电动机的$P_N=50\text{kW}$，$U_N=380\text{V}$，$\cos\varphi_1=0.85$，$\eta_N=89.4\%$，试求该电动机的额定电流I_N。

27. 设一台三相异步电动机的$P_N=75\text{kW}$，$U_N=380\text{V}$，$I_N=140\text{A}$，$\cos\varphi_N=0.87$，试求该电动机的额定效率。

28. 一台三相4极异步电动机，定子Y联结，额定电压$U_N=380\text{V}$，$f_N=50\text{Hz}$，额定转速$n_N=1440\text{r/min}$，已知定子每相串联匝数$N_1=192$，绕组系数$K_{W1}=0.936$，转子每相串联匝数$N_2=36$，绕组系数$K_{W2}=0.956$，当每极磁通$\Phi_m=5.4\times10^{-3}\text{Wb}$时，试求定、转子感应电动势及电压比。

29. 一台三相4极绕线转子异步电动机，额定转速$n_N=1450\text{r/min}$，转子堵转时的参数$r_2=0.1\Omega$，$X_{\sigma2}=0.5\Omega$，当定子绕组加额定电压，而转子绕组开路时，测得转子的每相绕组感应电动势为110V。试求：①额定运行时，转子电流频率f_2。②额定运行时转子电动势E_{2s}。③额定运行时转子电流I_{2s}。

30. 一台50Hz的三相4极异步电动机，已知$P_N=10\text{kW}$，$U_{N1}=380\text{V}$，Y联结，$I_{N1}=19.8\text{A}$，$r_1=0.5\Omega$。空载试验时，$U_1=380\text{V}$，$I_0=5.4\text{A}$，$p_{ad}=425\text{W}$，$p_m=170\text{W}$。短路试验时，$U_K=130\text{V}$，$I_N=19.8\text{A}$，$p_K=1050\text{W}$。试求参数r_m、x_m、r_2'、$x_{\sigma1}$、$x_{\sigma2}'$（设$x_{\sigma1}=x_{\sigma2}'$）、$\cos\varphi_N$、η_N。

31. 一台三相380V、50Hz，额定转速$n_N=950\text{r/min}$的6极绕线转子异步电动机，定转子Y联结，其每相参数为$r_1=0.1\Omega$，$r_2'=0.1\Omega$，$x_{\sigma1}=0.45\Omega$，$x_{\sigma2}'=0.51\Omega$，$x_m=6\Omega$，忽略r_m的影响。试求：①额定运行时的转差率s_N。②I_2、I_0、I_1的数值。

32. 一台三相异步电动机，额定数据为：$U_N=380\text{V}$，$f_N=50\text{Hz}$，$P_N=7.5\text{kW}$，$n_N=962\text{r/min}$，定子绕组为三角形联结，$\cos\varphi_N=0.827$，$p_{Cu1}=470\text{W}$，$p_{Fe}=234\text{W}$，$p_m=45\text{W}$，$p_{ad}=80\text{W}$。试求：①电动机极数。②额定运行时的s_N和f_2。③转子铜耗p_{Cu2}。④效率η。⑤定子电流I_1。

33. 已知一台三相异步电动机的数据为：$P_N=17\text{kW}$，$U_N=380\text{V}$，定子△联结，4极，$I_N=19\text{A}$，$f_N=50\text{Hz}$。额定运行时，定子铜耗$p_{Cu1}=700\text{W}$，转子铜耗$p_{Cu2}=500\text{W}$，铁耗$p_{Fe}=450\text{W}$，机械损耗$p_m=150\text{W}$，附加损耗$p_{ad}=200\text{W}$。试求：①电动机的额定转速n_N。②负载转矩T_2。③空载转矩T_0。④电磁转矩T_{em}。

第 7 章　三相异步电动机的电力拖动运行

由三相异步电动机组成的电力拖动系统要解决的一个基本问题就是其机械特性与所带负载转矩特性的配合问题。关于负载的转矩特性已在第 2 章作了介绍。与直流拖动系统一样，研究三相异步电动机的机械特性及其各种运行状态是为了使异步电动机更好地与负载相匹配，组成一个满足负载转矩特性需要的电力拖动系统。异步电动机的普遍使用，使其起动对电网的影响突出，使用软起动器能很好地降低异步电动机的起动电流，减少对电网的冲击。而变频器的普遍使用，则进一步提高了交流调速系统的性能。

7.1　三相异步电动机的机械特性

三相异步电动机的机械特性是指在电动机的参数一定的条件下，电动机电磁转矩与转速或转差率的关系，即 $n=f(T_{em})$ 或 $s=f(T_{em})$。

7.1.1　机械特性表达式

1. 机械特性的参数表达式

异步电动机电磁转矩的参数表达式为

$$T_{em}=\frac{m_1pU_1^2}{2\pi f_1}\frac{r_2'/s}{(r_1+r_2'/s)^2+(x_{\sigma1}+x_{\sigma2}')^2} \tag{7-1}$$

式中，电动机参数 r_1、r_2'、$x_{\sigma1}$、$x_{\sigma2}'$ 是固定不变的，定子绕组相数 m_1 也是固定不变的，当电源电压 U_1、频率 f_1 和极对数 p 保持不变时，即为异步电动机机械特性的参数表达式。根据上式可作出转矩－转差率（$T_{em}-s$）曲线，如图 7－1 所示。

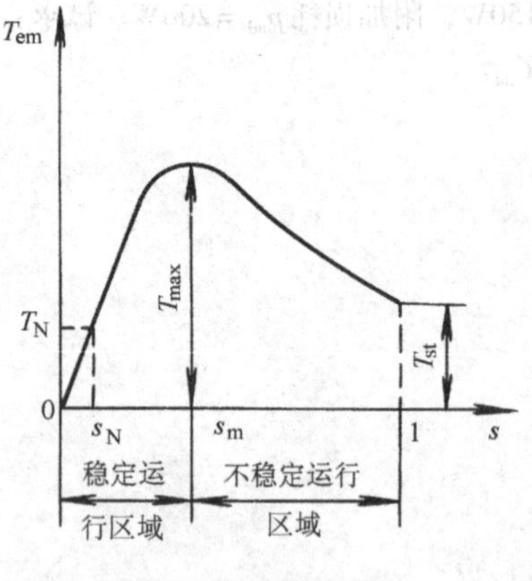

图 7－1　异步电动机的 $T_{em}-s$ 曲线

在电动机工作状态 $0<s\leqslant1$ 的区间，$T_{em}-s$ 变化规律分析如下：

在转差率 s 很小时，r_2'/s 比 r_1 和 $x_{\sigma1}+x_{\sigma2}'$ 大很多，此时

$$I_2'=\frac{E_2'}{\sqrt{(r_2'/s)^2+x_{\sigma2}'^2}}\approx\frac{sE_2'}{r_2'}\propto s$$

而且

$$\cos\varphi_2=\frac{r_2'/s}{\sqrt{(r_2'/s)^2+x_{\sigma2}'^2}}\approx1$$

以及

$$T_{em}=\frac{m_1pU_1^2}{2\pi f_1}\frac{r_2'/s}{(r_1+r_2'/s)^2+(x_{\sigma1}+x_{\sigma2}')^2}\approx\frac{m_1pU_1^2}{2\pi f_1}\frac{s}{r_2'}\propto s$$

上式表明，转差率 s 较小时，转子电流 I_2' 随 s 线性增加，转子功率因数 $\cos\varphi_2$ 约等于 1 为恒定值，则电磁转矩 T_{em} 与转差率 s 成线性关系，所以 $T_{em}-s$ 的关系近似为一条直线。

当转差率很大时，则 $r_2'/s \ll x_{\sigma2}'$，此时

$$I_2'=\frac{E_2'}{\sqrt{(r_2'/s)^2+x_{\sigma2}'^2}}\approx\frac{E_2'}{x_{\sigma2}'}=常数$$

而

$$\cos\varphi_2=\frac{r_2'/s}{\sqrt{(r_2'/s)^2+x_{\sigma2}'^2}}\approx\frac{r_2'}{sx_{\sigma2}'}\propto\frac{1}{s}$$

以及

$$T_{em}=\frac{m_1pU_1^2}{2\pi f_1}\frac{r_2'/s}{(r_1+r_2'/s)^2+(x_{\sigma1}+x_{\sigma2}')^2}\approx\frac{m_1pU_1^2}{2\pi f_1}\frac{r_2'/s}{(x_{\sigma1}+x_{\sigma2}')^2}\propto\frac{1}{s}$$

上式表明，当 s 较大时，转子电流趋于极限值而保持不变，转子功率因数 $\cos\varphi_2$ 和转子有功电流分量 $I_2'\cos\varphi_2$ 将与 s 成反比关系，因此电磁转矩 T_{em} 与 s 关系曲线近似为反比关系，即近似为一双曲线。

当转差率 s 介于上述两者之间时，根据数学分析可知，$T_{em}-s$ 曲线首先是一条连续曲线，其次 $T_{em}-s$ 曲线必有一个拐点，也即存在一个最大转矩点，因此，$T_{em}-s$ 曲线中近似双曲线和近似线性曲线之间必然是平滑连接。

观察异步电动机的 $T_{em}-s$ 曲线，有如下特点：

（1）最大转矩 T_{max} 及其对应的转差率 s_m　根据数学分析可知，利用电磁转矩的参数表达式对转差率 s 求导，并令 $dT_{em}/ds=0$，即可求出对应于 T_{max} 时的转差率，即

$$s_m=\frac{r_2'}{\sqrt{r_1^2+(x_{\sigma1}+x_{\sigma2}')^2}}\approx\frac{r_2'}{x_{\sigma1}+x_{\sigma2}'}\qquad(7-2)$$

s_m 称为临界转差率，上式考虑到通常 $r_1\ll(x_{\sigma1}+x_{\sigma2}')$。

将上式代入式（7-1）可得最大转矩为

$$T_{max}=\frac{m_1pU_1^2}{2\pi f_1}\frac{1}{2[r_1+\sqrt{r_1^2+(x_{\sigma1}+x_{\sigma2}')^2}]}\approx\frac{m_1pU_1^2}{2\pi f_1}\frac{1}{2(x_{\sigma1}+x_{\sigma2}')}\qquad(7-3)$$

由上式可见：

1）当 f_1 及参数一定时，最大转矩与外施电压 U_1 平方成正比，与极对数 p 成正比。

2）最大转矩与电动机参数转子电阻 r_2' 大小无关，但 T_{max} 所对应的临界转差率 s_m 正比于转子电阻，r_2' 越大，T_{max} 不变而 s_m 越大。

3）当忽略 r_1 时，最大转矩 T_{max} 随频率增加而减少，且正比于 $(U_1/f_1)^2$。

为了保证电动机的稳定运行，不至于因短时过载而停止运转，要求电动机有一定的过载能力。异步电动机的过载能力用最大转矩 T_{max} 与额定转矩 T_N 之比来表示，称之为过载能力或过载倍数，用 λ_m 表示，即

$$\lambda_m=\frac{T_{max}}{T_N}\qquad(7-4)$$

过载倍数 λ_m 是异步电动机的主要性能技术指示。通常异步电动机的过载倍数 $\lambda_m=1.8\sim2.2$，起重冶金用电动机 $\lambda_m=2.2\sim2.8$。

(2) 起动转矩　异步电动机起动时，$s=1$，$T_{em}=T_{st}$，称之为起动转矩。将 $s=1$ 代入式 (7-1) 即得

$$T_{st}=\frac{m_1pU_1^2}{2\pi f_1}\frac{r_2'}{(r_1+r_2')^2+(x_{\sigma1}+x_{\sigma2}')^2} \tag{7-5}$$

上式表明：

1）当 f_1 和电动机参数一定时，T_{st}与外施电压平方成正比。

2）起动转矩 T_{st}与转子电阻 r_2'大小有关，当 $r_2'\approx x_{\sigma1}+x_{\sigma2}'$时，起动转矩 T_{st}为最大，等于最大转矩 T_{max}。

异步电动机的起动转矩 T_{st}与额定转矩 T_N 之比用起动转矩倍数 K_{st}来表示：

$$K_{st}=\frac{T_{st}}{T_N} \tag{7-6}$$

起动转矩倍数 K_{st}也是笼型异步电动机的重要性能指标之一。起动时，当 T_{st}大于负载起动转矩 T_2 时，电动机才能起动。

(3) 额定转矩点　当 $s=s_N$ 时，得到的电磁转矩即为 $T_{em}=T_N$，将 S_N 代入式 (7-1) 即得 T_N 的值。

(4) 理想空载点　理想空载时，$n=n_1$，$s=0$，电磁转矩 $T_{em}=0$，转子电流 $I_2=0$，定子电流 $I=I_0$，异步电动机实际上不可能运行于理想空载点。

(5) 稳定运行区域　异步电动机的机械特性分为两个区域：

1）转差率 $(0\sim s_m)$ 区域。此区域中，T_{em}与 s 近似成正比关系，s 增大时，T_{em}也随之增大，根据电力拖动稳定运行的条件判定，可知该区域是异步电动机的稳定区域。只要负载转矩小于电动机的最大转矩 T_{max}，电动机就能在该区域中稳定运行。

2）转差率 $(s_m\sim1)$ 区域。此区域中，T_{em}与 s 近似成反比关系，即 s 增大时，T_{em}反而减小，与 $(0\sim s_m)$ 区域的结论相反，该区域为异步电动机的不稳定运行区域（个别负载如通风机等也可稳定运行）。

2. 机械特性的实用表达式

由于异步电动机的参数必须通过试验求得，因此在应用现场难以做到，而且在电力拖动系统运行时，往往只需要了解稳定运行范围内的机械特性。此时，可利用产品样本中给出的技术数据：过载能力 λ_m，额定转速 n_N 和额定频率 P_N 等来得到电磁转矩 T_{em}和转差率 s 的关系式。

将式 (7-1) 和式 (7-3) 中的 r_1 忽略不计，得到：

$$T_{em}=\frac{m_1pU_1^2}{2\pi f_1}\frac{r_2'/s}{(r_2'/s)^2+(x_{\sigma1}+x_{\sigma2}')^2}$$

$$T_{max}=\frac{m_1pU_1^2}{2\pi f_1}\frac{1}{2(x_{\sigma1}+x_{\sigma2}')}$$

将上述两式相除得到：

$$\frac{T_{em}}{T_{max}}=\frac{2}{\dfrac{r_2'/s}{x_{\sigma1}+x_{\sigma2}'}+\dfrac{x_{\sigma1}+x_{\sigma2}'}{r_2'/s}}=\frac{2}{\dfrac{s_m}{s}+\dfrac{s}{s_m}} \tag{7-7}$$

上式便为异步电动机机械特性的实用表达式。该式中，s_m 可以通过产品样本中给出的

数据来求取。当 P_N、n_N 已知时，可求出 T_N 和 s_N，分别为

$$T_N = 9550\frac{P_N}{n_N}$$

$$s_N = \frac{n_1 - n_N}{n_1}$$

式中，P_N 单位为 kW，n_N 单位为 r/min。

又因为 $T_{max} = \lambda_m T_N$，则将 s_N、T_{max} 代入式（7-7）得到：

$$\frac{T_N}{T_{max}} = \frac{2}{\frac{s_m}{s_N} + \frac{s_N}{s_m}} = \frac{1}{\lambda_m}$$

$$s_m = s_N(\lambda_m + \sqrt{\lambda_m^2 - 1}) \tag{7-8}$$

这样已知了 T_{max} 和 s_m，就求得了异步电动机机械特性实用表达式：

$$T_{em} = \frac{2T_{max}}{\frac{s_m}{s} + \frac{s}{s_m}} \tag{7-9}$$

当异步电动机所带的负载在额定转矩范围之内时，上式还可进一步简化。因为此时，$s \ll s_m$，则 $s/s_m \ll s_m/s$，从而可忽略 s/s_m，式（7-9）则可简化为

$$T_{em} = \frac{2T_{max}}{s_m}s \tag{7-10}$$

上式即为机械特性的简化实用表达式，又称机械特性的直线表达式，但需注意的是式中 s_m 的计算应采用如下公式：

$$s_m = 2\lambda_m s_N \tag{7-11}$$

直线表达式用起来更为简单，但是必须注意两点：

1）必须能确定运行点处于机械特性的直线段，或 $s \ll s_m$，否则只能用实用表达式。

2）直线表达式中的 $s_m = 2\lambda_m s_N$ 不能用式（7-8）计算，否则误差很大。

例 7-1 一台三相 6 极笼型异步电动机，已知额定频率 $P_N = 7.5\text{kW}$，额定电压 $U_{N1} = 380\text{V}$，额定频率 $f_1 = 50\text{Hz}$，额定转速 $n_N = 950\text{r/min}$，过载能力 $\lambda_m = 2$。试求：①电动机在 $s = 0.03$ 时的电磁转矩 T_{em}。②如不采用其他措施，能否带动 $T_L = 60\text{N}\cdot\text{m}$ 的负载转矩？

解：额定运行时

$$s_N = \frac{n_1 - n_N}{n_1} = \frac{1000 - 950}{1000} = 0.05$$

$$s_m = s_N(\lambda_m + \sqrt{\lambda_m^2 - 1}) = 0.05 \times (2 + \sqrt{2^2 - 1}) = 0.187$$

$$T_N = 9550 \times \frac{P_N}{n_N} = 9550 \times \frac{7.5}{950}\text{N}\cdot\text{m} = 75.4\text{N}\cdot\text{m}$$

① 当 $s = 0.03$ 采用实用表达式时

$$T_{em} = \frac{2T_{max}}{\frac{s_m}{s} + \frac{s}{s_m}} = \frac{2 \times 2 \times 75.4}{\frac{0.187}{0.03} + \frac{0.03}{0.187}}\text{N}\cdot\text{m} = 47.2\text{N}\cdot\text{m}$$

如用直线表达式计算，则

$$s_m = 2\lambda_m s_N = 2\times 2\times 0.05 = 0.2$$

$$T_{em} = \frac{2T_{max}}{s_m}s = (\frac{2\times 2\times 75.4}{0.2}\times 0.03)\text{N}\cdot\text{m} = 45.2\text{N}\cdot\text{m}$$

② 由于 $T_N = 75.4\text{N}\cdot\text{m}$，$T_L = 60\text{N}\cdot\text{m}$，如不采用其他措施，也能带动负载。

7.1.2 固有机械特性

异步电动机的固有机械特性是指 $U_1 = U_{N1}$，$f_1 = f_N$，定子绕组按规定方式连接，定子和转子电路中不外接电阻等其他电路元件时得到的机械特性曲线。固有机械特性的方程式为

$$T_{em} = \frac{m_1 p U_{N1}^2}{2\pi f_N}\frac{r_2'/s}{(r_1 + r_2'/s)^2 + (x_{\sigma1} + x_{\sigma2}')^2}$$

根据上式绘制的固有机械特性如图7-2所示。该图除画出 $0 < s < 1$ 范围内的电动机运行状态下的机械特性外，还给出了 $s > 1$ 制动状态下的机械特性和 $s < 0$ 发电机运行状态下的机械特性。在电力拖动中，往往把发电运行归入制动运行状态一类。

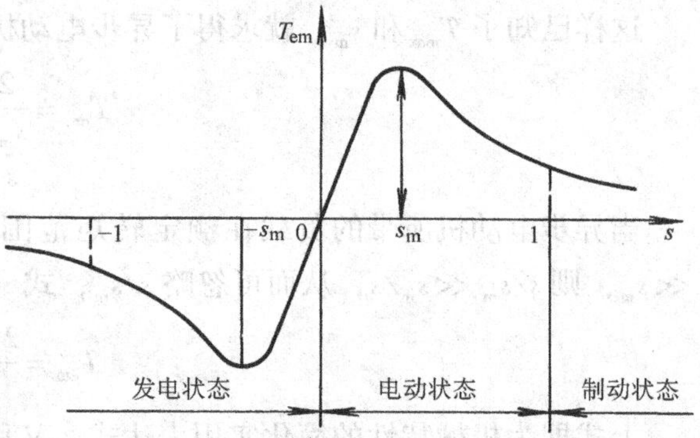

图7-2 不同运行状态下的固有机械特性 $T_{em} = f(s)$

当机械特性采用 $n = f(T_{em})$ 关系时，则机械特性曲线可重画如图7-3所示。其中虚线表示的是异步电动机改变相序后的机械特性，即反向的固有机械特性曲线。

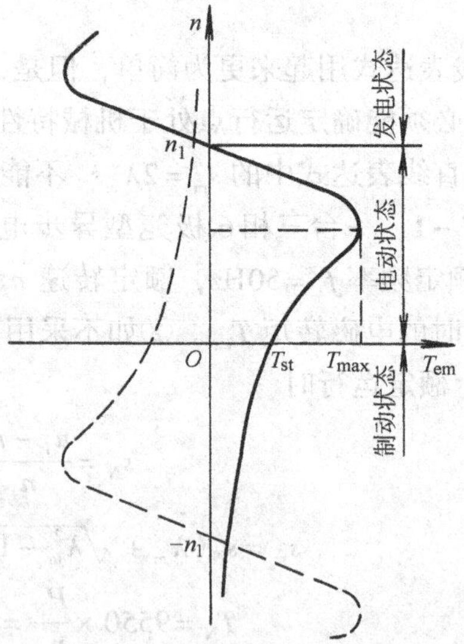

图7-3 异步电动机固有机械特性 $n = f(T_{em})$

7.1.3 人为机械特性

当改变外施电压 U_1、电源频率 f_1、定子极对数 p 及定、转子电路中的参数 r_1、r_2'、$x_{\sigma1}$、$x_{\sigma2}'$中任一个或两个数据时，异步电动机的机械特性就发生了变化，而成为人为机械特性。

1. 改变电源频率 f_1 时的人为机械特性

改变电源频率 f_1 的人为机械特性分两种情况讨论：

1）电源频率 f_1 从 $f_N = 50\text{Hz}$ 向下调节。此时根据式（6-2）可知：

$$U_1 \approx E_1 = 4.44 f_1 N_1 K_{W1}\Phi_m$$

则

$$\Phi_m = \frac{U_1}{4.44 f_1 N_1 K_{W1}} \qquad (7-12)$$

上式说明，当f_1减小时，Φ_m将增大。因为在设计时电动机的额定磁通接近磁路饱和值，如果Φ_m增大，则电动机磁路将过饱和，导致励磁电流剧增，功率因数变小，铁损增加，电动机过热，将大大缩短电动机寿命。因此，一般在减小f_1的同时也减小电压U_1，使Φ_m基本恒定，此时，其人为机械特性曲线如图7-4所示。

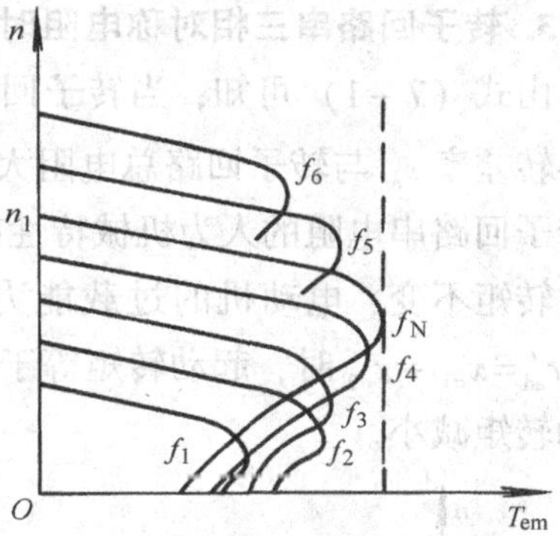

图7-4　异步电动机变频时的人为机械特性

因为频率改变时，对应于最大转矩T_{max}时的转速降为

$$\Delta n_m=(n_1-n_m)=s_m n_1=\frac{r_2'}{x_{\sigma1}+x_{\sigma2}'}\frac{60f_1}{p}$$

$$=\frac{r_2'}{2\pi(L_{\sigma1}+L_{\sigma2}')}\frac{60}{p}=\text{常数}$$

所以，机械特性的硬度是近似不变的，即变频时人为机械特性曲线与固有机械特性曲线是平行的。同时，因为

$$T_{max}=\frac{m_1pU_1^2}{2\pi f_1}\frac{1}{2[r_1+\sqrt{r_1^2+(x_{\sigma1}+x_{\sigma2}')^2}]}$$

故当忽略r_1时，有

$$T_{max}=\frac{m_1pU_1^2}{2\pi f_1}\frac{1}{2(x_{\sigma1}+x_{\sigma2}')}=\frac{m_1p}{8\pi^2(L_{\sigma1}+L_{\sigma2}')}(\frac{U_1}{f_1})^2\propto(\frac{U_1}{f_1})^2$$

所以，当U_1/f_1为常数时，T_{max}也为常数。这个结论在频率f_1较高时，可近似认为是正确的，但是当频率f_1较低时，电源电压U_1也很低，则此时定子电阻r_1的压降I_1r_1大小已不能再忽略，那么，此时上述结论就不正确了。因此，变频时T_{max}将要下降，即电动机过载能力λ_m下降。事实上，E_1/f_1=常数时，Φ_m才能严格保持恒定。

2）电源频率f_1从$f_N=50\text{Hz}$向上调节。此时如果仍要保持气隙磁通Φ_m不变，维持U_1/f_1为常数，则当f_1增大时，U_1也必然要增大，因而使电压超过额定电压，这是不允许的。因此，频率向上调节时，将保持$U_1=U_{N1}$不变，根据式（7-12）可知，Φ_m将随之减小，因此，电磁转矩将减小，最大转矩

$$T_{max}=\frac{m_1pU_1^2}{8\pi^2(L_{\sigma1}+L_{\sigma2}')}\frac{1}{f_1^2}$$

也随f_1增大而减小。频率调高时的人为机械特性曲线如图7-4里的f_5、f_6所示。

2. 降低定子电压U_1时的人为机械特性

由式（7-1）可知，异步电动机的电磁转矩T_{em}与外施电压U_1^2成正比。当降低电压U_1时，对应同一转速的电磁转矩将与U_1^2成正比下降，而同步转速$n_1=60f_1/p$保持不变，最大转矩对应的临界转差率$s_m=r_2'/(x_{\sigma1}+x_{\sigma2}')$与电压$U_1$无关保持不变，则降低定子电压时的人为机械特性，如图7-5所示。由图可见，电动机的机械特性硬度变软，而且最大转矩T_{max}与U_1^2成正比下降，电动机过载能力λ_m将大大下降。

3. 转子回路串三相对称电阻时的人为机械特性

由式（7-1）可知，当转子回路串入电阻 r_{ad} 时，电动机的最大转矩 T_{max} 保持不变，但临界转差率 s_m 与转子回路总电阻大小成正比增大。由于同步转速与转子回路电阻大小无关，故转子回路串电阻的人为机械特性曲线如图 7-6 所示。由图可见，电动机的机械特性变软，最大转矩不变，电动机的过载能力不变，电动机起动转矩增大。由式（7-2）可知，当 $r_2'+r_{ad}'=x_{\sigma1}+x_{\sigma2}'$ 时，起动转矩等于最大转矩，当转子回路总电阻进一步增大时，反而会使起动转矩减小。

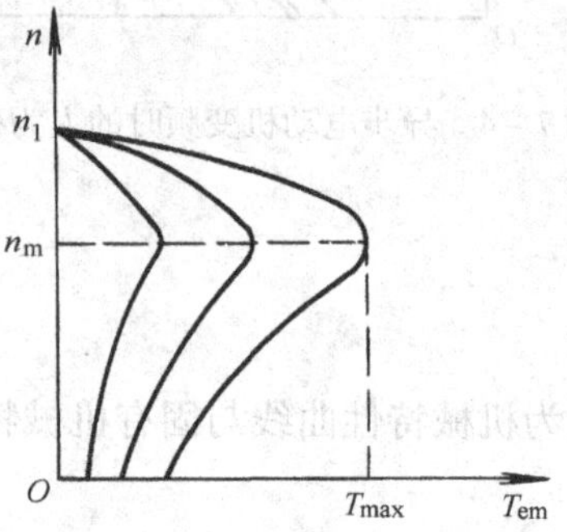

图 7-5　异步电动机降低定子电压时的人为机械特性

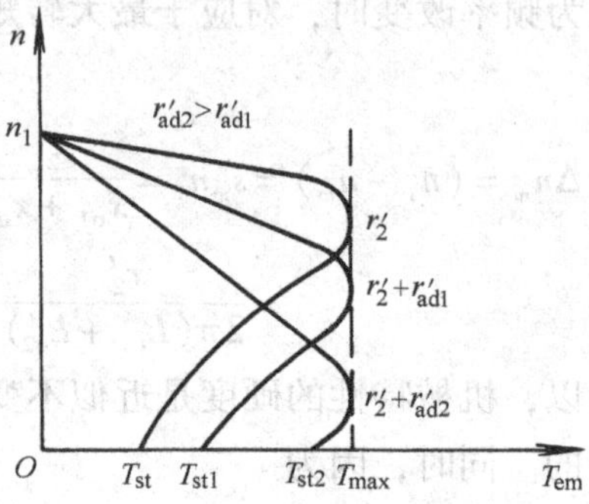

图 7-6　异步电动机转子回路串电阻时的人为机械特性

人为机械特性主要在电动机起动、调速和制动等运行过程中经常用到，下面将作详细的讨论。

7.2　三相异步电动机的起动

异步电动机起动性能的主要指标是起动转矩倍数 T_{st}/T_N 和起动电流倍数 I_{st}/I_N。在电力拖动系统中，一方面要求电动机具有足够大的起动转矩，使拖动系统能尽快地达到正常运行状态，另一方面要求起动电流不要太大，以免电网产生过大的电压压降，从而影响接在同一电网上其他电力设备的正常运行。此外，还要求所用起动设备尽可能简单、经济、便于操作和维护。下面将分别介绍异步电动机的起动特点以及改善起动的方法。

7.2.1　三相笼型异步电动机的起动

三相笼型异步电动机由于不能在转子回路中串电阻，所以仅有全压起动和减压起动两种方法。

1. 全压起动

全压起动的方法就是将笼型异步电动机的定子绕组直接接到额定电压的电源上，所以也称作直接起动。由于起动时，$s=1$，根据异步电动机的 Γ 形近似等效电路可知，$(1-s)r_2'/s=0$，则起动瞬时的起动电流为

$$I_{st}=\frac{U_1}{\sqrt{(r_1+r_2')^2+(x_{\sigma1}+x_{\sigma2}')^2}}$$

由上式可知，起动电流仅受电动机短路阻抗的限制。起动时，电动机漏阻抗较小，所以

起动电流很大，可达 $(4\sim7)I_N$。但起动时，因定子漏阻抗压降很大，约为额定电压的一半，而使定子电动势 E_1 和主磁通 Φ_m 减小，约为额定值的一半，同时，起动时转子功率因数很低，$\cos\varphi_2=r_2'/\sqrt{r_2'^2+x_{\sigma2}'^2}\approx0.2$ 左右（$r_2'<<x_{\sigma2}'$），因此根据电磁转矩的物理表达式可知起动转矩很小。一般情况下，$T_{st}=(0.8\sim1.2)T_N$。

全压起动的方法简单方便，主要缺点是起动电流较大。电动机能否采用全压起动，主要取决于电网容量的大小，一般可用下面的经验公式来判断：

$$\frac{I_{st}}{I_N}\leqslant\frac{1}{4}\left[3+\frac{\text{电源总容量（kV·A）}}{\text{起动电动机功率（kW）}}\right]$$

一般小功率电动机可采用全压起动，当电网容量足够大，异步电动机的起动使线路端电压下降不超过 5% ~10% 时，应尽量采用全压起动。

2. 减压起动

若电动机容量较大，起动时负载转矩较小，应采用减压起动。由式（7－12）可知，减压起动是通过降低外施电压 U_1 来减小起动电流。由于起动转矩的大小与外施电压 U_1 的平方成正比，所以，减压起动时，起动转矩将大大减小。因此，减压起动只适用于对起动转矩要求不高的场合，如离心泵、通风机械的驱动电动机等。

常用减压起动方法有以下几种：

1）定子串电阻或串电抗减压起动。

2）串自耦变压器减压起动。

3）Y/△减压起动。

（1）定子串电阻或串电抗减压起动　定子串电阻或串电抗减压起动都能减小起动电流，但大型电动机串电阻起动能耗太大，一般采用串电抗减压起动。如图 7－7 所示，电动机在起动时，接通接触器触头 KM_1，断开触头 KM_2，定子电路内接入三相电阻 r_{ad}，待起动一段时间后，再接通接触器触头 KM_2 而把电阻切除。只要选用合适的电阻值 r_{ad}，就可以得到允许的起动电流。

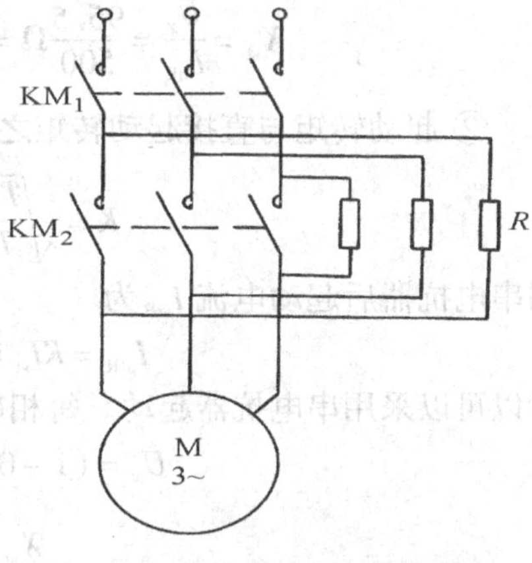

图 7－7　异步电动机定子串电阻（或电抗器）减压起动原理图

设电动机在全压起动时的起动电流为 I_{st}，起动转矩为 T_{st}。当电动机定子串入电阻后，定子绕组上的电压为 $U_1=KU_N$，其中 $K<1$。根据式（7－12）可知，异步电动机定子串电阻减压起动时起动电流 I_{stR} 和起动转矩 T_{stR} 为

$$I_{stR}=\frac{U_1}{\sqrt{(r_1+r_2')^2+(x_{\sigma1}+x_{\sigma2}')^2}}=\frac{KU_N}{\sqrt{(r_1+r_2')^2+(x_{\sigma1}+x_{\sigma2}')^2}}=KI_{st}$$

$$T_{srR}=\frac{m_1pU_1^2}{2\pi f_1}\frac{r_2'}{(r_1+r_2')^2+(x_{\sigma1}+x_{\sigma2}')^2}=$$

$$\frac{m_1pU_N^2}{2\pi f_1}\frac{r_2'}{(r_1+r_2')^2+(x_{\sigma1}+x_{\sigma2}')^2}K^2=K^2T_{st}$$

由上式可知，定子串电阻或电抗起动时起动电流下降到 KI_{st}，但起动转矩却下降到了 K^2T_{st}，所以，该方法只适用于轻载起动。

例 7－2 一台三相笼型异步电动机，其额定功率 $P_N=60kW$，额定电压 $U_N=380V$，定子Y联结，额定电流 $I_N=136A$，起动电流为 $6.5I_N$，起动转矩为 $1.1T_N$，但因供电变压器的限制，该电动机最大起动电流为500A。试求：

① 若采用了定子串电抗器空载起动，则每相应串入多大的电抗值 X_{st}？

② 若拖动负载转矩 $T_L=0.3T_N$ 起动（要求起动时电动机的最小起动转矩为负载转矩的1.1倍），是否还能用定子串电抗器起动？若可以，则计算每相串入电抗器值的范围是多少？

解：① 全压起动时

$$I_{st}=6.5I_N=6.5\times136A=884A$$

定子串电抗器起动时起动电流 $I_{srR}=500A$，所以可得减压起动电流与全压起动电流倍数 K 为

$$K=\frac{I_{stR}}{I_{st}}=\frac{500}{884}=0.566$$

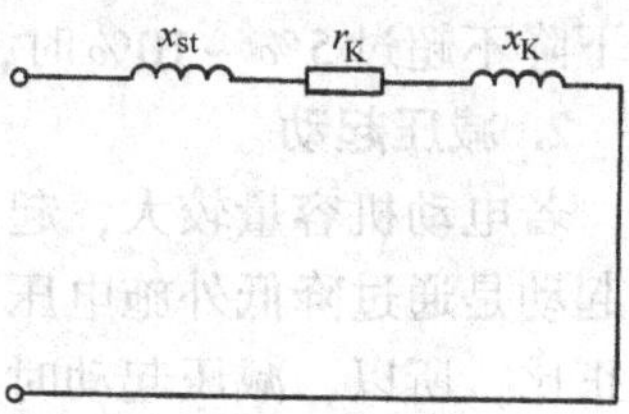

图 7－8 串电抗起动时的等效电路

由于定子串入电抗器后，电动机短路电阻 r_K 相对很小可忽略，如图 7－8 所示，则电抗器上的电压降为

$$U_x=(1-K)U_N=(1-0.566)\times220V=95.5V$$

则应串入最小的电抗器值为

$$X_{st}=\frac{U_x}{I_{stR}}=\frac{95.5}{500}\Omega=0.19\Omega$$

② 起动转矩与直接起动转矩之比为

$$K=\sqrt{\frac{T_{stR}}{T_{st}}}=\sqrt{\frac{0.33T_N}{1.1T_N}}=\sqrt{0.3}=0.548$$

则串电抗器后起动电流 I_{stR} 为

$$I_{stR}=KI_{st}=0.548\times884A=484.4A<500A$$

所以可以采用串电抗器起动。每相串入电抗器最大值为

$$U_x=(1-0.548)U_N=0.452\times220V=99.4V$$

$$X_{st}=\frac{U_x}{I_{stR}}=\frac{99.4}{484.4}\Omega=0.205\Omega$$

串入电抗器值的范围为0.19～0.205Ω。

（2）串自耦变压器减压起动　图 7－9 所示是异步电动机定子串入三相自耦变压器减压起动原理图。三相星形联结的自耦变压器又称为起动补偿器。起动时，六刀双掷开关投向“起动”位置，使其高压侧接到电源，低压侧与异步电动机的定子绕组相接。正常运行时，将开关投向“运行”位置，异步电动机直接与电网相接，自耦变压器从电源切除。

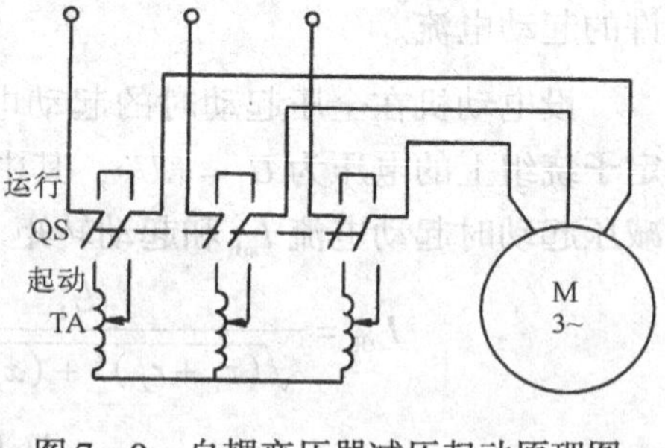

图 7－9　自耦变压器减压起动原理图

设自耦变压器的电压比为 K_A，且 $K_A>1$，则其二次电压为

$$U_{2A}=\frac{U_{1A}}{K_A}$$

则根据式（7－12）可知，异步电动机的起动电流为

$$I_{st2}=\frac{U_{2A}}{\sqrt{(r_1+r_2')^2+(x_{\sigma1}+x_{\sigma2}')^2}}=\frac{1}{K_A}\frac{U_{1A}}{\sqrt{(r_1+r_2')^2+(x_{\sigma1}+x_{\sigma2}')^2}}=\frac{1}{K_A}I_{st}$$

式中，I_{st}为全压起动电流。

对自耦变压器来说，I_{st2}为其二次电流，而其一次电流，即电网输入的起动电流I_{st1}应为

$$I_{st1}=\frac{1}{K_A}I_{st2}=\frac{1}{K_A^2}I_{st}$$

由上式可知，利用自耦变压器起动时，电网输入的起动电流将减小到全压起动时的$1/K_A^2$。由于端电压U_{2A}减小为U_{N1}/K_A，因此起动转矩也减小为全压起动时的$1/K_A^2$。

自耦变压器一般备有好几个抽头，如二次电压分别为80%、60%、40%的电源电压，以满足不同的起动电流和起动转矩要求，缺点是设备价格较贵。

例7-3 对于例7-2中的电动机，若串自耦变压器起动，抽头有80%、60%、40%三种，问用哪种抽头起动，才能满足要求？

解：① 抽头为80%时，供电变压器流过的起动电流为

$$I_{st1}=\frac{1}{K_A^2}I_{st}=0.8^2\times6.5\times136\text{A}=565.8\text{A}>500\text{A}$$

不能采用。

② 抽头为60%时，则

$$I_{st1}=\frac{1}{K_A^2}I_{st}=0.6^2\times884\text{A}=318.2\text{A}<500\text{A}$$

此时起动转矩为

$$T_{st1}=\frac{1}{K_A^2}T_{st}=0.6^2\times1.1T_N=0.369T_N>0.33T_N$$

可以正常起动。

③ 抽头为40%时，则

$$I_{st1}=\frac{1}{K_A^2}I_{st}=0.4^2\times884\text{A}=141.4\text{A}<500\text{A}$$

此时，起动转矩为

$$T_{st1}=\frac{1}{K_A^2}T_{st}=0.4^2\times1.1T_N=0.176T_N<0.33T_N$$

不能正常起动。

(3) Y/△减压起动　Y/△减压起动是利用三相异步电动机定子绕组的不同连接实现减压起动的一种方法。正常运行时定子绕组△联结的电动机，起动时改接成Y，这时，加在定子绕组每相的电压为$U_{N1}/\sqrt{3}$，当电动机起动后经过适当时间，再改接成△，如图7-10所示。

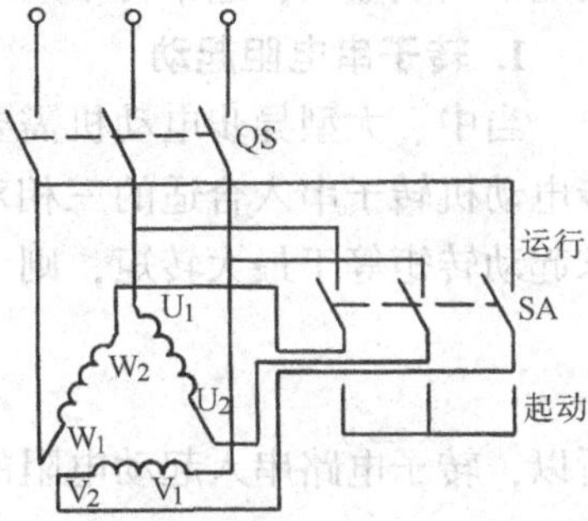

图7-10　异步电动机Y/△减压起动原理图

如果定子绕组△联结时全压起动，定子绕组每相电压为$U_{\triangle}=U_{N1}$，每相电流为$I_{\triangle}$，而电网起动电流应为定子绕组的线电流，则$I_{st}=\sqrt{3}I_{\triangle}$。

采用Y联结减压起动，电网电压U_{N1}不变，但定子绕

组的每相电压却为 $U_{\curlyvee}=U_{N1}/\sqrt{3}$，则此时每相电流 $I_{\curlyvee}$ 为

$$I_{\curlyvee}=\frac{1}{\sqrt{3}}I_{\triangle}=\frac{1}{3}I_{st}$$

由于Y联结时，定子绕组线电流等于相电流，则电网起动电流为 $I_{\curlyvee}$。由此可见，Y联结起动时的电网电流是△联结全压起动时的 1/3。而起动转矩也因为定子绕组相电压降低到 $1/\sqrt{3}$，所以也降低到△联结起动转矩的 1/3，即

$$T_{st\curlyvee}=\frac{1}{3}T_{st\triangle}=\frac{1}{3}T_{st}$$

Y/△起动设备比较简单，在空载或轻载情况下起动电动机时，常采用此方法。但这种方法只适用于正常运行时△联结的电动机。我国Y系列电动机，容量在 4kW 以上的笼型电动机一般都设计成△联结时额定电压为 380V 的规格，以便采用Y/△起动。

例 7-4　对于例 7-2 中的电动机，问是否可采用Y/△起动法来起动？

解：Y/△起动电流为

$$I_{\curlyvee}=\frac{1}{3}I_{st}=\frac{1}{3}\times 884\text{A}=294.7\text{A}<500\text{A}$$

此时起动转矩为

$$T_{st\curlyvee}=\frac{1}{3}T_{st}=\frac{1}{3}\times 1.1T_N=0.367T_N>0.33T_N$$

故能采用Y/△起动。

笼型异步电动机两类起动方法各有优缺点。采用全压起动时，起动电流很大；采用减压起动时，虽减小了起动电流，但起动转矩也相应地减小。为此设计了既能减小起动电流又能增大起动转矩的深槽型和双笼型转子异步电动机。两者基本原理相同，例如深槽型异步电动机的转子槽形做得窄而深，利用不同频率电流不同的“集肤效应”，使起动时 $f_2=f_1$，转子电阻变大，而正常运行时 $f_2=sf_1$ 很小，转子电阻变为正常值，从而达到同时满足异步电动机起动性能和运行性能的要求。具体详细的分析可查阅有关资料。

7.2.2　三相绕线转子异步电动机的起动

绕线转子异步电动机的转子三相绕组一般都接成Y，三个引线通过三个集流环和电刷引到定子出线盒上，通常可串入外部短接的三相对称电阻等元件来进行起动和调速。

1. 转子串电阻起动

当中、大型异步电动机需要重载起动时，可优先选用绕线转子异步电动机。绕线转子异步电动机转子串入合适的三相对称电阻 r_{ad}，既能提高起动转矩，又能减小起动电流，如要求起动转矩等于最大转矩，则

$$s_m=\frac{r_2'+r_{ad}'}{x_{\sigma1}+x_{\sigma2}'}=1$$

所以，转子电路串入起动电阻的折算值为

$$r_{ad}'=(x_{\sigma1}+x_{\sigma2}')\quad -r_2'$$

为了缩短起动时间，增大整个起动过程中的加速转矩，并使起动过程平滑些，与直流电动机的起动一样，可以把串接的起动电阻逐步切除，最后使电动机稳定运行于固有机械特性

上，如图7－11所示。

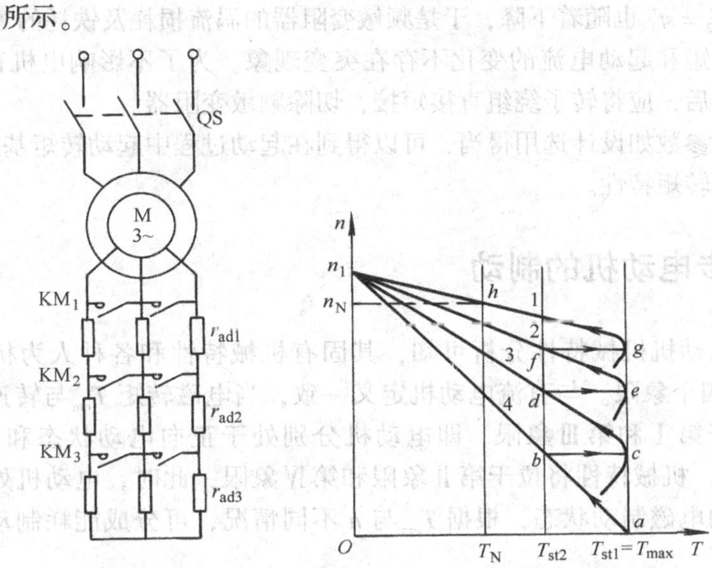

a)转子串起动电阻接线原理　　b)转子串起动电阻的起动特性

图7－11　绕线转子异步电动机转子串电阻起动原理图和起动特性

起动时，合上电源开关QS，三个接触器触头KM_1、KM_2、KM_3都断开，电动机转子回路总电阻为$R_{ad}=r_2+r_{ad1}+r_{ad2}+r_{ad3}$，对应人为机械特性曲线4的$a$点，电动机转速沿曲线4上升，$T_{st}$下降，到达$b$点时，使接触器触头$KM_3$闭合，将三相电阻$r_{ad3}$切除，电动机被切换到人为机械特性曲线3上的$c$点，转速又沿曲线3上升，这样，电阻被逐段切除，使电动机起动转矩始终在T_{st1}和T_{st2}之间变动，直到在固有机械特性曲线上h点稳定运行。为了保证起动过程平稳快速，一般是$T_{st1}=(1.5\sim2)T_N$，$T_{st2}=(1.1\sim1.2)T_N$。

2. 转子回路串频敏变阻器起动

转子回路串电阻起动，比较复杂，不但要逐段切除电阻，而且在每切除一段电阻的瞬间，起动电流和转矩会突然增大，造成电气和机械冲击。为了克服这个缺点，可采用频敏变阻器接入转子回路起动。

频敏变阻器的结构如图7－12a所示，它实际上是一个三相铁心线圈，其铁心由若干片厚钢板或铁板叠成。一个铁心线圈可以等效为一个电阻和电抗的串联电路，如图7－12b所示。等效电阻r_m主要反映铁心内的损耗，r_1为每相线圈电阻，x_m为每相铁心线圈的等效电抗。由于频敏变阻器的铁心是由厚钢板叠成的，因而线圈中流过交流电时，铁心中将产生很大的涡流损耗，等效电阻也就比较大。涡流损耗与频率的平方成正比。当电动机刚起动时，转子电流频率$f_2=f_1$最大，因而频敏变阻器里的涡流损耗及其等效电阻r_m较大，可以有效地限制电动机的起动电流，并且使起动转矩增大。起动过程中，随着转

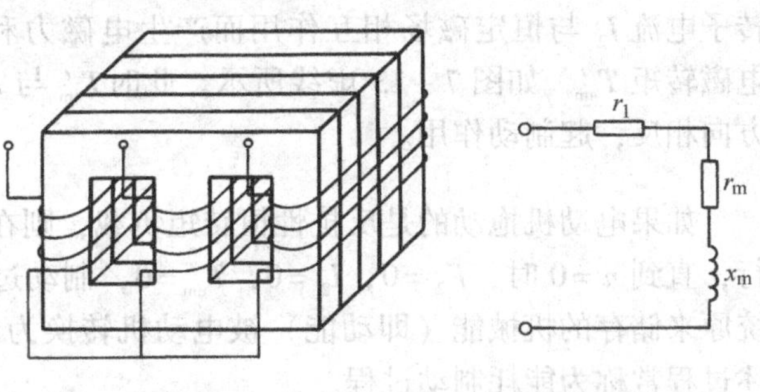

a)结构　　b)等效电路

图7－12　三相频敏变阻器结构与等效电路

速上升，s 下降，$f_2 = sf_1$ 也随着下降，于是频敏变阻器的涡流损耗及铁耗的等效电阻 r_m 跟着自动减小。起动转矩和起动电流的变化不存在突变现象。为了不影响电机正常工作时的性能，起动过程结束后，应将转子绕组直接短接，切除频敏变阻器。

频敏变阻器的参数如设计选用得当，可以得到在起动过程中起动转矩基本不随转速变化的特性，即所谓恒转矩特性。

7.3 三相异步电动机的制动

由三相异步电动机机械特性分析可知，其固有机械特性和各种人为机械特性分布于 $T-s$ 坐标平面的四个象限。与直流电动机定义一致，当电磁转矩 T_{em} 与转速 n 的方向相同时，机械特性位于第Ⅰ和第Ⅲ象限，即电动机分别处于正向电动状态和反向电动状态；当 T_{em} 与 n 反向时，机械特性将位于第Ⅱ象限和第Ⅳ象限，此时，电动机处于电磁制动状态。异步电动机的电磁制动状态，根据 T_{em} 与 n 不同情况，可分成能耗制动、反接制动和回馈制动三种。

7.3.1 能耗制动

如图 7-13 所示，将 KM_1 闭合，而 KM_2 保持断开，三相异步电动机处于正向电动运行状态，此时电磁转矩 T_{em} 与 n 同向，设为逆时针方向，T_L 与 n 反向为顺时针方向。能耗制动时，将 KM_1 断开而 KM_2 闭合，使定子绕组脱离三相交流电源而接到直流电源上，通入直流电流 I_f，由 I_f 流过定子绕组在电动机气隙中产生一恒定磁场。此时，电动机电源切换瞬间，其转子由于机械惯性作用，转速不能突变，继续维持原逆时针方向旋转，这样，转子导条切割此恒定磁场而感应电动势 E_2 和电流 I_2，转子电流 I_2 与恒定磁场相互作用而产生电磁力和电磁转矩 T'_{em}，如图 7-13 虚线所示。此时 T'_{em} 与 n 方向相反，起制动作用。

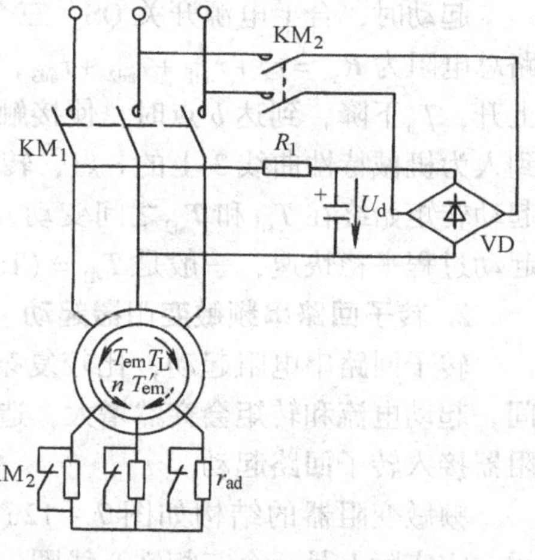

图 7-13　异步电动机能耗制动运行

如果电动机拖动的是反抗性恒转矩负载，则在 T'_{em} 和 T_L 的制动作用下，使电动机减速运行，直到 $n=0$ 时，$E_2=0$，$I_2=0$，$T'_{em}=0$，制动过程结束。在上述制动过程中，电力拖动系统原来储存的机械能（即动能）被电动机转换为电能消耗在转子回路的电阻上，因此，上述过程常称为能耗制动过程。

处于能耗制动状态的异步电动机实质上变成了一台交流发电机，它的输入是电动机所储存的机械能，它的负载是转子电路中的电阻，其电压和频率随转子转速降低而降低。因此能耗制动时的机械特性与发电机运行状态一样，处于第Ⅱ象限，且由于 $n=0$，$T_{em}=0$，因此能耗制动的机械特性是一条经过原点且形状与发电机状态特性曲线相似的曲线，如图 7-14 曲线 1 所示，具体推导过程见有关参考书。

根据前面分析异步电动机机械特性曲线可知，当直流励磁一定，而转子电阻增加时，产生最大制动转矩时的转速也增大，但最大转矩值不变，如图 7－14 曲线 3 所示；而当转子电路电阻不变，而增大直流励磁时，则最大制动转矩增大，但产生最大转矩时的转速不变，如图 7－14 中曲线 2 所示。

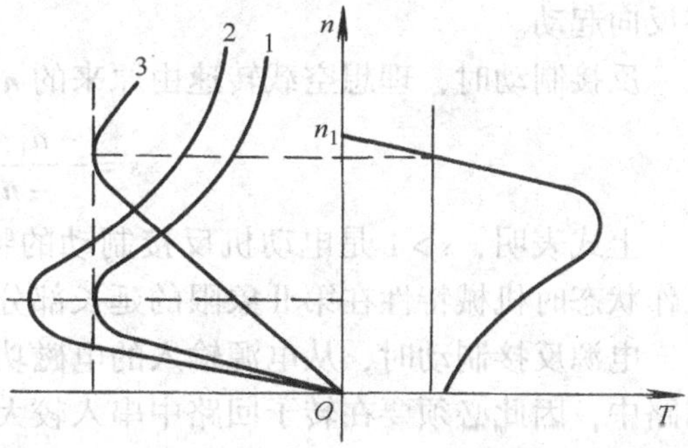

图 7－14　异步电动机能耗制动的机械特性

显然，转子电阻较小时，在高速时制动转矩比较小，这是因为此时转子电动势频率比较高，因而转子功率因数 $\cos\varphi_2$ 很小，因此对于笼型异步电动机，为了增大高速时的制动转矩，就必须增大直流励磁；而对绕线转子异步电动机，则采用转子串接电阻的方法来增大制动转矩。

绕线转子异步电动机用能耗制动实现迅速停车时，根据最大制动转矩为（1.25～2.2）T_N 的要求，计算定子直流电流 I_f 和转子串联电阻 r_{2ad} 的公式如下：

$$I_f = (2 \sim 3) I_0$$

$$r_{2ad} = (0.2 \sim 0.4) \frac{E_{N2}}{\sqrt{3} I_{N2}} - r_2$$

式中，I_0 为异步电动机的空载电流；E_{N2} 为转子不动时的转子开路额定线电动势；I_{N2} 为转子额定电流。

能耗制动时，定子三相绕组常用的几种接法如图 7－15 所示。

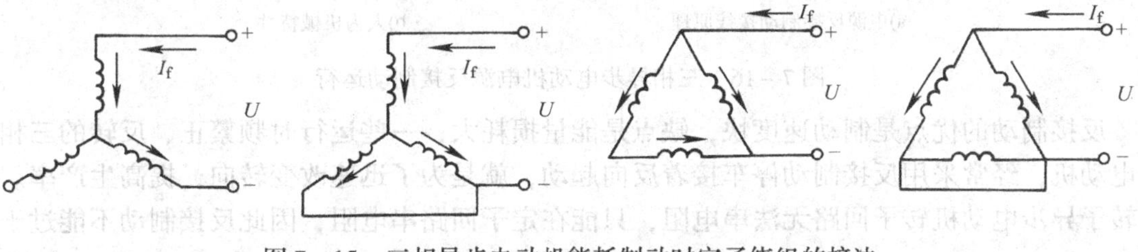

图 7－15　三相异步电动机能耗制动时定子绕组的接法

7.3.2　反接制动

异步电动机的反接制动可以分为电源反接和电阻倒拉反接制动状态。

1. 电源反接制动

如图 7－16a 所示，三相异步电动机反接制动前，KM_1 触点闭合，KM_2 动合触点断开，其动断触点闭合，电动机处于正向电动运行状态，稳定运行于固有机械特性曲线上的 a 点。

反接制动时，断开 KM_1，接通 KM_2，一方面改变了电源相序，另一方面，转子串入电阻 r_{ad}，电动机便进入了电源反接制动过程。电动机电源反接，转子电阻不变时的人为机械特性曲线如图 7－16b 的曲线 2 所示，工作点由 a 点移到 b 点。由于旋转磁场反转，转子绕组切割磁场的方向与电动状态时相反，转子电动势 E_{2s}、转子电流 I_{2s} 和电磁转矩 T_{em} 方向也随之改变，电动机进入反接制动状态。在电磁制动转矩 T_{em} 和负载转矩 T_L 的作用下，转速很快下降，当到达 c 点时，$n=0$，制动过程结束。如要停车，则应立即切断电源，否则电动机将反向起动。

反接制动时，理想空载转速由原来的 n_1 变为 $-n_1$，所以转差率为

$$s=\frac{-n_1-n}{-n_1}=\frac{n_1+n}{n_1}>1$$

上式表明，$s>1$ 是电动机反接制动的特点。电源反接制动特性，实际上就是反向电动工作状态时机械特性在第Ⅱ象限的延长部分。

电源反接制动时，从电源输入的电磁功率和从负载送入的机械功率，将全部消耗在转子回路中，因此必须要在转子回路中串入较大的附加电阻，以减小转子电流，并消耗大部分的功率，使电动机不致由于过热而损坏，转子串入附加电阻时的人为机械特性如图 7－16b 的曲线 3 所示。与曲线 2 相比，制动转矩增大，制动电流反而减小。

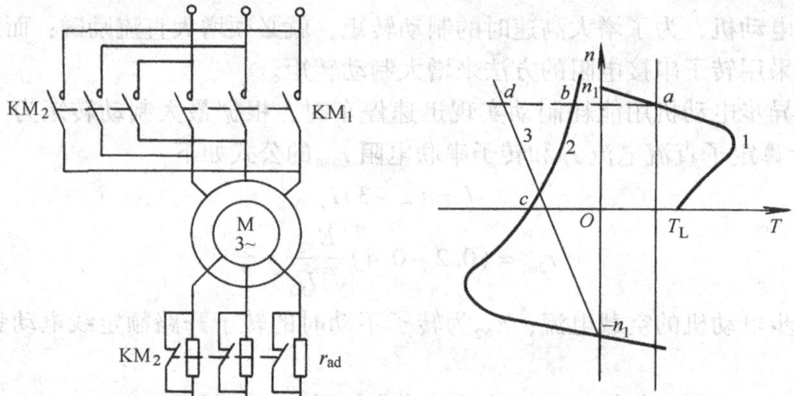

a)电源反接制动接线原理　　b)人为机械特性

图 7－16　三相异步电动机电源反接制动运行

反接制动的优点是制动速度快，缺点是能量损耗大，一些运行时频繁正、反转的三相异步电动机，经常采用反接制动停车接着反向起动，就是为了迅速改变转向，提高生产率。笼型转子异步电动机转子回路无法串电阻，只能在定子回路串电阻，因此反接制动不能过于频繁。

2. 电阻倒拉反接制动

三相异步电动机拖动位能性负载运行特性，如图 7－17 所示。如果在其转子回路内串入较大的电阻，电动机工作点从 a 点转向人为机械特性的 b 点，则此时，由于串入较大的电阻使电动机的转子电流下降，电磁转矩减小，$T_{em}<T_L$，使电动机沿着人为机械特性转速下降，直到 c 点，转速为零。但此时若 T_{em} 仍然小于 T_L，则电动机在重物作用下开始反转，工作点进入第Ⅳ象限，直到 d 点，$T_{em}=T_L$ 为止，拖动系统稳定运行。此时电动机电磁转矩方向未发生变化，而电动机转向反向，T_{em} 与 T_L 反向，即电动机处于电磁制动状态，称之为电阻倒拉反接制动。

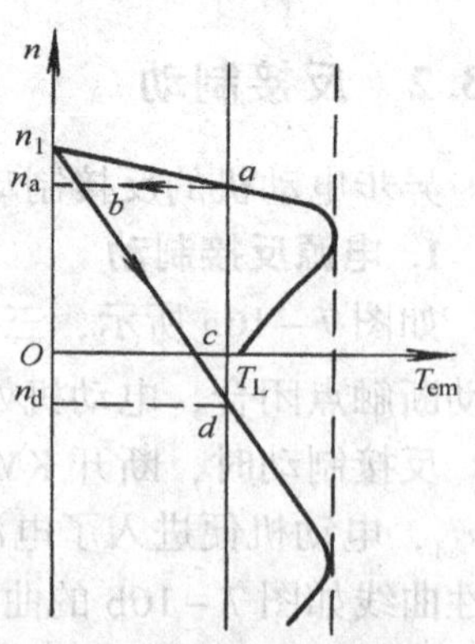

图 7－17　电动机电阻倒拉反接制动运行

倒拉反接制动时的转差率为

$$s=\frac{n_1-(-n)}{n_1}=\frac{n_1+n}{n_1}>1$$

所以，也属于反接制动。在转子回路接入电阻瞬时，电动机工作点从 a 点跳到 b 点，转子电动势 E_2 不变，若要保持转子电流不变，则

$$I_2=\frac{E_2'}{\sqrt{(r_2'/s)^2+x_{\sigma2}'^2}}=\frac{E_2'}{\sqrt{(\frac{r_2'+r_{ad}'}{s'})^2+x_{\sigma2}'^2}}$$

可得

$$\frac{r_2'}{s}=\frac{r_2'+r_{ad}'}{s'}$$

式中，s 表示固有机械特性 a 点的转差率；s' 为人为机械特性 b 点的转差率；r_{ad}' 为转子串入的附加电阻。该公式在转子串电阻调速时也适用。

电阻倒拉反接制动时，与电源反接制动一样，电动机输入的电磁功率和负载送入的机械功率将全部消耗在转子回路的电阻上，所以能量损耗很大。

7.3.3 回馈制动

处于电动工作状态的三相异步电动机，如其转轴受到外加转矩驱动使转子转速 n 大于同步转速 n_1 时，电动机转子绕组切割旋转磁场的方向将与电动运行状态时相反，因而转子电动势 E_2、电流 I_2、电磁转矩 T_{em} 与电动状态时相反，即 T_{em} 与 n 反向，电动机即处于制动状态，此时转差率为

$$s=\frac{n_1-n}{n_1}<0$$

由于电动机转子电流有功分量为

$$I_{2p}'=I_2'\cos\varphi_2=\frac{E_2'}{\sqrt{(r_2'/s)^2+x_{\sigma2}'^2}}\frac{r_2'/s}{\sqrt{(r_2'/s)^2+x_{\sigma2}'^2}}=\frac{E_2'r_2'/s}{(r_2'/s)^2+x_{\sigma2}'^2}<0$$

当忽略 I_0 时，定子电流有功分量 $I_{1p}=I_{2p}'<0$，则电动机输入功率 P_1 为

$$P=m_1U_1I_1\cos\varphi_1=m_1U_1I_{1p}<0$$

上式说明，异步电动机此时非但没有从电源吸取有功功率，反而向电源输出有功功率，电动机处于回馈制动状态。电动机向电源回馈的电能是由拖动系统的机械能转换而来的。

电动机转子电流无功分量为

$$I_{2Q}'=I_2'\sin\varphi_2=\frac{E_2'}{\sqrt{(r_2'/s)^2+x_{\sigma2}'^2}}\frac{x_{\sigma2}'}{\sqrt{(r_2'/s)^2+x_{\sigma2}'^2}}=\frac{E_2'x_{\sigma2}'}{(r_2'/s)^2+x_{\sigma2}'^2}>0$$

上式说明，电动机回馈制动时，仍从电网吸取励磁电流，建立磁场，与电动工作状态一样。

回馈制动时，电动机的机械特性是正向电动工作状态的机械特性在第Ⅱ象限的延长部分和反向电动工作状态的机械特性在第Ⅳ象限的延长部分，如图7－18所示。回馈制动常发生在电车下坡被加速过程中，如图7－18中a点到b点；或者在变极或变频调速时的降速过程，如图7－18中a点到e点开始的ef之间的过程；也会发生在电动机下放重物时采用的电源反接，使电动机运行在d点。电动机转子回路串入电阻越大，电动机稳态速度越高，如图7－18中虚线的d'点所示。所以，回馈制动时，转子回路中不宜串入较大的电阻。

从分析异步电动机的回馈制动可以看出，如果把异步电动机接入电网，它就从电网吸取励磁电流，建立磁场，用原动机带动电动机转子以高于同步速度旋转时，电动机便将原动机输入的机械功率转换成电功率向电网输出，此即为异步发电机的工作原理。

综上所述，如果把三相异步电动机的电动运行状态、能耗制动状态、反接制动状态、倒拉反接制动状态和回馈制动状态等各种运行状态下的机械特性合在一起，即可得到如图7－19所示的四象限运行状态图。三相异步电动机电力拖动系统，可根据生产机械的工艺要求，使电动机运行于四象限中不同的运行状态。

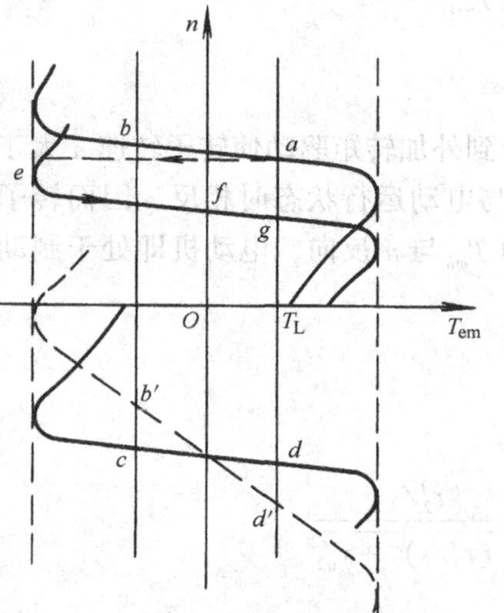

图7－18　异步电动机回馈制动运行

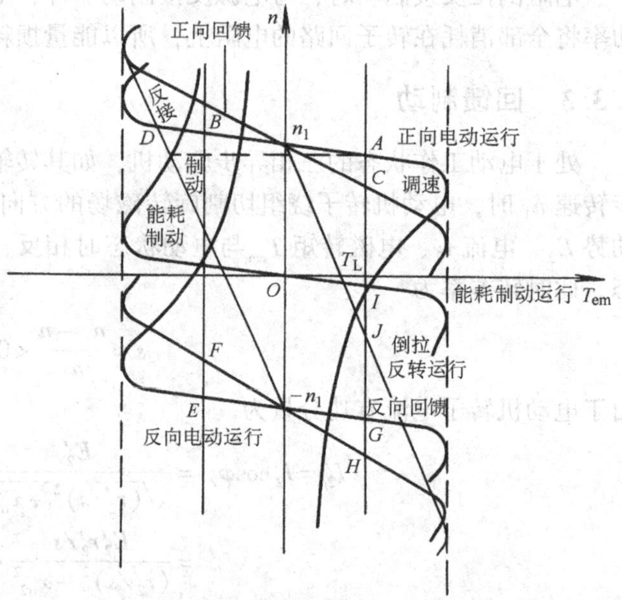

图7－19　三相绕线转子异步电动机的各种运行状态

例7－5　某三相绕线转子异步电动机额定数据如下：$P_N=60\text{kW}$，$U_{N1}=380\text{V}$，$I_{N1}=133\text{A}$，$n_N=577\text{r/min}$，$E_{N2}=253\text{V}$，$I_{N2}=160\text{A}$，$\lambda_m=2.5$，定、转子绕组都为Y联结。试求：①采用电阻倒拉反接制动，使位能负载$T_L=0.8T_N$，以$n=150\text{r/min}$的速度稳速下放，应在转子每相串入多大的电阻r_{ad}？②该电动机在额定运行时突然将定子任意两相对调，要求制动瞬时的制动转矩为$1.2T_N$，应在转子每相串入多大电阻r_{ad}？

解：电动机额定运行时

$$s_N=\frac{n_1-n_N}{n_1}=\frac{600-577}{600}=0.0383$$

$$r_2=\frac{s_N E_{N2}}{\sqrt{3}I_{N2}}=\frac{0.0383\times 253}{\sqrt{3}\times 160}\Omega=0.035\Omega$$

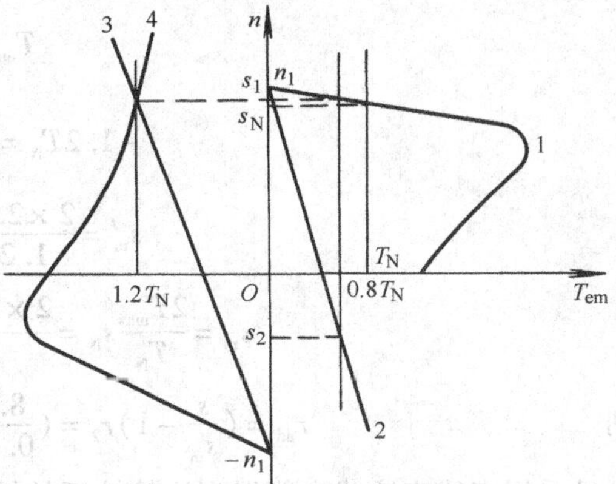

图 7－20　三相异步电动机反接制动时的运行状态

如图 7－20 所示，电动机运行在固有机械特性上 $T_L=0.8T_N$ 时，利用机械特性直线表达式 $T_{em}/s=2T_{max}/s_m=T_N/s_N$，得

$$s_1=\frac{0.8T_N}{T_N}s_N=0.8\times0.0383=0.0306$$

① 当重物以 $n=-150\text{r/min}$ 下放时

$$s_2=\frac{n_1-n}{n_1}=\frac{600-(-150)}{600}=1.25$$

由 $\frac{r_2}{s_1}=\frac{r_2+r_{ad}}{s_2}$ 得

$$r_{ad}=(\frac{s_2}{s_1}-1)r_2$$

$$=(\frac{1.25}{0.0306}-1)\times0.035\Omega=1.39\Omega$$

② 电源反接瞬时，$n=n_N$ 不变时，有

$$s_3=\frac{-n_1-n_N}{-n_1}=\frac{600+577}{600}=1.96$$

电动机电源反接且转子串 r_{ad} 时的人为机械特性必须通过（1.96，$-1.2T_N$）点，则

$$T_{em}=\frac{2T_{max}}{\frac{s}{s_m'}+\frac{s_m'}{s}}$$

得

$$-1.2T_N=\frac{-2\times2.5T_N}{\frac{1.96}{s_m'}+\frac{s_m'}{1.96}}$$

$$s_m'=\begin{cases}7.67\\0.5\end{cases}$$

固有机械特性时的临界转差率为

$$s_m=s_N(\lambda_m+\sqrt{\lambda_m^2-1})=0.0383\times(2.5+\sqrt{2.5^2-1})=0.183$$

则当 $s_m'=0.5$ 时

$$r_{ad}=(\frac{s_m'}{s_m}-1)r_2=(\frac{0.5}{0.183}-1)\times0.035\Omega=0.06\Omega$$

当 $s_m'=7.67$ 时

$$r_{ad}=(\frac{s_m'}{s_m}-1)r_2=(\frac{7.67}{0.183}-1)\times0.035\Omega=1.43\Omega$$

可见电源反接制动有两个解答，其中 $r_{ad}=0.06\Omega$ 对应的是图 7－20 中的人为特性曲线 4，在制动过程中平均制动转矩大，制动时间短，但制动电流大；而 $r_{ad}=1.43\Omega$ 对应的则是曲线 3，制动时电流冲击小。

如果采用直线表达式，则

$$T_{em}=\frac{2T_{max}}{s_m'}s$$

$$-1.2T_N=\frac{-2\times 2.5T_N}{s_m'}\times s_3$$

$$s_m'=\frac{2\times 2.5}{1.2}\times 1.96=8.17$$

$$s_m=\frac{2T_{max}}{T_N}s_N=\frac{2\times 2.5T_N}{T_N}\times 0.0383=0.192$$

则
$$r_{ad}=(\frac{s}{s_m}-1)r_2=(\frac{8.17}{0.192}-1)\times 0.035\Omega=1.45\Omega$$

可见采用直线表达式也能得到比较接近的结果。

例 7-6 三相绕线转子异步电动机的额定数据同例 7-5，现采用回馈制动并在转子回路中串入电阻 $r_{2ad}=0.05\Omega$，而使位能负载 $T_L=0.8T_N$ 稳速下放，试求下放转速。

解：由上例可知，$r_2=0.035\Omega$，$s_m=0.183$（实用表达式）或 $s_m=0.192$（直线表达式），由于采用回馈制动使重物下放时，定子两相必须对调，所以其转子串 r_{2ad}时的人为机械特性为

$$T_{em}=\frac{2T_{max}}{\frac{s'}{s_m'}+\frac{s_m'}{s'}}$$

$$\frac{r_2}{s_m}=\frac{r_2+r_{ad}}{s_m'}$$

$$s_m'=\frac{r_2+r_{ad}}{r_2}s_m=\frac{0.035+0.05}{0.035}\times 0.183=0.444$$

将 s_m'和 $T_{em}=0.8T_N$ 代入上式得

$$0.8T_N=\frac{-2\times 2.5T_N}{\frac{s'}{0.444}+\frac{0.444}{s'}}$$

解得

$$s'=\begin{cases}-0.073\\-2.7\end{cases}$$

因 $s'=-2.7$ 处于不稳定运行区，删去，则

$$n=(1-s')n_1=(1+0.073)\times(-600)\text{r/min}=-644\text{r/min}$$

式中负号表示重物下放时转子反转。

如用直线表达式，则

$$s_m'=\frac{r_2+r_{ad}}{r_2}s_m=\frac{0.035+0.05}{0.035}\times 0.192=0.466$$

$$0.8T_N=\frac{-2\times 2.5T_N}{0.466}s'$$

$$s'=-0.0746$$

$$n=(1-s)n_1=(1+0.0746)\times(-600)\text{r/min}=-645\text{r/min}$$

可见两种计算结果非常接近。

7.4 三相异步电动机的调速

随着电力电子技术、计算机技术和自动控制技术的迅猛发展，交流电动机调速技术日趋完善，大有取代直流调速的趋势。如在工业应用中，凡是能用直流调速的场合，都能改用交流调速，且在大容量、高转速、高电压以及环境十分恶劣的场所，直流调速不能用的都能用交流调速。

从异步电动机的转速公式

$$n=(1-s)n_1=(1-s)\frac{60f_1}{p}$$

可知，异步电动机的调速方法分为以下三种：

1）变频调速。改变异步电动机的定子电源频率 f_1 来改变同步转速 n_1 进行调速。

2）变极调速。改变异步电动机的极对数 p 来改变电动机的同步转速 n_1 进行调速。

3）变转差率调速。调速过程中保持同步转速 n_1 不变，改变转差率 s 来进行调速，包括降低电源电压、绕线转子异步电动机转子回路串电阻以及串附加电动势等方法。

下面分别介绍异步电动机的各种调速方法。

7.4.1 变频调速

改变定子电源频率，可以平滑地调节同步转速 n_1，从而使电动机平滑地调速。电源频率发生变化时，其人为机械特性如图 7-21 所示。变频调速可以从额定频率向下调节，也可以从额定频率向上调节。

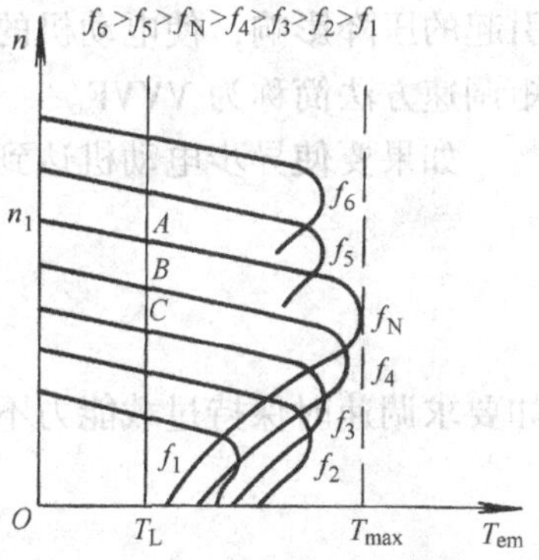

图 7-21 异步电动机变频时的人为机械特性

1. 从额定频率向下调速

频率下调时，电动机同步转速 n_1 减小，因此电动机转速也将随之下降，此方法是在额定转速 n_N 以下调速。从前面分析的变频人为机械特性可知，为了使电动机过载能力保持不变，在调速过程中应使主磁通保持不变，即在改变频率的同时改变电源电压大小，因此得到

$$\Phi_m=\frac{U_1}{f_1}=\frac{U_1'}{f_1'}=\text{常数}$$

由电磁转矩的物理表达式

$$T_{em}=C_T\Phi_m I_2'\cos\varphi_2$$

可知，当电动机拖动负载 $T_L=T_N$ 时，如忽略空载转矩，则 $T_{em}=T_L=T_N$，因为在变频调速时 Φ_m 保持不变，所以转子电流 I_2' 也将保持不变，而转子电流为

$$I_2'=\frac{E_2'}{\sqrt{(\frac{r_2'}{s})^2+x_{\sigma2}'^2}}=\frac{Kf_1}{\sqrt{(\frac{r_2'}{s})^2+(2\pi f_1L_{\sigma2}')^2}}=\frac{K}{\sqrt{(\frac{r_2'}{sf_1})^2+(2\pi L_{\sigma2}')^2}}$$

而额定频率时

$$I_{2N}'=\frac{E_{2N}'}{\sqrt{(\frac{r_2'}{s_N})^2+(2\pi f_NL_{\sigma2}')^2}}=\frac{K}{\sqrt{(\frac{r_2'}{s_Nf_N})^2+(2\pi L_{\sigma2}')^2}}$$

因为 $I_2' = I_{2N}'$，则必有

$$sf_1 = s_N f_N$$

$$s = s_N \frac{f_N}{f_1}$$

$$\Delta n = sn_1' = \frac{f_N}{f_1} s_N \frac{60 f_1}{p} = s_N \frac{60 f_N}{p} = s_N n_1 = \Delta n_N$$

上式说明了变频后的人为机械特性斜率保持不变。变频后转子回路功率因数为

$$\cos\varphi_2 = \frac{r_2}{\sqrt{r_2^2 + x_{\sigma 2s}^2}} = \frac{r_2}{\sqrt{r_2^2 + (2\pi s f_1 L_{\sigma 2})^2}}$$

$$= \frac{r_2}{\sqrt{r_2^2 + (2\pi s_N f_N L_{\sigma 2})^2}} = \cos\varphi_{2N}$$

即变频后 $\cos\varphi_2$ 也不变。可见，在 f_N 下调频调速为恒转矩调速。

但正如在异步电动机变频时的人为机械特性分析中所指出的那样，U_1/f_1 为常数的变频调速方式，在 U_1 和 f_1 比较小时，电动机的主磁通变化是很大的，这是因为此时定子回路的漏阻抗压降对电动势 E_1 的影响很大，因此主磁通将有较大减小，从而使电动机的最大转矩和起动转矩明显减小，低频低压时的电动机性能比较差。如要使变频调速过程中主磁通保持恒定不变，应满足 E_1/f_1 为常数，而不是 U_1/f_1 为常数。但由于异步电动机的感应电动势 E_1 难以测得和控制，所以实际应用中在控制回路加一个函数发生器，以补偿低频时由定子电阻引起的压降影响，使电动机的最大转矩 T_{max} 基本保持不变。这种电压和频率同时改变的恒转矩调速方法简称为 VVVF。

如果要使异步电动机达到恒功率调速，由电磁功率公式可知：

$$P_{em} = T_N \Omega_1 = T_N' \Omega_1'$$

$$\frac{T_N}{T_N'} = \frac{\Omega_1'}{\Omega_1} = \frac{f_1'}{f_1} \tag{7-13}$$

如要求调速时保持过载能力不变，则

$$\lambda_m' = \frac{T_{max}'}{T_N'} = \lambda_m = \frac{T_{max}}{T_N}$$

因为由式（7-3）可得 T_{max} 正比于 $(U_1/f_1)^2$，故上式又可写成

$$\frac{T_N'}{T_N} = \frac{T_{max}'}{T_{max}} = \frac{(U_1'/f_1')^2}{(U_1/f_1)^2}$$

将式（7-13）代入上式可得

$$\frac{U_1'}{U_1} = \sqrt{\frac{f_1'}{f_1}}$$

或

$$\frac{U_1'}{\sqrt{f_1'}} = \frac{U_1}{\sqrt{f_1}} = 常数$$

由此可见，当满足 $U_1/\sqrt{f_1}$ 为常数的控制条件时，异步电动机就能实现恒功率调速。

2. 从额定频率向上调速

频率上调时，n_1 增大，故电动机的转速 n 也增大。由于电动机的绝缘是按额定电压来

设计的，因此不可能在增大电源频率 f_1 的同时在 U_N 的基础上再提高电源电压，这样变频调速过程中随着电动机 f_1 的升高，主磁通在减小，从而导致电磁转矩 T_{em} 和最大转矩 T_{max} 减小。

由电动机电磁功率

$$P_{em}=T_{em}\Omega_1=\frac{m_1pU_1^2}{2\pi f_1}\frac{r_2'/s}{(r_1+r_2'/s)^2+(x_{\sigma1}+x_{\sigma2}')^2}\frac{2\pi f_1}{p}$$

可知，在正常运行时 s 很小，r_2'/s 远远大于 r_1 和 $x_{\sigma1}+x_{\sigma2}'$，因此若忽略 r_1 和 $x_{\sigma1}+x_{\sigma2}'$ 时，则

$$P_{em}=\frac{m_1pU_1^2}{2\pi f_1}\frac{r_2'/s}{(r_2'/s)^2}\frac{2\pi f_1}{p}=\frac{m_1U_1^2}{r_2'}s$$

运行时，若 U_1 保持额定不变，s 变化很小，可近似认为不变，因而也说明 P_{em} 为近似不变。由此可见，在 f_N 以上调速时可近似认为恒功率调速。

除了恒转矩和恒功率变频调速方法外，还有一种常用的恒电流变频调速控制方式。这种方式在变频调速过程中，保持定子电流 I_1 为恒值，仍属于恒转矩调速方法，但过载能力比恒磁通调速时要小。这种方法的优点是变频器的电流被控制在给定的数值上，所以换流时没有瞬时的冲击电流，使变频器和调速系统工作安全可靠，特性良好。

3. 变频调速的速度调节及四象限运行

图 7-22 所示的是定子三相电源电压为正序时的变频调速机械特性，这种情况下，电动机可在第Ⅰ、Ⅱ、Ⅳ象限内运行。

在第Ⅰ象限内，电动机处于电动运行状态。由人为机械特性可知，当低频低压时，电动机的起动转矩很大而起动电流不大，所以可以采用低频起动，并随着转速上升调节电源电压和频率，使起动过程中电动机的最大电磁转矩保持不变，如图 7-22 中虚线所示，最后到达稳态运行点 A。需要注意的是，电源频率调节速率不能太快，这是由于拖动系统机械惯性大，转速变化有一定的延迟，例如电源频率从 f_2 增加到 f_5 过程太快，如电源频率已升至 f_5，而转速上升比较慢，仅为 n_E，则此时电动机即从特性 f_2 跳到特性 f_5 的 E 点上运行，因 $T_{em}<T_L$，所以电动机转速非但调不上去，反而将沿着 f_5 的特性曲线降速，直到停车。

当电动机降低电源频率减速时，电动机可能会工作在第Ⅱ象限的回馈制动状态，如图 7-22 所示。设电动机原来稳定运行于 f_4 曲线的 A 点，当电源频率降为 f_3 时，由于电动机转速 n_A 不能突变，因此，电动机运行于 f_3 曲线的 A' 点上，此时电动机转速 n_A 高于对应 f_3 时的同步转速，电磁转矩反向，处于回馈制动状态而迅速减速，直到 f_3 曲线的 B 点稳定运行。如果在减速过程中，始终使频率比电动机转速下降得快，那么减速过程中电动机将一直处于回馈制动状态，使电动机很快降到所需的转速。

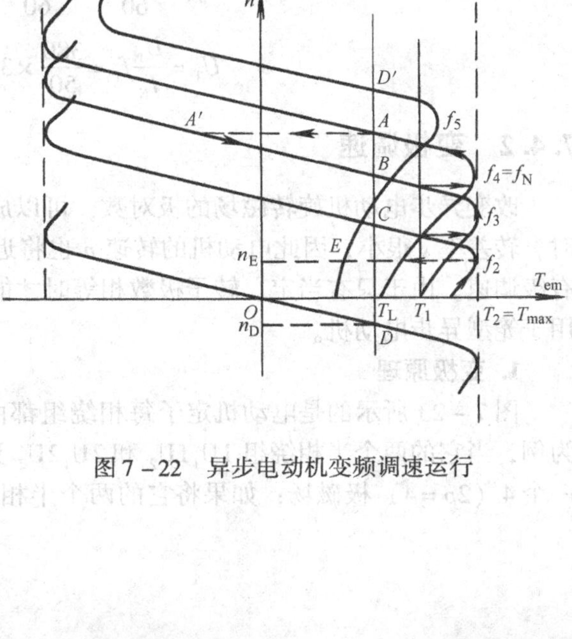

图 7-22　异步电动机变频调速运行

如要使电动机反转，只要改变电动机定子电源相序即可。这种情况下，电动机可在第Ⅱ、Ⅲ、Ⅳ象限内运行。反转时，应注意将原来正转的电动机利用变频调速使其处于回馈制动而快速停转，然后改变电源相序利用变频起动。如果采用回馈制动而直接改变电源相序进入反接制动，则制动过程中机械能和电能都消耗在转子电阻上，造成电动机过热。

综上所述，异步电动机变频调速有以下几个特点：

1）从额定频率向下调速，为恒转矩调速方式（也可以进行恒功率调速）；从额定频率向上调速，为近似恒功率调速方式。

2）频率 f_1 可连续调节，变频调速为无级调速。

3）调速范围大。

4）机械特性硬，转速稳定性好。

异步电动机变频调速具有很好的调速性能，可与直流电动机调速相媲美。

例 7-7 一台三相 4 极笼型转子异步电动机，额定数据如下：$U_N=380V$，$I_N=30A$，$n_N=1455r/min$，采用变频调速带动 $T_L=0.8T_N$ 恒转矩负载时转速为 $n=1000r/min$。已知变频电源输出的电压和频率关系为 $U_1/f_1=$ 常数。试求：此时变频电源输出的线电压 U_1 和 f_1 各为多少？

解：电动机在固有机械特性上时

$$s_N=\frac{n_1-n_N}{n_1}=\frac{1500-1455}{1500}=0.03$$

$$s=\frac{T_L}{T_N}s_N=0.8\times0.03=0.024$$

则 $T_L=0.8T_N$ 时的转速降为

$$\Delta n=sn_1=0.024\times1500r/min=36r/min$$

电动机变频调速时的人为机械特性斜率不变，即转速降落值不变，则变频以后的同步转速为

$$n_1'=n+\Delta n=(1000+36)r/min=1036r/min$$

得

$$f_1=\frac{pn_1'}{60}=\frac{2\times1036}{60}Hz=34.53Hz$$

$$U_1=\frac{U_N}{f_N}f_1=\frac{380}{50}\times34.53V=262.4V$$

7.4.2 变极调速

改变异步电动机旋转磁场的极对数，可以成倍地改变其同步转速，由于电动机正常运行时，转差率 s 很小，因此电动机的转速 n 也将近似成倍地变化。由此可见，这种调速方法是有级调速。由于只有当定、转子极数相等时才能产生平均电磁转矩，所以这种方法一般只适用于笼型异步电动机。

1. 变极原理

图 7-23 所示的是电动机定子每相绕组都由两个完全对称的半相绕组所组成。以 U 相为例，当它的两个半相绕组 $1U_11U_2$ 和 $2U_12U_2$ 头尾相串即顺串时，如图 7-23a 所示，形成一个 4（$2p=4$）极磁场；如果将它的两个半相绕组尾尾或头头反串时，如图 7-23b 所示，

甚至将其头尾相反并联时，如图7-23c所示，就形成了一个2（$2p=2$）极磁场。比较图7-23a、b、c三个图可知，只要将两个半相绕组中的任一个半相绕组的电流反向，就可以将极对数增加一倍（顺串）或减少一半（反串、反并）。这就是单绕组倍极比的变极原理，如2/4极、4/8极等，这种方法只要改变定子绕组接法即可完成，因此非常简单。

除了上述最简单最常用的倍极比变极方法之外，还有用改变定子绕组接法达到非倍极比的变极方法，如4/6极等。还有采用两套绕组实现多极比的变极方法。具体详细的分析可参见有关参考书。

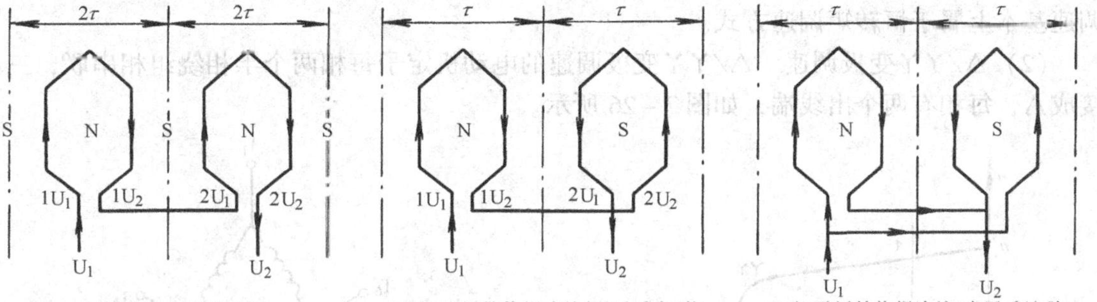

a)4极磁场的绕组连接　　b)2极磁场的绕组连接(尾尾反串联)　　c)2极磁场的绕组连接(头尾反并联)

图7-23　异步电动机变极原理图

2. 两种常用的变极方案

（1）Y/YY变极调速　Y/YY变极调速的电动机定子每相两个半相绕组相串联，三相接成Y，每相有二个出线端，如图7-24所示。当出线端T_1、T_3、T_5接三相电源，出线端T_2、T_4、T_6悬空时，定子绕组为Y联结，此时每相两个半相绕组都是顺串的，电动机为多极数4（$2p=4$）极，其同步转速为1500r/min。当出线端T_1、T_3、T_5被短接，出线端T_2、T_4、T_6端接三相电源时，定子绕组便为YY联结，此时每相两个半相绕组是反接并联的，所以电动机为少极数2（$2p=2$）极，其同步转速为3000r/min。

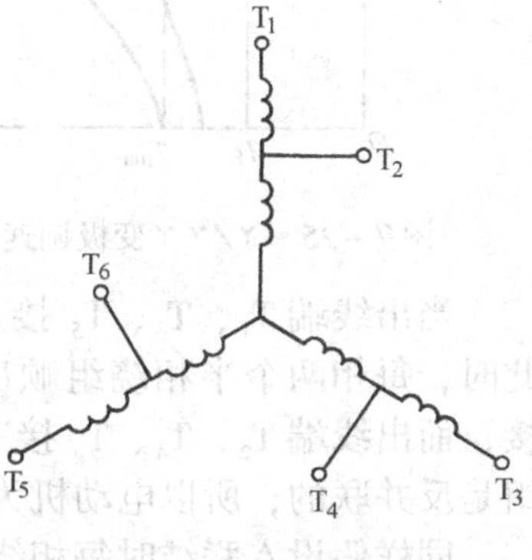

图7-24　Y/YY联结变极调速

如假定半相绕组的参数为$r_1/2$、$x_{\sigma1}/2$、$r_2'/2$、$x_{\sigma2}'/2$，则Y联结时，每相两半相绕组顺串，其绕组参数为r_1、$x_{\sigma1}$、r_2'、$x_{\sigma2}'$；而YY联结时，每相两半相绕组反并，其绕组参数变为$r_1/4$、$x_{\sigma1}/4$、$r_2'/4$、$x_{\sigma2}'/4$。Y联结和YY联结时每相电源电压相等，利用式（7-2）、式（7-3）和式（7-5）推导可得如下结论：

$$T_{\max YY}=2T_{\max Y}$$

$$s_{mYY}=s_{mY}$$

$$T_{stYY}=2T_{stY}$$

式中，下标YY表示绕组YY联结时的量；下标Y表示绕组Y联结时的量。

根据以上结果，定性画出Y/YY变极调速机械特性如图7-25所示。变极调速Y联结时的允许输出为

$$P_Y=\sqrt{3}U_{N1}I_{N1}\eta_N\cos\varphi_1$$

$$T_{\text{Y}}=9550\frac{P_{\text{Y}}}{n_{\text{Y}}}\approx 9550\frac{P_{\text{Y}}}{n_1}$$

而YY联结时的允许输出为

$$P_{\text{YY}}=\sqrt{3}U_{\text{N1}}I'_{\text{N1}}\cos\varphi_1=\sqrt{3}U_{\text{N1}}(2I_{\text{N1}})\eta_{\text{N}}\cos\varphi_1\approx 2P_{\text{Y}}$$

$$T_{\text{YY}}=9550\frac{P_{\text{YY}}}{n_{\text{YY}}}\approx 9550\frac{P_{\text{YY}}}{n'_1}=9550\frac{2P_{\text{Y}}}{2n_1}=T_{\text{Y}}$$

以上推导中假定Y改接成YY前后的效率和功率因数保持不变。上述说明，Y/YY变极调速基本上属于恒转矩调速方式。

(2) △/YY变极调速　△/YY变极调速的电动机定子每相两个半相绕组相串联，三相接成△，每相有两个出线端，如图7－26所示。

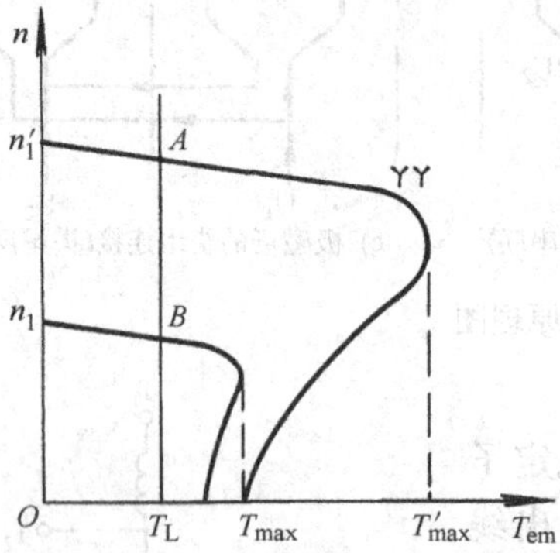

图7－25　Y/YY变极调速的机械特性

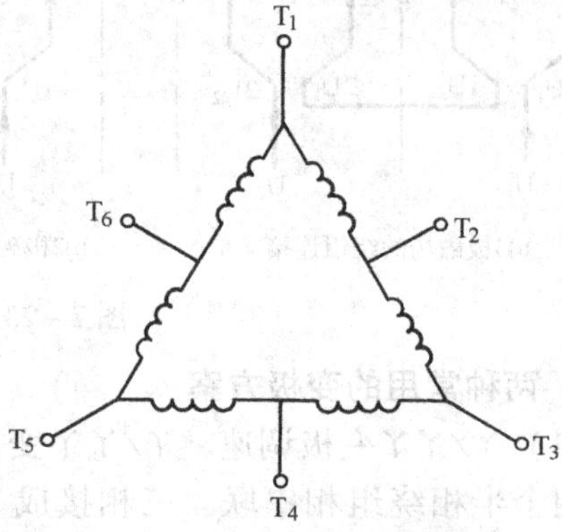

图7－26　△/YY变极调速

当出线端T_1、T_3、T_5接三相电源，T_2、T_4、T_6出线端悬空时，定子绕组便为△联结，此时，每相两个半相绕组顺串，电动机为多极数4 ($2p=4$) 极。当出线端T_1、T_3、T_5短接，而出线端T_2、T_4、T_6接三相电源时，定子绕组便为YY联结，此时，每相两个半相绕组是反并联的，所以电动机为少极数2 ($2p=2$) 极。

同样假设△联结时每相绕组参数为r_1，$x_{\sigma1}$和r'_2，$x'_{\sigma2}$，YY联结时每相绕组参数为$r_1/4$，$x_{\sigma1}/4$和$r'_2/4$，$x'_{\sigma2}/4$。又因为△联结时相电压$U_{1\triangle}=U_{\text{N1}}$，YY联结时$U_{1\text{YY}}=U_{\text{N1}}/\sqrt{3}$，与Y/YY变极调速推导方法相同，可推导出：

$$T_{\max\text{YY}}=\frac{2}{3}T_{\max\triangle}$$

$$s_{\text{mYY}}=s_{\text{m}\triangle}$$

$$T_{\text{stYY}}=\frac{2}{3}T_{\text{st}\triangle}$$

式中，下标△表示绕组△联结时的量；YY表示绕组YY联结时的量。

根据上述结果，定性画出△/YY变极调速的机械特性如图7－27所示。变极调速△联结时，允许输出为

$$P_{\triangle}=\sqrt{3}U_{\text{N1}}(\sqrt{3}I_{\text{N1}})\eta_{\text{N}}\cos\varphi_1$$

$$T_{\triangle}\approx 9550\frac{P_{\triangle}}{n_1}$$

而YY联结时允许输出为

$$P_{\curlyvee\curlyvee}=\sqrt{3}U_{N1}(2I_{N1})\eta_N\cos\varphi_1=\frac{2}{\sqrt{3}}P_{\triangle}=1.15P_{\triangle}$$

$$T_{\curlyvee\curlyvee}\approx 9550\frac{P_{\curlyvee\curlyvee}}{n_1'}=9550\frac{(2/\sqrt{3})P_{\triangle}}{2n_1}=\frac{1}{\sqrt{3}}T_{\triangle}=0.577T_{\triangle}$$

以上推导中，假定△改接成丫丫前后的效率和功率因数保持不变。上述表明，△/丫丫变极调速为近似恒功率调速。

变极调速设备简单，运行可靠，机械特性较硬，效率高，而且既可适用于恒转矩调速也可适用于近似恒功率调速。其缺点是转速只能成倍变化，为有级调速。丫/丫丫变极调速应用于起重电葫芦、运输传送带等；△/丫丫变极调速应用于各种机床的粗加工和精加工等。在应用中需要注意的是，由于绕组极数改变后，绕组相序发生了变化，因此变极前后要保持电动机转向不变时，应将三相电源中任意两相线对调即可。

7.4.3 变转差率调速

变转差率调速方法很多，这里主要介绍绕线转子异步电动机转子回路串电阻调速、定子减压调速和转子串附加电动势（串级）调速三种。变转差率调速的特点是同步转速不变，转差率增大，产生的转差功率 sP_{em} 也增大。除串级调速外，这些功率都消耗在转子回路的电阻上，使转子发热，效率降低，调速经济性较差。

1. 绕线转子回路串电阻调速

改变转子回路电阻值时的人为机械特性如图 7－28 所示。当电动机拖动恒转矩负载，且 $T_L=T_N$ 时，转子回路不串附加电阻时，电动机稳定运行在 A 点，转速为 n_A，当转子回路串入 r_{ad1} 时，转子电流 I_2 瞬时减小，电磁转矩 T_{em} 也瞬时减小，电动机减速，转差率 s 增大，转子电动势、电流和转矩均增大，直到 B 点时，$T_{em}=T_L$ 为止，电动机将稳定运行于转速 n_B，显然 $n_B<n_A$。转子回路串入电阻增大 r_{ad2} 和 r_{ad3} 时，电动机最后将分别稳定运行于 n_C 和 n_D，所串电阻越大，转速越低，机械特性越软。

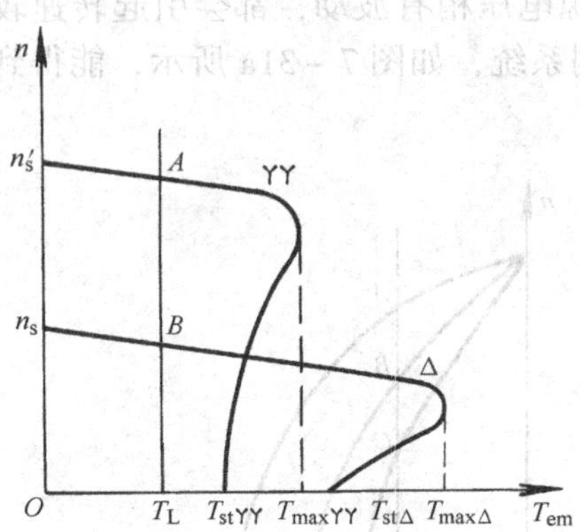

图 7－27　△/丫丫变极调速的机械特性

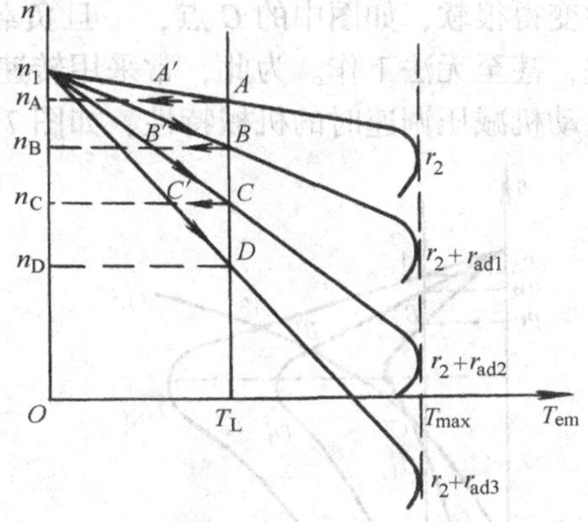

图 7－28　绕线转子回路串电阻调速

由电磁转矩公式

$$T_{em}=C_T\Phi_m I_2'\cos\varphi_2$$

可知，当电源电压一定时，主磁通 Φ_m 基本不变，调速过程中要求转子电流保持额定值不变时，则有

$$I_2' = I_{N2}' = \frac{E_2'}{\sqrt{(r_2'/s_N)^2 + x_{\sigma2}'^2}} = \frac{E_2'}{\sqrt{[(r_2' + r_{ad}')/s]^2 + x_{\sigma2}'^2}}$$

从上式可知，必满足

$$\frac{r_2'}{s_N} = \frac{r_2' + r_{ad}'}{s} \tag{7-14}$$

则串入电阻 r_{ad}后的转子功率因数

$$\cos\varphi_2 = \frac{(r_2' + r_{ad}')/s}{\sqrt{[(r_2' + r_{ad}')/s]^2 + x_{\sigma2}'^2}} = \frac{r_2'/s_N}{\sqrt{(r_2'/s_N)^2 + x_{\sigma2}'^2}} = \cos\varphi_{N2} = 常数$$

因而有

$$T_{em} = C_T \Phi_m I_2' \cos\varphi_2 = T_N = 常数$$

由此可见，转子串电阻调速是恒转矩调速方法。

式（7-14）是在 T_L 为常数时电动机转差率与转子回路电阻值的一一对应关系。从理论上看，转子串电阻调速范围不算小，但实际使用中由于串入电阻越大，转差率越大，转子铜耗就越大，很不经济。况且串入电阻越大，机械特性越软。因此转子串电阻调速范围一般不大，约2：1左右，由于电阻调节一般是有级的，所以属于有级调速。这种调速方法多用于断续工作的生产机械上，低速运行的时间不长且调速性能要求不高的情况下，如用于桥式起重机。

2. 定子减压调速

异步电动机降低定子电压的人为机械特性如图 7-29 所示。若电动机拖动恒转矩负载，如 $T = T_{L1}$ 时，降低定子电压，则转速从 n_A 变为 n_B 或 n_C，显然 $n_C < n_B < n_A$，但转速变化范围非常小。若电动机拖动通风机负载 T_{L2}时，则电动机将分别稳定运行于 A'、B'、C'点，调速范围比较大，且电动机能稳定运行于大于 s_m 的区域，如 C'点，但是，应注意异步电动机在低速运行（s 较大）时存在的过电流和功率因数低的问题。

如果要求电动机拖动恒转矩负载并且有较宽的范围，则应选用转子电阻较大的高转差率电动机，其减压时的机械特性如图 7-30 所示。但需要注意是的，当减压时，电动机的机械特性变得很软，如图中的 C 点，一旦负载转矩或电源电压稍有波动，都会引起转速较大的变化，甚至无法工作。为此，常采用转速负反馈控制系统，如图 7-31a 所示，能得到如直流电动机减压调速时的机械特性，如图 7-31b 所示。

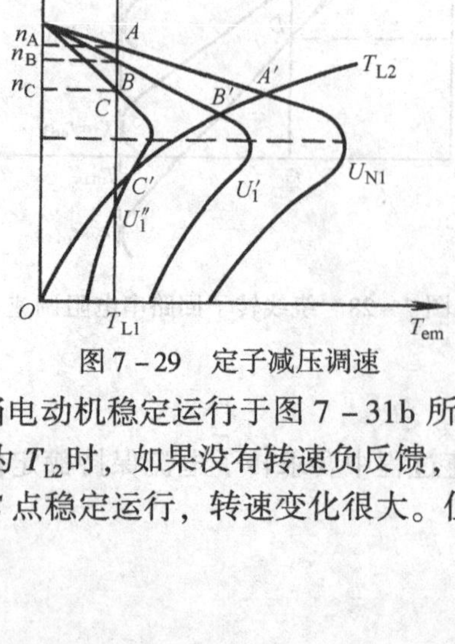

图 7-29　定子减压调速

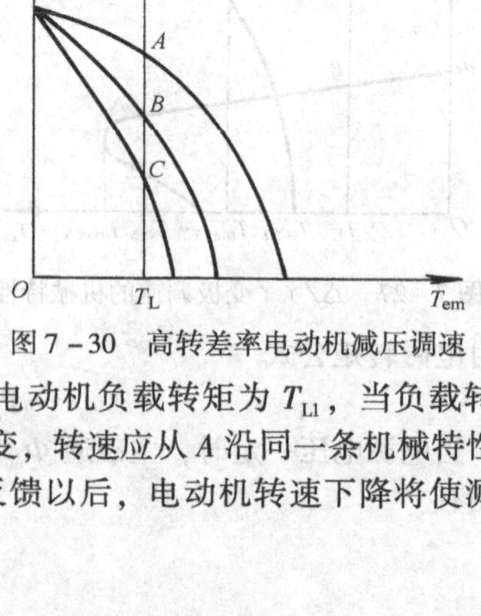

图 7-30　高转差率电动机减压调速

当电动机稳定运行于图 7-31b 所示的 A 点时，电动机负载转矩为 T_{L1}，当负载转矩从 T_{L1}变为 T_{L2}时，如果没有转速负反馈，电动机电压不变，转速应从 A 沿同一条机械特性曲线降为 C 点稳定运行，转速变化很大。但有了转速负反馈以后，电动机转速下降将使测速发

电机输出电压 u 减小，而系统给定电压 u^* 不变，则经比较以后偏差电压 $\Delta u = u^* - u$ 增大，经过速度调节器放大后 U_K 增大。U_K 增大使触发电路的 α 角减小，则由双向晶闸管组成的主电路输出的电压 U 增大，从而使电动机稳定运行于图 7－31b 所示的 B 点上。由此可见，速度负反馈的作用是提高电动机的端电压，从而提高调速系统静特性的硬度。

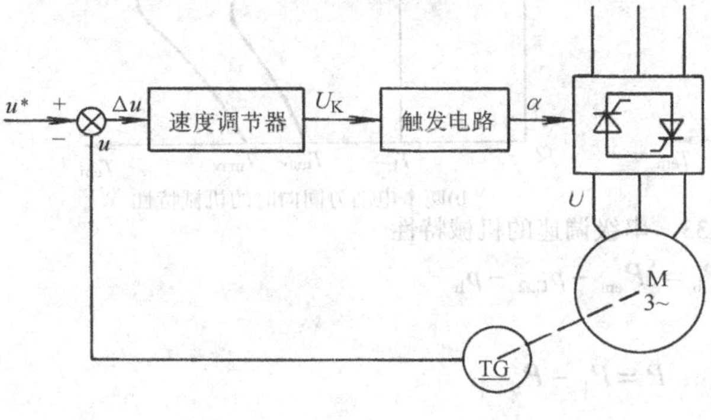

a)系统原理图

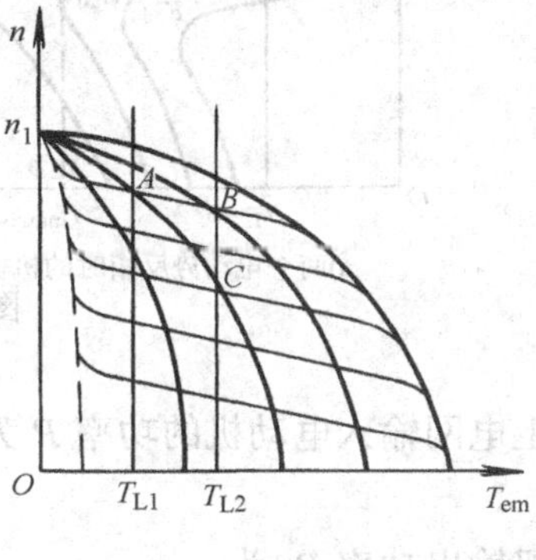

b)机械特性

图 7－31　异步电动机负反馈调压调速系统

3. 串级调速

串级调速方法是通过在绕线转子异步电动机的转子回路中串接附加电动势来达到调速的目的，这个附加电动势必须与转子电动势同频率，两个电动势相位反相或同相。当转子回路串入附加电动势 E_{ad} 后转子电流为

$$\dot{I}_2 = \frac{\dot{E}_2 + \dot{E}_{ad}}{r_2 + jx_{\sigma 2}}$$

很显然，当 E_{ad} 与 E_2 反相时，转子电流减小，电磁转矩 T_{em} 也减小，电动机转速就要下降，结果与转子回路串附加电阻相同。而当 E_{ad} 与 E_2 同相时，I_2 就增大，T_{em} 也增大，电动机将加速。当 E_{ad} 足够大时，电动机转速可以达到甚至超过同步转速，这是串级调速特点之一。但是因为要得到一个频率与转子电动势频率永远相同的附加电动势 E_{ad} 是相当困难的，所以可以采用一种最简单的方法将异步电动机转子回路电动势整流成直流电动势，同时把附加电动势也变为直流量，这样就满足了要求。异步电动机串级调速的原理图如图 7－32 所示。

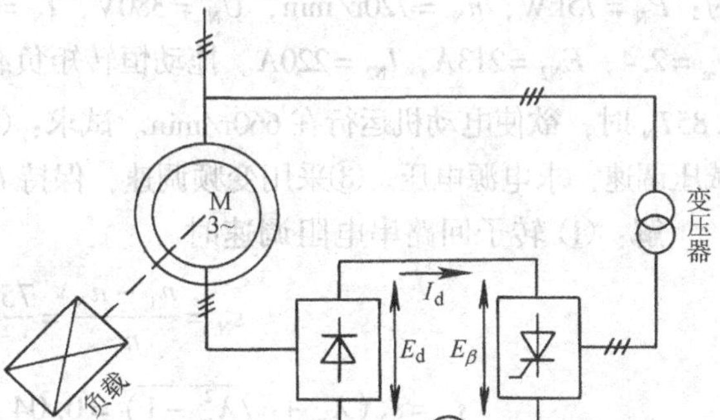

图 7－32　晶闸管串级调速原理图

串级调速机械特性的推导过程比较复杂，从略，仅给出其两个电动势反相时的机械特性（如图 7－33a 所示）和同相时的机械特性（如图 7－33b 所示）。

串级调速效率比较高，这主要是因为异步电动机转子回路中的转差功率 sP_{em} 中，除了一部分消耗在转子电阻上的铜耗 p_{Cu2} 外，其余都送入整流器，再减去整流器、逆变器、电抗器及变压器的损耗 p_b 后，就是回馈给交流电网的功率 P_b，即

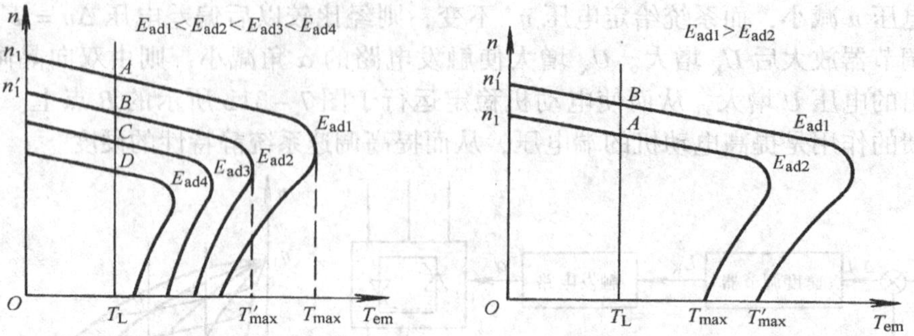

a)两个电动势反相时的机械特性　b)两个电动势同向时的机械特性

图 7－33　串级调速的机械特性

$$P_b = sP_{em} - p_{Cu2} - p_b$$

实际上电网输入电动机的功率 P 为

$$P = P_1 - P_b$$

电动机输出功率 P_2 为

$$P_2 = P_m - p_m - p_{ad}$$

因此总效率 η 为

$$\eta = \frac{P_2}{P} \times 100\%$$

图 7－34 所示为串级调速功率流程图。

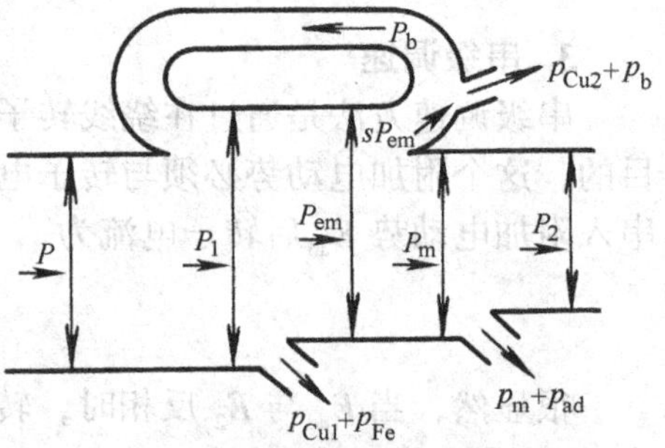

图 7－34　串级调速的功率流程图

这种调速方法适合于高电压、大容量绕线转子异步电动机拖动风机、泵负载等调速要求不高的场合。

例 7－8　一台绕线转子异步电动机，其额定数据为：$P_N = 75kW$，$n_N = 720r/min$，$U_N = 380V$，$I_N = 148A$，$\lambda_m = 2.4$，$E_{N2} = 213A$，$I_{N2} = 220A$。拖动恒转矩负载 $T_L = 0.85T_N$ 时，欲使电动机运行在 660r/min。试求：①采用转子回路串电阻，求每相电阻值。②采用减压调速，求电源电压。③采用变频调速，保持 U/f 为常数，求频率与电压各为多大？

解：① 转子回路串电阻调速时

$$s_N = \frac{n_1 - n_N}{n_1} = \frac{750 - 720}{750} = 0.04$$

$$s_m = s_N(\lambda_m + \sqrt{\lambda_m^2 - 1}) = 0.04 \times (2.4 + \sqrt{2.4^2 - 1}) = 0.183$$

转子每相电阻为

$$r_2 = \frac{s_N E_{N2}}{\sqrt{3} I_{N2}} = \frac{0.04 \times 213}{\sqrt{3} \times 220}\Omega = 0.0224\Omega$$

在 $T_L = 0.85T_N$ 且转子回路不串电阻时的转差率为

$$s = \frac{T_L}{T_N} s_N = 0.85 \times 0.04 = 0.034$$

在 $T_L = 0.85T_N$，转子回路串电阻，且 $n = 660r/min$ 时的转差率 s' 为

$$s' = \frac{n_1 - n}{n_1} = \frac{750 - 660}{750} = 0.12$$

则

$$\frac{r_2}{s}=\frac{r_2+r_{ad}}{s'}$$

$$r_{ad}=(\frac{s'}{s}-1)r_2=(\frac{0.12}{0.034}-1)\times 0.0224\Omega=0.0567\Omega$$

即转子回路应串入 0.0567Ω 的电阻。

② 减压调速时，由于临界转差率 s_m 不变，$s'<s_m$ 时电动机运行于机械特性直线段，则可以用直线表达式

$$T_{em}=\frac{2T'_m}{s_m}s'=T_L=0.85\times\frac{2T_m}{s_m}s_N$$

即

$$\frac{T'_m}{T_m}=\frac{0.85}{s'}s_N=\frac{0.85\times 0.04}{0.12}=0.283$$

得 $$U=U_N\sqrt{\frac{T'_m}{T_m}}=380\times\sqrt{0.283}\text{V}=202\text{V}$$

即减压调速时，电源电压降为 202V。

③ 变频调速时，变频后在 $T_L=0.85T_N$ 时的转速降落为

$$\Delta n=sn_1=0.034\times 750\text{r/min}=25.5\text{r/min}$$

变频调速后的同步转速 n_1' 为

$$n_1'=n+\Delta n=(660+25.5)\text{r/min}=685.5\text{r/min}$$

$$s'=\frac{n_1'-n}{n_1'}=\frac{685.5-660}{685.5}=0.0372$$

$$f'=\frac{pn_1'}{60}=\frac{4\times 685.5}{60}\text{Hz}=45.7\text{Hz}$$

$$U'=\frac{f'}{f_N}U_N=\frac{45.7}{50}\times 380\text{V}=347.3\text{V}$$

即变频后频率为 45.7Hz，电压为 347.3V。

例 7-9 求例 7-8 中对应三种调速方法的定子电流大小（忽略 I_0 不计）。

解： ① 采用转子回路串电阻调速时，由于 $T_{em}=T_L=0.85T_N$ 不变，因此，转子电流 I_2 不变，定子电流 $I_1=0.85I_{N1}=0.85\times 148\text{A}=125.8\text{A}$ 也不变。

② 采用减压调速时，由于忽略 I_0，所以 $I_1\approx I_2$，则

$$T_{em}=\frac{P_{em}}{\Omega_1}=\frac{m_1I_1^2r_2'/s'}{\Omega_1}=0.85T_N=0.85\times\frac{m_1I_{N1}^2r_2'/s_N}{\Omega_1}$$

得 $$I_1=I_{N1}\sqrt{\frac{0.85s'}{s_N}}=148\times\sqrt{\frac{0.85\times 0.12}{0.04}}\text{A}=236\text{A}>I_{N1}=148\text{A}$$

可见，降压调速时定转子电流将处于过载状态。

③ 变频调速时

$$T_{em}=\frac{P_{em}}{\Omega_1}=\frac{m_1I_1^2r_2'/s'}{2\pi f_1'/p}=0.85T_N=0.85\times\frac{m_1I_{N1}^2r_2'/s_N}{2\pi f_N/p}$$

$$I_1=I_{N1}\sqrt{\frac{0.85s'f_1'}{s_Nf_N}}=148\times\sqrt{\frac{0.85\times 45.7\times 0.0372}{0.04\times 50}}\text{A}=125.8\text{A}$$

即变频调速后定子电流为 $I_1=125.8\text{A}$。

7.5　三相笼型异步电动机的软起动器

三相笼型异步电动机直接起动（全压起动），虽然起动方法简单、经济，但其起动电流可达4～7倍的额定电流。过大的起动电流导致线路产生较大的压降，严重冲击电网，可对电网上其他设备构成严重威胁。国家标准规定，一般情况下直接起动的起动电流在电网中引起的电压降不超过电网额定电压的10%（频繁起动）或15%（不频繁起动）就允许直接起动。在工程应用中，能否直接起动可按本章7.2节的经验公式核实计算。除此之外，在实际工程中能否直接起动，还应综合考虑负载和传动机构等因素。例如，对中等容量以上的异步电动机传动系统，直接起动时很大的突跳转矩冲击会使轴承、齿轮磨损加重，甚至损坏，而且减速箱故障率高，同时过大的机械冲击大大降低了机械设备的寿命，很大的冲击电流将导致电机绕组的绝缘老化，电气设计的寿命下降，设备维护率的提高。这些都会对设备产生严重影响。

对于大功率的三相异步电动机，如果采用7.2节中所介绍的串自耦变压器或Y/△等降压起动方法，虽然都能减小起动电流，但仍都存在2次很大的起动冲击电流，2次冲击电流甚至可超过6倍额定电流，如图7－35的曲线2所示。所以在工业应用中，55～90kW及以上的笼型异步电动机在经济条件允许的情况下尽量采用软起动器。在这种起动方式中，可以控制其最大起动电流为2～4倍左右的额定电流，使定子电流既处在其最大的容许电流范围之内，又可使电动机以尽快的速度起动，缩短起动时间，这种软起动与传统起动方式的起动电流比较如图7－35所示。

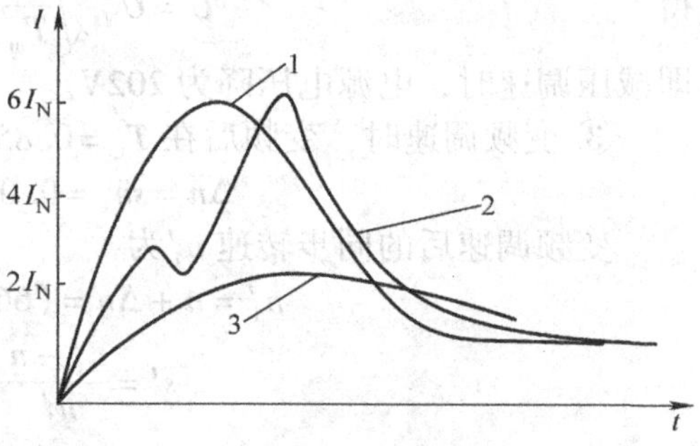

图7－35　软起动器与传统起动方式的电流比较

1—直接起动　2—自耦变压器起动

3—软起动器起动

采用软起动方式有以下的优点：减少起动过程中引起的电网压降，不影响与其共网的其他电气设备的正常运行；减少起动电流，改善电动机局部过热的情况，提高电动机寿命；减小硬起动带来的机械冲力，减小对减速机构的磨损。目前软起动器主要应用在大功率笼型异步电动机的起动，特别是使用最为广泛的鼓风机和水泵等，一般情况下这些设备都采用软起动方法。

7.5.1　软起动器的工作原理

图7－36为三相平衡调压式软起动器主回路控制原理图，它利用晶闸管的开关特性，将三对反并联的晶闸管串接在电动机的三相电路上，用计算机改变电动机三相定子绕组起动电压的大小，来控制电动机的起动特性。当起动完成后，程序控制将旁路接触器的主触点闭合，短路所有三相晶闸管，使电动机直接接电源全压运行，以避免在晶闸管上的功率损耗。快速熔断器主要用以保护晶闸管模块在短路情况下快速切断故障电流。热继电器用于电动机的过载保护。如软起动器自带过载保护，则不要外接热继电器。

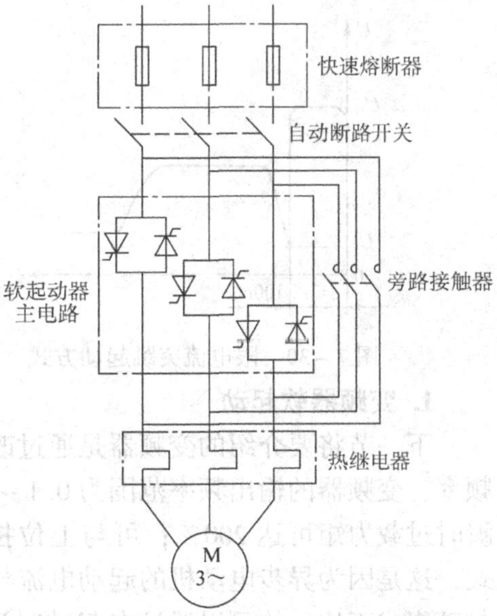

图 7-36　三相平衡调压式软起动器主回路控制原理图

早期的软起动器是以起动电压为控制对象进行软起动的，现在新型的软起动器一般都带智能化控制，有多种起动模式供用户选择，以适应各种复杂的应用和负载的变化。这些起动模式有：限流起动模式、电压斜坡起动模式、突跳起动模式、电流斜坡起动模式和电压限流双闭环起动模式等。

其中限流起动模式一般用于对起动电流有严格限制要求的场合。图 7-37 给出了限流起动模式的电动机电流变化波形，图中 I_1 为设定的起动电流的限流值。当电动机起动时，软起动器的输出电压迅速增加，直到定子电流达到设定的限流值 I_1，此后将保持定子电流稳定在此限流值 I_1 上。随着输出电压的逐渐上升，电动机逐渐加速，当电机达到稳定转速时，旁路接触器的主触点闭合，输出电流迅速下降至电动机所带负载对应的稳定电流（例如图中的 I_N），起动过程完成。

电压斜坡起动模式适用于对起动电流要求不严格，但对起动过程的平稳性要求较高的拖动中。图 7-38 给出了这种起动的输出电压波形，图中的 U_1 为起动时的初始电压值。当电动机起动时，在定子电流不超过额定值的 400% 范围内，软起动器的输出电压迅速上升至 U_1，然后输出电压按所设定的输出参数逐渐上升，电动机随着电压的上升而不断平稳加速，当电压达到额定电压 U_N 时，电动机达到额定转速，旁路接触器主触点闭合，起动过程结束。

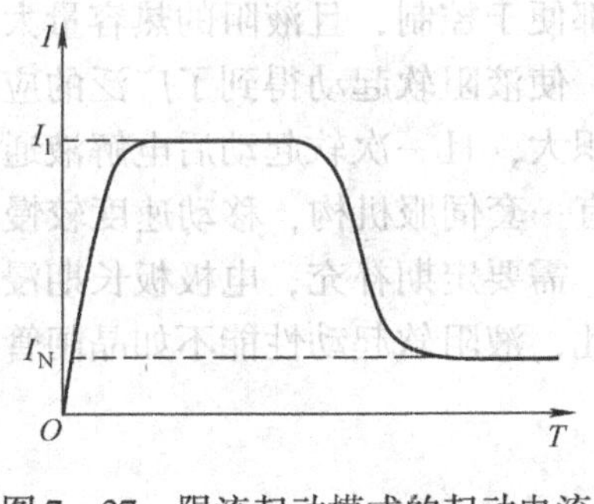

图 7-37　限流起动模式的起动电流

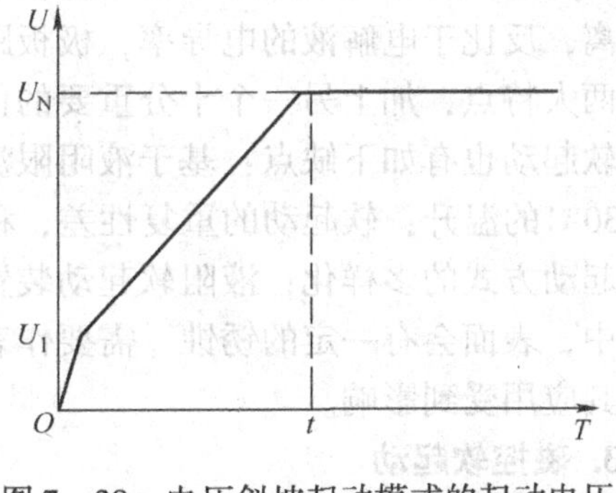

图 7-38　电压斜坡起动模式的起动电压

突跳起动模式用于重负载场合，起动时针对重负载，先给电动机的定子绕组施加一个较高的固定电压（例如图 7-39 中的额定电压 U_N）并使其持续一小段时间（例如 100ms），以克服电动机负载的静摩擦力使电动机起动，然后按图 7-39 所示的限电流突跳起动方式或按图 7-40 所示的电压斜坡突跳起动方式起动，解决了带重负载起动困难的问题。

7.5.2　三相异步电动机的软起动分类

异步电动机的软起动除前面介绍的晶闸管软起动外，还有下面几种常用的软起动方法。

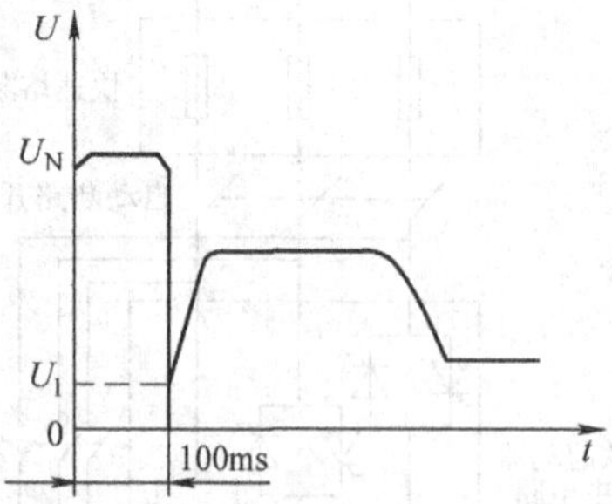

图 7-39　限电流突跳起动方式

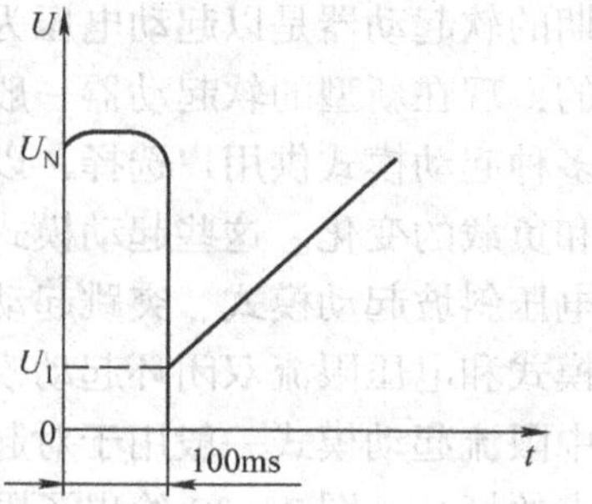

图 7-40　电压斜坡突跳起动方式

1. 变频器软起动

下一节将要介绍的变频器是通过改变定子电源的频率而实现调速的，其转速基本正比于频率，变频器的输出频率范围为0.1～500Hz，调速精度一般不低于1%，高的可达0.02%；瞬时过载力矩可达200%；可与上位控制计算机接口。同时变频器也可以设定为软起动方式，这是因为异步电动机的起动电流与电源电压成正比（见本章7.2节），而变频时，电压与频率成正比，故可以通过在起动时逐渐加大频率（电压）的方式减小起动电流，使电动机平稳起动。

变频器软起动最主要的优点是节能。另外，变频器还可以实现异步电动机在正常工作时的各种保护，如过电压、欠电压、零电压保护、过载保护、缺相保护和过电流保护，并具有断相与相序检测功能。

目前制约变频器作为软起动装置大范围应用于三相异步电动机的原因，仅仅是一次性投资较高。随着电力电子器件和计算机技术的迅速发展，其性能价格比将会得到很大的提高。

2. 液阻软起动

液阻是一种由电解液形成的电阻。它导电的本质是离子导电，其阻值正比于两块电极板的距离，反比于电解液的电导率，极板距离和电导率都便于控制，且液阻的热容量大。液阻的这两大特点，加上另一个十分重要的优势即低成本，使液阻软起动得到了广泛的应用。但液阻软起动也有如下缺点：基于液阻限流，液阻箱容积大，且一次软起动后电解液通常会有10～30℃的温升；软起动的重复性差；移动极板需要有一套伺服机构，移动速度较慢，难以实现起动方式的多样化；液阻软起动装置液箱中的水，需要定期补充，电极板长期浸泡于电解液中，表面会有一定的锈蚀，需要作表面处理。因此，液阻软起动性能不如晶闸管软起动好，其应用受到影响。

3. 磁控软起动

磁控软起动是从电抗器软起动衍生出来的。将三相电抗器串在电源和电动机定子之间实现降压是它们两者的共同点。磁控软起动不同于电抗器软起动的主要特点是其电抗值可控。总体上，起动开始时电抗器的电抗值较大，在软起动过程中，通过反馈调节使电抗值逐渐减小，及至软起动完成后被旁路。

电抗值的变化是通过控制直流励磁电流，改变铁心的饱和度实现的，所以叫做磁控软起动。

7.6 变频器

从7.4节三相异步电动机的调速讨论中已经知道，变频调速是三相异步电动机最好的调速方法之一，因此专门用于三相异步电动机调速的控制电路已做成独立的产品，即变频器。早年由于三相异步电动机的变频调速技术无法实现，其他调速方法又无法与直流电动机的优良调速和起动性能相比，故高性能调速系统都采用直流电动机；另一方面，约占电气传动总容量80%的无变速传动则采用异步电动机。20世纪70年代变频器的问世彻底打破了交、直流传动按调速分工的格局，经过近半个世纪的发展，变频器已广泛地应用于异步电动机的调速控制。变频技术从晶闸管（SCR）发展到今天的大功率晶体管（IGBT、IGCT）和耐高压大功率晶体管（HV—IGBT），控制技术也发展到今天的变频变压控制（VVVF）和矢量控制等多种方式，且已全数字化。由于变频调速的机械特性硬度能满足需精确控制速度负载的调速要求，故变频器已有很好的运行特性，并可作为现场级与自动化级连接在一起，应用灵活，对供电系统也可实现无干扰，应用范围几乎涉及到整个工业领域。目前的通用型变频器，根据结构可分为普通的开环变频变压控制（VVVF）型和高性能的闭环矢量控制型；根据变频电源的性质，变频器可分为电压源型变频器和电流源型变频器，其主要区别在于中间直流环节采用哪种滤波器。电压源型变频器采用大容量电容滤波（如图7-41主电路中的电容C），直流电压波形比较平直；电流源型变频器采用大电感滤波，直流电流波形比较平直。电压源型变频器比电流源型变频器性能优越，采用电压源型变频器能使变频器的性能，包括输出波形、功率因数、效率、可靠性及动态性能进一步提高。下面简要介绍开环电压源型VVVF变频器基本软硬件的原理结构、主要功能及其应用情况。

7.6.1 VVVF变频器的基本原理和结构

VVVF变频调速原理已在本章7.4节中作了介绍，这种调速方法是通过同时改变定子三相绕组的电源电压和频率，实现恒转矩调速的一种方法。在交流调速领域中，大量的负载如风机、水泵等，对调速的要求并不高，使用开环型的VVVF变频器完全可以满足要求。开环型的变频器是指不带速度反馈的变频器。目前的通用电压源型VVVF变频器的基本原理结构如图7-41所示。

图中，变频器的主电路（除电动机外）包括整流环节和逆变环节两部分，它们中间的直流环节采用大电容作储能元件，所以属于电压源型变频器。随着功率电子器件的集成化水平和智能化程度的提高，目前变频器的主回路已经非常简单。整流环节采用六单元的不可控功率桥式模块，逆变环节则一般采用智能功率模块IPM。智能功率模块IPM是近年来出现的并且得到了迅速应用的功率开关器件，IPM的内部集成了六单元的低功耗IGBT元件及其驱动电路，也包括了高效的短路保护电路。TTL电平的控制信号可以直接驱动IPM模块，这样就使得控制电路的硬件非常简单。

控制电路部分一般由两片微处理器构成。其中的一片为主微处理器，主要作用是实时产生PWM波形，完成对电动机的实时控制，同时还要实时检测电动机的电流和直流母线电压，完成过、欠电压保护，过电流保护，过电流失速保护和过电压失速保护等。一般的变频器为了控制上的方便，还采用另外的一片8位的单片机，这片单片机主要完成键盘和显示器

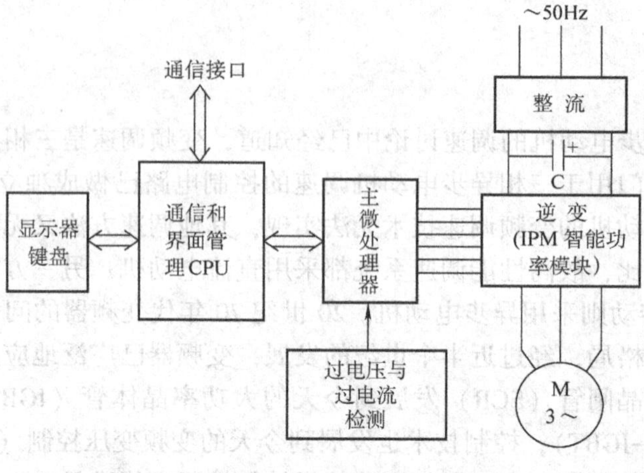

图 7－41 VVVF 变频器的基本结构

的管理、系统控制参数的存储、与上位机的通信等工作，有些还具有网络功能。这片 8 位的单片机一般具有非易失性的存储器用以存储系统控制参数，一般采用串行通信的方式和主控微处理器交换信息。

7.6.2 变频器的主要控制参数介绍

通用变频器有很多控制参数供使用者设置，这些参数涉及到频率指令信号的选择、升降频时间的设定、频率和电压范围的设定、V/F 曲线的选择、电动机停止方式的选择、防止过电压失速功能的设定、防止过电流失速功能的设定和停电后再运行情况的选择等。下面分别介绍这些参数的意义。

1. 频率指令信号的选择

变频器频率给定信号的来源一般有三种选择，第一种是由变频器的键盘设定；第二种是频率由外接的 0 ~ 5V 模拟信号控制，方向由外接的一位开关信号控制；第三种是频率控制信号由上位机通过串行通信的方式输入。

2. 频率和电压范围的设定

变频器的输出频率和输出电压的范围是可以设定的，设定的内容包括最低输出频率、最高输出频率、最低输出电压和最高输出电压等。

3. V/F 曲线的选择

7.4 节已介绍过，为了实现恒磁通调速，必须在变频的同时调整电压。对于不同的电动机和负载状况，需要不同规律的 V/F 曲线与之适配，变频器中一般存有数十种不同规律的 V/F 曲线，可以同过设置参数来选择。

4. 电动机停止方式的选择

在变频器控制电动机运行的情况下，电动机可以两种方式停止，一种是以制动的方式立即停止，另一种是以自由运转的方式停止，前者一般伴随产生较大的泵升电压。这两种停止的方式可以通过设置参数来选择。

5. 防止过电压失速功能的设定

当电动机执行减速时，由于负载惯量的影响，电动机会把负载上的动能转换成为电能储存在变频器的直流母线滤波电容C上，造成直流母线电压升高，有可能导致过电压保护的发生，从而造成“失速”。在选择了防止过电压失速功能的情况下，当变频器检测到了直流侧的母线电压过高，但还没有导致过电压保护动作时，变频器会自动暂停减速，输出的频率暂时保持在当前值不变，直到直流母线电压降低后，再继续减速。

6. 防止过电流失速功能的设定

当电动机在加速时，由于加速过快或负载比较重，电动机的电流可能会上升到很大，导致过电流保护动作，造成电动机的“失速”。在选择了防止过电流失速功能的情况下，当变频器检测到了电流过大，但还没有导致过电流保护动作时，变频器会自动暂停加速，输出的频率暂时保持在当前值不变，直到电流降低后，再继续加速。

7. 停电后再运行情况的选择

在停电后，根据不同的负载工况，应该对再来电以后的情况做出不同的选择。通过参数的设定，一般可以选择再来电后继续运行和再来电后停车不运行。

7.6.3 变频器的应用

变频器使用VVVF等方式可以很方便地实现三相异步电动机的节能调速。这种节能调速目前普遍使用在控制精确度不高、动态性能要求低的通风机负载（见第2章的2.2节）上，如风机和水泵。风机和水泵等机械总容量几乎占工业电气传动总容量的一半，是耗能大户，如一个日产5000t的水泥厂，其窑尾高温风机可达2500kW，全部风机的耗电量约占整个厂用电量的30%；而大的水厂，2500kW以上容量的水泵就有若干台。过去这些交流传动系统都不能调速，风量或水的流量靠挡板和阀门来调节，当要减小流量时，异步电动机因不能调速只能保持转速不变。由于风机和水泵属于通风机负载，负载转矩与转速的二次方成正比，当负载转矩降低时，如电动机能调速，其转速可相应下降，则电动机的电磁转矩以与转速成二次方的比例大幅下降，电动机的功率同样大幅下降。现电机不降速，而档板和阀门的关小相当于增加管道的阻力，使大量电能消耗在档板和阀门上，负载下降又使异步电动机的功率因数降低。如换成变频器，则把消耗在档板和阀门上的能量节省下来，节能效果很可观，平均节能约在20%左右。

目前变频器已在我国各行各业中得到广泛应用，特别在数控机床、石化、冶金、汽车、造纸、热电、食品、纺织、包装和家用电器等领域。

变频器在应用时应注意以下几点：①交流变频调速系统对电网会产生谐波干扰，应按国家谐波标准GB/T 14549—1993要求加谐波滤波器或电抗器，使其对电网干扰最小。②为使变频调速器受外界干扰影响最小，在布线时各种电缆间须相互隔离，采用各种屏蔽方法减少受干扰的可能，根据需要还可考虑加隔离变压器和进线电抗器，使其受干扰影响最小。③在低速运行时，须防止传动轴系的震荡；在高速运行时，须防止系统超速。

本章小结

三相异步电动机的机械特性是指转速或转差率与电磁转矩之间的函数关系，即 $n=f(T_{em})$ 曲线，或 $s=f(T_{em})$ 曲线。由机械特性的参数表达式可知，电动机的最大转矩和起动转矩的大小主要取决于定、转子漏抗和电源电压，而起动转矩还与转子电阻的大小有关。

当仅知道电动机的技术数据时，也可以用机械特性的实用表达式来求出机械特性。

标志异步电动机起动性能的主要指标是起动转矩倍数 T_{st}/T_N、起动电流倍数 I_{st}/I_N。影响起动转矩和起动电流的主要因素是电动机的端电压 U_1、定、转子漏抗 x_K 和转子电阻 r_2。异步电动机直接起动时，其起动电流将达（4~7）I_N，但由于起动时转子功率因数很小，因此起动转矩并不大。当采用减压起动时，虽然降低了起动电流，也导致了起动转矩的下降。当绕线转子电动机转子串电阻起动时，既减小了起动电流，又可增大起动转矩。注意比较异步电动机各种起动方法的优缺点。

异步电动机的电磁制动本质是电磁转矩与转速方向相反。制动方法与直流电动机十分相似。能耗制动的经济性好，除了直流励磁用小容量电功率外，不需要由电网供电，在任何转速下都可以制动，但直流供电需要专用的整流设备。反接制动效果好，比较迅速，在任何转速下都可以制动，$s>1$；缺点是从电网吸收的电能连同电动机的动能都消耗在转子电路的电阻上，所以经济性较差。回馈制动不需要改变接线和参数，在制动过程中，能把电动机的机械能回馈到电网，$s<0$，所以既简便又经济，可靠性高。

异步电动机的调速性能可用调速范围、调速平滑性、调速前后电动机的过载能力、效率和功率因数等数据来衡量。调速方法有变频调速、变极调速和改变转差率调速三种。变频调速范围广，可以实现无级调速，电动机效率也不会显著降低，其性能可与直流电动机相媲美，广泛用于调速要求较高的电力拖动系统。变极调速利用定子绕组换接方法来实现，其调速范围小，且为有级调速，常用于调速要求不高的场合。改变转差率调速有三种方法：①转子回路中电阻调速，虽调速范围不大，且效率很低，但由于实现方法简单，调速控制方便，多应用于桥式起重机中。②降压调速，调速范围小，且低速运行时电动机效率和功率因数都很低，电动机发热严重。③串级调速，调速范围大且调速效率高，适用于大容量的绕线转子异步电动机。

三相笼型异步电动机直接起动和降压起动都不理想。直接起动虽然起动简单、经济，但其起动电流可达4~7倍的额定电流，对电网冲击很大；串自耦变压器或Y/△等降压起动方法，虽然都能减小起动电流，但同时也减小了起动转矩，且存在很大的2次冲击电流。对于三相笼型异步电动机，特别是使用最为广泛的鼓风机和水泵等，采用软起动器是当前最理想的方式之一。在这种起动方式中，可以控制其最大起动电流为2~4倍左右的额定电流，使定子电流既处在其最大的容许电流范围之内，又可使电动机以尽快的速度起动。采用软起动方式主要优点有：减少起动过程中引起的电网压降，不影响与其共网的其他电气设备的正常运行；减少起动电流，改善电动机局部过热的情况，提高电动机寿命；减小硬起动带来的机械冲力，减小对减速机构的磨损。

变频器是电力电子技术、微处理器技术和电动机变频调速技术不断发展的结果，它的普遍使用使异步电动机等的交流调速已超过直流调速，成为电机调速系统的主流。目前变频器已在数控机床、石化、冶金、汽车、造纸、热电、食品、纺织、包装和家用电器等领域得到广泛应用。

习　题

1. 试写出三相异步电动机机械特性的三种表达式，并说明导出这些表达式的假定条件是什么？
2. 根据异步电动机电磁转矩的物理表达式，说明异步电动机在 $0<s<s_m$ 时，电磁转矩 T_{em} 随转差率 s

的增大而增大；而在 $s_m < s < 1$ 时，T_{em} 随着 s 的增大而减小的原因。

3. 一台三相异步电动机：①带恒转矩负载时，其负载特性 1 与机械特性 2 交于图 7－42 中的 a、b 两点。②带通风机负载时，其负载特性 3 与机械特性 2 交于 c 点。试问 a、b、c 三点中，哪些点上异步电动机能够稳定运行？

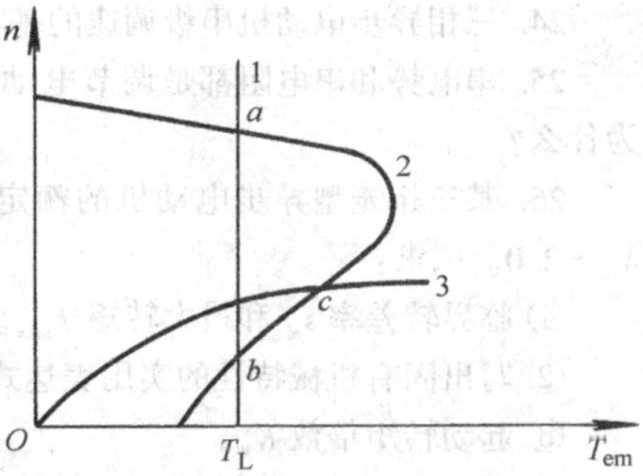

图 7－42　题 3 图

4. 什么是三相异步电动机的固有机械特性？什么是人为机械特性？

5. 一台三相异步电动机，原笼型转子是铜条制的，后因损坏改为铸铝。如果仍加到额定电压下工作时，电动机的额定转差率、最大转差率、最大转矩和效率等将如何变化？

6. 当三相异步电动机的电源电压、电流频率、转子电阻、转子电抗、定子电阻或定子电抗发生变化时，对同步转速、临界转差率和起动转矩有何影响？

7. 为什么三相异步电动机的起动电流可达额定电流的 4～7 倍，而起动转矩仅为额定转矩的 0.8～1.2 倍？

8. 三相笼型异步电动机在何种情况下可直接起动？绕线转子异步电动机是否也可进行直接起动？为什么？

9. 三相笼型异步电动的几种减压起动方法各适用在什么情况下？绕线转子异步电动机为何不采用减压起动？

10. 一台三相笼型异步电动机的铭牌上标明：定子绕组接法为Y/△，额定电压为 380/220V，则当三相交流电源为 380V 时，能否进行Y/△减压起动？为什么？

11. 绕线转子异步电动机串适当的起动电阻后，为什么既能降低起动电流，又能增大起动转矩？如把电阻改为电抗，其结果又将怎样？

12. 为什么说绕线转子异步电动机串接频敏变阻器起动比串电阻起动效果更好？

13. 是不是三相异步电动机拖动的负载越大，则起动电流越大？为什么？负载转矩的大小对电动机起动的影响表现在什么地方？

14. 三相异步电动机有哪几种电磁制动方法？如何使电动运行状态的三相异步电动机转变到各种制动状态运行？

15. 三相异步电动机能耗制动时的制动转矩大小与哪些因素有关？

16. 三相绕线转子异步电动机反接制动时，为什么要在转子回路中串入比起动电阻还要大的电阻？

17. 异步电动机原来运行于额定状态，如果保持电源电压不变而将频率升高到 $f = 1.5f_N$（设机械强度允许）。试问：①若负载是恒转矩性质，可行吗？为什么？②若负载是恒功率性质，可以吗？为什么？

18. 变频调速时，为什么要维持恒磁通控制？试分析实现恒磁通控制的条件并画出对应的机械特性。

19. 异步电动机在回馈制动时，它将拖动系统的动能或位能转换成电能送回到电网的同时，为什么还必须从电网输入滞后的无功功率？

20. 保持 U_1/f_1 为常数时的变频调速，为什么会出现低频低压下，起动转矩变小的现象？如何确保低频时的起动转矩足够大？

21. 一三相异步电动机带通风机负载，当采用变频调速时，为了保持调速前后电动机的过载能力不变，定子端电压应按什么规律变化？此时能同时保持气隙主磁通也不变吗？为什么？

22. 某三相 2/4 极双速异步电动机，定子绕组接法为YY/Y，该电动机带动恒转矩负载原来运行于YY联结额定状态，现将其突然改为Y联结运行，试问：

① 由YY改Y联结，电动机经过什么运行状态？

② 变极后，电动机的定、转子电流及输出功率将如何变化？

③ 变极后，电动机的过载能力将如何变化？

23. 多速三相异步电动机在改变极对数的同时为什么要改变绕组相序？

24. 三相异步电动机串级调速的基本原理是什么？

25. 串电势和串电阻都是调节电动机转子回路的参数，但串级调速的调速性能好，调速特性比较硬，为什么？

26. 某三相笼型异步电动机的额定数据如下：$P_N = 7.5kW$，$n_N = 1450r/min$，$U_N = 380V$，$I_N = 15.1A$，$\lambda_m = 2.0$。试求：

① 临界转差率 s_m 和最大转矩 T_{max}。

② 写出固有机械特性的实用表达式。

③ 起动转矩倍数 K_{st}。

27. 某三相异步电动机的额定数据与题 26 相同。现将定子线电压降为 220V，试求：

① 减压后人为机械特性的实用表达式。

② 减压后的起动转矩 T'_{st} 和过载能力 λ'_m。这时电动机能否满载起动？为什么？

28. 某三相异步电动机额定数据与题 26 相同。试求：①当转速为 $n = 1400r/min$ 时的电磁转矩。②电磁转矩为 $T_{em} = 0.8T_N$ 时的转速。

29. 某三相笼型异步电动机额定数据如下：$P_N = 300kW$，$n_N = 1450r/min$，$U_N = 380V$，$I_N = 527A$，起动电流倍数 $K_I = 6.7$，起动转矩倍数 $K_{st} = 1.5$，过载能力 $\lambda_m = 2.5$，定子△联结。试求：①直接起动时的电流 I_{st} 和转矩 T_{st}。②如果供电电源允许的最大冲击电流为 1800A，采用定子串对称电抗器起动，求所串的电抗值 X_{st} 及起动转矩 T_{st}。③如果采用Y/△起动，能带动 1000N·m 的恒转矩负载起动吗？为什么？④为使起动时最大冲击电流不超过 1800A，而且起动转矩不小于 1000N·m，采用自耦变压器减压起动，已知自耦变压器的抽头分别为 55%、65%、73% 三档，试问应取哪一档抽头电压？为什么？在所取的这一档抽头电压下起动时的起动转矩及对电网的起动电流各为多少？

30. 某三相笼型异步电动机额定数据与题 29 相同，由于电网容量的限制，须用减压起动方法来限制起动电流不超过额定电流的三倍，但起动时的负载转矩为 $0.6T_N$，试问有哪几种可能的起动方案？

31. 三相绕线转子异步电动机的额定数据为：$P_N = 55kW$，$U_{N1} = 380V$，$I_{N1} = 121.1A$，$n_N = 580r/min$，$E_{N2} = 212V$，$I_{N2} = 159A$，$\lambda_m = 2.3$，定转子绕组均为Y联结。试求：①电动机带动 $T_L = T_N$ 反抗性恒转矩负载额定运行时，若将定子任意两相对调同时在转子每相串入电阻 $r_{ad} = r_2$，制动停机后不切断电源，则系统能否反向起动？为什么？系统稳定后的转速 $n = ?$ 稳定后的电动机处于什么运行状态？为什么？②如果 $T_L = T_N$ 是位能性负载，则从定子两相对调开始到系统最后稳定为止，电动机经历哪几个运行状态？每个阶段的能量传递关系如何？如果稳定时已将 r_{ad} 切除，则稳定后的转速 $n = ?$ 如果 $r_{ad} = r_2$ 不变，则稳定后转速 $n = ?$

32. 某三相笼型异步电动机额定数据如下：$U_{N1} = 380V$，$I_{N1} = 20A$，$n_N = 1450r/min$，定子绕组△联结，$\cos\varphi_{N1} = 0.87$，$\eta_N = 87.5\%$，过载能力 $\lambda_m = 2$。该电动机用于电车上，下坡时采用固有机械特性作回馈制动，已知由于重力所产生的驱动转矩为 $1.2T_N$，试求下坡时电动机转速 $n = ?$

33. 某三相 4 极 50Hz 笼型异步电动机额定数据如下：$U_N = 380V$，$I_N = 30A$，$n_N = 1455r/min$，$\lambda_m = 2$。电动机带 $T_L = 0.85T_N$ 恒转矩负载运行，现采用 U_1/f_1 为常数的变频调速使 $n = 1000r/min$。试求：①频率 $f = ?$ ②定子线电压 $U_1 = ?$ ③稳定后定子线电流 I_1 等于多少（忽略 I_0 不计）？

34. 某三相四极笼型异步电动机额定数据与题 33 相同。若电动机带动恒功率负载原来运行于额定状态。现采用变频调速使 $n = 1000r/min$，并且使调速前后电动机的过载能力不变。试求：①频率 $f = ?$ ②定子线电压 $U_1 = ?$ ③稳定后定子线电流 I_1 等于多少（忽略 I_0 不计）？

35. 一台三相 6 极绕线转子异步电动机的额定数据如下：$P_N = 40kW$，$U_{N1} = 380V$，$I_{N1} = 73A$，$n_N = 980r/min$，$f_N = 50Hz$，转子每相电阻 $r_2 = 0.013\Omega$，过载能力 $\lambda_m = 2$。该电动机用于起重机起吊重物。试求：①当负载转矩 $T_L = 0.85T_N$，电动机以 500r/min 恒速提升重物时，转子回路每相应串入多大电阻？②当 $T_L = 0.85T_N$，电动机以 500r/min 恒速下放重物时，转子回路每相应串入多大电阻？

36. 为什么笼型异步电动机的起动最好采用软起动器，而绕线转子异步电动机可以不用软起动方法？

37. 试解释串自耦变压器或 Y/Δ 等降压起动方法，虽然都能减小起动电流，但又都存在很大的 2 次起动冲击电流的原因。

38. 根据你的了解和调查，鼓风机和水泵等三相笼型异步电动机负载在我国电网总负荷中所占的比例大概为多少？

39. 三相笼型异步电动机采用软起动方式主要优点有哪些？

40. 试说明从频率固定的电网电源产生频率和电压都可调的变频电源的过程，并从中体会“变频器是电力电子技术、微处理器技术和电动机变频调速技术不断发展的结果”的含义。

41. 设电动机的额定频率为 50Hz，额定同步转速为 3000r/min，如变频器的频率可调范围为 0.1 ~ 100Hz，试问电动机同步转速的可调范围为多少？

42. 为什么变频器要采用防止过电压失速功能的设定。

第8章　常用同步电动机

同步电动机是常用的三大类电动机（直流、异步、同步电动机）中又一类重要的电动机。同步电动机与异步电动机一样，都属于交流电动机。由于同步电动机的转速不随负载转矩的变化而变化，且与定子电流的频率成严格的比例关系，这一特点使它在电力拖动系统中占有越来越重要的地位。随着大功率电力电子器件和微型计算机的迅速发展，正弦波三相永磁同步电动机、步进电动机、磁阻电动机和直线永磁同步电动机等已成为高精度位置伺服系统等自动控制系统中的主要驱动设备之一，应引起我们的足够重视。

8.1　同步电动机的工作原理

同步电动机的工作原理与异步电动机之间既有相同之处又有重要区别。同步电动机类型很多，工作原理各有其特点，但基本原理相同，本节从异步电动机的同步运行着手来分析同步电动机的基本工作原理。

8.1.1　三相异步电动机的同步运行

根据第6章异步电动机的工作原理可知，三相异步电动机正常工作时，其转速是不可能达到旋转磁场的同步转速 n_1 的，但可采取措施设法使它的转速达到同步转速。图8-1是一转子绕组出线端接有三刀双投开关S的绕线转子异步电动机。如开关S投向上面，把转子三相绕组短接，正常运行时，气隙中有转速为 n_1 的旋转磁场，它在转子回路内将感应电动势，产生电流，使转子产生电磁转矩，从而使转子以转速 n 旋转，$n<n_1$。如 $n=n_1$，则其转子中就无感应电动势，即如果运行在同步转速时，异步电动机的转子回路中就不存在交流电流。这种情况下，如向转子绕组通直流电流，则会产生什么现象呢？下面对此作进一步的分析。

如果在此电动机正常运行时，把开关S投向下面，则转子的三相绕组被接到了直流电源上，其中 U_1 端接“+”极，V_1、W_1 两端并接到“-”极。这样转子绕组接线如图8-2所示。

当转子绕组通入直流电流以后，转子就会建立磁通势，从而产生磁场。由于转子三相绕组是对称的，每相电阻都相等。显然

$$
\begin{aligned}
I_{U1U2} &= I_{V2V1} + I_{W2W1} \\
I_{V2V1} &= I_{W2W1} = -I_{V1V2} = -I_{W1W2} \\
-I_{V1V2} &= -I_{W1W2} = I_{U1U2}/2
\end{aligned}
\tag{8-1}
$$

式（8-1）所表示的是三相绕组中的电流关系，该电流流过转子绕组后在气隙中产生的基波磁通势在空间是正弦分布的。由于转子本身以 n 的转速旋转，使这个相对于转子是正弦分布的磁通势在空间又随着转子以 n 的异步速旋转。因此可把通入直流电的绕线转子看

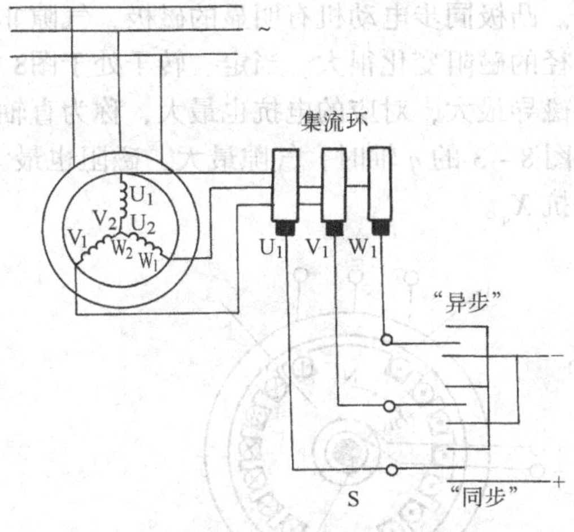

图 8－1　绕线转子异步电动机同步运行接线图

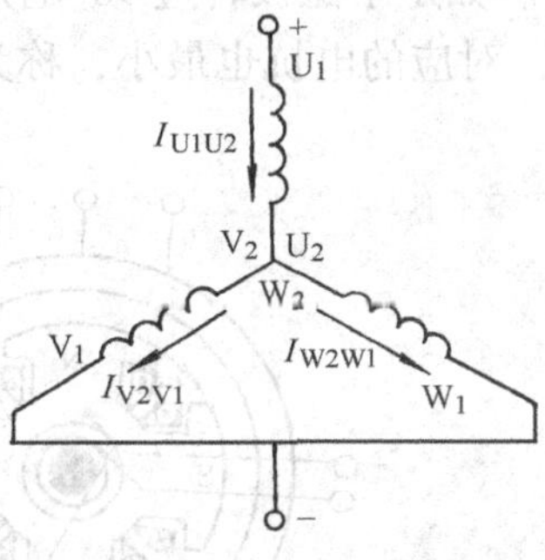

图 8－2　异步电动机同步运行时转子绕组接线图

作一个在空间以转速 n 旋转的电磁铁。如果把此电动机定子转速为 n_1 的旋转磁场用旋转磁极来表示（如同图 6－1 中的 N－S 极那样），那么可以把此电机的电磁关系用图 8－3 所示的物理模型来描述。图中，定、转子都是一对磁极，它们的转速基本接近。根据同性相斥，异性相吸的原则，不管旋转磁极与电磁铁的原始相对位置如何不同，转动过程中电磁铁的 S 和 N 极很快分别被旋转磁极的 N 和 S 极吸住，它们之间产生相应的磁拉力，只要这个磁拉力足够大，旋转磁极将拉着电磁铁以恒定的同步转速一起旋转。这样即可使一台异步电动机实现同步运行。

8.1.2　三相同步电动机的工作原理

通过对三相异步电动机作同步运行的分析可知，如果用直流电源按一定规律对转子绕组励磁而使它成为一个可旋转的电磁铁，或者改变异步电动机的转子结构使它成为一个永久磁铁的转子，则这样的交流电动机就可成为一台同步电动机。三相同步电动机的定子绕组和异步电动机一样都是三相交流绕组，用以产生电动机的旋转磁场。这样，同步电动机就是一种定子边用交流电流励磁以建立旋转磁场，转子边用直流电流励磁（或用永久磁铁）构成旋转磁极的双边励磁（或单边励磁）的交流电动机。同步电动机的工作原理就是旋转磁场以磁拉力拖着旋转磁极（转子）共同以同步速 n_1 旋转，如图 8－3 所示。

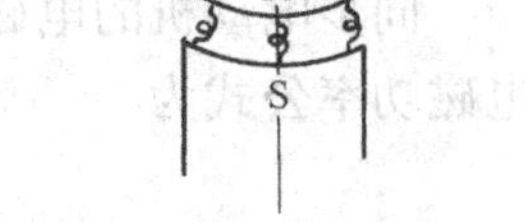

图 8－3　异步电动机同步运行时的物理模型

用永久磁铁做成的转子来代替直流励磁电磁铁转子的同步电动机就是下一节要讨论的正弦波三相永磁同步电动机，由于正弦波三相永磁同步电动机的转子不需用直流电流励磁，所以结构更简单，性能更好，是目前使用的主要伺服电动机之一。

8.1.3　同步电动机的电磁功率公式

双边励磁的同步电动机常用的结构有两种，一种为凸极式磁极转子，称为凸极式同步电动机；另一种为隐极式磁极转子，称为隐极式同步电动机。这两种电动机的示意图如图8－4

所示。两者的主要区别在于转子有无明显的磁极。凸极同步电动机有明显的磁极，气隙非常不均匀，当转子位置不同时，定子磁场磁力线路径的磁阻变化很大。当定、转子处于图8－3所示的相对位置时，气隙最小，磁阻也最小，即磁导最大，对应的电抗也最大，称为直轴同步电抗 X_d。如定子磁极转过90°电角度，即转到图8－3的 q 轴时，气隙最大，磁阻也最大，磁导最小，对应的电抗也最小，称为交轴同步电抗 X_q。

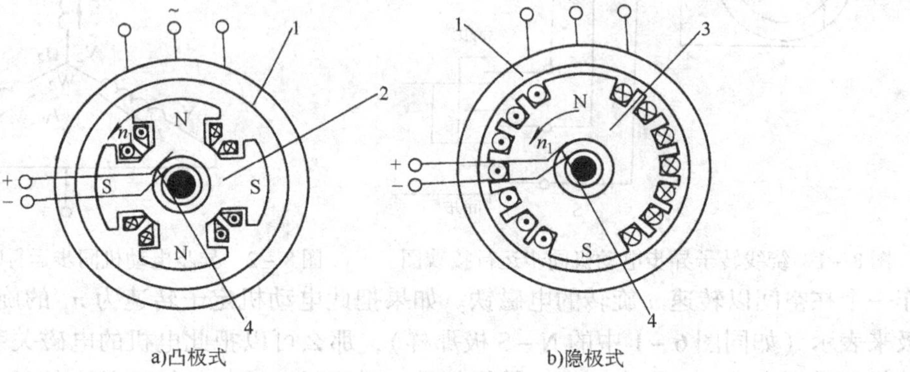

图8－4　同步电动机的两种常用结构

1—定子　2—凸极转子　3—隐极转子　4—集流环

若不计定子绕组电阻压降，同步电动机（凸极式转子）定子每相绕组的电压方程式为

$$\dot{U}=-\dot{E}_0+\mathrm{j}\dot{I}_{dM}X_d+\mathrm{j}\dot{I}_{qM}X_q \qquad (8-2)$$

式中，$\dot{U}$ 为定子相电压；$\dot{E}_0$ 为定子感应的相电动势；$\dot{I}_{dM}$为定子输入相电流的直轴分量；$\dot{I}_{qM}$为定子输入相电流的交轴分量；X_d 为直轴同步电抗；X_q 为交轴同步电抗。

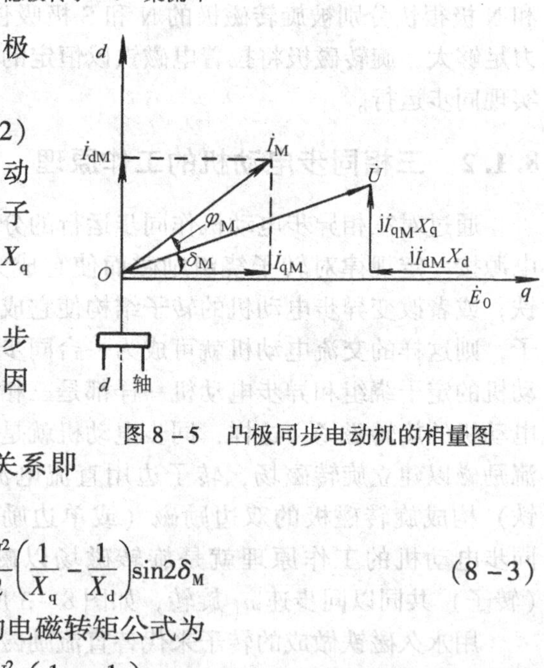

图8－5　凸极同步电动机的相量图

按式（8－2）可画出图8－5所示的凸极同步电动机的相量图。其中 δ_M 是功率角，φ_M 是功率因数角。

同步电动机的电磁功率 P_{em} 与功率角 δ_M 的关系即电磁功率公式为

$$P_{em}=3\frac{E_0U}{X_d}\sin\delta_M+3\frac{U^2}{2}\left(\frac{1}{X_q}-\frac{1}{X_d}\right)\sin2\delta_M \qquad (8-3)$$

上式除以同步角速度 ω_1，即可得到同步电动机的电磁转矩公式为

$$T_{em}=3\frac{E_0U}{\omega_1X_d}\sin\delta_M+3\frac{U^2}{2\omega_1}\left(\frac{1}{X_q}-\frac{1}{X_d}\right)\sin2\delta_M \qquad (8-4)$$

8.1.4　同步电动机的V形曲线与功率因数的调整

同步电动机的V形曲线是指在电网电压、频率和电动机输出功率恒定的情况下，电枢电流（定子输入相电流）I_M 和励磁电流 I_f 之间的关系曲线 $I_M=f(I_f)$。

图8－6表示当输出功率恒定，而改变励磁电流时隐极同步电动机的电动势相量图。由

于假定电网是无穷大的，故电压 U 和频率 f 均保持不变。且由于忽略了定子绕组电阻及其功耗，可认为输入功率为 P_{em}，故当电动机的输出功率 P_2 不变时，如不计改变励磁时定子铁耗和杂散损耗的微弱变化，$P_1=3UI_M\cos\varphi_M$ 不变，电动机的电磁功率 P_{em} 也保持不变。经过上述简化，可得同步电动机（隐极式转子）的电磁功率为

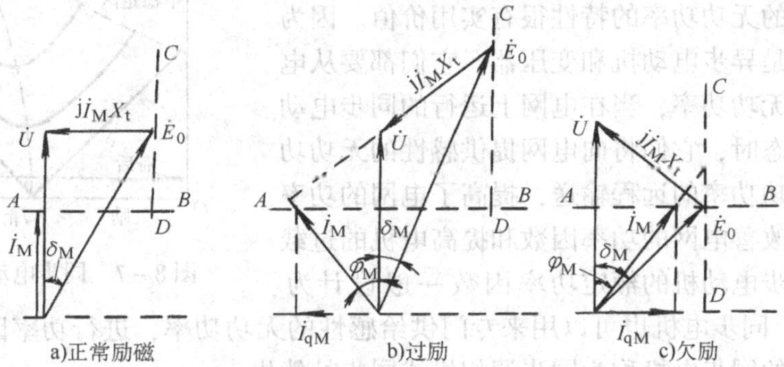

图 8－6　恒功率变励磁时隐极同步电动机的相量图

$$P_{em}=3\frac{E_0U}{X_t}\sin\delta_M=3UI_M\cos\varphi_M=常数 \tag{8-5}$$

式中，X_t 为隐极同步电动机的同步电抗。此式实际上是式（8－3）的特例。这是因为隐极同步电动机的 $X_d=X_q=X_t$，使式（8－3）中的第二项为零。

因式（8－5）中的 U 和 X_t 都不变，即可得到

$$E_0\sin\delta_M=常数$$
$$I_M\cos\varphi_M=常数$$

根据隐极同步电动机的电压方程式（忽略电阻压降）$\dot{U}=\dot{E}_0+j\dot{I}_MX_t$ 画相量图，可得图 8－6。图中所示为三种不同 I_f 时的相量图。当改变励磁电流 I_f 时，E_0 的端点将在垂直线 CD 上移动，以使 $E_0\sin\delta_M=常数$；$\dot{I}_M$ 的端点将在水平线 AB 上移动，以使 $I_M\cos\varphi_M=常数$。图 8－6a 表示正常励磁时，电动机的功率因数等于 1，电枢电流 $\dot{I}_M$ 为有功电流，其无功分量为零，故 $\dot{I}_M$ 的数值最小。当过励时，即励磁电流大于正常励磁电流时，E_0 将增大，根据图 8－6b 可知，电流 $\dot{I}_M$ 将超前于 $\dot{U}$ 一个 φ_M 角，它除了含有原来的有功电流外，还增加一个超前的无功电流分量 $\dot{I}_{qM}$。这个超前的无功电流分量在电动机过励时，可向电网输送滞后的无功电流和感性的无功功率，能补偿电网感性负载所需的无功功率，提高电网的功率因数。当欠励时，即励磁电流 I_f 小于正常励磁电流时，E_0 减小，如图 8－6c 所示，其端点在 CD 上往下移，电流滞后于 $\dot{U}$ 一个 φ_M 角，出现一个滞后的无功电流分量 $\dot{I}_{qM}$，这个滞后的无功电流分量使电动机对电网呈电感性质，自电网吸取滞后的无功电流和感性的无功功率。根据上述分析，改变励磁电流 I_f，可画出同步电动机的电枢电流 I_M 随 I_f 变化的曲线，此曲线呈 V 形，所以称为同步电动机的 V 形曲线，不同的输出可得到如图 8－7 所示的不同曲线。图中，正常励磁点即 $\cos\varphi_M=1$ 的电枢电流 I_M 最小。其右面处于过励状态，功率因数是超前性质的；其左面处于欠励状态，功率因数是滞后性质的。如果 I_f 太小，会因功率角过大使电动机的过载能力下降很多，当功率角接近 90°时，将会因为过载能力太小而无法稳定工作。图 8－7

中虚线表示出电动机不稳定区的极限位置。

根据以上讨论可知，调节励磁电流可以调节同步电动机的无功电流和功率因数，这是同步电动机最重要的特点之一。特别是同步电动机过励时向电网供给滞后的无功电流和感性的无功功率的特性很有实用价值。因为电网主要的负载是异步电动机和变压器，它们都要从电网中吸取感性的无功功率，当在电网上运行的同步电动机工作在过励状态时，它们将向电网提供感性的无功功率，就避免了无功功率的远程输送，提高了电网的功率因数。因此为了改善电网的功率因数和提高电机的过载能力，目前把同步电动机的额定功率因数一般设计为1～0.8（超前）。同步电机也可以用来专门供给感性的无功功率，进行功率因数的补偿。这种专供无功功率的同步电机称为同步调相机或同步补偿机。

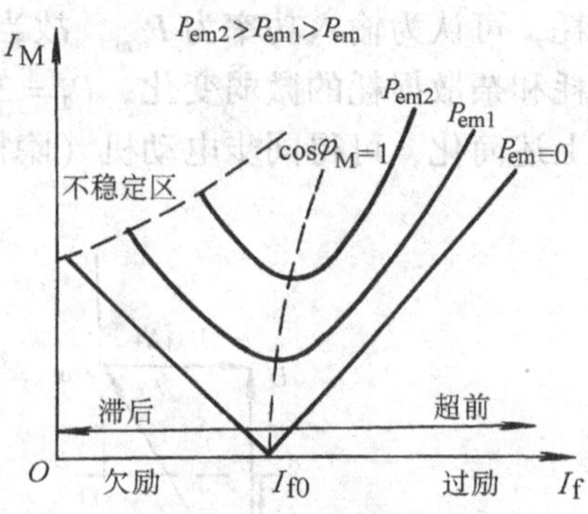

图 8－7　同步电动机的 V 形曲线

8.1.5　同步电动机的起动

在同步电动机运行时，只有当转子磁场和定子磁场同步旋转，亦即两者相对静止时，才能产生平均电磁转矩带动负载旋转。但在起动时，如把同步电动机励磁后并直接接入频率固定的电源（例如接入电网），由于转子磁场静止不动，则定子旋转磁场以很高的同步转速 $n_1 = 60f/p$（例如 $n_1 =$ 3000r/min）相对转子磁场作相对运动。假设定子磁场的旋转方向为逆时针方向，并在某瞬间转到图 8－8a 所示的位置，由图可见，此瞬间定子磁场和转子磁场相互作用所产生的电磁转矩 T_{em} 也为逆时针方向，是推动转子向逆时针方向旋转的。但由于转子初速为零，在此转矩作用下，只能从零开始加速，而不可能立即加速到同步，于是在半个周期以后［即(1/100) s后］，转子才开始实行起动，而定子磁场已向前转动了一个极距，达到图 8－8b 所示的位置，此时定子磁极对转子磁极间的排斥力将阻止转子向逆时针方向的转动。这种情况将不断重复下去，在这种反复变化过程中，转子上受到的平均转矩为零，故同步电动机不能自行起动。因此，要起动同步电动机，必须借助于其他方法。

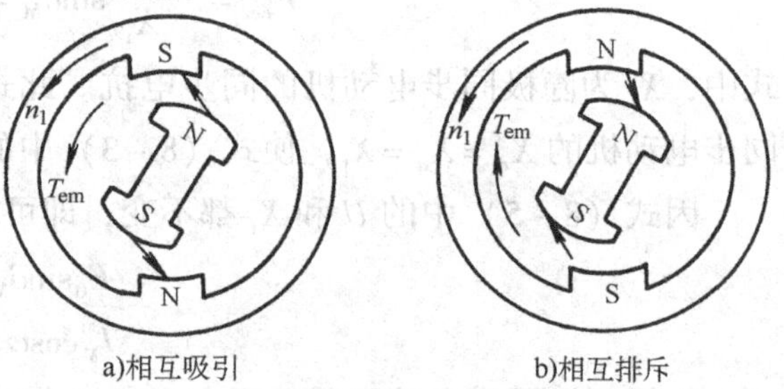

图 8－8　同步电动机起动时定子磁场对转子磁场的作用

起动同步电动机可以用不同方法，例如可借助辅助电动机用外力拖动其转子起动，而且使其转速上升至接近于同步转速，则定子磁场对转子的相对运动速度趋于零。这时接通转子的励磁电路，给予适当的励磁，以便产生推动转子转动的同步转矩。这样定、转子磁极间改变相对位置所需的时间增长很多，足以使转子很快加速到同步转速。转子被拖入同步以后，电磁转矩的方向就不再改变，电动机进入稳定的同步运转状态。

同步电动机常用的起动方法有两种，即变频起动法、异步起动法。变频起动通过使电动机电源频率从零逐渐增大的办法来起动，是一种性能很好的同步起动方法，后面两节中将要介绍的三相永磁同步电动机和开关磁阻电动机都使用变频起动。本节主要介绍普通同步电动机常用的异步起动法。

通过在凸极式同步电动机的转子上装置阻尼绕组来获得起动转矩是一种常用的异步起动法。阻尼绕组和异步电动机的笼型绕组很相似，只是它装在转子磁极的极靴上，所以有时亦把这种阻尼绕组称为起动绕组。

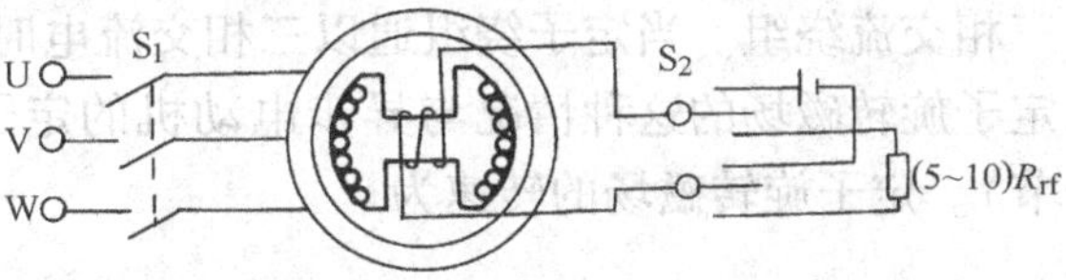

图 8－9　异步起动法接线原理图

同步电动机的异步起动与本节 8.1.1 部分三相异步电动机的同步运行类似。首先按图 8－9 所示接线，把同步电动机的励磁绕组通过一个电阻短接。因为起动时，励磁绕组开路是很危险的，励磁绕组的匝数很多，定子旋转磁场将在其中感应很高的电压，可能击穿励磁绕组的绝缘。短路电阻的大小约为励磁绕组本身电阻的 5～10 倍。其次，通过开关 S_1 将同步电动机的定子绕组接通三相交流电源，这时定子旋转磁场将在阻尼绕组中感应一电流，此电流与定子旋转磁场相互作用而产生异步电磁转矩，同步电动机便作为异步电动机而起动。最后，当同步电动机的转速达到同步转速的95%左右（又称准同步速）时，双刀双掷开关 S_2，合向上面，将励磁绕组与直流电源接通，给予直流励磁，在转子上产生电磁转矩。由于这时转差很小，只要电磁转矩足够大，转子磁场与定子磁场之间的相互吸引力便能把转子拉住，使它提高到同步转速，跟着定子旋转磁场以同步转速旋转，从而将同步电动机牵入同步运行。

在进行异步起动时，为了限制同步电动机的起动电流，和异步电动机一样可以采用降低定子电源电压的方法进行降压起动，当电动机的转速达到某一定值后，再恢复全压供电。

同步电动机牵入同步的过程很复杂，一般应在转差很小时才能加入直流励磁，此时同步电动机的转差越小，系统惯量越小，牵入同步就越容易。另外也可用加大直流励磁来增大 E_0 即增大同步转矩的办法，解决牵入同步困难的问题。目前普通同步电动机常用晶闸管励磁系统，这种系统一般具有同步电动机起动自动化功能。

8.2　正弦波三相永磁同步电动机

第 3 章介绍的直流无刷电动机 BLDCM，其实它的三相定子电流是交流的，只不过其交流电流的波形不是正弦波而是方波。如果这类永磁转子电动机的定子三相绕组通以对称的正弦波交流电流，则就成了正弦波三相永磁同步电动机（Permanent Magnet Synchronous Motor，PMSM）。由于 PMSM 的控制性能、控制精度和转矩的稳定性都优于 BLDCM，故在要求较高的运动控制系统中，特别是高精度的位置控制系统中，PMSM 得到了广泛应用。

8.2.1　正弦波三相永磁同步电动机的基本组成和结构形式

正弦波三相永磁同步电动机是由正弦波永磁同步电动机（电机本体）、转子位置传感器 BQ 和电子开关电路等三部分组成的电动机系统，这一点与直流无刷电动机相同，其结构原理可参照图 3－1。

1. 正弦波永磁同步电动机本体的结构原理

正弦波三相永磁同步电动机内部的定、转子结构示意图如图 8－10 所示。

图中表示的是一 2 对磁极的正弦波永磁同步电动机。转子铁心的外表面上贴有两对永久磁钢，永磁材料一般为高磁能积、高矫顽力、价格低廉的钕铁硼（NdFeB）的新一代稀土永磁材料，用以建立高强度的励磁磁场。这种永磁材料的最大磁能积能达到286kJ/m³，剩磁密度可高至1.06T，而矫顽力则高达720kA/m，如图8－11所示。

定子铁心内表面均匀的槽中嵌有对称的定子三相交流绕组，它们是接成星形或三角形的三相交流绕组。当定子绕组通以三相交流电时，能在气隙中产生圆形旋转磁场。同步电动机定子旋转磁场的这种情况与异步电动机的定子绕组完全一致（详细分析可参见第6章6.2节）。定子旋转磁场的转速为

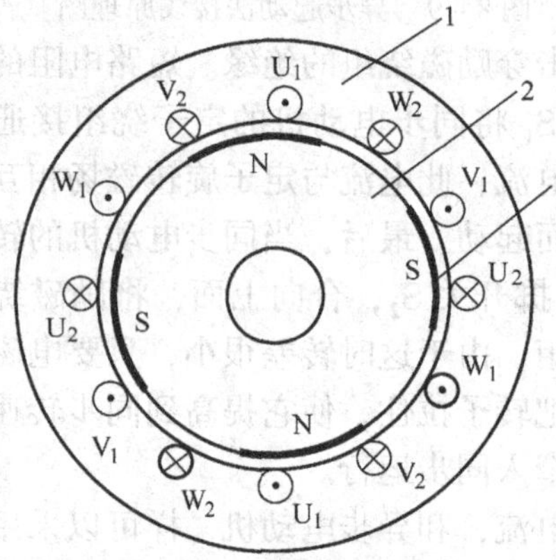

图8－10　PMSM的内部电磁结构示意图

1—定子　2—转子　3—永久磁钢（贴在转子外表面）

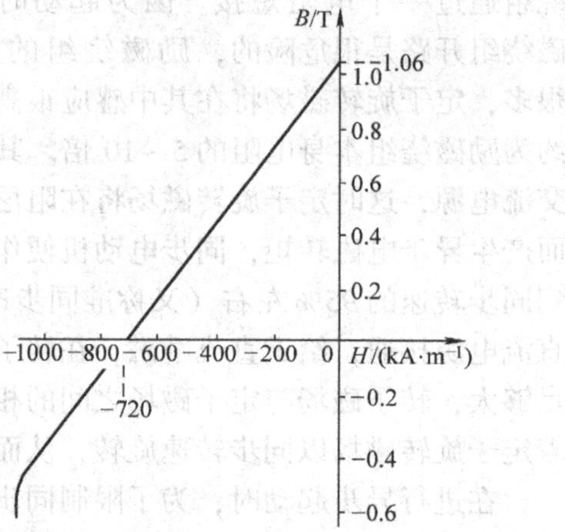

图8－11　钕铁硼（NdFeB）永磁材料的去磁曲线

$$n_1=\frac{60f_1}{p} \tag{8-6}$$

式中，n_1为同步转速（r/min）；f_1为定子电流频率（Hz）；p为定子磁极对数。

定子磁场的旋转方向由定子绕组的通电相序确定，这一点也与三相异步电动机完全相同。

2. 定子电枢绕组的开关控制

正弦波永磁同步电动机的三相绕组可以接成星形或三角形，每相绕组的交流电流是由电子开关电路中的大功率晶体管提供的，图8－12所示为星形绕组。设电动机为三相同时工作方式，则当主开关晶体管VT_1、VT_6和VT_2导通时，电流如图中虚线所示，一路从电源正极经VT_1、U相绕组、V相绕组和VT_6到负极；另一路从电源正极经VT_1、U相绕组，W相绕组和VT_2到负极。如VT_3、VT_4和VT_2导通，则电流从VT_3经V相绕组，再分流到U相、W相绕组。很显然，只要正确控制VT_1～VT_6六个开关管，U、V、W三相绕组就有可能得到所需的交流电流，而开关管导通与否则

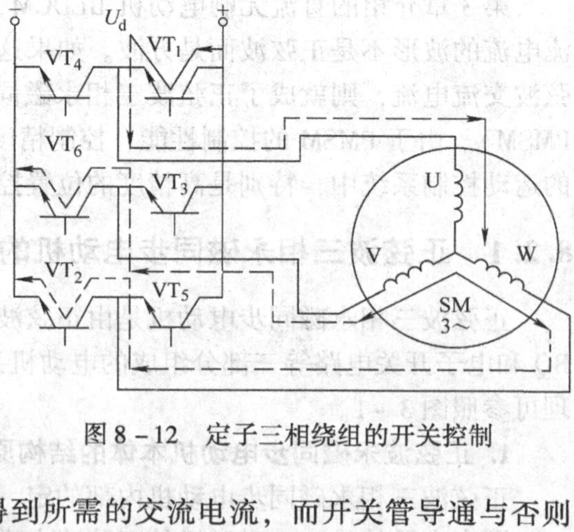

图8－12　定子三相绕组的开关控制

是根据转子位置检测器测量到的转子磁极位置信号进行控制。所以这种正弦波三相永磁同步电动机光靠其一个永磁同步电动机而没有电子开关电路和转子位置传感器是无法转动的。

3. 转子位置传感器

转子位置传感器用于检测永磁同步电动机转子的实际位置。为了提高转子位置检测精度，正弦波三相永磁同步电动机的转子位置传感器不能像无刷直流电动机那样采用霍尔传感器等简易型的位置检测器，而是采用像增量式光电脉冲编码器、绝对式光电脉冲编码器或旋转变压器等这类精密位置检测器。下面简要介绍这三种位置检测器的基本原理。

（1）增量式光电脉冲编码器　光电脉冲编码器也称为光学编码器或旋转编码器，主要有两种形式：增量式编码器和绝对式编码器。下面先介绍使用最为广泛的增量式光电脉冲编码器。

增量式光电脉冲编码器结构简单，性能可靠，是目前最常用的一种位置检测器。它主要由固定不动的光电耦合开关和固定在转轴上的遮光盘组成，由光电管发出与转角成正比的电脉冲信号，如图 8－13a 所示。遮光盘上按要求开出光槽（例如 2500 槽/r），每个光电耦合开关是由相对固定着的红外发光管和光敏二极管组成，当转子旋转时，光线通过，使光敏管导通，输出低电平。而当遮光部分通过时，因无光而使光敏管截止，输出高电平，由此产生电脉冲信号。这种电脉冲信号能直接反映转子的转速和角位移，经放大后去控制晶体管等大功率半导体器件，使相应的定子绕组切换电压（电流）。增量式光电编码器一般有三个码道信号：A、B 和 Z，它们的输出波形如图 8－13b 所示。其中 A、B 两相的脉冲数能测定转速和转角的大小，而转速和转角的方向则可根据 A、B 两相的相位领先状况判断。由于 A、B 两相之间的相位差为 90°电角度，从 8－13b 可以看出，根据 A、B 两相不同的相位领先关系即能判定电动机的角位移方向或转向。Z 相信号为每圈一个脉冲，一般把它作为基准信号。因此增量式光电脉冲编码器使用方便，性能价格比高，其数字化的脉冲输出与计算机接口很容易，是使用非常普遍的一种转角位置传感器。电动机每转一圈所得到的脉冲数（在增量式中是 A 码道的脉冲数）称为分辨率。按分辨率分类，主要有按十进制易分的规格如 250、500、1000、2500 等，也有按 2 的幂次易分的规格即 2^n。

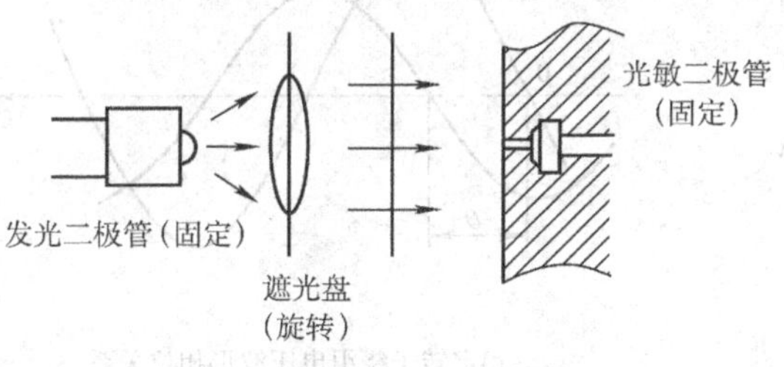

a)原理图

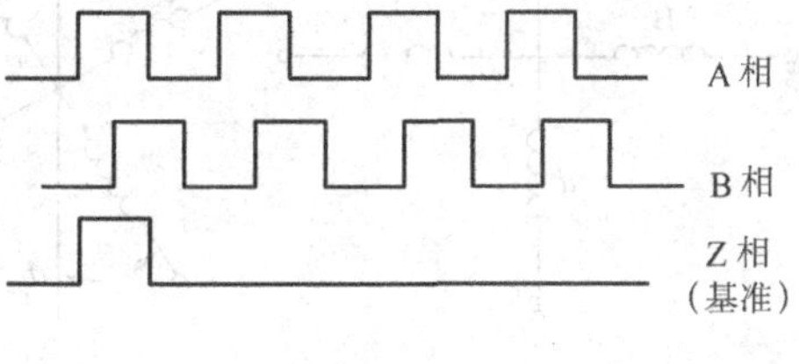

b)输出波形图

图 8－13　增量式光电脉冲编码器

（2）绝对式光电脉冲编码器　绝对式光电脉冲编码器的码道是按二进制读数设计的，一般需 8～12 个码道，才能得到精确的位置信号，图 8－14 所示为 8 码道光电编码器。由于编码器从这种码盘读到的值就是转角信号的二进制输出，由此可直接得到转子的绝对位置，按精度分类，其规格有 $1/2^8$、$1/2^{12}$、$1/2^{16}$等。

（3）旋转变压器　光电编码器的优点是检测位置操作简单，但容易受电气噪声的干扰，

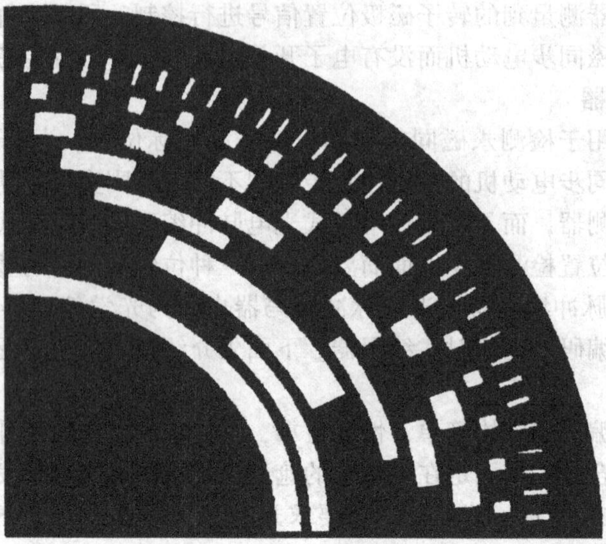

图 8－14　绝对式光电脉冲编码器

这是它的不足之处。而旋转变压器不存在这方面的问题，第 5 章已介绍过旋转变压器的原理，它是一种定子和转子都装有二相交流绕组的控制电机，如图 8－15a 所示。若在定子绕组 A 和 B 分别通以 $U\sin\omega t$ 和 $U\cos\omega t$ 的对称电压，则可在其气隙中产生旋转磁场。当转子从基准位置转过 θ 角时，转子 a 和 b 两绕组中分别感应出 $KU\sin(\omega t+\theta)$ 和 $KU\cos(\omega t+\theta)$ 的电压，如图 8－15b 所示，式中 K 为比例系数。这些电压通过集电环输出，因此只要设法测得转子的感应电压和定子基准电压之间的相位差 θ，就可以判断出转子的实际位置。图 8－15c给出了这种输入、输出电压波形间的相位关系。

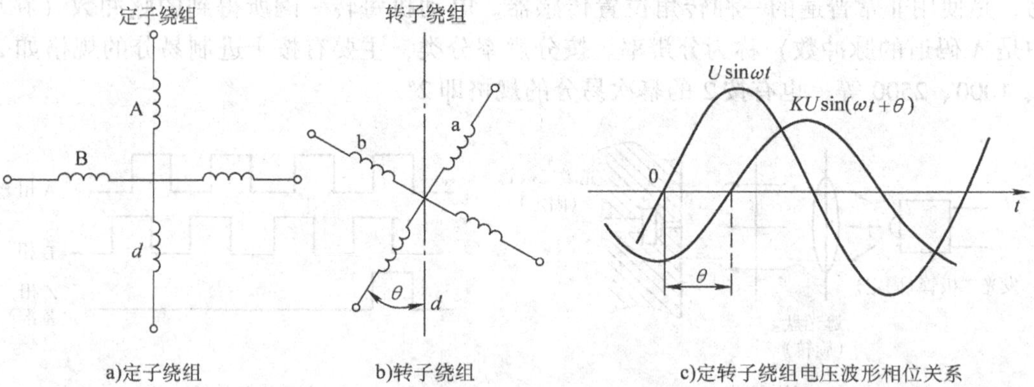

图 8－15　旋转变压器测量转角原理

8.2.2　正弦波三相永磁同步电动机的基本原理

正弦波三相永磁同步电动机的基本原理同一般同步电动机，仍是建立在定子旋转磁场以磁拉力拖着旋转磁极（永磁转子）共同以同步转速 n_1 旋转这一基础上。

1. 同步旋转的基本原理

图 8－16 给出了只有一对磁极的正弦波三相永磁同步电动机 PMSM 结构的简化模型。

U_1U_2、V_1V_2、W_1W_2 为定子上的三相绕组，各绕组的位置在空间上差 120°电角度。永磁转子的 N、S 极如图中所示。如把直轴即 d 轴固定在转子磁链 Ψ_r 的方向上，q 轴领先于 d 轴 90°，即可建立随转子一同旋转的 dq 坐标系。

由于定子旋转磁场以同步转速的速度 n_1 在气隙中旋转，如使定子磁链在 d 轴上的分量为零（可以通过使定子三相合成电流在 d 轴的分量 $I_d=0$ 来实现），则定子磁链只有 q 轴上的分量 Ψ_S，如图 8－17 所示。这个 Ψ_S 以同步转速 n_1 的速度旋转，且始终领先 d 轴 90°。而永磁转子的磁链 Ψ_r 的方向与正 d 轴同向，如图 8－18 所示，这样定子磁场即可在领先转子磁场 90°的状态下，拉着转子以同步转速 n_1 旋转，如图 8－19 所示。

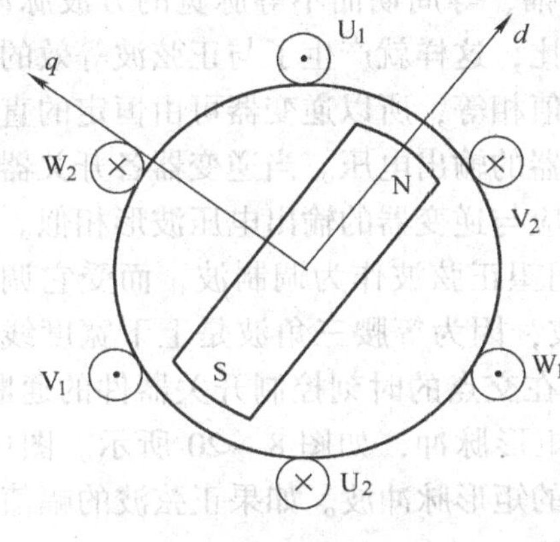

图 8－16　PMSM 结构的简化模型

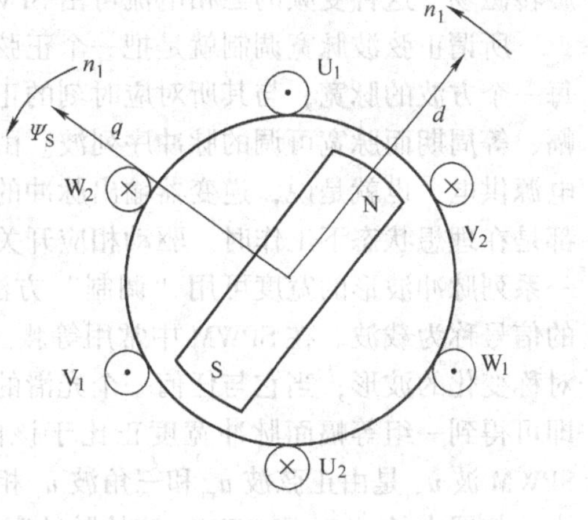

图 8－17　定子绕组的磁链 Ψ_S

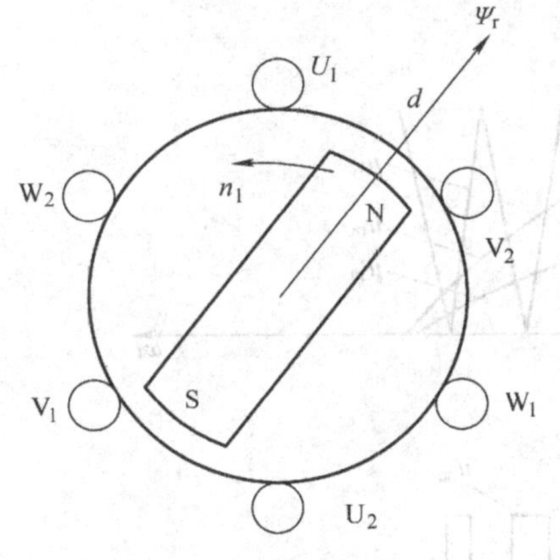

图 8－18　永磁转子的磁链 Ψ_r

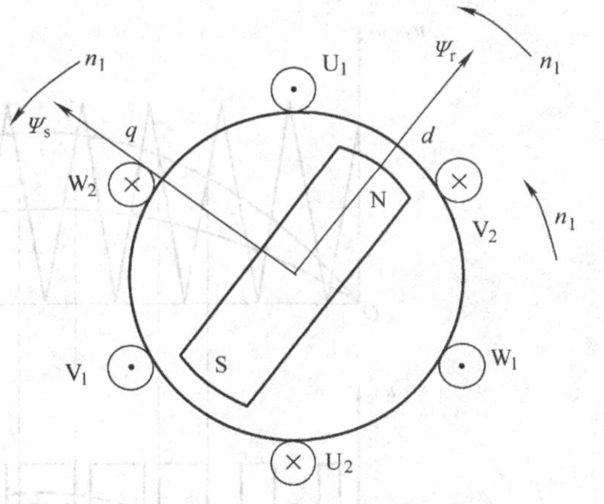

图 8－19　PMSM 同步旋转的简化模型

2. 正弦波三相永磁同步电动机的电磁转矩

目前大多数的正弦波三相永磁同步电动机用于位置控制，电动机工作于其额定转速以下，属于恒转矩调速方式。在这类应用场合，追求的是在一定的定子电流幅值下能够输出最大的转矩，因此最佳的控制方式是使定子电流与 d 轴正交，即与 q 轴重合，也就是要保持定子电流在 d 轴的分量 $I_d=0$，这就是在“1. 同步旋转的基本原理”部分中设定 $I_d=0$ 的原因（而 $I_d<0$ 的作用是去磁，抵消转子磁场，以实现弱磁升速）。在这种控制方式下，从模型上

看交流永磁伺服电动机已经相当于直流永磁电动机，其转矩表达式为

$$T_{em} = P_n \Psi_r I_1 \tag{8-7}$$

式中，Ψ_r 为转子磁链分量；T_{em}为输出电磁转矩；I_1 为定子电流；P_n 为三相永磁同步电动机的磁极对数。

3. 正弦波三相永磁同步电动机的调速控制

由于同步电动机转子的转速与定子旋转磁场同速，根据式（8-6），转速 n_1 与定子绕组电流的频率 f_1 成正比，因此，当极对数 p_n 不能变时，只能通过调节 f_1 来调节其转速 n_1。因此当定子三相绕组中通以可变频的对称的正弦波电流时，即可产生所需转速为 n_1 的气隙旋转磁场。这种变频的三相电流可由 SPWM 正弦波脉宽调制方法产生。

所谓正弦波脉宽调制就是把一个正弦波分成 n 个等幅、等周期而不等脉宽的方波脉冲，每一个方波的脉宽，与其所对应时刻的正弦波的值成正比，这样就产生了与正弦波等效的等幅、等周期而脉宽可调的脉冲序列波。由于各脉冲的幅值相等，所以逆变器可由恒定的直流电源供电，也就是说，逆变器输出脉冲的幅值就是整流器的输出电压。当逆变器各开关器件都是在理想状态下工作时，驱动相应开关器件的信号也应与逆变器的输出电压波形相似。这一系列脉冲波形的宽度可用“调制”方法产生：以所期望正弦波作为调制波，而受它调制的信号称为载波。在 SPWM 中常用等腰三角波作为载波，因为等腰三角波是上下宽度线性对称变化的波形，当它与任何一个光滑的曲线相交时，在交点的时刻控制开关器件的通断，即可得到一组等幅而脉冲宽度正比于该曲线函数值的矩形脉冲，如图 8-20 所示。图中，SPWM 波 u_{da}是由正弦波 u_{ra}和三角波 u_t 相交交点所产生的矩形脉冲波。如果正弦波的幅值变小，如图中的 u'_{ra}，则 SPWM 波的脉冲宽度也会相应变窄。

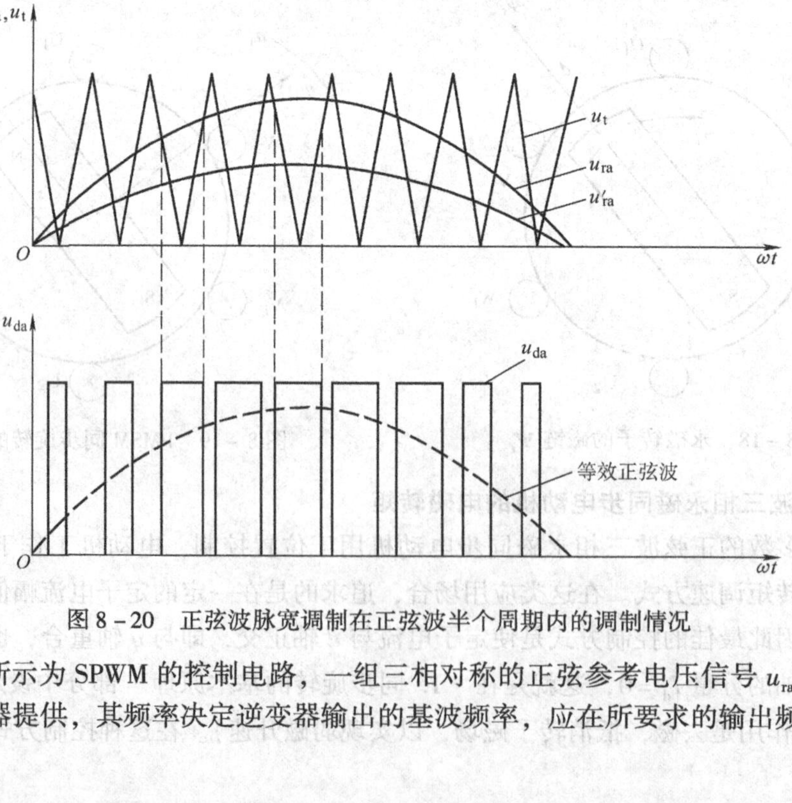

图 8-20　正弦波脉宽调制在正弦波半个周期内的调制情况

图 8-21 所示为 SPWM 的控制电路，一组三相对称的正弦参考电压信号 u_{ra}、u_{rb}、u_{rc} 由参考信号发生器提供，其频率决定逆变器输出的基波频率，应在所要求的输出频率范围内可

调。参考信号的幅值也可在一定范围内变化，以决定输出电压的大小。三角波载波信号是共用的，分别与每相参考电压比较后，给出“正”或“零”的输出，产生 SPWM 脉冲序列波 u_{da}、u_{db}、u_{dc}，作为逆变器功率开关器件的驱动控制信号。

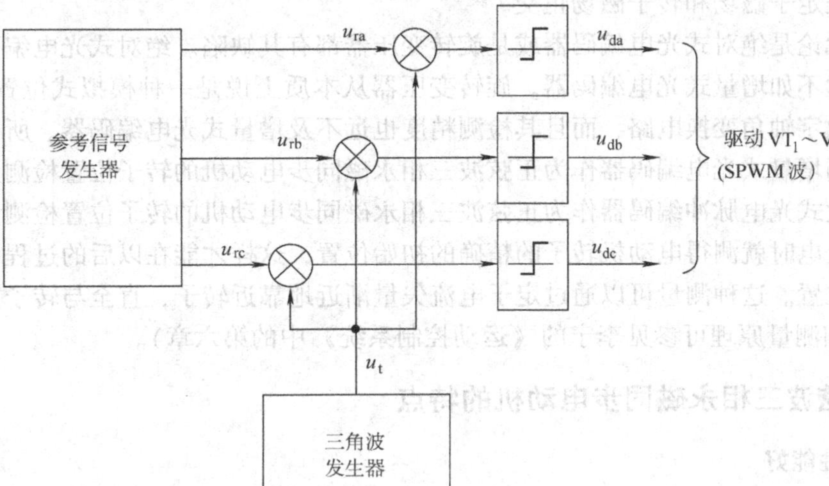

图 8－21　SPWM 的控制电路

图 8－22 是 SPWM 变频器主电路的示意图，逆变器的六个功率开关器件 $VT_1 \sim VT_6$（可以是 GTR、MOSFET 或 IGBT 等）各由一个续流二极管反并联连接。续流二极管的作用主要是保护功率开关器件 $VT_1 \sim VT_6$，避免由于其所连接的定子绕组所产生的感应电动势的击穿。整个逆变器由三相整流桥提供的恒值直流电压 U 供电。图中由于采用大电解电容作为中间直流环节的储能元件，因此这种电路也称作电压源型变频电路。

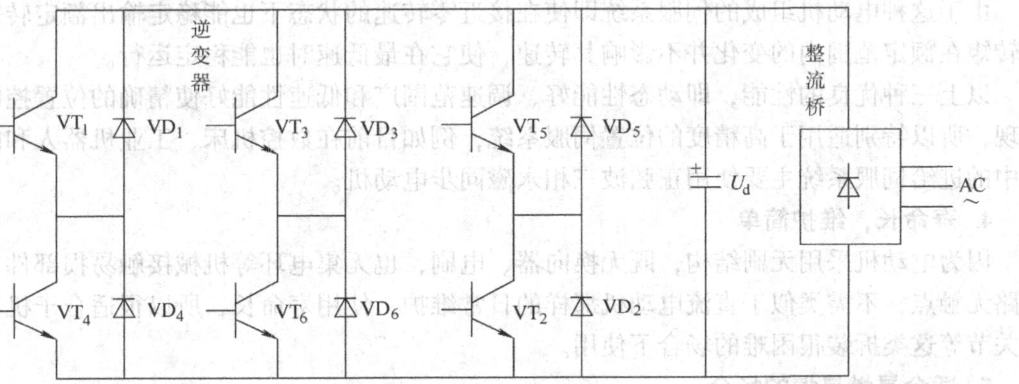

图 8－22　SPWM 变频器主电路

这种三相 SPWM 波形的控制电压加到定子三相绕组上后，由于绕组的滤波作用，即可在定子绕组中产生三相正弦交流电流。

4. 正弦波三相永磁同步电动机的起动控制

从前面的分析中可知，正弦波三相永磁同步电动机采用了转子定向的控制方式，因此只有实时地测出电动机转子的位置角才能确定 dq 坐标系。过去，一般采用绝对式光电编码器或旋转变压器作为位置检测元件，其原因就在于绝对式光电编码器和旋转变压器都能够实时地测出转子的绝对位置。只有测出了转子的绝对位置，系统才能计算出定子电流指令的相位，从而保证定子磁场和转子磁场正交。

但是，无论是绝对式光电编码器或是旋转变压器都有其缺陷。绝对式光电编码器价格昂贵，分辨率远不如增量式光电编码器。旋转变压器从本质上说是一种模拟式位置检测器件，需要复杂的数字轴角变换电路，而且其检测精度也远不及增量式光电编码器。所以，近年来一般大多采用增量式光电编码器作为正弦波三相永磁同步电动机的转子位置检测元件。

采用增量式光电脉冲编码器作为正弦波三相永磁同步电动机的转子位置检测元件，必须要在系统刚上电时就测得电动机转子的精确的初始位置，这样才能在以后的过程中随时得到转子的正确位置。这种测量可以通过定子电流矢量渐近地靠近转子，直至与转子重合的方法来实现（详细测量原理可参见李宁的《运动控制系统》中的第六章）。

8.2.3　正弦波三相永磁同步电动机的特点

1. 动态性能好

由于其转子采用高磁能积的稀土材料，控制装置由大功率半导体管组成，转子上也没有换向器等附加器件，转子的惯性小，而电动机产生的转矩大，因此其力矩惯性比大，使得这种电动机具有比直流电动机和异步电动机都优越的动态性能，响应快，快速性好。其机电时间常数很小，比同等直流电动机至少要小一个数量级，达到毫秒级。

2. 调速范围广

在额定负载内可以进行无级调速。由正弦波三相永磁同步电动机组成的闭环调速系统的调速范围可达 $D=10000:1$

3. 低速性能好

由于这种电动机组成的伺服系统即使在接近零转速的状态下也能稳定输出额定转矩，负载转矩在额定范围内的变化并不影响其转速，使它在最低速时也能稳定运行。

以上三种优良的性能，即动态性能好、调速范围广和低速性能好使精确的位置控制易于实现，所以特别适用于高精度的位置伺服系统，例如目前在数控机床、工业机器人和国防工业中的进给伺服系统主要使用正弦波三相永磁同步电动机。

4. 寿命长，维护简单

因为电动机采用无刷结构，既无换向器、电刷，也无集电环等机械接触易损部件，控制电路无触点，不需类似于直流电动机那样的日常维护，使用寿命长，所以很适合于机器人的腰关节等这类拆装很困难的场合下使用。

5. 适合易燃易爆的场合

由于无刷、无触点，正弦波三相永磁同步电动机运行时无火花产生，这一点使它可用于直流电动机不能使用的易燃易爆的场合，如化工、煤矿和油漆等部门。

因此，总的来说，正弦波三相永磁同步电动机是一种相当理想的新型电动机，过去由于控制电路复杂，无高磁能积的永磁体，成本比直流电动机高许多，所以一直无法普及。近年来随着大功率半导体器件、稀土材料和微型计算机的发展，致使正弦波三相永磁同步电动机组成的伺服系统已与直流电动机的价格基本一致，所以在机器人、数控机床、化纤、造纸、印刷、轧钢及国防等各部门得到越来越广泛的运用。

8.2.4 正弦波三相永磁同步电动机与直流无刷电动机的比较

第3章介绍的直流无刷电动机实际上是一种方波形（定子电流的波形）的永磁同步电动机。它与本节介绍的正弦波三相永磁同步电动机一样，均是当前高性能调速或位置控制系统中采用的最主要电动机类型中的一种。但在工程应用中，这两类电机还是有较大的差别，应根据实际需要结合不同的特性选择电机。

1. 结构差异

这两类电机在定子及转子结构方面都有差异。正弦波三相永磁同步电动机的定子采用三相分布式正弦绕组，定子电流为正弦三相交流电，其转子永磁体主要有两大类：一类是表面永磁结构；另一类为内置式永磁体结构，这两种结构均可确保电机气隙磁通密度的波形接近正弦波。而直流无刷电动机的定子采用三相集中、整距绕组，其转子永磁体则采用表面瓦片式结构，永磁体厚度均匀。两者结构上的这些不同，使得它们在驱动、控制策略、性能和应用上存在较大差异。

2. 转子位置反馈信号检测方式不同

正弦波三相永磁同步电动机需要提供连续的转子位置反馈信号，并根据转子位置的瞬时信息，来实时确定三相定子绕组所需正弦电流的瞬时值，很显然，它对所检测的转子位置反馈信号的实时性和精确性要求很高，所以其检测装置一般采用增量式光电编码器等高精度位置检测装置。而直流无刷电动机由于定子各相绕组电流每隔60°换流一次，所以仅需要每隔60°提供一次转子位置信息即可，其检测装置可使用三个传感器的简易型转子位置检测装置。

3. 电磁转矩稳定性不同

由于电磁转矩是由定子电流产生的定子磁场与转子永磁磁场相互作用的结果，所以由两者定子电流的不同导致电磁转矩的不同。正弦波三相永磁同步电动机由于定子电流为三相正弦波，故其所产生的电磁转矩基本上是恒定的，从而可以保证低速时稳定运行，这种稳定的转矩和稳定的低速在进行位置控制时，对快速定位和提高重复精度都是至关重要的。而直流无刷电动机由于定子电流为三相方波（或梯形波），其产生的电磁转矩存在一定的脉动，这会严重影响控制系统的低速性能，尤其是进行位置控制时，定位和可重复精度都会受到很大的影响。

4. 体积和重量不同

由于直流无刷电动机的功率密度是正弦波三相永磁同步电动机功率密度的1.15倍，则同样体积或同样重量情况下，直流无刷电动机产生的输出功率就比正弦波三相永磁同步电动机大，因此特别适用于体积、重量受限，所提供的电能有限的场合。

5. 应用的主要场合不同

对于正弦波三相永磁同步电动机而言，即使是用于一般的调速系统，仍然需要高精度的转子位置传感器来实现定子三相绕组换流，因此，这种电机最好不要用于调速系统。但是对于位置伺服系统，正弦波三相永磁同步电动机则具有明显的优势，由于其所产生的电磁转矩恒定，特别是低速时转子运行平稳，同时，由高精度的转子位置传感器可以间接获得转子的转速信息，因此，正弦波三相永磁同步电动机特别适宜于组成高精度的位置伺服系统。而考虑到直流无刷电动机所采用的位置传感器比较简单、精度要求不高，且低速时所产生的电磁转矩存在一定程度的脉动，因此对于转矩要求不是特别高的调速系统，最好采用直流无刷电动机。

8.3 磁阻电动机

上述三相永磁同步电动机的转子是由永磁体组成的，这种转子性能很好，但成本也高。为此，小功率同步电动机有的采用了非永磁体的铁磁性转子，而这种转子又不必像电磁铁那样需要装置励磁绕组，整个转子只有铁心没有励磁绕组。本节的磁阻电动机和下一节的反应式步进电动机等都采用这种既非永磁体又非电磁铁的转子。

8.3.1 磁阻电动机的工作原理

磁阻电动机又称反应式同步电动机，这种电动机的转子本身是没有磁性的，仅仅依靠转子上 d 轴和 q 轴两个正交方向磁路不对称，使磁阻不等而产生磁阻转矩从而使转子旋转的。这种磁阻转矩一般也称为反应转矩（下一节中的反应式步进电动机中的“反应式”即由此而得名）。图 8－23 所示的凸极转子就是这种正交两个方向磁阻不等的转子，而图 8－24 的圆柱形隐极转子各方向的磁阻都相等。

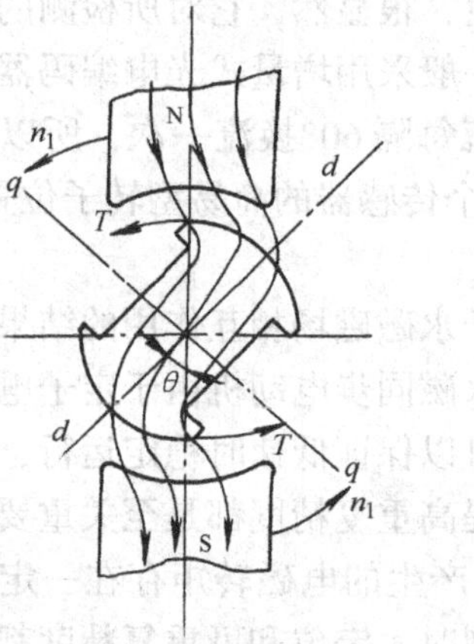

图 8－23　磁阻电动机的工作原理

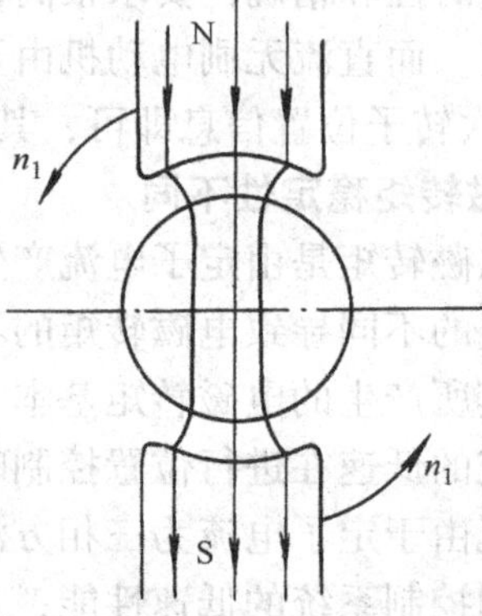

图 8－24　隐极转子无磁阻转矩

下面以图 8－23 为例来说明磁阻电动机的工作原理。图中外圈的 N、S 极表示同步电动机定子绕阻产生的旋转磁场，它们以同步转速 n_1 逆时针方向旋转。中间是一个凸极转子，转子凸极方向上的轴线称为直轴，即 d 轴，与 d 轴正交的轴线称为交轴，即 q 轴。当旋转磁场的轴线与转子 d 轴方向一致时，磁通所通过路径的磁阻最小；与转子 q 轴方向一致时，磁通所通过路径的磁阻最大；而当转子与定子磁场处于其他相对位置时，磁阻在两者之间变化。

设在某种情况下，转子轴上带有一定负载，使旋转磁场的轴线与转子 d 轴的轴线相差 θ 角，这样使磁通经过的路径如图 8－23 所示。这种情况下，磁力线被扭歪了。由于磁力线类似于弹簧或橡皮筋，有尽量把磁力线收缩到最短，使磁通所经过路径的磁阻为最小的特性，因此磁力线要收缩，力图使转子 d 轴与定子磁极的轴线一致，以到达磁阻最小的位置。由于磁力线的收缩，转子就受到转矩的作用，迫使转子跟着旋转磁场以同步转速 n_1 逆时针方向旋转，所以磁阻电动机的转速也总等于同步速，即

$$n = n_1 = \frac{60f}{p}$$

当加在转轴上的负载转矩增大时，定子旋转磁场的轴线与转子 d 轴方向的夹角 θ 也将增大。这样使磁通的歪曲度增大，磁力线的收缩力也增大，从而使产生的磁阻转矩也增大，以便与加在转轴上的负载转矩相平衡。

可以证明，当 $\theta = 45°$ 时，磁阻转矩为最大，只要负载转矩不超过这个最大的磁阻转矩，磁阻电动机转子将始终跟着旋转磁场以同步转速转动。但如果负载转矩超过了这个限度，$\theta > 45°$，则磁阻转矩反而变小，电动机就会失步，甚至停转。这个最大磁阻转矩也称最大同步转矩。

由此可见，产生磁阻转矩的必要条件是转子上正交的两个方向应具有不同的磁阻，两者磁阻相差越大，最大磁阻转矩也越大，所以凸极转子符合这个条件。而圆柱形的隐极转子，其各个方向上的磁阻相同，当旋转磁场转动时，磁力线是对称的，合力为零，没有磁阻转矩，所以转子不会转动。

一般磁阻电动机不能自行起动。这是由于转子具有惯性，起动时受到作用到转子上的磁阻转矩后，转子还来不及转起来，而定子旋转磁场已转过 90°，例如从图 8－25a 转到图 8－25b。显然这两种情况下，磁阻转矩方向是相反的，使转子上所受的平均转矩为零。所以一般的磁阻电动机不能自己起动，需要在转子上另外装设起动绕组（通常是采用笼型绕组）才能起动。

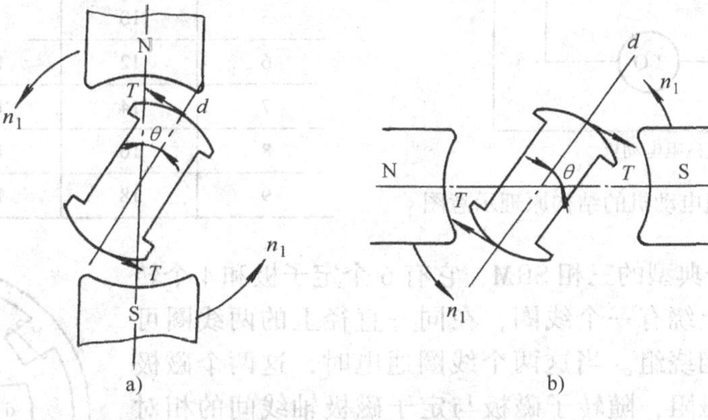

图 8－25　磁阻电动机的起动转矩

8.3.2　磁阻电动机的转子结构

为了提高转子正交两个方向磁阻的比值以及使磁阻电动机能实现异步起动，磁阻电动机的转子常采用钢片、铝和铜等非磁性材料镶嵌的结构，如图 8－26 所示。这种转子的正交两方向的磁阻比可提高到 5 左右，因而可使磁阻转矩显著增大，另外转子中铝或铜组成的部分在起动时还可以起到笼型绕组作用，产生异步转矩，自动进行异步起动。当上升到接近同步转速（0.95～0.97）n_1

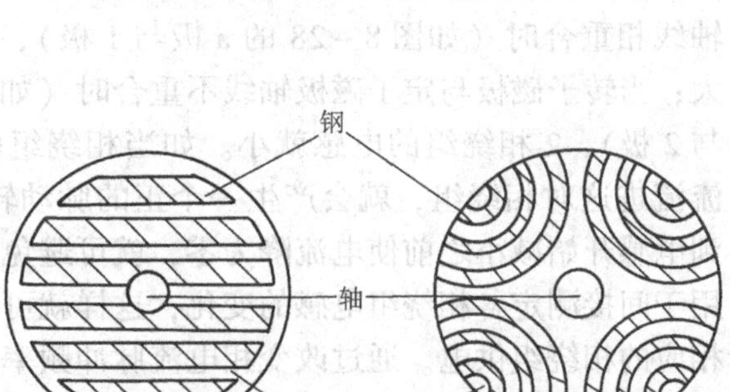

图 8－26　磁阻电动机转子结构

时，依靠磁阻转矩将转子拖入同步运行。

磁阻电动机由于结构简单，成本低廉，运行可靠，因而在自动控制及遥控装置、同步联络装置、录音传真及钟表工业中获得了广泛的应用，目前单相或三相的磁阻电动机的功率为几瓦到几百瓦。

8.3.3 开关磁阻电动机

与三相永磁同步电动机一样，磁阻电动机与转子位置传感器和电子开关电路一起也可共同组成性能优良的调速电动机，即开关磁阻电动机。这种开关磁阻电动机的结构原理如图8－27所示，与三相永磁同步电动机相似。

开关磁阻电动机简称SRM（Switched Reluctance Motor）或SR，SRM的定、转子均为凸极叠片结构，定子为集中绕组，转子无绕组。根据定、转子齿数的不同可以有各种结构，表8－1列出了几种常见的结构。增加相数可以减小转矩脉动和降低电磁噪声，但功率变换器成本较高，控制也较复杂，目前最常用的是三相和四相磁阻电动机。

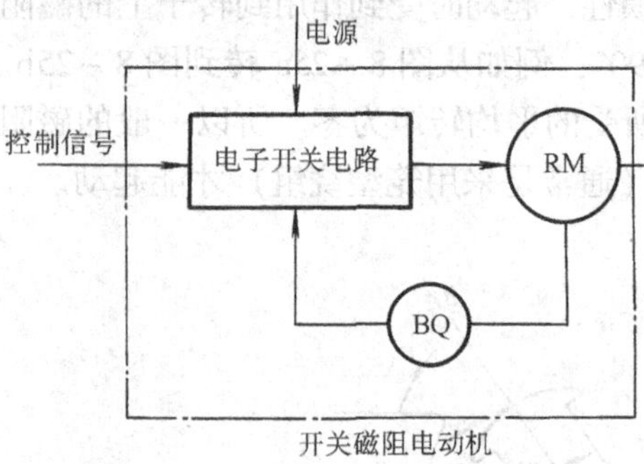

图8－27　开关磁阻电动机的结构原理示意图

表8－1　SRM的各种结构表

相数	定子极数	转子极数	步进角
3	6	4	30°
4	8	6	15°
5	10	8	9°
6	12	10	6°
7	14	12	4.28°
8	16	14	3.21°
9	18	16	2°

图8－28是一个典型的三相SRM，它有6个定子极和4个转子极。每个定子极上绕有一个线圈，在同一直径上的两线圈可串联或并联构成一相绕组。当这两个线圈通电时，这两个磁极之间的磁通途径的磁阻，随转子磁极与定子磁极轴线间的相对位置不同而改变。因为电感与磁阻成反比，当转子磁极与定子轴线相重合时（如图8－28的a极与1极），1相绕组的电感最大；当转子磁极与定子磁极轴线不重合时（如图8－28中的b极与2极），2相绕组的电感就小。如当相绕组电感增加时，使电流流进这对相绕组，就会产生一个正的脉动转矩，当转子旋转到电感开始减小之前使电流降为零，就可避免负转矩。由于转轴上装有转子位置传感器，可用于间接测定各相绕组电感的变化，这样就可控制各相绕组的开关电路，以便在确定时刻向相应的相绕组供电。通过改变相电流脉冲频率，就可以改变磁阻电动机的转速。

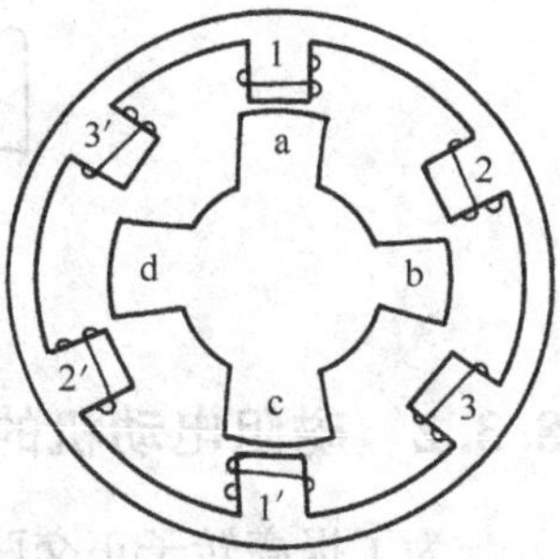

图8－28　三相SRM的结构

开关磁阻电动机具有某些比变频调速异步电动机更优越的性能。不但耐用、廉价、安全、很少需要维修，作为主要电子开关的功率器件数量仅为异步电动机的1/2～2/3，使成本更低，而且SRM所允许的调速范围宽，控制方便，只要适当调整开关导通角就可提供非常灵活的转矩/转速特性。它可以在四象限运行而无需附加元器件。所以SRM是一种很有吸引力的新型调速系统。

8.4 步进电动机

8.4.1 步进电动机概述

步进电动机是一种把电脉冲信号转换为相应的角位移或直线位移，并用电脉冲信号进行控制的具有特殊运行方式的同步电动机。它通过专用电源把电脉冲按一定顺序供给定子各相控制绕组，在气隙中产生类似于旋转磁场的脉冲磁场。每输入一个脉冲信号，电动机就移动一步。步进电动机控制示意图如图 8－29 所示。它把电脉冲信号变换成角位移或直线位移，其角位移量 θ 或直线位移量 s 与电脉冲数 k 成正比，其转速 n 或线速度 v 与脉冲频率 f 成正比。步进电动机的这些控制特性分别如图 8－30a、b 所示。在额定负载范围内，这些关系不因电源电压、负载大小、环境条件的波动而变化，因而很适合在开环系统中作执行元件，使控制系统成本下降。步进电动机调速范围大，动态性能好，能快速起动、制动和反转。当用微型计算机进行数字控制时，它不需要进行 D/A 转换，就能直接把数字脉冲信号转换为角位移。由于步进电动机是根据组合电磁铁的理论设计的，力求定子各相绕组间没有互感，定、转子都采用凸极结构，不考虑空间磁场谐波的有害影响，尽一切可能去增加定位转矩的幅值和定位精度，把转速控制和调节放在次要地位，故主要用于计算机的磁盘驱动器、绘图仪、自动记录仪及调速性能和定位要求不是非常精确的简易数控机床等的位置控制。图 8－31是目前使用较多的经济型数控机床工作示意图。图中只给出了机床中工作台一个进给轴的控制。由图 8－31 可见，步进电动机通过传动齿轮带动工作台运动，工作台的运动控制及位置精度全由步进电动机确定。目前，步进电动机的功率做得越来越大，已生产出所谓“功率步进电动机”，它可以不通过传动齿轮等力矩放大装置，直接由功率步进电动机来带动机床运动，从而简化结构、提高系统精度。

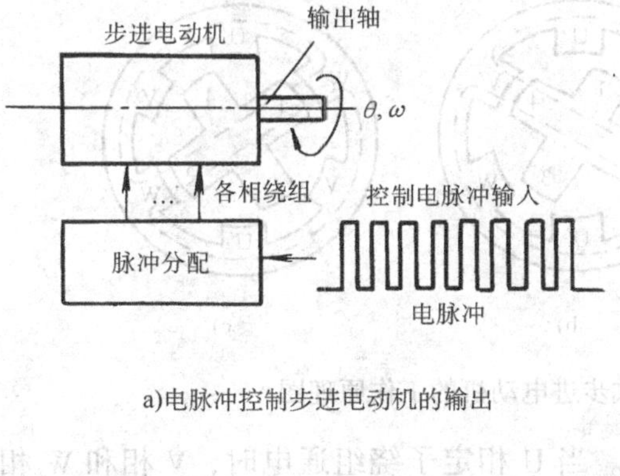

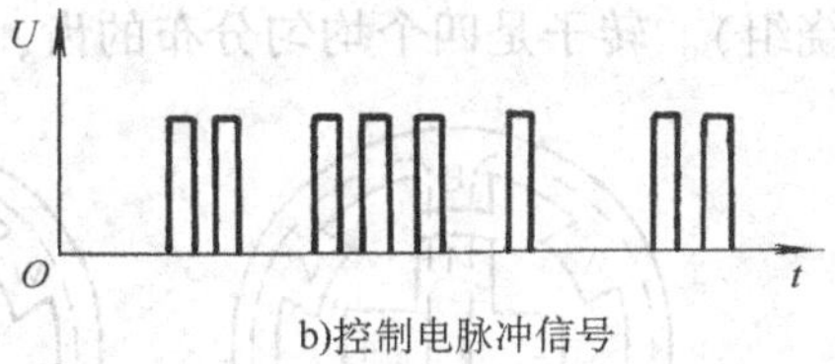

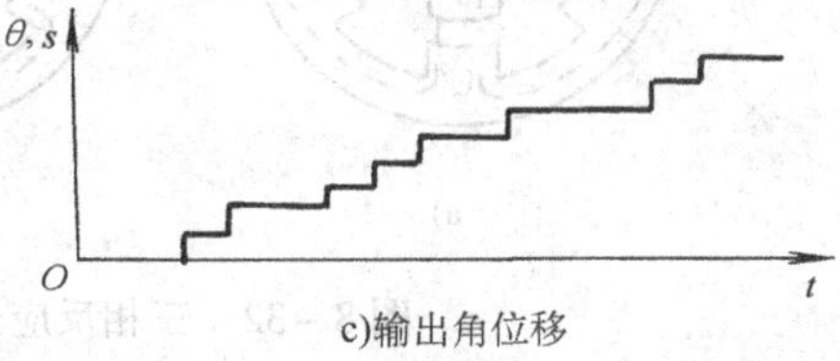

图 8－29 步进电动机（旋转式）控制示意图

从零件的加工过程看，工作机械对步进电动机的基本要求是：

1）调速范围宽，尽量提高最高转速以提高劳动生产率。

2）动态性能好，能迅速起动、正反转和停转。

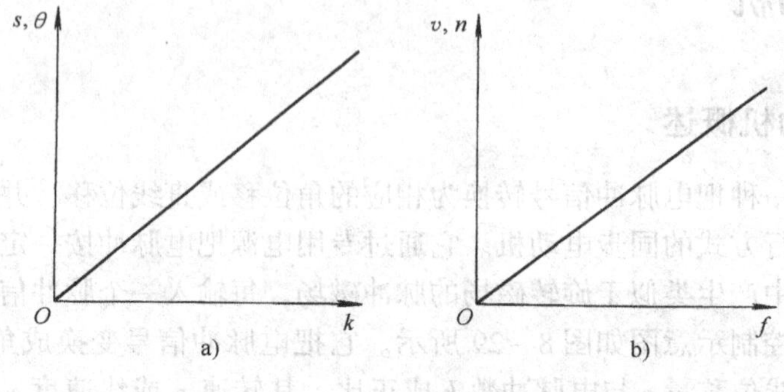

图 8－30　步进电动机的控制特性

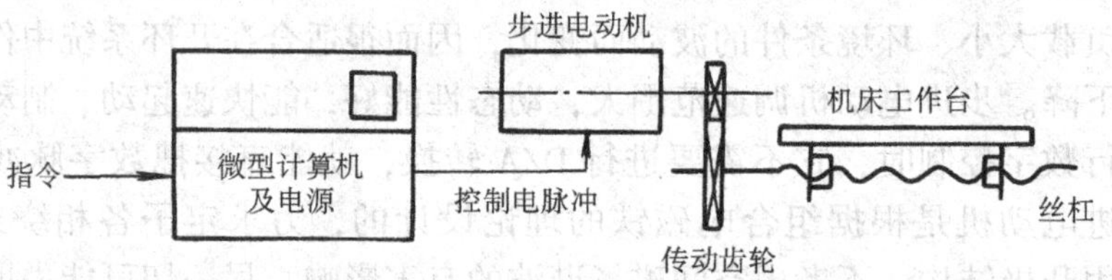

图 8－31　步进电动机控制的经济型数控机床工作示意图

3）加工精度较高。即要求一个脉冲对应的位移量小，并要精确、均匀。这就要求步进电动机步距小、步距精度高、不应丢步或越步。

4）输出转矩大，可直接带动负载。

8.4.2　步进电动机的工作原理

图 8－32 所示是一个三相反应式步进电动机的工作原理图，其定、转子铁心均由硅钢片叠成。定子上有 6 个磁极，每两个相对的极绕有一相控制绕组，所以定子共有三相绕组（图中未画出绕组）。转子是四个均匀分布的齿，齿宽等于定子极靴的宽度，转子上没有绕组。

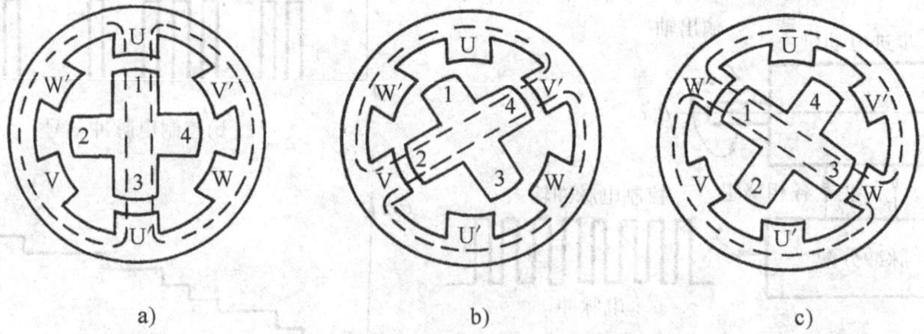

图 8－32　三相反应式步进电动机的工作原理图

工作时，各相绕组按一定顺序先后通电。当 U 相定子绕组通电时，V 相和 W 相都不通电，由于磁通具有走磁阻最小路径的特点，所以转子齿 1 和 3 的轴线与定子极 U 和 U′轴线对齐（负载转矩为零时），如图 8－32a 所示。当 U 相断电，而 V 相通电时，则转子将逆时针转过30°角度，使转子齿2和4的轴线与定子极V和V′轴线对齐，如图8-32b所示。当V相断电，接通W相绕组时，转子再逆时针转过30°，转子1和3的轴线与W和W′极轴线对齐，如图8-32c所示。如此循环往复按U—V—W—U的顺序通电，气隙中产生脉冲式的旋转磁场，转子就会一步一步地按逆时针方向转动。电动机的转速决定于定子绕组与电源接通、断开的频率，即输入的电脉冲频率，电动机的转向则取决于定子绕组轮流通电的顺序。若电动机通电顺序改为U—W—V—U，则电动机为顺时针方向旋转。定子绕组与电源的接通或断开，一般由数字逻辑电路或计算机软件来控制。

上述通电过程中，定子绕组每改变一次通电方式，步进电动机就走一步，称其为一拍。上述通电方式也称为三相单三拍。其中“单”是指每次只有一相定子绕组通电；“三拍”是指每经过三次切换，定子绕组通电状态为一个循环，在下一拍通电时就重复第一拍通电方式。这种工作方式的三相步进电动机每一拍转过的角度即步距角 $\theta_s=30°$。

除了单三拍通电方式外，这种三相步进电动机还可工作在单、双六拍通电方式。这种方式的通电顺序为U—UV—V—VW—W—WU—U，或为U—UW—W—WV—V—VU—U。按前一种顺序通电，即先接通U相定子绕组；接着使U、V两相定子绕组同时通电；断开U相，使V相绕组单独通电；再使V、W两相定子绕组同时通电；W相单独通电；W、U两相同时通电，并依次循环。在这种工作方式下，定子三相绕组需经过六次切换才能完成一个循环，故称为“六拍”，而“单、双六拍”则是因为单相绕组与两相绕组交替接通的通电方式。

拍数不同使这种通电方式的步距角也与单三拍的不同。三相单、双六拍时电动机运行情况如图8-33所示。当U相定子绕组通电时，和单三拍运行的情况相同，转子1和3齿的轴线与U极轴线对齐，如图8-33a所示。当U、V相定子绕组同时通电时，转子2和4齿又将在定子极V和V′的吸引下，使转子沿逆时针方向转动，直至转子1和3齿与定子极U和U′之间的作用力被转子2和4齿与定子极V和V′之间的作用力所平衡为止，如图8-33b所示。当断开U相定子绕组而由V相定子绕组单独通电时，转子将继续沿逆时针方向转过一个角度使转子2和4齿轴线与定子极V、V′的轴线对齐，如图8-33c所示。转子转过的角度与相应的单三拍运行时V相绕组通电时转过的角度相等。若继续按VW—W—WU—U的顺序通电，那么步进电动机就按逆时针方向连续转动。如通电顺序改为U—UW—W—WV—V—VU—U时，电动机将按顺时针方向转动。在单三拍运行方式时，每经过一拍，转子转过的步距角 θ_s 为30°。采用单、双六拍通电方式后，在由U相定子绕组通电到V相绕组单独通电，中间还要经过U和V两相绕组同时通电这一状态，也就是说要经过二拍转子才转过30°。所以，单、双六拍运行方式时，三相步进电动机的步距角 $\theta_s=30°/2$。由此可见同一个

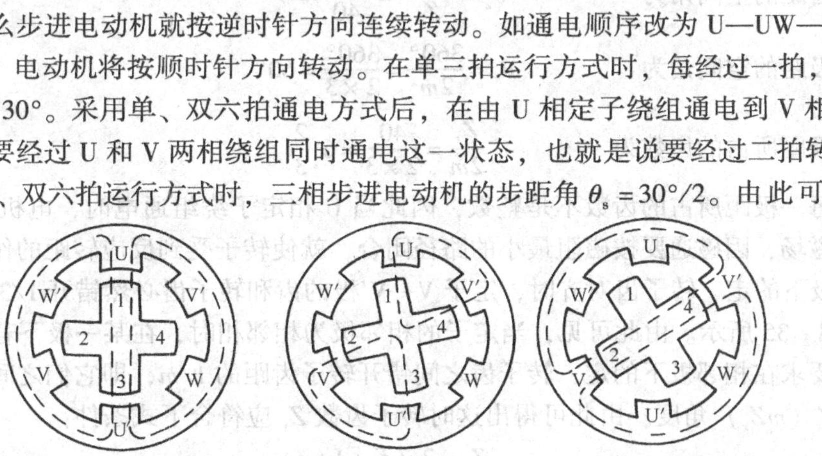

图8-33　单、双六拍运行的三相步进电动机

步进电动机，因通电方式不同，运行时的步距角也是可以不同的，采用单、双拍运行时，步距角要比单拍运行时减小一半。

实际工作中，还常用 UV—VW—WU—UV 的通电顺序或 UW—WV—VU—UW 的通电顺序运行的“双三拍”通电方式。这种通电方式比单三拍好，因为单三拍在切换时出现的一相定子绕组断电而另一相定子绕组开始通电的状态容易造成失步，而且由于单一定子绕组通电吸引转子，也易使转子在平衡位置附近产生振荡。而双三拍运行时，每个通电状态均为两相定子绕组同时通电，通电方式改变时保证其中一相电流不变（另两相切换），使运行可靠、稳定。以双三拍工作的步进电动机其通电方式改变时的转子位置与单、双六拍通电方式时两个定子绕组同时通电时的情况相同，这样，双三拍运行方式的步距角也为30°，与单三拍运行方式相同。

由于这种步进电动机的步距角较大，如用于精度要求很高的数控机床等控制系统，会严重影响到加工工件的精度。这种结构只在分析原理时采用，实际使用的步进电动机都是小步距角的。图8－34 所示的结构是最常见的一种小步距角的三相反应式步进电动机。

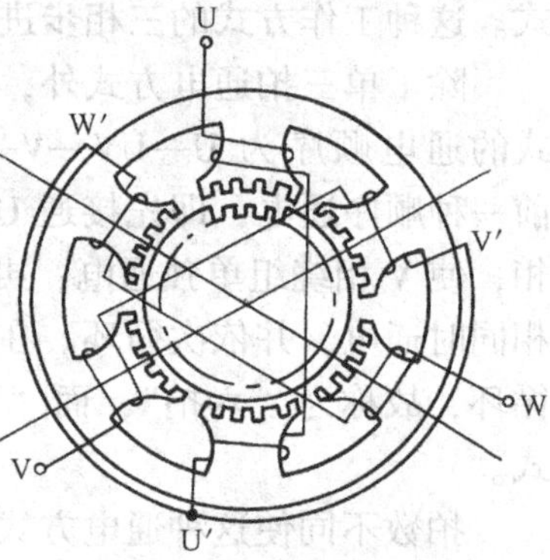

图8－34　小步距角的三相反应式步进电动机

在图8－34 中，三相反应式步进电动机定子上有6个极，极上有定子绕组，两个相对极由一相绕组控制，共有U、V、W 三相定子绕组。转子圆周上均匀分布有为数众多的小齿，定子每个磁极的极靴上也均匀分布有若干小齿。根据步进电动机的工作要求，定、转子的齿宽、齿距必须相等，定、转子齿数要适当配合。即要求在 U—U′相一对极下，定子齿与转子齿一一对齐时，下一相（V 相）所在一对极下的定子齿与转子齿错开一个齿距（t）的 m（相数）分之一，即为 t/m；再下一相（W 相）的一对极下定子与转子齿错开 $2t/m$，并依此类推。

以转子齿数 $Z_r=40$，相数 $m=3$，每相绕组有两个极，三相单三拍运行方式为例：

每一齿距的空间角为　$$\theta_z=\frac{360°}{Z_r}=\frac{360°}{40}=9°$$

每一极距的空间角为　$$\theta_\tau=\frac{360°}{2m}=\frac{360°}{2\times3}=60°$$

每一极距所占的齿数为　$$\frac{Z_r}{2m}=\frac{40}{2\times3}=6\frac{2}{3}$$

由于每一极距所占的齿数不是整数，因此当U 相定子绕组通电时，电机产生沿 U 极轴线方向的磁场，因磁通要按磁阻最小的路径闭合，就使转子受到反应转距的作用而转动，直到 U—U′极下的定、转子齿对齐时，定子 V—V′极的齿和转子齿必然错开 1/3 齿距，即错开3°，如图8－35 所示。由此可见，当定子的相邻极为相邻相时，在某一极下若定、转子齿对齐时，则要求在相邻极下的定、转子齿之间错开转子齿距的 $1/m$，即它们之间在空间位置上错开 360°/（mZ_r）角度。由此可得出这时转子齿数 Z_r 应符合下式条件：

$$Z_r=2p(K\pm1/m) \tag{8-8}$$

式中，K 为正整数；$2p$ 为反应式步进电动机的定子极数；m 为定子相数。

例如上例中，由于 $2p=6$，可选 $K=7$，则得 $Z_r=40$。

由图 8-35 可见，若断开 U 相定子绕组而接通 V 相定子绕组，这时电机中产生沿 V 极轴线方向的磁场，在反应转距的作用下，转子按逆时针方向转过 3°，使定子 V—V′极下的齿和转子齿对齐。此时 U—U′极和 W—W′极下的齿又分别与转子齿相互错开 1/3 的齿距。这样当定子绕组按 U—V—W—U 顺序循环通电时，转子就沿逆时针方向以每一脉冲走 3°的规律进行转动。若改变通电顺序，即按 U—W—V—U 顺序循环通电时，则转子沿顺时针以每一拍 3°的规律转动。以上为单三拍运行，若按 U—UV—V—VW—W—WU—U 顺序循环通电，即按三相单、双六拍运行，步距角为 1.5°，是单三拍的一半。

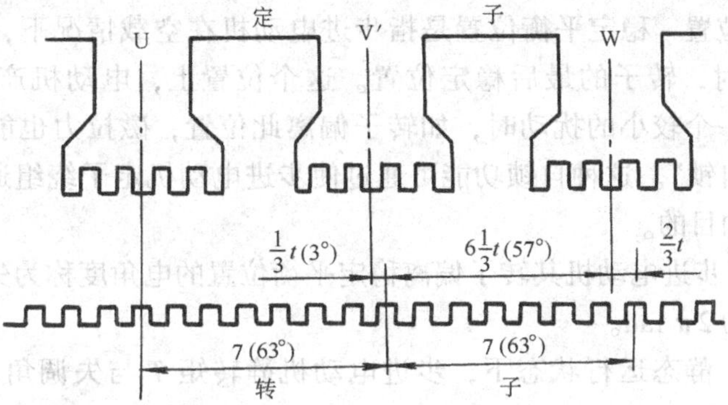

图 8-35　小步距角的三相反应式步进电动机的展开图

根据以上讨论可得出步进电动机的步距角公式，即步距角 θ_s 与转子齿数 Z_r、定子绕组的相数 m 和通电方式之间的关系如下：

$$\theta_s=\frac{360°}{mZ_rC} \tag{8-9}$$

式中，C 为状态系数，当采用单三拍或双三拍方式时，$C=1$；当采用单、双六拍方式时，$C=2$。

由式（8-9）可求得步进电动机的转速为

$$n=\frac{60f}{mZ_rC} \tag{8-10}$$

式中，f 为步进电动机的脉冲频率（拍/s 或脉冲数/s）。

以上讨论的步进电动机都是三相的，还有其他多相步进电动机。由式（8-9）可知，步进电动机的相数越多，则步距角越小。又从式（8-10）可知，一定的脉冲频率下相数越多，转速亦越低。但是相数越多，电源就越复杂，成本也要提高。因此目前步进电动机一般最多做到六相。

8.4.3　步进电动机的运行特性

为了正确使用步进电动机，必须进一步了解步进电动机的运行特性。下面仍以反应式步进电动机为代表来分析它的主要运行特性。

1. 静态运行状态

步进电动机不改变通电方式的工作状态称为静态运行状态。这种状态下，电动机产生的转矩随着转子位置的变化而变化。

（1）步距角与静态步距角误差　如前所述，步距角是指步进电动机在一个电脉冲作用下，转子所转过的角位移。步距角 θ_s 的大小与定子绕组的相数、转子的齿数及通电方式有关，步距角可在 0.375°～90°范围内变化，根据不同定位精度的要求，可选相应步距角的步进电动机。理论上每发一个脉冲信号，转子应转过同样的步距角。实际上由于制造的原因，出现定、转子的齿距分度不均匀，定、转子间的气隙不同等现象，这些都会使实际步距角与理论步距角之间存在偏差，此即静态步距角误差。这个误差将直接影响到位置控制时的位置（角度）误差，也影响到速度控制时的角度误差及转子瞬时转速的稳定性，因此为提高精度和稳定性，要设法减小这一误差。

（2）稳定平衡位置　稳定平衡位置是指步进电动机在空载情况下，某些定子绕组通以恒定不变的直流电时，转子的最后稳定位置。这个位置上，电动机产生的电磁转矩为零（空载时）。当出现一个较小的扰动时，如转子偏离此位置，磁拉力也能把转子拉回来，实现步进电动机的“自锁”。这种自锁功能可通过使步进电动机定子绕组通电的方法，达到停止转动时转子定位的目的。

（3）失调角 θ　步进电动机其转子偏离稳定平衡位置的电角度称为失调角。转子一个齿距所对应的电角度为 2π rad。

（4）矩角特性　静态运行状态下，步进电动机静转矩 T 与失调角 θ 之间的函数关系，称矩角特性。矩角特性 $T=f(\theta)$ 是步进电动机的一个基本特性。

经推导可得出静转矩 T 的数学表达式为

$$T=Z_sZ_rlF_\delta^2G_1\sin\theta \qquad (8-11)$$

式中，T 为静转矩；Z_s 为定子每极下的小齿数；Z_r 为转子总齿数；l 为铁心长度；F_δ 为定、转子单边气隙磁通势；G_1 为气隙比磁导中基波的幅值；θ 为失调角。

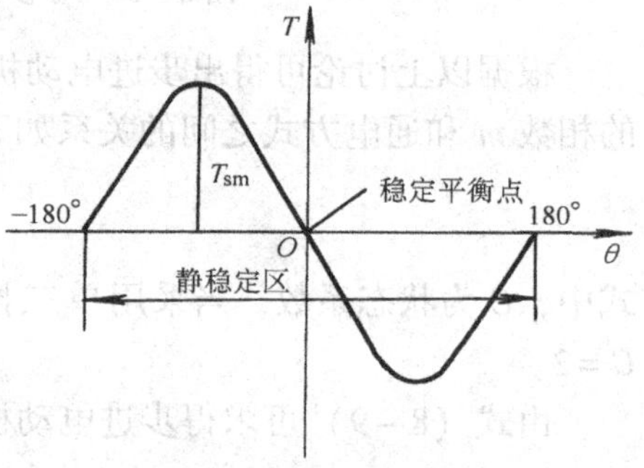

图 8-36　反应式步进电动机的矩角特性图

此式即为表示步进电动机的静转矩 T 与失调角 θ 关系的矩角特性。矩角特性曲线如图 8-36 所示。从式（8-11）可见，当失调角 $\theta=90°$时，将有最大静转矩 T_{sm}，且

$$T_{sm}=Z_sZ_rlF_\delta^2G_1 \qquad (8-12)$$

为了增大转矩，步进电动机常采用多相定子绕组同时通电。当多相同时通电时，则应以上一相通电时的最大静转矩乘以转矩增大系数 K，即

$$T_{sm}=KZ_sZ_rlF_\delta^2G_1 \qquad (8-13)$$

当两相定子绕组同时通电时，$K=2\cos(\pi/m)$；三相定子绕组同时通电时，$K=1+2\cos(\pi/m)$。式中 m 为定子控制绕组的相数。

2. 步进运行状态

步进电动机的步进运行状态是指电脉冲频率很低，使定子绕组通电脉冲的时间间隔大于步进电动机机电过渡过程所需的时间。这样当下一个脉冲到来之前，转子已完成一步，并且运动已经停止。仍如图 8-32 所示，当步进电动机空载、其 U 相绕组通电时，转子齿 1 和 3 便对准定子极 U 和 U′。而当 U 相断电，V 相绕组通电后，转子按逆时针方向转动，在转子

齿 2 和 4 转到对准定子极 V、V′的瞬时，电动机的反应转矩为零。但因为这时电动机的转速并不为零，由于转子惯性的影响，它将继续向逆时针方向转动。当转子齿 2 和 4 越过 V 和 V′极的平衡位置后，就受到反向转矩的作用而减速，随着失调角增大，反向转矩也随之增大，转子不断减速直至停转。但此时转子仍受到反向反应转矩的作用，于是开始向顺时针方向转动，当转子齿 2 和 4 再经过 V 和 V′极的稳定平衡位置时，又因转子惯性影响同样不会停止而朝顺时针方向继续转动，如此来回运动会产生振荡。由于摩擦等阻尼力矩的影响，振荡是减幅的，最终将使转子齿 2 和 4 停止在与定子 V 和 V′极对准的稳定平衡位置上。上述振荡过程如图 8－37 所示。由此可见，当电脉冲由 U 相绕组切换到 V 相绕组时，转子将转过一个步矩角 θ_s，但整个过程将是一个振荡过程。一般说来，这一振荡过程是不断衰减的。只有当阻尼作用足够强时，才不至于出现振荡现象。

经过简化，步进电动机的转子运动方程式可近似表示如下：

$$J\frac{d^2\varphi}{dt^2}+\mu\frac{d\varphi}{dt}=-T \tag{8-14}$$

式中，J 为步进电动机转子（包括负载——如带负载的情况下）的转动惯量；φ 为转子的转角；μ 为阻尼系数；T 为步进电动机的静转矩。

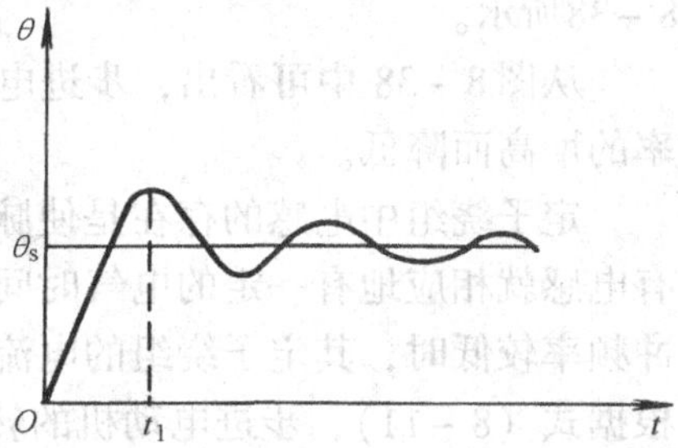

图 8－37　步进电动机转子的振荡过程

由式（8－11）和式（8－12）可得出：

$$T=Z_sZ_rlF_\delta^2G_1\sin\theta=T_{sm}\sin(Z_r\varphi)$$

当失调角 θ 较小时，因 $\sin\theta\approx\theta$，则 $\sin(Z_r\varphi)=Z_r\varphi$，并代入式（8－14）可得：

$$J\frac{d^2\varphi}{dt^2}+\mu\frac{d\varphi}{dt}+T_{sm}Z_r\varphi=0$$

由上式可知，当阻尼系数 $\mu=0$，即在无阻尼的情况下，步进电动机将运行在等幅振荡状态。此时的振荡角频率为 ω_0，称为步进电动机的固有振荡角频率，即

$$\omega_0=\sqrt{\frac{T_{sm}Z_r}{J}}$$

固有振荡角频率 ω_0 是步进电动机的一个很重要的参数。步进运行时所产生的振荡现象对步进电动机的运行影响是很大的，它使精度下降并产生振动和噪声，严重时甚至使电动机出现失步现象。

当然，由于轴、空气摩擦等原因，转子不可能作无阻尼的等幅振荡，最后可停在稳定平衡位置。为了使转子振荡衰减加快乃至消除振荡现象，通常在功率步进电动机的转子上都装有如机械摩擦阻尼器等特殊的阻尼器。

3. 连续脉冲运行状态

随着定子绕组中电流脉冲频率的增高，转动时步与步之间的时间间隔也相应减小，以至于会出现这个时间间隔小于电动机机电过渡过程所需的时间这种连续脉冲运行状态。这种情况仍用图 8－32 为例来说明，当步进电动机空载、U 相绕组通电时，转子齿 1 和 3 便对准定子极 U 和 U′。但其脉冲的时间间隔小于图 8－37 中的时间 t_1，当脉冲由定子绕组 U 相切换到 V 相，再切换到 W 相过程中，由于转子齿从定子 U 极的起始位置转到定子 V 极，但还来不及向顺时针方向作回转时，W 相已经通电，这样转子将继续按逆时针方向转动形成连续

脉冲运行状态。实际上，步进电动机大都是在连续脉冲运行状态下工作的。步进电动机正常工作时，常需要进行起动、制动、正转和反转等运行，其基本要求是电动机的步数与脉冲数严格相等，做到既不丢步也不越步，而且运动平稳。但要同时满足这些条件是困难的，例如保证不丢步就相当困难。步进电动机的动态性能不好或使用不当都会造成运行中的丢步，这样，由步进电动机的“步进”所确定的同步性能及其所保证的系统精度就失去了意义。所以有必要对连续运行状态的动态特性作简要分析。

（1）矩频特性　步进电动机在步进运行时的最大静转矩为 T_{sm}，但随着定子脉冲频率逐步提高，电动机转速逐步上升，步进电动机所能带动的最大负载转矩却会逐步下降。电动机在连续脉冲运行状态下产生的最大输出转矩称为动态转矩。动态转矩 T_{dm} 是随着脉冲频率 f 的上升而减小的。动态转矩 T_{dm} 与脉冲频率 f 的关系，即 $T_{dm}=F(f)$ 称为矩频特性，如图 8－38所示。

从图 8－38 中可看出，步进电动机的动态转矩 T_{dm} 将小于最大静转矩 T_{sm}，并随着脉冲频率的增高而降低。

定子绕组中电感的存在是使脉冲频率升高后步进电动机负载能力下降的主要原因。因为有电感就相应地有一定的电气时间常数，使定子绕组中的电流增长也有一个过渡过程。当脉冲频率较低时，其定子绕组的电流波形如图 8－39a 所示。这种情况下，电流可达到稳定值。根据式（8－11），步进电动机的转矩正比于定子绕组产生的磁通势的二次方 F_{δ}^2，由于磁通势 F_{δ} 与定子绕组的电流成正比，使转矩与定子绕组电流的二次方成正比，所以这时步进电动机的动态转矩 T_{dm} 接近于最大静转矩。图 8－39b 表示当脉冲频率很高时定子绕组中的电流波形。这种情况下，定子绕组的电流不能达到稳定值，故电动机的最大动态转矩小于最大静转矩，且脉冲频率 f 越高，动态转矩 T_{dm} 也就越小。因此在用步进电动机带动负载运行时，必须考虑转速与负载转矩之间的关系。对应于某一频率，只有当其负载转矩小于它在该频率时的动态转矩 T_{dm} 时，系统才能正常运行。

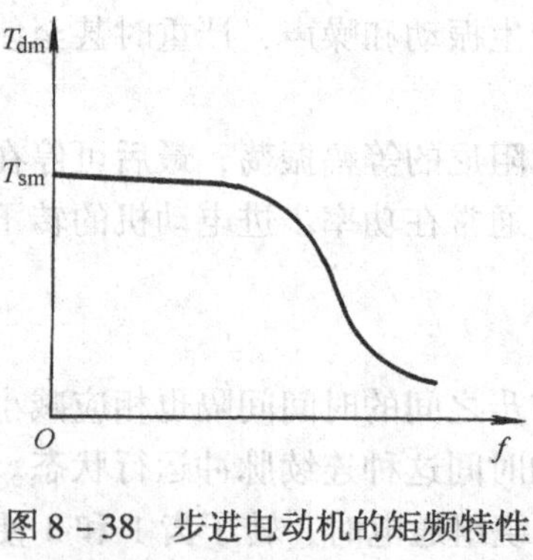

图 8－38　步进电动机的矩频特性

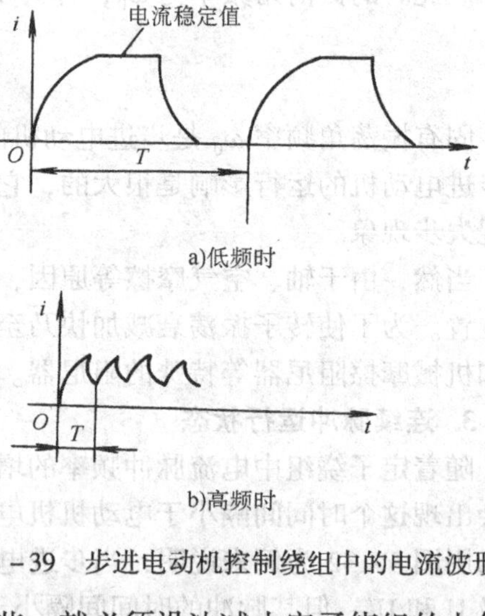

图 8－39　步进电动机控制绕组中的电流波形

为了使高频时步进电动机的动态转矩尽可能大一些，就必须设法减小定子绕组的电气时间常数，为此应尽量减小它的电感 L，相应的定子绕组的匝数也要减少，所以步进电动机定子绕组的电流一般都比较大。有时在定子绕组的回路中再串接一个较大的附加电阻，以降低回路的电气时间常数，但这样做却增加了附加电阻上的功率损耗，导致步进电动机的效率降低。

目前采用的一种更为有效的办法是用双电源供电，即在定子绕组电流的上升阶段由高压电源供电，以缩短达到预定的稳定电流值的时间，而后再改为低电压电源供电以维持其电流值。这样，就大大提高了高频时的最大动态转矩。

（2）静稳定区与动稳定区　引入稳定区的概念对用矩角特性分析步进电动机是很有用的。当U相绕组通电使转子处于静止状态时，矩角特性如图8－40a的曲线U所示。从式(8－11)的矩角特性可看出，如步进电动机为空载，则稳定平衡点是坐标原点。如果在外力矩作用下使转子离开这个平衡点，那么只要其失调角在 $-\pi<\theta<+\pi$ 范围内变化，则去掉外力矩后，在电磁转矩作用下，转子仍能回到原来的平衡位置上。反之，如超出这个范围，则转子将趋于前一齿或后一齿的平衡点而停止。因此把 $-\pi<\theta<+\pi$ 这个范围称作静稳定区，这时的步进电动机稳定区为 $-\pi<\theta<+\pi$。

动稳定区是指步进电动机从一种通电状态切换到另一种通电状态时，不至引起失步的区域。在图8－40a中，当定子绕组通电状态从U相切换到V相时，其矩角特性向前移动了一个步距角 θ_{se}，如图中的曲线V所示，新的稳定平衡点为 O_V，其对应的静稳定区为 $(-\pi+\theta_{se})<\theta<(\pi+\theta_{se})$，其中 θ_{se} 为用电角度表示的步距角大小。在通电状态切换的瞬间，只要对应转子齿轴线的位置在这个区域内，转子就能转到新的稳定平衡点，因此动稳定区为 $(-\pi+\theta_{se})<\theta<(\pi+\theta_{se})$ 区域。由此可见，拍数越多，步距角 θ_{se} 越小，动稳定区就越接近静稳定区。例如图8－40a表示三相单三拍运行方式，其 $\theta_{se}=2\pi/3$；图8－40b表示三相步进电动机在单、双六拍运行方式下，其 $\theta_{se}=\pi/3$。显然，后者在拍数较多运行方式下，其动稳定区就更接近于静稳定区，反映动稳定性的裕量角 θ_r 也越大，运行中也就越不易失步。

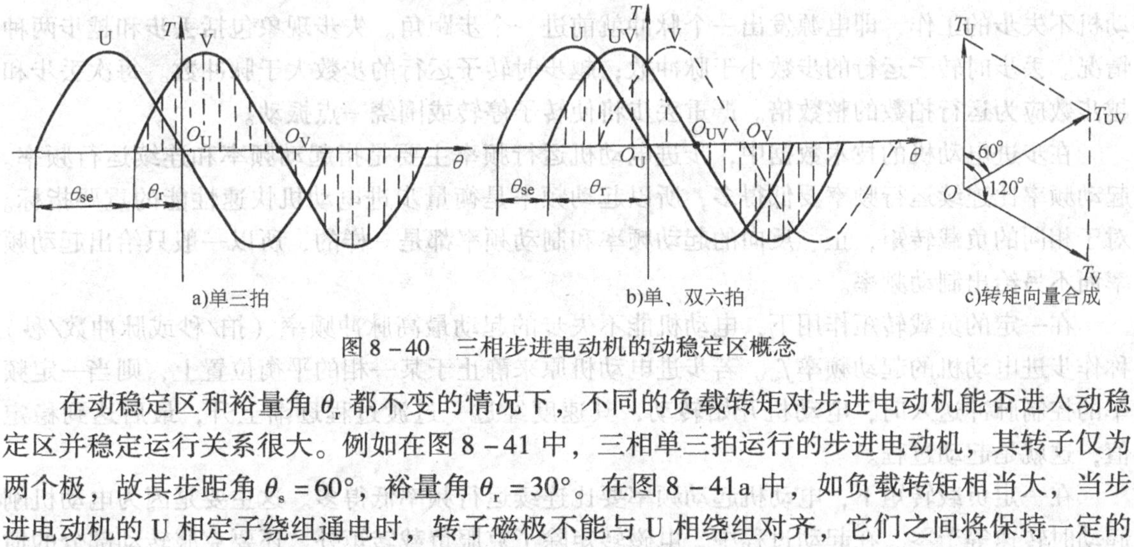

图8－40　三相步进电动机的动稳定区概念

在动稳定区和裕量角 θ_r 都不变的情况下，不同的负载转矩对步进电动机能否进入动稳定区并稳定运行关系很大。例如在图8－41中，三相单三拍运行的步进电动机，其转子仅为两个极，故其步距角 $\theta_s=60°$，裕量角 $\theta_r=30°$。在图8－41a中，如负载转矩相当大，当步进电动机的U相定子绕组通电时，转子磁极不能与U相绕组对齐，它们之间将保持一定的失调角 $\theta=Z_r\varphi$，φ 角即为转子的偏转角（转子偏向转子转动的反方向）。如果 φ 角刚好为裕量角，即 $\varphi=\theta_r=30°$，则从静稳定区的概念来看，转子是位于U相磁极的静稳定区内。当从 U 相定子绕组切换到 W 相定子绕组通电时，转子磁极 1 和定子 W 相绕组的 W′侧之间的夹角为 $\varphi+\theta_s=90°$，相应的失调角 $\theta=Z_r\times90°=180°$。从矩角特性可知，这时电动机的电磁转矩为零，它小于负载转矩，转子不可能逆时针旋转。假如更大的负载转矩使当 U 相定子绕组通电时，转子磁极的偏转角 φ 超过了裕量角 θ_r，即大于 30°，那么再由 U 相定子绕组切换到 W 相定子绕组通电时，转子磁极 1 和定子 W 相绕组的 W′侧之间的夹角就超过 90°，出了动稳定区的范围，相应的失调角 θ 也会超过 180°。从矩角特性可知，这时电动机中将产生反向转矩，转子将随之反向转动，如图 8－41b所示。故以上这两种情况都将会使步进电动机在运行时产生失步现象，破坏它的正常工作。

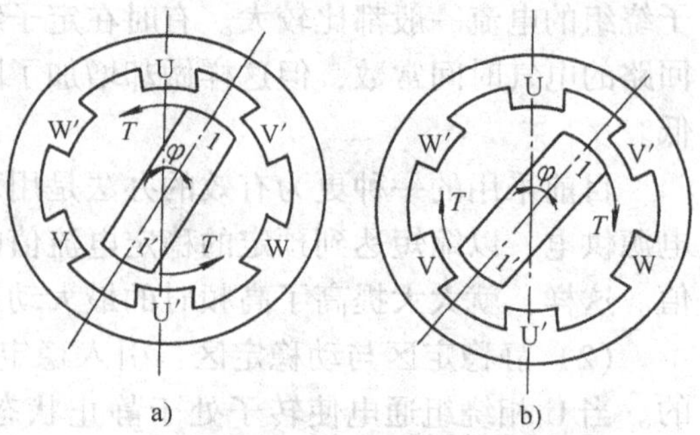

图 8－41　步进电动机不稳定运行示意图

由此可见，要使电动机处于正常的工作状态，则负载转矩应使前一个位置的转子磁极的偏转角 φ 至少要小于裕量角 θ_r，即 $\varphi<30°$，这样在下一个脉冲输入时，转子就有可能保持原来的转动方向继续转动。如果转子的偏转角 φ 大于裕量角 θ_r，即 $\varphi>30°$，那么在下一个脉冲输入时，电动机不能进入动稳定区，转子就受到反向转矩的作用，使电动机处于不正常工作状态。所以在单三拍运行时，其转子磁极的偏转角 φ 应以动态稳定区中的裕量角 $\theta_r=30°$为界。

（3）运行频率　前述已说明当电源的脉冲频率提高时，动态转矩就变小。如果电动机的动态转矩小于系统的负载转矩，则步进电动机就不能正常运行。步进电动机的运行频率是指电动机按照指令的要求进行正常运行时的电源最高脉冲频率。所谓正常运行就是指步进电动机不失步的工作，即电源发出一个脉冲就前进一个步距角。失步现象包括丢步和越步两种情况。丢步时转子运行的步数小于脉冲数；越步时转子运行的步数大于脉冲数。每次丢步和越步数应为运行拍数的整数倍。严重丢步将使转子停转或围绕一点振动。

在步进电动机的技术数据中，步进电动机运行频率主要是指起动频率和连续运行频率。起动频率比连续运行频率要低得多，所以起动频率是衡量步进电动机快速性能的重要指标。对于相同的负载转矩，正、反向的起动频率和制动频率都是一样的，所以一般只给出起动频率而不另给出制动频率。

在一定的负载转矩作用下，电动机能不失步的起动最高脉冲频率（拍/秒或脉冲数/秒）称作步进电动机的起动频率 f_{st}。若步进电动机原来静止于某一相的平衡位置上，则当一定频率的控制脉冲送入时，电动机开始转动，其速度经过一过渡过程逐渐上升，最后达到稳定值，这就是起动过程。

在一定负载转矩下，电动机起动频率要比连续运行频率低得多。这主要是因为电动机刚起动时转速等于零。在起动过程中，电磁转矩除了克服负载转矩外，还要克服转动部分的惯性矩 $J\mathrm{d}^2\theta/\mathrm{d}t^2$（其中 J 是包括电动机和负载在内的系统的总惯量），所以起动时转子的角加速度 $\mathrm{d}^2\theta/\mathrm{d}t^2$ 将受到电磁转矩的限制。如果起动时脉冲频率过高，则转速相当低的转子就跟不上磁场旋转的速度，以致第一步走完后转子的位置落后于平衡位置较远。以后各步中转子速度增加不多，而定子磁场仍然以正比于脉冲频率的速度向前转动，因此转子位置与平衡位置之间的距离越来越大，最后因转子位置落后到动稳定区以外而出现丢步或振荡现象，从而使电动机不能正常起动。所以为了保证正常起动，起动频率不能过高。电动机起动以后，可逐渐升高脉冲频率，由于这时转子角加速度 $d^2\theta/dt^2$ 较小，惯性转矩不大，因此电动机照样能升速。连续运行时由于转子角加速度 $d^2\theta/dt^2$ 为零，显然连续运行频率要比起动频率高得多。

由此可知，起动频率的高低与负载转矩和系统的转动惯量有关。当电动机带动一定的负载转矩起动时，作用在电动机转子上的加速转矩为电磁转矩与负载转矩之差。负载转矩越大，加速转矩就越小，电动机就越不易起动。只有当每步有较长的加速时间（即较低的脉冲频率）时，电动机才可能起动。所以随着负载转矩的增加，其起动频率是下降的。起动频率 f_{st} 随着负载转矩 T_L 下降的关系如图 8－42 中的 $f_{st}=f(T_L)$ 曲线所示。另外随着系统转动部分惯量的增大，在一定的脉冲周期内，转子速度上升变慢，因而难于趋于平衡位置。而要电动机起动，则需要较长的脉冲周期使电动机加速，即要求降低脉冲频率。所以，随着电动机轴上转动惯量的增加，起动频率也是下降的。起动频率随转动惯量下降的关系如图 8－42 中的 $f_{st}=f(J)$ 曲线所示。

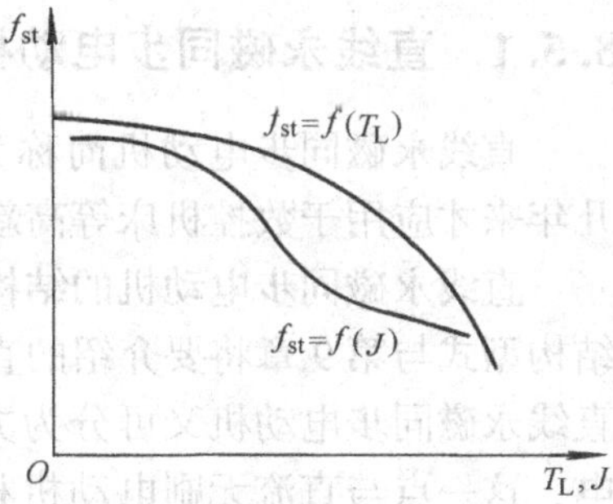

图 8－42　起动频率 f_{st} 关系曲线

因此要提高起动频率，可采取如下三方面措施：①设计大电磁转矩的电动机。②减小系统（包括电动机和传动机构）的转动惯量。③增加电动机运行的拍数，使裕量角 θ_r 增大。

8.4.4　步进电动机的驱动电源

步进电动机应由专用的驱动电源来供电，由驱动电源和步进电动机组成一套伺服装置来驱动负载工作。步进电动机的驱动电源，主要包括变频信号源、脉冲分配器和脉冲放大器等三个部分，如图 8－43 所示。

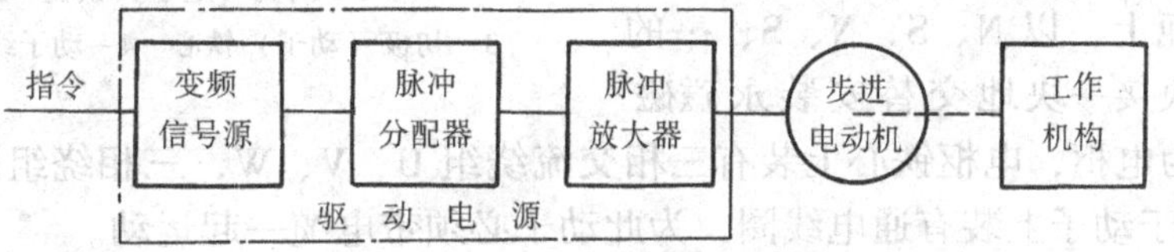

图 8－43　步进电动机的驱动电源框图

变频信号源是一个频率从几十赫到几十千赫可连续变化的信号发生器。变频信号源可以采用多种线路，最常见的有多谐振荡器和单结晶体管构成的弛张振荡器两种。它们都是通过调节电阻 R 和电容 C 的大小来改变电容充放电的时间常数，以达到选取脉冲信号频率的目的。脉冲分配器是由门电路和双稳态触发器组成的逻辑电路，它根据指令把脉冲信号按一定的逻辑关系加到放大器上，使步进电动机按一定的运行方式运转。

目前，随着微型计算机特别是单片机的发展，变频信号源和脉冲分配器的任务均可由单片计算机来承担，这样不但工作更可靠，而且性能更好。

从脉冲分配器输出的电流只有几个毫安，不能直接驱动步进电动机，因为步进电动机的驱动电流可达几安到几十安，因此在脉冲分配器后面都有功率放大电路作为脉冲放大器，经功率放大后的电脉冲信号则可直接输出到定子各相绕组中去控制步进电动机工作。

8.5 直线永磁同步电动机

8.5.1 直线永磁同步电动机的结构

直线永磁同步电动机简称为 LPMSM（Line Permanent Magnet Synchronous Motor），是近几年来才应用于数控机床等高新技术领域的直线驱动电动机。

直线永磁同步电动机的结构型式可分为平板型、圆筒型、圆盘型和圆弧型等四类，这些结构型式与第 9 章将要介绍的直线异步电动机相类似。根据动子三相绕组电流的控制方式，直线永磁同步电动机又可分为方波直线电动机和正弦波直线电动机，前者采用方波电流供电，这一点与直流无刷电动机相同，因此又称为直线无刷直流电动机，已在第 3 章作了介绍。后者正是本节将作介绍的三相绕组供电采用正弦波电流方式的直线永磁同步电动机。由于这两种电动机的运行速度与三相绕组电流频率之间都有固定不变的关系，因此从这个角度看，它们都属于同步电动机范畴。

直线永磁同步电动机同样可以看作是旋转式正弦波三相永磁同步电动机的扩展，旋转式永磁电动机的定子和转子在直线永磁电动机中称作为初极和次极（也可称作动子和定子）。为了在运动过程中始终保持初、次极间的耦合，初极侧或次极侧中有一侧要做得比较长，图 8-44 所示是次极侧，即定子侧较长的直线永磁同步电动机的结构。直线永磁同步电动机的定子侧，即次极侧沿动子移动方向的铁轭上，以 N、S、N、S、…的排列方式，一块接一块地交替安装永磁磁铁。动子也称为电枢，电枢铁心上装有三相交流绕组 U、V、W，三相绕组的纵向剖面如图 8-45所示。由于动子上装有通电线圈，为此动子必须带电缆一起运动。

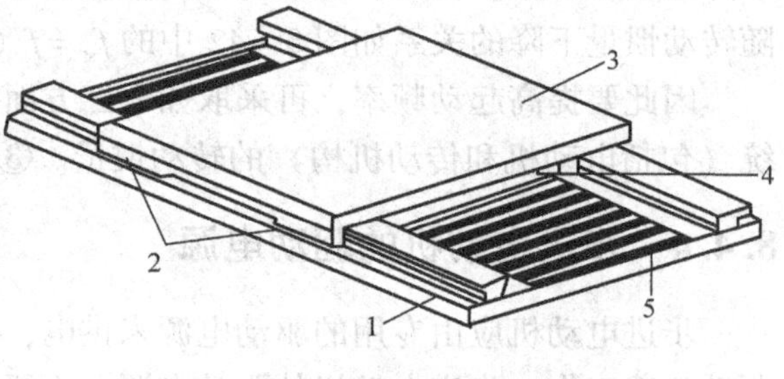

图 8-44 直线永磁同步电动机的结构示意图（平板式）
1—次极（定子）铁轭 2—导轨
3—初极（动子）铁心 4—动子线圈 5—永磁体

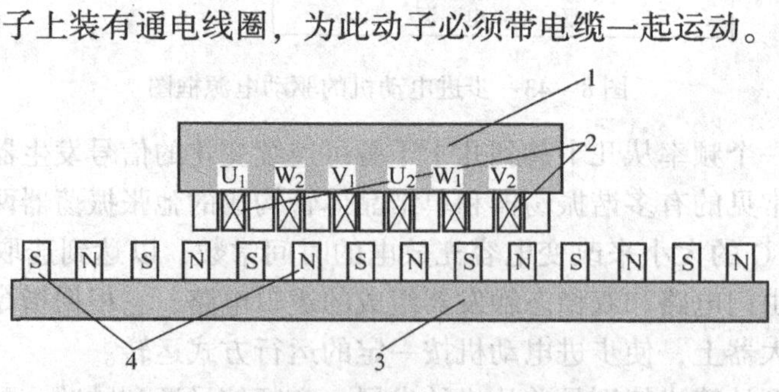

图 8-45 直线永磁同步电动机的纵向剖面示意图
1—电枢铁心 2—动子三相绕组 3—铁轭 4—永磁体

8.5.2 直线永磁同步电动机的工作原理

当初极三相绕组通以三相对称的交流电时，就能在初、次极间的气隙中产生纵向运动的行波磁场，这个纵向运动的行波磁场类似于旋转式正弦波三相永磁电动机产生的旋转磁场。行波磁场与定子永久磁场相互作用，将产生电磁力矩，拉着动子沿纵向导轨运动，如图 8-46 所示。

设极距 τ 为行波磁场两相邻磁极的中心距（即图 8-46 中同一绕组 U 两边 U_1 和 U_2 所在两槽的中心距 τ），则动子的速度为

$$v = 60f_1 \times 2\tau \tag{8-15}$$

式中，v 为动子的运行速度，也即直线永磁同步电动机的同步速度（m/min）；f_1 为动子绕组交流电的频率（Hz）；τ 为行波磁场两相邻磁极的中心距（m）。

从上式可以看到，直线永磁同步电动机的速度 v 与动子电流的频率 f_1 成正比，故可通过改变动子电流的频率 f_1 实现直线电动机的调速控制。

如要改变直线永磁同步电动机的移动方向，则只要改变动子侧三相交流绕组 U、V、W 的通电相序即可。

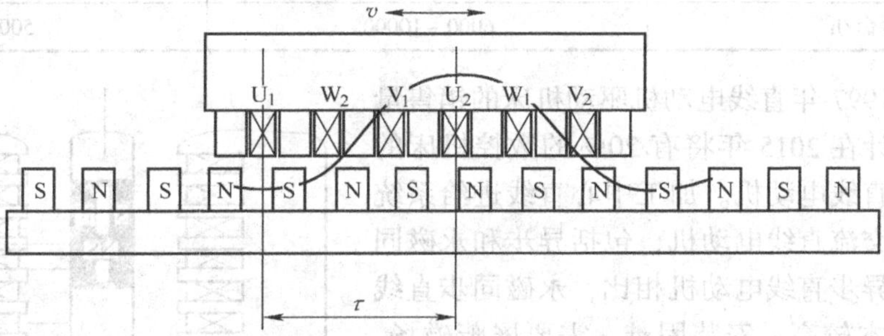

图 8-46　直线永磁电动机的工作原理图

8.5.3 直线永磁同步电动机的应用

直线永磁同步电动机（次极为永久磁钢）由于效率高、推力密度大和可控性好等优点，尽管其对隔磁防尘要求较高和装配较困难，现在也已成为数控机床等高新技术产品使用的直线电动机的主流驱动电动机。

直线永磁同步电动机的应用很广，本节“8.5.1　直线永磁同步电动机的结构”中所叙述的各种不同的结构型式主要是因不同实际需要而产生的，有的场合要求精度较高，有的场合精度不是主要因素，而可靠性和力能指标则要求很严，因而形成此类电动机宽广的应用领域。这些应用领域如工业和自动化方面，有数控机床和加工中心、锻压设备、真空断路器、浮法玻璃生产线和铁磁分离器等；在交通运输方面，有磁悬浮列车、电磁推进船、地铁和公路高速电动车等；在物料输送和搬运方面，有直线电梯与升降机、矿用推车机和竖井提升机等；在民用和建筑业方面，有直线电动机驱动的空调和冰箱、建筑打桩机等。在军事、医疗、电动工具和天文观测等各领域也都用到直线电动机，下面是几个典型的应用。

1. 数控机床

数控机床使用的直线电动机进给系统的特点在于利用电能直接产生直线运动实现进给驱

动，而不需任何中间转换机构。与间接产生直线运动的“旋转电动机＋滚珠丝杠”数控机床进给系统相比，其优点在于没有机械摩擦，结构简单、体积小、效率高、低速可控性好；行程长度理论上不受限制，而且性能不会因为行程的变化而受到影响；可以提供很宽的调速范围；推力密度大、加速度很大，可达10g；运动平稳；精度和重复定位精度高；维护简单等优点，如表8－2所示。

表8－2　数控机床直线电动机进给系统与“旋转电动机＋滚珠丝杠”进给系统传动性能比较

性能	旋转电动机＋滚珠丝杠	直线永磁同步电动机
精度/（μm/300mm）	10	0.5
重复精度/μm	2	0.1
最高速度/（m/min）	20～120	60～200
最大加速度/g	1.5	2～10
静态刚度/（N/μm）	90～180	70～270
动态刚度/（N/μm）	90～180	160～210
平稳性/（%速度）	10	1
调整时间/ms	100	10～20
寿命/h	6000～10000	50000

据统计，1997年直线电动机驱动机床的销售量为300台，预计在2015年将有20%的数控机床的所有轴都安装直线电动机。加工中心直线进给系统采用的主要是交流直线电动机，包括异步和永磁同步两大类。与异步直线电动机相比，永磁同步直线电动机虽然成本较高，安装困难，需要屏蔽磁场，但效果较好，结构简单，次极不用冷却，控制方便，更容易达到所要求的高性能。

2. 升降机

驱动升降机用的直线永磁同步电动机可采用图8－47所示的双边型直线永磁同步电动机。这种直线电动机的永磁体装置在动子上，即运动体上，而装有三相绕组的电枢即定子分两部分分别安装在永磁体动子的左右两边。与本节前述的单边平板式直线电动机相比，这种双边型直线电动机的一个突出优点是其单边磁拉力可以大大降低，有利于高速垂直运行。为了提高电动机的力矩，永磁体采用由钕铁硼构成的永磁材料。表8－3所示为一实用的驱动升降机用的双边型直线永磁同步电动机的基本参数表，从表中可以看到，这种直线电动机的性能用于驱动升降机还是能满足要求的。

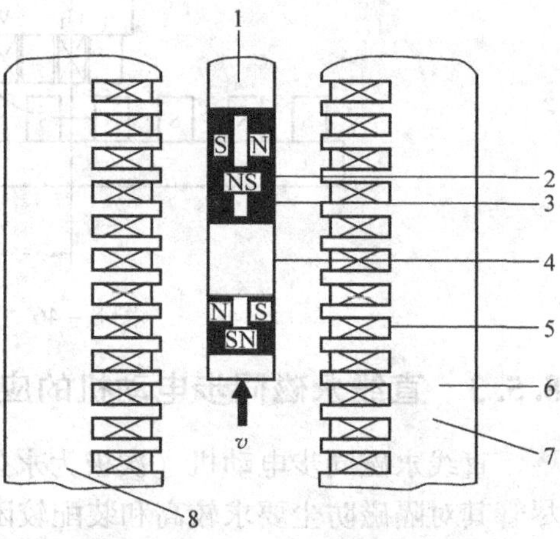

图8－47　双边型直线永磁同步电动机的结构示意图

1—动子　2—永磁体　3—动子铁心　4—非磁性材料　5—电动机线圈　6—定子铁心　7—右定子　8—左定子

3. 压缩机

传统的活塞式压缩机通过机械曲柄机构把旋转电动机的旋转运动转变为活塞的往复运动，而直线压缩机则可采用直线永磁同步电动机作为驱动源，直接带动活塞的往复运动。这

表 8－3　升降机用双边型直线永磁同步电动机的基本参数

项目	数值
推力/N	3000
输送质量/kg	270
移动距离/m	2
移动速度/（m/s）	1
电动机铁心/mm	3055×90×150
永磁体个数	32

种新型压缩机由于采用稀土永磁材料，电动机结构简单，运行可靠，效率高，可用于空调和冰箱等生产批量很大的产品。

这种压缩机的活塞与电动机的动子直接固定在一起，并由两个谐振弹簧夹持，所以当动子作往复运动时，直接带动活塞作往复运动。定子主要由铁轭和永磁体组成，铁轭分内轭和外轭两部分。铁轭的材料采用导磁性能较好的电工纯铁，内轭中空，是压缩腔的进气和冷却通道。永磁体为环形柱体，紧贴于外轭内壁，与内轭形成环形气隙。通电线圈安装在动子上，并安放在环形气隙中，当通电线圈内通入矩形波或者正弦波电流时，通电线圈在气隙磁场作用下受到与电流同频同相的交变推力，推动线圈和活塞做往复运动。压缩机的进气阀设在活塞顶面上，排气阀设在气缸顶部，气体通过活塞与进气阀进入气缸内，被压缩后经排气阀由排气管导出压缩机壳体外。

4. 竖井提升机

矿山从井下提升矿物的传统方法是靠旋转电动机带动钢丝绳组成的提升绞车来完成的。当井越深时，钢丝绳要越长，绳所受到的张力和拉力也就越大，且井上缠绕绳子的卷筒、电动机的容量和支撑绞车均受到了限制，而采用直线永磁同步电动机驱动的矿井提升系统则优于绞车方式。直线电动机驱动的提升系统优点是：①井筒的深度不受限制，可以不要暗井。在矿山地下深部开采时，由于提升绞车缠绕钢丝绳受到一定限制，在深部开掘时，一般需要设置暗井，两者之间还需运输设备与系统，不仅施工量大，设备增多，成本提高，而且运输环节繁多，效率降低，是当今矿井生产中的一个弊端。直线提升运输系统则克服了这些弊端。②设备数量减少，提升系统简化。③提升系统在井筒里减少了占用空间。④缩短了施工工期，降低了基建费用。

本 章 小 结

同步电动机由于其转子转速与气隙旋转磁场的转速严格同步，即电动机的转速始终是同步转速而得名的。由于同步电动机的转速与定子绕组电流的频率成正比，使其转速很稳定，不随负载转矩的变化而改变，与直流电动机和异步电动机相比，同步电动机的这一优点是很明显的。但是在过去由于很难得到变频电源，它也成了同步电动机推广应用的主要障碍：当电源频率固定时，同步电动机不能实现变速控制；而在不采用其他起动方法时，无法自行起动使电动机进入工作状态。

微型计算机和大功率电力电子器件的迅速发展为我们提供了高性能价格比的变频电源，

使同步电动机的应用有了极大的发展，特别是在控制精度要求很高的位置伺服系统中，同步电动机具有直流电动机和异步电动机所没有的优点，成了占有统治地位的电动机。为了适应各种不同的用途，可选用不同类型的同步电动机。不同类型的同步电动机的性能差异很大。目前，在精度要求不高的开环位置伺服系统中，常使用步进电动机作伺服电动机，在高精度的闭环控制位置伺服系统中，常采用正弦波三相永磁同步电动机和直线永磁同步电动机作伺服电动机。直线永磁同步电动机同样可以看作是旋转式正弦波三相永磁同步电动机径向展开成平面的扩展，由于它无需滚珠丝杠等传动机构，可直接实现高精度的直线运动控制，故在数控机床等高新技术的进给驱动中得到了广泛的应用。

开关磁阻电动机是一种新型的伺服电动机，其转子无励磁，转子的旋转是通过直轴和交轴的磁阻不等所形成的磁阻转矩产生的。由于它的结构简单，运行可靠，成本较低，调速性能良好，是一种很有发展前途的同步电动机。

习　题

1. 同步电动机的工作原理是什么？它与异步电动机有何不同？

2. 试比较正弦波同步电动机与异步电动机的优缺点。

3. 什么叫正弦波三相永磁同步电动机？它有什么特点？

4. 简述正弦波三相永磁同步电动机的工作原理。

5. 根据图 8－13b 中的 A、B 两相波形，试说明增量式光电脉冲编码器是如何判别转子的正、反旋转方向的？

6. 在正弦波三相永磁同步电动机中，转子位置传感器 BQ 的作用是什么？

7. 正弦波三相永磁同步电动机能否用频率固定的电源，例如用 50Hz 的三相交流电向其定子三相电枢绕组供电（包括起动）？为什么？

8. 采用增量式光电编码器的正弦波三相永磁同步电动机，为什么必须要在上电起动前检测电机转子精确的初始位置？

9. 正弦波三相永磁同步电动机调速采用何种方法？简述其调速的基本原理。

10. 正弦波三相永磁同步电动机为什么可用于高精度的位置控制系统中？

11. 正弦波三相永磁同步电动机与直流无刷电动机相比，有什么特点？

12. 磁阻电动机的转矩是怎样产生的？为什么普通隐极转子不会产生这种转矩？

13. 为什么开关磁阻电动机转子可用凸极叠片结构，而普通磁阻电动机转子要用钢片和非磁性材料镶嵌结构？

14. 开关磁阻电动机与普通磁阻电动机各有什么优缺点？

15. 在步进电动机运行方式中，什么叫三相单三拍运行，三相双三拍运行以及三相单、双六拍运行？它们各有什么特点？

16. 试简要说明反应式步进电动机的工作原理。为什么说步进电动机也可算作同步电动机？

17. 简要说明步进电动机的静稳定区和动稳定区的区别。

18. 当一台步进电动机的负载转矩或转动部分的惯量增大时，其起动频率有何变化？

19. 步进电动机的连续运行频率为什么会比起动频率高出许多？

20. 一台 4 极正弦波三相永磁同步电动机的转速 $n=3000\mathrm{r/min}$，试求定子电源的频率 f_1。

21. 一台 2 极正弦波三相永磁同步电动机的定子电源频率变化范围为 0.02～100Hz 时，试求其转速变化范围。

22. 反应式步进电动机步距角的大小与哪些因素有关？若有一台五相反应式步进电动机，其步距角为

1.5/0.75°，试问转子的齿数 Z_r 应为多少？

23. 一台四相步进电动机，若单相通电时矩角特性为正弦波，其转矩幅值为 T_{sm}。

① 写出四相单、双八拍运行方式时一个循环的通电顺序，并画出各相控制电压波形图。

② 求两相同时通电时的最大静态转矩。

24. 一台五相十拍运行的步进电动机，转子齿数 $Z_r=48$，步进电动机的脉冲频率为600Hz。试求：①电动机的步距角。②电动机的转速。③设单相通电时矩角特性为正弦波，其静转矩的幅值为3N·m，求三相同时通电时的最大转矩 $T_{sm(UVW)}$。

25. 为什么直线永磁同步电动机可以看作是旋转式正弦波三相永磁同步电动机的扩展？

26. 直线永磁同步电动机是用何种方式改变移动方向的？

27. 设直线永磁同步电动机的行波磁场两相邻磁极的中心距为0.03m，动子电流的频率变化范围为0.1～10Hz，试问动子的移动速度可在什么范围内变化？

28. 与“旋转电动机＋滚珠丝杠”数控机床进给系统相比，直线永磁同步电动机进给系统的进给精度和重复精度各大概可提高多少倍？

第9章　其他电机

本章介绍几种前8章内容之外的其他电机，其中前四种属于异步电动机的范畴，最后一种是超声波电动机。

由于交流电网的普及，使异步电机的电源很容易得到，因此各种异步电机应运而生，并得到了广泛的应用。除了三相异步电动机外，目前在使用的异步电动机还有单相异步电动机、两相交流伺服电动机、异步测速发电机、直线异步电动机、交流换向器电动机和电磁调速异步电动机等。本章介绍其中常用的单相异步电动机、两相交流伺服电动机、异步测速发电机和直线异步电动机。掌握了这几种异步电机的原理，其他异步电机的工作原理也就不难理解了。

超声波电动机的工作原理是利用压电陶瓷的逆压电效应直接把电能转换成机械能，没有电磁能量转换是它的基本特点，因此可以做成“短、薄、小”的电机。

9.1　单相异步电动机

单相异步电动机是除了三相异步电动机以外的另一类广泛使用的异步电动机，它结构简单，成本低廉，噪声很小，使用方便。与三相异步电动机相比，虽然同样容量的单相异步电动机的体积较大，运行性能较差，但是如果容量不大，那么这些缺点就不明显。所以在只有单相电源的情况下，一般优先考虑使用单相异步电动机来拖动，如家用电器、电动工具、医疗器械等领域就主要是单相异步电动机的市场。单相异步电动机的容量较小，一般功率在几瓦到几百瓦之间，其中罩极式单相异步电动机的功率在几十瓦以下，且起动转矩很小，主要用于小台扇等。

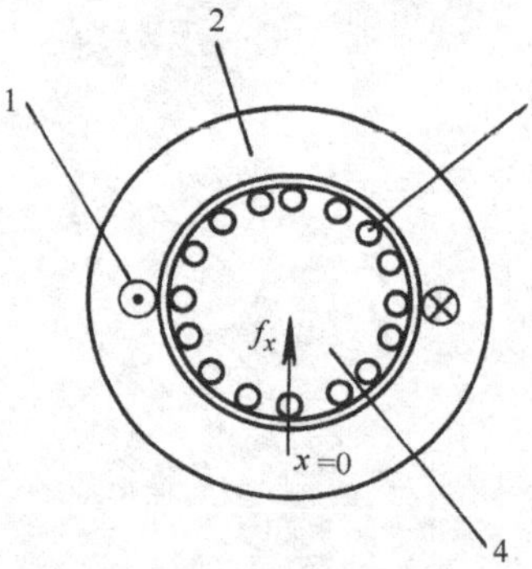

图9-1　单相异步电动机的结构示意图
1—单相定子绕组（集中绕组）
2—定子铁心　3—转子笼型绕组
4—笼型转子铁心

单相异步电动机的结构也由定子和转子两部分组成，常用的单相分相式异步电动机的结构与三相异步电动机相类似，转子也是普通的笼型转子，定子有交流励磁绕组，所不同的是单相异步电动机的定子仅有一个如图9-1所示的单相交流绕组1（集中绕组），而不是三相分布式绕组。在第6章讨论三相绕组的旋转磁场时已指出一个单相交流绕组不能产生旋转磁通势，只能产生脉振磁通势，故单相异步电动机不能自行起动。单相异步电动机为获得起动转矩，要设法在其定子上增设一个起动绕组或一个与起动绕组类似功能的短路环等部件。

9.1.1　单相异步电动机的工作原理

由于在定子单相交流绕组中通以单相交流电只能在气隙中产生脉振磁通势，因此，在讨论单相异步电动机旋转工作原理之前，先分析脉振磁通势。

1. 单相交流绕组的磁通势——脉振磁通势

当图 9-1 所示的单相交流绕组通以 $i_1 = \sqrt{2}I_1\cos\omega t$ 单相交流电时，可产生如下的脉振磁通势：

$$f(x, t) = \sqrt{2}N_1I_1\cos\omega t/2(-\tau/2 < x < \tau/2)$$

$$f(x, t) = -\sqrt{2}N_1I_1\cos\omega t/2(\tau/2 < x < 3\tau/2)$$

式中，f 为作用在该回路上的总的磁通势，它既是时间 t 的函数，又是电动机气隙空间位置 x（如图 9-2b 所示）的函数；N_1 为定子绕组的有效匝数；I_1 为一匝线圈电流的有效值。

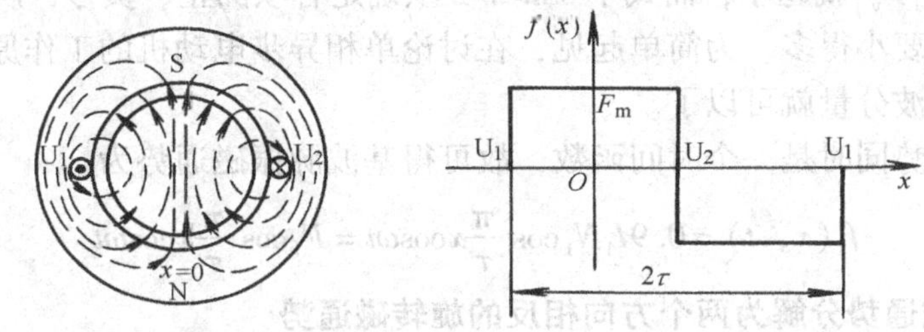

a)磁通势分布　　b)气隙磁通势分布曲线

图 9-2　整距线圈的磁通势

由上式可见，如 $-\tau/2 < x < \tau/2$，气隙磁通势均为：

① 当 $\omega t = 0$ 时，磁通势为正的最大

$$f = F_m = (\sqrt{2}/2)N_1I_1$$

② 当 $\omega t = \pi/2$ 时，磁通势最小

$$f = 0$$

③ 当 $\omega t = \pi$ 时，磁通势为负的最大

$$f = -F_m = -(\sqrt{2}/2)N_1I_1$$

同样可知，如 $\tau/2 < x < 3\tau/2$，每点磁通势也有相似规律，仅是极性不同而言。由此可见，整距线圈通以正弦交流电时，所产生的脉振磁通势在任何瞬时的空间分布均是矩形波，其波形幅值的大小和方向则随电流交变而作正弦变化，其闽振频率为绕组中电流的频率。

当 $\cos\omega t = 1$ 时，用傅氏级数展开矩形波磁通势（即矩形波幅值为最大时），可得到如图 9-3 所示的一系列谐波。因为此矩形波磁通势既对称于横轴又对称于纵轴，所以其谐波中

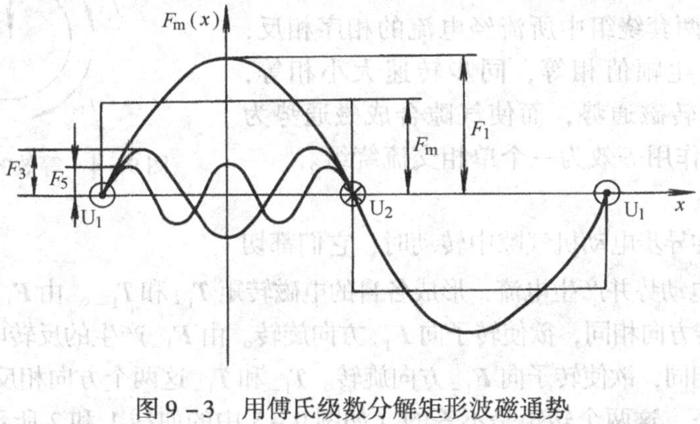

图 9-3　用傅氏级数分解矩形波磁通势

既无偶次谐波项，也无正弦项，则

$$F_{m}(x)=F_{1}\cos\frac{\pi}{\tau}x+F_{3}\cos\frac{3\pi}{\tau}x+\cdots+F_{\nu}\cos\frac{\nu\pi}{\tau}x$$

式中，$\nu=1$、3、5、…为谐波次数，但其中一次谐波分量即基波分量占有极大的比例，其幅值为

$$F_{1}=(4/\pi)F_{m}=(4/\pi)\times\sqrt{2}/2I_{1}N_{1}=0.9I_{1}N_{1}$$

而 ν 次谐波的幅值 $F_{\nu}=(1/\nu)\sin\nu(\pi/2)F_{1}$，谐波幅值与 $1/\nu$ 成正比，由此可见，谐波次数越高，其幅值 $|F_{\nu}|$ 就越小，而式中 $\sin\nu\pi/2$ 项确定各项的正、负号，所以高次谐波对磁通势的影响比基波要小得多。为简单起见，在讨论单相异步电动机的工作原理时，矩形波磁通势只需考虑其基波分量就可以了。

因为脉振磁通势同时是一个时间函数，故可得基波脉振磁通势为

$$f_{1}(x,\ t)=0.9I_{1}N_{1}\cos\frac{\pi}{\tau}x\cos\omega t=F_{1}\cos\frac{\pi}{\tau}x\cos\omega t$$

2. 基波脉振磁通势分解为两个方向相反的旋转磁通势

对上述的基波脉振磁通势用三角函数公式进行分解得

$$\begin{aligned}f_{1}(x,\ t)&=F_{1}\cos\frac{\pi}{\tau}x\cos\omega t\\&=\frac{1}{2}F_{1}\cos\left(\frac{\pi}{\tau}x-\omega t\right)+\frac{1}{2}F_{1}\cos\left(\frac{\pi}{\tau}x+\omega t\right)\\&=\boldsymbol{F}_{1+}+\boldsymbol{F}_{1-}\end{aligned}$$

式中，$\boldsymbol{F}_{1+}$ 为正向旋转磁通势，简称正向磁通势；$\boldsymbol{F}_{1-}$ 为逆向旋转磁通势，简称逆向磁通势。

这里分解前的 $f_{1}(x,\ t)$ 为脉振磁通势，分解后的 $\boldsymbol{F}_{1+}$ 和 $\boldsymbol{F}_{1-}$ 均为以同步角速度 ω_{1} 旋转的旋转磁通势，这两个旋转磁通势的幅值相等，均为单相基波脉振磁通势幅值 F_{1} 的 1/2，但两者转向相反。反之，这样两个幅值相等，角速度大小相等而转向相反的圆形旋转磁通势合成时，能产生一个脉振磁通势。图 9－4 所示为用两套结构完全相同的，但相序相反的三相交流绕组来等效一个单相绕组的示意图。1U、1V、1W 与 2U、2V、2W 为两套结构完全相同的定子三相对称交流绕组，由于两套绕组中所流经电流的相序相反，使两套绕组分别产生幅值相等，同步转速大小相等，转向相反的圆形旋转磁通势，而使气隙合成磁通势为一脉振磁通势，其作用等效为一个单相交流绕组。

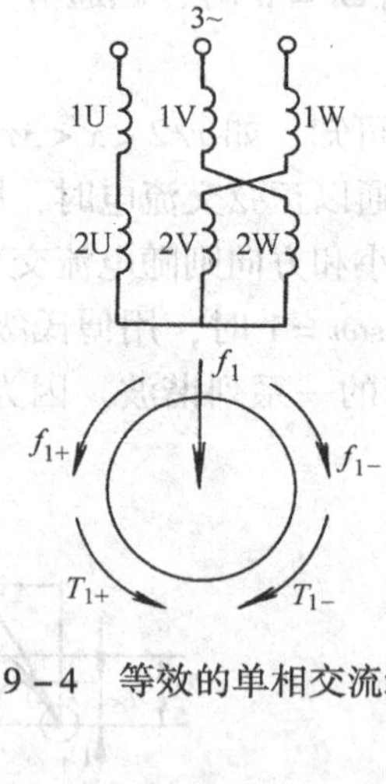

图 9－4　等效的单相交流绕组

3. 工作原理

当 $\boldsymbol{F}_{1+}$ 或 $\boldsymbol{F}_{1-}$ 在异步电动机气隙中转动时，它们都切割转子导体，感应电动势并产生电流，形成各自的电磁转矩 T_{1+} 和 T_{1-}。由 $\boldsymbol{F}_{1+}$ 产生的正转电磁转矩 T_{1+} 的方向与旋转方向相同，欲使转子向 $\boldsymbol{F}_{1+}$ 方向旋转。由 $\boldsymbol{F}_{1-}$ 产生的反转电磁转矩 T_{1-} 的方向与 $\boldsymbol{F}_{1-}$ 的旋转方向相同，欲使转子向 $\boldsymbol{F}_{1-}$ 方向旋转。T_{1+} 和 T_{1-} 这两个方向相反的转矩作用在同一转子上，一般情况下，这两个转矩是不等的（如图 9－5 中的曲线 1 和 2 所示），合成电磁转矩

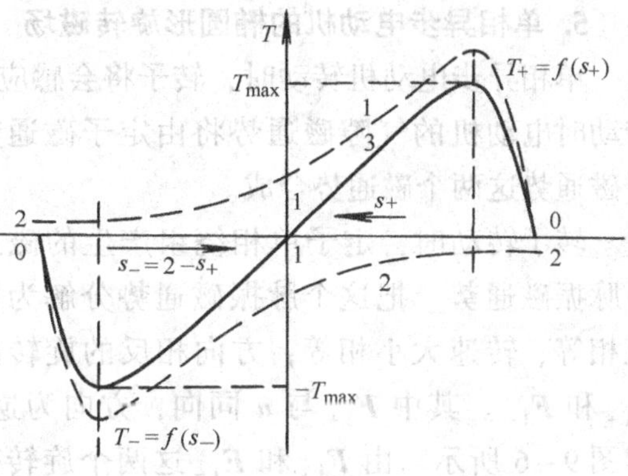

图9-5 单相异步电动机的 $T-s$ 曲线

T_{em}是相互抵消后这两个转矩之差（如图9-5中的曲线3所示），这个合成电磁转矩才是使单相异步电动机转动的有效转矩，它使转子向某一方向以转速 n 旋转。如果出现 $T_{1+}=T_{1-}$，则电磁转矩 $T_{em}=0$。

由于转差是反映转子转速 n 相对于旋转磁场转速 n_1（同步转速）之差的物理量，参照三相异步电动机转差率的定义可求出单相异步电动机转子与两个等效旋转磁通势 $\boldsymbol{F}_{1+}$、$\boldsymbol{F}_{1-}$ 的转差率 s_{1+}、s_{1-}（设转子正向旋转）。

对正向旋转磁通势 F_{1+}，正向转差率为

$$s_{1+}=\frac{n_1-n}{n_1}$$

正向电磁转矩 T_{1+} 与正向转差率 s_{1+} 的关系为 $T_{1+}=f(s_{1+})$，与三相异步电动机的 $T-s$ 特性一样，如图9-5中的曲线1所示。由于 T_{1+} 和 T_{1-} 作用在同一电动机上，根据式(7-1)机械特性参数表达式可知，T_{1-} 与 s_{1-} 的关系 $T_{1-}=f(s_{1-})$ 与 $T_{1+}=f(s_{1+})$ 的函数关系完全一样。

但对逆向旋转磁通势 $\boldsymbol{F}_{1-}$，电动机的反向转差率为

$$s_{1-}=\frac{n_1-(-n)}{n_1}=\frac{2n_1-(n_1-n)}{n_1}=2-s_{1+}$$

将 $2-s_{1+}=s_{1-}$ 代入 T_{1-} 与 s_{1-} 的关系式 $T_{1-}=f(s_{1-})$，且 T_{1-} 取“-”号（因 T_{1+} 已取正值，故反向的 T_{1-} 在同一坐标上为负值），这样可画出 $T_{1-}=f(s_{1-})$ 的特性曲线如图9-5中的曲线2所示。

$T_{1+}=f(s_{1+})$ 和 $T_{1-}=f(s_{1-})$ 是同时作用在异步电动机转轴上的两条机械特性曲线，所以转轴上的 $T_{em}=f(s)$ 的机械特性曲线是 $T_{1+}=f(s_{1+})$ 与 $T_{1-}=f(s_{1-})$ 的合成曲线 $T_{1+}+T_{1-}=f(s)$，如图9-5中的曲线3所示。

4. 单相异步电动机的运行特点

从图9-5所示的 $T-s$ 曲线可以得出单相异步电动机的几个主要特点：

1）起动转矩 $T_{st}=0$。因为在转子停转时，即使电源加到定子绕组上，由于 $n=0$ 时，$s_{1+}=s_{1-}=1$，对应的电磁转矩 $T_{em}=T_{1+}+T_{1-}=0$，单相异步电动机的起动转矩 $T_{st}=0$，不能自行起动，所以必须采用其他措施进行起动。

2）单相异步电动机起动后，转速 $n\neq0$，$s\neq1$ 使 $T_{em}\neq0$，若 $T_{em}>T_L$（T_L 为电动机拖动系统的负载转矩），在撤消起动措施后电动机能自行加速到某一相应转速下稳定运行。

3）单相异步电动机稳定运行的转向由起动转矩的方向确定。

4）由于反向电磁转矩的存在，而 $T_{em}=T_{1+}+T_{1-}$，使合成转矩减小，所以单相异步电动机的过载能力比三相异步电动机要小，机械特性变软，当负载转矩变化时，转速变化较大。

5. 单相异步电动机的椭圆形旋转磁场

单相异步电动机转动时，转子将会感应电动势而产生转子电流并形成转子磁通势，这样转动时电动机的气隙磁通势将由定子磁通势和转子磁通势这两个磁通势合成。

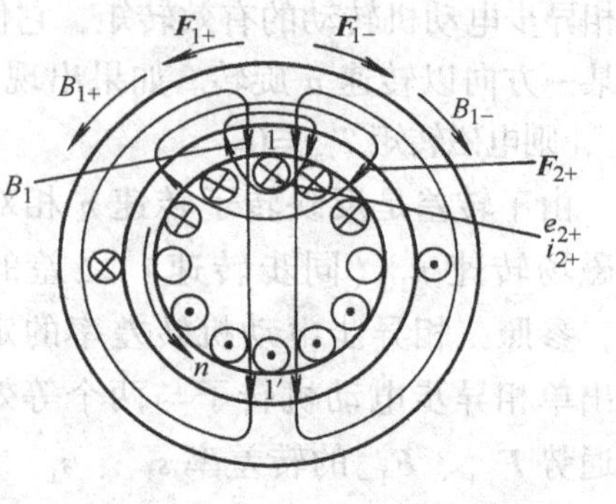

图 9－6 单相异步电动机转动时的磁通势

转子转动时，定子单相绕组产生的磁通势仍为脉振磁通势。把这个脉振磁通势分解为两个幅值相等、转速大小相等，方向相反的旋转磁通势 $\boldsymbol{F}_{1+}$ 和 $\boldsymbol{F}_{1-}$。其中 $\boldsymbol{F}_{1+}$ 与 n 同向，方向为逆时针，如图 9－6 所示。由 $\boldsymbol{F}_{1+}$ 和 $\boldsymbol{F}_{1-}$ 这两个旋转磁通势产生的旋转磁场分别为 B_{1+} 和 B_{1-}。

首先分析正向旋转磁场 B_{1+}，当转子转速为 n 时，转子绕组在 B_{1+} 作用下（以图 9－6 中的导体 1 为例）感应电动势 e_{2+}，产生感应电流 i_{2+}，形成转子的正向旋转磁通势 $\boldsymbol{F}_{2+}$。在三相异步电动机关于转子磁通势讨论中已知异步电动机转子旋转磁通势 $\boldsymbol{F}_{2+}$ 与其对应的定子旋转磁通势 $\boldsymbol{F}_{1+}$ 为同转速、同转向的旋转磁通势，合成的气隙正向旋转磁通势 $\boldsymbol{F}_{+}$ 转向同 $\boldsymbol{F}_{1+}$，为逆时针的同步转速。下面再确定 $\boldsymbol{F}_{+}$ 的幅值 F_{+}，在图 9－7 中，假定定子旋转磁场波从左向右移动，在转子导体中感应电动势 e_{2+}，方向由右手定则确定。B_{1+} 正半周下 e_{2+} 均为⊕，负半周下均为⊙，但由 e_{2+} 产生的转子电流 i_{2+} 的方向则还需由转子回路的阻抗确定。由于 s_{1+} 很小（正常工作时接近于 0），对于正向旋转磁通势而言，转子绕组的电抗 $X_{2+}=s_{+}X_{\sigma2}$ 比定子频率下的转子绕组电抗 $X_{\sigma2}$ 小得多。若忽略 X_{2+}，转子回路就成了一个纯电阻电路，使 i_{2+} 与 e_{2+} 基本同相，则由此转子电流 i_{2+} 产生的转子旋转磁通势波 $\boldsymbol{F}_{2+}$ 与 B_{1+} 相差 90°，如图 9－7 所示，两者正交，不能直接起去磁作用，合成磁通势为 $\boldsymbol{F}_{+}=\boldsymbol{F}_{1+}+\boldsymbol{F}_{2+}$，故可得 $F_{+}>F_{1+}$。

现在再对反向旋转磁通势进行分析。n 仍为逆时针方向，转子绕组在 B_{1-} 作用下，产生的 e_{2-}、i_{2-} 和 $\boldsymbol{F}_{2-}$ 如图 9－8 所示。其中 $\boldsymbol{F}_{2-}$ 与 $\boldsymbol{F}_{1-}$ 是同转速、同转向（顺时针）的旋转磁通势波。这样使转差率 s_{-} 很大，转子绕组电抗为 $X_{2-}=s_{-}X_{\sigma2}=(2-s_{+})X_{\sigma2}$ 比 $X_{\sigma2}$ 大，转子回路基本上成了一个电感电路，使 i_{2-} 基本上滞后 e_{2-} 一个 90°角，由此可得转子电流 i_{2-} 产生的转子旋转磁通势波 $\boldsymbol{F}_{2-}$ 刚好与波形 B_{1-} 相反，如图 9－8 所示。根据 $\boldsymbol{F}_{-}=\boldsymbol{F}_{1-}+\boldsymbol{F}_{2-}$，可知 $\boldsymbol{F}_{2-}$ 的去磁作用很强，其结果使 $F_{-}<F_{1-}$。

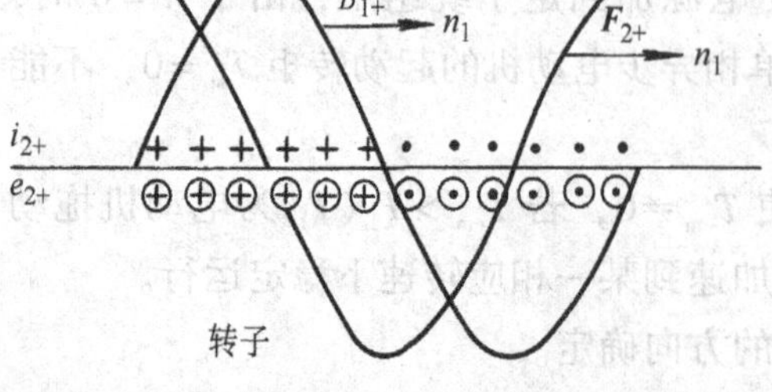

图 9－7 转子正向旋转时磁通势的作用

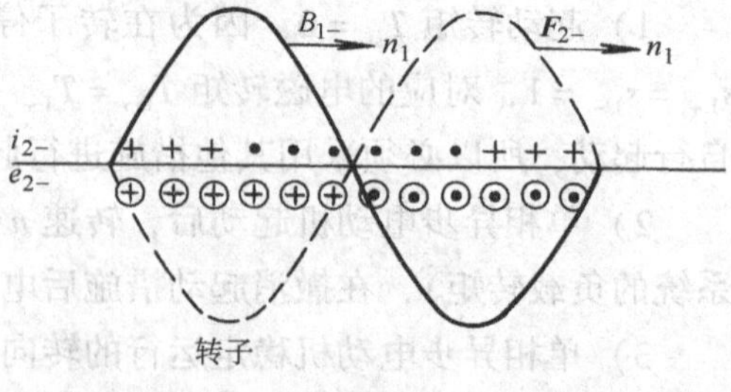

图 9－8 转子反向旋转时旋转磁通势的作用

综合上述正、反转两个旋转气隙磁通势的分析可知，转子转动时，单相异步电动机的气隙磁通势可由正、反转两个旋转磁通势 $\boldsymbol{F}_+$ 和 $\boldsymbol{F}_-$ 合成，$\boldsymbol{F}_+$ 和 $\boldsymbol{F}_-$ 是两个以同一同步转速向相反方向旋转的旋转磁通势，但它们的幅值不等，其中 $F_+ > F_-$。根据矢量合成原则，可作出图 9-9 所示的合成气隙磁通势，它是一个椭圆形的旋转磁通势，而不是一个脉振磁通势了。虽然它是一个幅值变动，非恒速旋转的在空间作正弦分布的气隙磁通势，但有了这个旋转磁通势，单相异步电动机在起动后，就能通过本身产生电磁转矩，使电动机的旋转保持下去。

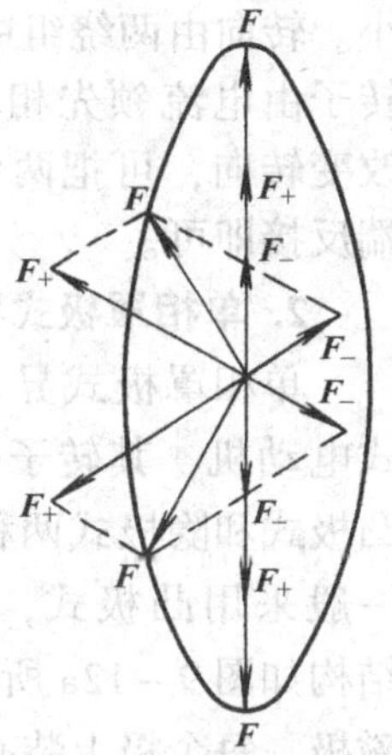

图 9-9　椭圆形磁通势的合成

9.1.2　单相异步电动机的分类和起动方法

由于单相异步电动机的起动转矩 $T_{st}=0$，所以需用其他途径产生起动转矩。根据三相异步电动机的运行原理，为了使单相异步电动机具有起动转矩，关键是如何在起动时使电动机气隙中产生一个旋转磁通势（圆形的或椭圆形的）。按照起动方法与其相应结构的不同，单相异步电动机可分为分相式电动机和罩极式电动机两类。

1. 分相式电动机

单相分相式异步电动机的特点在定子上，其转子为普通的笼型转子。定子上除了装有单相主绕组外，还装了一个起动绕组，这两个绕组在空间成 90°电角度。起动时两绕组虽然接到同一个单相电源上，但可设法使两绕组电流不同相，这样两个空间位置正交的交流绕组通以时间上不同相的电流，在气隙中就能产生一个合成旋转磁场。起动结束，使起动绕组断开即可。

（1）单相电容分相式电动机　单相电容分相式异步电动机起动时，为了能使定子的主绕组和起动绕组中流过的电流不同相而产生旋转磁场，在其起动绕组支路中串接一个电容 C（如图 9-10a 所示），则可使起动绕组电流 I_{sc} 领先电源电压 U_1 某一相位角，这样使两个定子绕组电流相位差可接近 90°，如图9-10b 所示。起动时能产生接近于圆形旋转磁场的气隙旋转磁场，所以起动转矩较大，起动电流较小。一般单相分相式电动机多采用这种形式。S 为一离心开关，当转速上升到一定大小时 S 触点自动断开，使起动绕组断电，这样正常工作时，只有主绕组工作。这种电动机起动时实际上是一个两相电动机，正常工作时才是单相异步电动机。

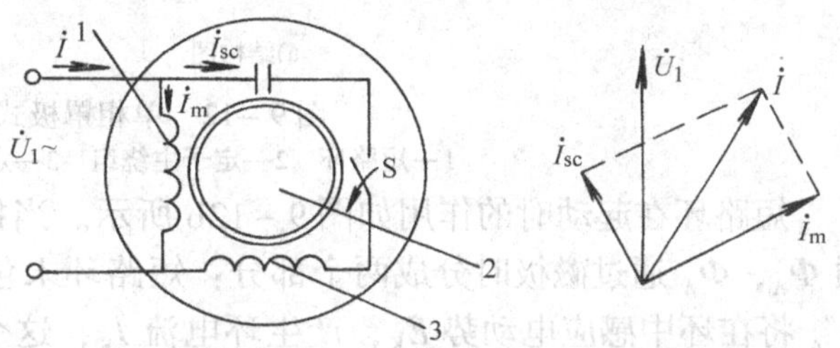

a)原理图　b)起动时的电流关系

图 9-10　单相电容分相式异步电动机

1—主绕组　2—笼型转子　3—起动绕组

（2）单相电阻分相式电动机　单相电阻分相式异步电动机如图 9-11a 所示，其起动方法是让两个绕组的电阻和电抗值不等。一般起动绕组用较细的导线绕制，使其电阻大，但其圈数少，电抗小，所以当两个绕组接到同一单相电源上时，使起动绕组电流超前主绕组电流，形成一个实际上的两相电机，这样使气隙磁场为旋转磁场，产生起动转矩使单相异步电动机转起来。由于两个绕组都是感性阻抗，绕组中流过的电流相位差很小，离 90°相差很多（如图 9-11b 所示），使起动时气隙旋转磁场的椭圆度很大，起动转矩比电容分相电动机要小。转向由两绕组中电流的相序确定，转子由电流领先相转向滞后相。如要改变转向，可把两绕组中任一个的两端反接即可。

2. 单相罩极式异步电动机

单相罩极式异步电动机简称罩极式电动机，其转子仍为笼型，定子有凸极式和隐极式两种，原理完全相同。一般采用凸极式，因为其结构简单，结构如图 9－12a 所示。凸极式罩极电动机的定子铁心 3 也是由硅钢片叠成，但做成凸出的磁极，每个极上装有集中绕组，即主绕组 2。极靴一边的 1/3 处开有小槽，用以嵌放短路环 1。这种短路环由铜制成，电阻很小，由于短路环罩住部分磁极，故称作罩极式电动机。

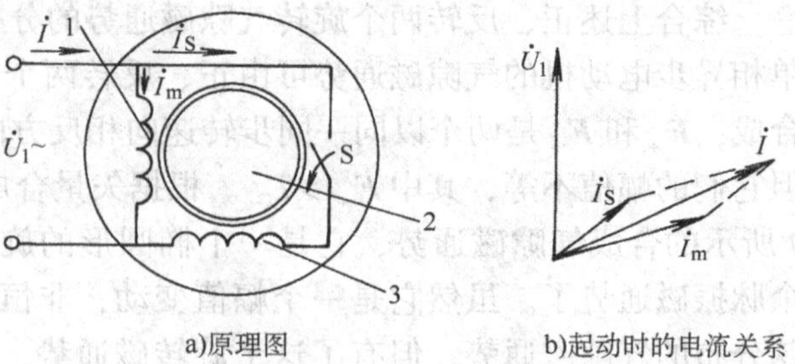

图 9－11　单相电阻分相式异步电动机
1—主绕组　2—笼型转子　3—起动绕组

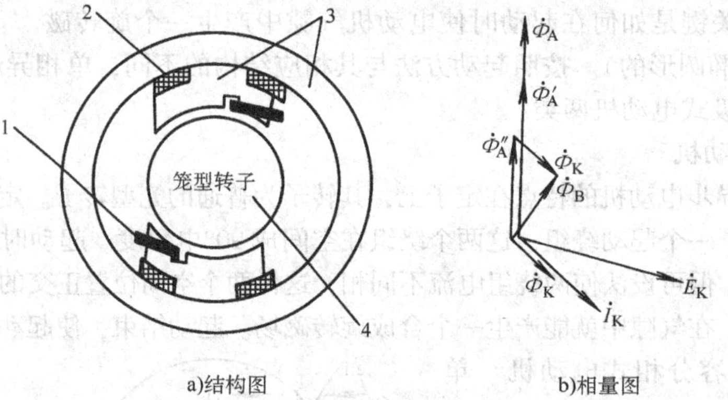

图 9－12　单相罩极式异步电动机
1—短路环　2—定子主绕组　3—定子铁心　4—笼型转子

短路环在起动时的作用如图 9－12b 所示。当把交流电源接入集中绕组后，产生脉振磁通 Φ_A，Φ_A 通过磁极时分成两个部分：短路环未包围部分为 Φ'_A，穿过短路环部分为 Φ''_A。Φ''_A 将在环中感应电动势 E_K，产生环电流 I_K，这个环电流显然滞后集中绕组中的电流，这样在起动时罩极式电动机就相当于一个两相电动机。环电流产生的磁通 Φ_K' 落后于 Φ_A，所以环中总磁通 $\Phi_B = \Phi''_A + \Phi_K$ 在时间上落后 Φ_A 一个相位角，使环外磁通 Φ'_A 的轴线与 Φ_B 的轴线在空间上差一位置角，这两个脉振磁场类似于两相电动机的磁场，在气隙中产生类似于旋转磁通势的“扫动”磁通势，这个“扫动”磁通势从未罩部分（超前的 Φ'_A）转向被罩部分（滞后的 Φ_B），转子也将按此转向起动。这种起动方式的起动转矩很小，所以罩极式电动机只能用于轻载起动的负载。

另外由于罩极式电动机在制造时，短路环的位置已经固定，不能再作更改，所以“扫动”磁通势的方向也已确定，使电动机转向不能改变，只能作单方向旋转，它很适用于只需确定的单方向转动的小功率轻载起动负载如电扇及小型鼓风机等。

9.1.3　单相异步电动机的应用

1. 调速电扇

由单相异步电动机驱动的调速电扇在日常生活和工作中得到了广泛的使用。由于电扇的负载呈通风机负载特性，从图2-2的曲线2可知，其起动转矩很小，接近于零，单相异步电动机的起动转矩虽小，即使在经过电抗器降压后（其机械特性如图9-13b中的曲线3所示）也比电扇的起动转矩大；另外由于电扇只需单方向旋转，而单相异步电动机刚好也只能单方向旋转，当两者在制造时配合好后，使用时每次起动都朝确定的方向旋转，就不会出现反转现象；电扇的通风机负载特性使其在串电抗器调压调速时，电扇均能在不同转速下稳定运行。图9-13a为这种调速电扇的接线示意图，图中，单相异步电动机为电容分相式电动机。调速开关包括两个部分：一个是带抽头的电抗器，其线圈的三个引出端分别接到调速开关的另一部分——调节开关的静触点1、2和3上。调速开关有三种速度，当开关的动触点分别与静触点3、2或1接触时，电扇将运行在图9-13b的C、B或A点上，从而获得所需的低速、中速或高速。如要使电扇停转，则只需把调速开关动触头转到静触点0的位置。

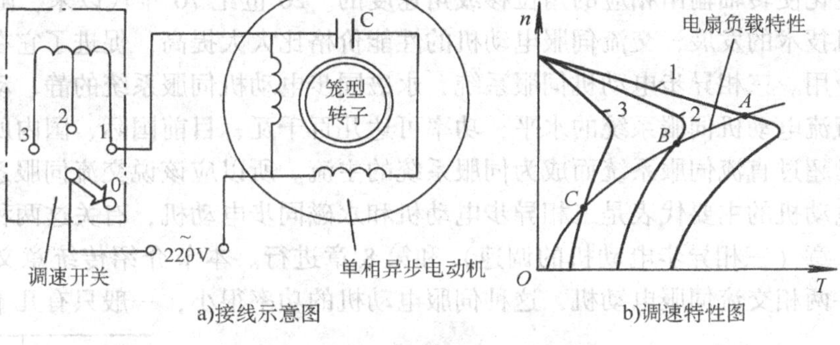

图9-13　调速电扇工作原理图

2. 单相异步电动机的常见故障及解决方法

(1) 单相异步电动机能运转但不能自行起动　这种现象出现在电动机正常接通电源的情况下，这时转子并不转，而在用手帮助起动后又能正常旋转。这说明定子主绕组是能正常工作的，问题出在起动绕组回路或短路环。

对于分相式电动机，出现这种情况，或是分相电容损坏，或是离心开关损坏，或是起动绕组断路。这些问题都可用万用表测量，找出毛病所在处进行更换即可。

对于罩极式电动机，这种现象的出现一般来说是短路环断路引起的，拆开电动机把短路环修好即可。

(2) 单相异步电动机既不能自行起动也不能在手工助动后运转　这种现象出现在电动机正常接通电源的情况下转子不转，在用手帮助起动后也不能正常旋转。这说明定子主绕组断路，或者主绕组断路再加上起动绕组回路断路。

切断电源，并断开主绕组和起动绕组回路间的连接，测量主绕组的阻值，证明是主绕组断路后把它修好即可连线通电，一般情况下电动机均应正常工作。若电动机能运转但不能自行起动，可参照上面的方法修复起动绕组回路即可。

(3) 吊扇电动机转速变慢　当吊扇电动机出现起动转矩变小，转速变低，风量很小时，一般是电动机内部绕组出现故障，可用万用表测量定子绕组电压的办法迅速查出故障所在。

1) 定子绕组匝间短路检查方法。抽出电动机的转子后，把定子绕组接头上的绝缘套管拆掉，再将定子绕组通入70V左右的电源电压，用万用表的交流电压档测量定子绕组的每一个线圈。如果每只线圈的电压都相等，则说明定子绕组匝间没有短路；如果线圈的电压低了，则说明定子绕组有短路，引起转速变低，应更换之。

2）转子笼型绕组断条检查方法。在排除了定子绕组匝间短路故障后，如转速还是低，则可进一步检查转子上的笼型绕组。具体方法为装进转子，使其不能转动，定子绕组接线同1)，但电源电压为220V（只能短时通电），再用万用表的交流电压档量定子绕组的各个线圈。如测量出某个线圈的电压升高了，则说明该处转子绕组的铜条内层已经脱焊或断条。切断电源后，只需把脱焊处重焊即可使转速恢复正常。

9.2 两相交流伺服电动机

同直流伺服电动机一样，交流伺服电动机也是一种执行电动机，但它是通过输入的交流电压信号的变化使转轴输出相应的角位移或角速度的。20世纪70年代以来，随着电力电子技术和计算机技术的发展，交流伺服电动机的性能价格比大大提高，促进了它在自动控制系统中的广泛应用。三相异步电动机伺服系统、永磁同步电动机伺服系统的静、动态特性都已达到或超过直流电动机伺服系统的水平，功率可达几百千瓦，目前国际、国内所使用的交流伺服系统都已超过直流伺服系统而成为伺服系统的主流。所以应该说交流伺服系统中所使用的交流伺服电动机的主要代表是三相异步电动机和永磁同步电动机，有关这两种电动机的介绍分别在第7章（三相异步电动机的调速）和第8章进行。本节介绍传统意义上的交流伺服电动机——两相交流伺服电动机，这种伺服电动机的功率很小，一般只有几十瓦。

9.2.1 两相交流伺服电动机的工作原理

两相交流伺服电动机是一种两相异步电动机，定子有两个交流绕组f和c，它们在空间成90°电角度。两者匝数可以相同，也可不同。图9－14中，f绕组称励磁绕组，两端加一定的交流励磁电压；c绕组称控制绕组，两端加电动机的控制电压 U_c 作为控制信号，转子是笼型转子。

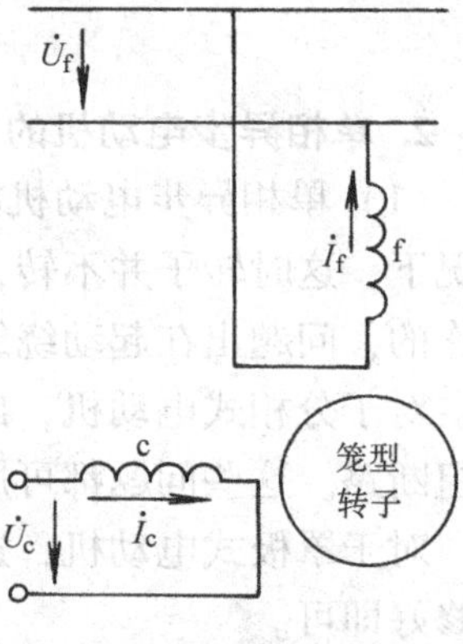

图9－14 两相交流伺服电动机的原理图

两相伺服电动机的运行原理同三相异步电动机，当两相交流绕组通以两相交流电时，气隙中产生旋转磁通势，转子异步转动。但由于这种电动机在自动控制系统中主要用作小功率的执行元件，所以自动控制系统对它另有要求，主要是：

1）调速范围要大，转速和转向控制方便。

2）机械特性和调节特性应接近线性，保证运行稳定性。

3）无“自转”现象。当控制信号 $U_c=0$ 时，应有 $n=0$。

4）控制功率小，起动转矩大。

5）机电时间常数小，动态性能好。

当把两相交流伺服电动机接入系统作执行元件时，励磁绕组接到交流电源上，电压保持为 U_f，控制电压 U_c 加在绕组c上。如控制电压 $U_c=0$，则相当于定子单相通电，气隙中只有脉振磁通势，无起动转矩，转子不会转起来。如 $U_c\neq0$，且与 U_f 不同相，则定子两相绕组通以两相交流电，气隙中产生旋转磁场，使转子产生电磁转矩，力图使电动机转起来。若起动转矩大于负载转矩，则转子就会按控制信号要求旋转。当电动机旋转时，若控制信号 U_c

=0，则转子又应立即停下来。但是由于此时 U_f 加在 f 绕组上不变，相当于单相异步电动机，若电动机参数选择不合理，则电动机将会继续旋转，使电动机失控，这种控制电压为零，电动机自行旋转的失控现象称为伺服电动机的“自转”。自动控制系统中，不允许交流伺服电动机出现这种不符合可控制要求的自转现象。消除自转的一个可行的办法是增大转子电阻。

因为出现自转现象是由于伺服电动机处于单相异步电动机工作条件下，而单相异步电动机的机械特性可由正、反旋转磁场产生的两条正、反转机械特性合成，如图 9－15a 所示。伺服电动机处于正转状态时，$0<s_+<1$，在这整个范围内，$|T_+|>|T_-|$，合成转矩 T_{em} 始终大于 0，所以当 $U_c=0$ 时，伺服电动机停不下来；由于机械特性中异步电动机最大转矩所对应的临界转差率 s_m 随转子绕组电阻增大而增大（其原理见第 7 章），若增大转子绕组电阻使其临界转差率 $s_m=1$，如图 9－15b 所示，则在电动机运行的 $0<s_+<1$ 范围内始终有 $|T_-|>|T_+|$，合成电磁转矩 $T_{em}<0$，使它成为制动转矩，迫使转速下降，并迅速在 $n=0$ 时停下来，这样就消除了自转现象。由图中可见，这种电动机在反向运行时，其合成电磁转矩 $T_{em}>0$，这时电磁转矩也为制动转矩，同样可消除自转现象。

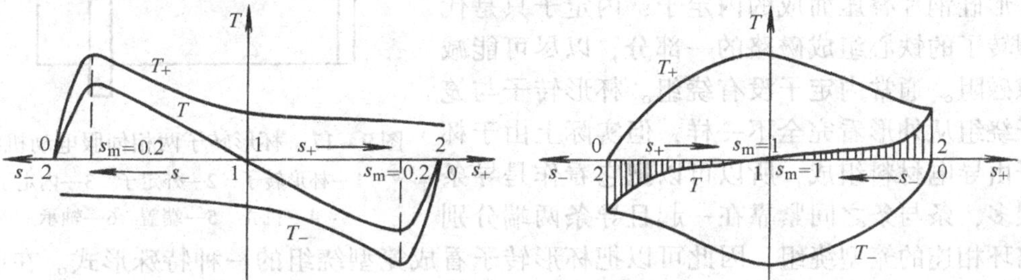

图 9－15　转子绕组电阻对单相电动机机械特性的影响

增大转子绕组电阻的第二个优点是稳定运行范围大。一般多相异步电动机的机械特性如图9－16中的特性曲线 1 所示，由于稳定运行只能在转差率 $0<s<s_m$ 范围内，而 $s_m=0.1\sim0.2$，所以能够稳定运行的速度调节范围很小。显然增大转子电阻，可使其 s_m 增大，如 $s_m=1$ 或者 $s_m>1$，那么在 $0<s<1$ 的整个范围内均能稳定运行。但如果转子电阻太大，即 $s_m>1$ 时，则会出现如图9－16 曲线 3 所示的情况，使其起动转矩 T_{st} 减小，这将影响起动性能甚至于有可能因 T_{st} 太小而无法起动。

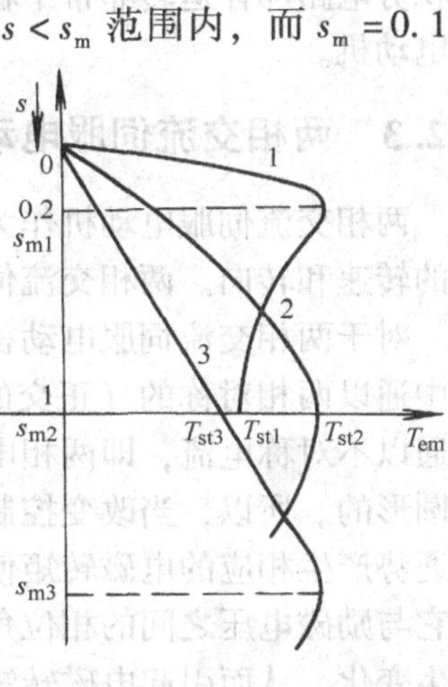

图 9－16　多相异步电动机的机械特性

增大转子电阻的另一个优点是使机械特性更接近线性。

当然增大电阻也有不足之处，如机械特性明显变软，使动态稳定性和调速指标质量变差。正是因为如此，新型的高精度交流伺服系统中使用的异步伺服电动机都不采用增大转子电阻的办法而采用变频或串级调速，使机械特性尽可能硬，进一步满足自动控制系统对交流伺服电动机的各方面技术要求。

9.2.2 两相交流伺服电动机的基本结构

按照原理分类，两相交流伺服电动机是一种两相异步电动机，其定子和转子的基本结构与其他异步电动机相似，定子铁心用带槽的硅钢片叠压而成用以嵌放励磁绕组和控制绕组。为了提高伺服电动机快速响应的动态性能，其转子除了普通的笼型转子结构外，还有另一种非磁性杯转子结构。

为了尽量减小转子的转动惯量，非磁性杯转子电机在结构上相应有所变化，如图 9－17 所示。转轴带动细长的空心杯转子 1 转动，空心杯转子由非导磁的导电材料铝或铜制成，做成杯子形状，杯壁非常薄，一般在 0.3mm 左右，所以转动惯量比一般的笼型转子要小得多。杯外有圆形的外定子，这个外定子与笼型伺服电动机的定子完全一样。杯内有由圆环形硅钢片叠压而成的内定子，内定子只是代替笼型转子的铁心组成磁路的一部分，以尽可能减小气隙磁阻。通常内定子没有绕组。杯形转子与笼型转子绕组从外形看完全不一样，但实际上由于杯形转子由导电材料组成，所以可以把它看作是导条数目很多，条与条之间紧靠在一起且导条两端分别由短路环相连的笼型绕组，因此可以把杯形转子看成笼型绕组的一种特殊形式。在电动机中，这两种绕组所起作用完全相同。杯形转子伺服电动机的主要优点是转动惯量很小，摩擦转矩也小，所以响应快；定、转子间无齿槽影响气隙，转子不会抖动，运转平稳。缺点是由于杯壁与内、外定子之间都必须有足够的空隙，使内、外定子之间气隙较大，励磁电流也将变大，电动机体积也相对大一些。国产的空心杯转子伺服电动机的型号为 SK，只有在要求像积分电路那样运转非常平稳的场合下才选用这种电动机。一般情况下，都采用笼型两相伺服电动机。

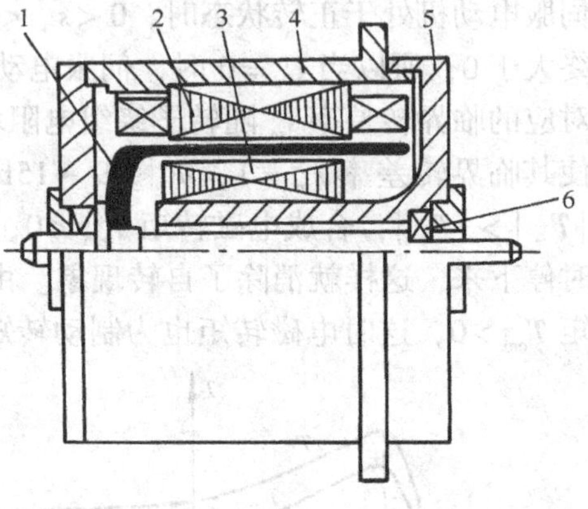

图 9－17　杯形转子两相伺服电动机结构

1—杯形转子　2—外定子　3—内定子
4—机壳　5—端盖　6—轴承

9.2.3 两相交流伺服电动机的控制方式

两相交流伺服电动机作为伺服用的电动机，不仅要控制它的起动与停止，而且还须控制它的转速和转向。两相交流伺服电动机的控制是通过改变其气隙的旋转磁场实现的。

对于两相交流伺服电动机，如在其定子对称的（正交的、且结构相同的）两相交流绕组中通以两相对称的（正交的、且幅值相等的）交流电，产生的气隙旋转磁通势是圆形的；若通以不对称电流，即两相电流幅值不同或相位差不是 90° 的电角度，则气隙旋转磁通势是椭圆形的。所以，当改变控制电压 U_c 时，气隙磁通势一般是椭圆形的，由这个椭圆形旋转磁通势产生相应的电磁转矩使伺服电动机的转子按要求转动。改变控制电压 U_c 的大小或改变它与励磁电压之间的相位角或同时改变这两个值，都能使气隙旋转磁通势的大小和椭圆度发生变化，从而引起电磁转矩的变化，达到改变电机转速和转向的目的。按此分析，可有下面三种控制方式：

1. 幅值控制

幅值控制是通过改变控制电压 $\dot{U}_c$ 的幅值来控制电机的转速，而 $\dot{U}_c$ 的相位始终保持不变，使控制电流 $\dot{I}_c$ 与励磁电流 $\dot{I}_f$ 保持 90°电角度的相位关系。如 $\dot{U}_c=0$，则转速为 0，电动机停转。幅值控制的接线如图 9－18 所示。

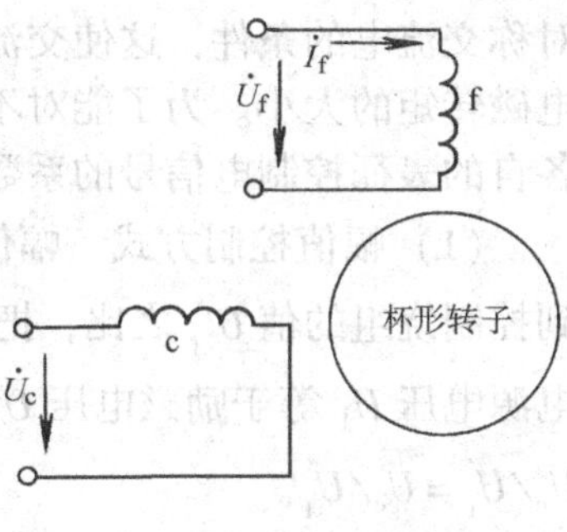

图 9－18　幅值控制和相位控制方式接线图

2. 相位控制

相位控制是通过改变控制电压 $\dot{U}_c$ 的相位，从而改变控制电流 $\dot{I}_c$ 与励磁电流 $\dot{I}_f$ 之间的相位角来控制电动机的转速，这种情况下，控制电压 $\dot{U}_c$ 的大小保持不变。当两相电流 $\dot{I}_c$ 与 $\dot{I}_f$ 之间的相位角为 0 时，则转速为 0，电动机停转。相位控制的接线如图 9－18 所示。

3. 幅相控制

幅相控制是通过同时改变控制电压 $\dot{U}_c$ 的幅值及 $\dot{I}_c$ 与 $\dot{I}_f$ 之间的相位角来控制电机的转速的。具体方法是在励磁绕组回路中串入一个移相电容器 C 以后，再接到稳压电源 $\dot{U}_1$ 上，这时励磁绕组上的电压 $\dot{U}_f=\dot{U}_1-\dot{U}_{cf}$，如图 9－19 所示。控制绕组上加与 $\dot{U}_1$ 同相的控制电压 $\dot{U}_c$，那么当改变控制电压 $\dot{U}_c$ 的幅值来控制电动机转速时，由于转子绕组与励磁绕组之间的耦合作用，励磁绕组的电流 $\dot{I}_f$ 也随着转速的变化而发生变化，从而使励磁绕组两端的电压 $\dot{U}_f$ 及电容 C 上的电压 $\dot{U}_{cf}$ 也随之变化。这样改变 $\dot{U}_c$ 幅值的结果使 $\dot{U}_c$、$\dot{U}_f$ 的幅值，它们之间的相位角以及相应电流 $\dot{I}_c$、$\dot{I}_f$ 之间的相位角也都发生变化，如图 9－20 所示，所以属于幅值和相位复合控制方式。当控制电压 $\dot{U}_c=0$ 时，转速为 0，电动机停转。

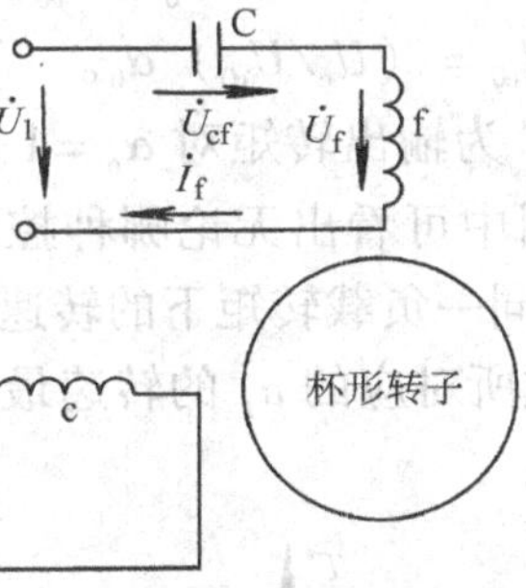

图 9－19　幅相控制方式接线图

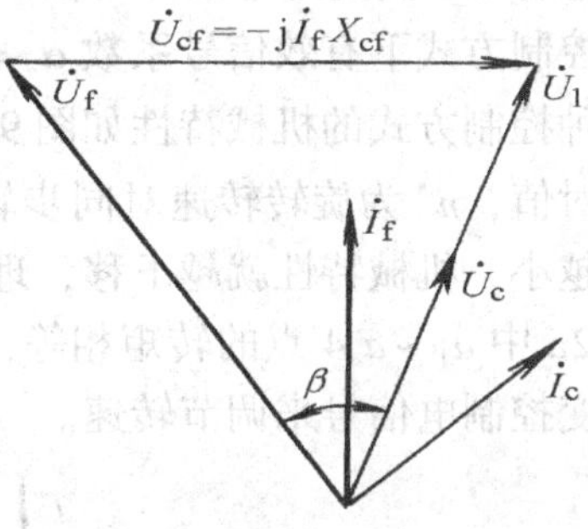

图 9－20　幅相控制时的相量图

幅相控制方法在三种控制方法中是唯一仅需单相交流电源供电而不需复杂移相设备的一种调速方法，它只需用电容器来进行分相，设备简单，使用方便，有较大的输出功率，在自动控制系统中成为上述三种方式中最常用的一种控制方式。

9.2.4 两相交流伺服电动机的运行特性

两相交流伺服电动机的运行特性主要是指其机械特性和调节特性。机械特性和调节特性是反映交流伺服电动机在自动控制系统中工作性能的主要指标，是选择伺服电动机的重要依据。

1. 机械特性

机械特性是指控制电压（控制电信号）保持定值不变时，电磁转矩与转速之间的函数关系。

由于控制电压 $\dot{U}_c$ 是可变的，故两相交流伺服电动机一般不满足两相对称绕组通以两相对称交流电的条件，这使交流伺服电动机在不对称状态下运行，不对称的程度将影响电动机电磁转矩的大小。为了能对不同控制方式下的机械特性进行比较，应在不同控制方式下，由各自的表征控制电信号的系数 α_e 统一反映这种不对称程度。

（1）幅值控制方式　幅值控制方式中，这个信号系数等于控制电压 $\dot{U}_c$ 与励磁电压折算到控制绕组的值 U'_f 之比，把它称为有效信号系数 α_e，即 $\alpha_e = U_c/U'_f$。由于这种控制方式中，电源电压 U_1 等于励磁电压 U_f，有 $U'_f = U'_1$（U'_1 为电源电压折算到控制绕组的值），故 $\alpha_e = U_c/U'_f = U_c/U'_1$。

（2）相位控制方式　相位控制方式中，这个有效信号系数等于控制电压的有效分量 $\dot{U}_c\sin\beta$（与折算到控制绕组的励磁绕组电压 U'_f 之比，即 $\alpha_e = U_c\sin\beta/U'_f$。$\dot{U}_c\sin\beta$）在这里看作控制电压有效分量的原因是控制电压滞后于励磁电压 β 相位角，而幅值控制时，$\dot{U}_c$ 滞后于 $\dot{U}_f$90°电角度，所以在相位控制时滞后于 $\dot{U}_f$90°电角度的分量才是 $\dot{U}_c$ 的有效分量，如图 9－21 所示。由于相位控制时，控制电压 $\dot{U}_c$ 的幅值保持不变，控制电压与折算到控制绕组的励磁电压即电源电压值相等，可得 $U_c = U'_f = U_1$，所以 $\alpha_e = \sin\beta$。

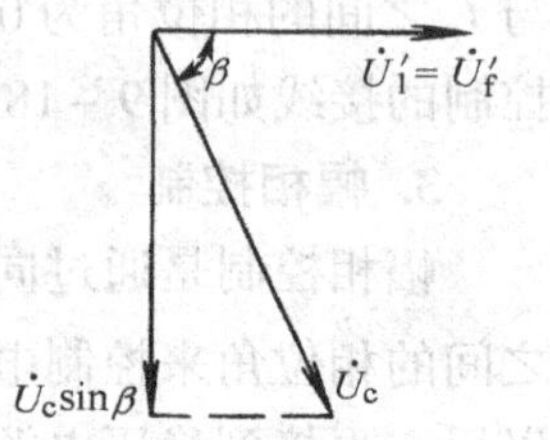

图 9－21　相位控制方式时 U_c 的有效分量

（3）幅相控制方式　幅相控制方式中，这个有效信号系数 α_e 等于控制电压 $\dot{U}_c$ 与电源电压 $\dot{U}_1$ 之比，即 $\alpha_e = U_c/U_1$。由于励磁回路串电容进行幅相控制时，励磁绕组电压是变化的且不等于电源电压 U_1。设以电动机起动时，使气隙磁通势为圆形旋转磁通势这一条件选择串接电容 C，满足这个条件的控制电压设为 U_{c0}，这时的信号系数 $\alpha_0 = U_{c0}/U_1$。从而可得出幅相控制方式下有效信号系数 $\alpha_e = U_c/U_1 = U_cU_{c0}/U_1U_{c0} = (U_c/U_{c0})\alpha_0$。

三种控制方式的机械特性如图 9－22 所示。图中 T^* 为输出转矩对 $\alpha_e = 1$ 时最大起动转矩的相对值，n^* 为旋转转速对同步转速的相对值。从图中可看出无论哪种控制方式，控制电信号越小，机械特性就越下移，理想空载转速越小，同一负载转矩下的转速也就越低。如图 9－22a 中 $a_1 \sim a_4$4 点的转矩相等，$\alpha_e = 0.25$ 特性曲线所对应的 a_1 的转速最低，所以可以通过改变控制电信号来调节转速。

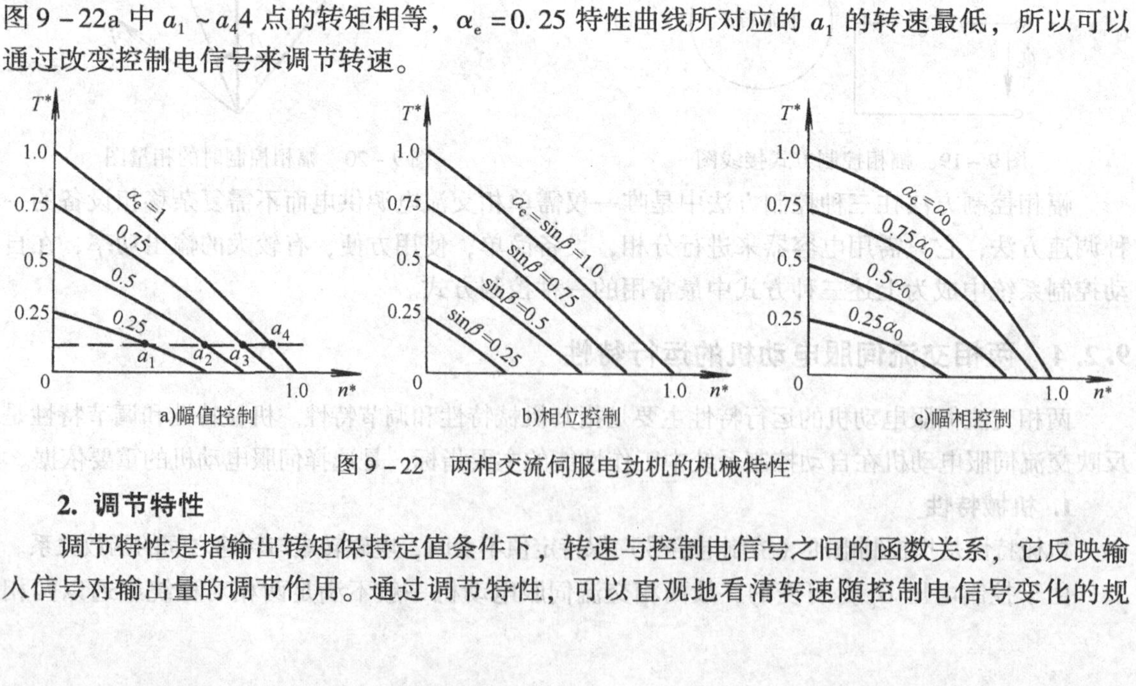

图 9－22　两相交流伺服电动机的机械特性

2. 调节特性

调节特性是指输出转矩保持定值条件下，转速与控制电信号之间的函数关系，它反映输入信号对输出量的调节作用。通过调节特性，可以直观地看清转速随控制电信号变化的规律。根据易于控制的原则，其调节特性应与直流伺服电动机的一样，尽量接近线性。通过已得到的机械特性可用作图法求出三种控制方式对应的调节特性。例如在机械特性上选定 $T^*=0$、0.25、0.5、0.75 等几个相对转矩值，作平行于横轴的转矩线，每一转矩线与机械特性相交若干点，将这些点的转速与对应的控制电信号值所确定的关系画成曲线，就得到四条不同的输出转矩下的调节特性曲线。据此得到三种控制方式对应的调节特性如图 9－23 所示。

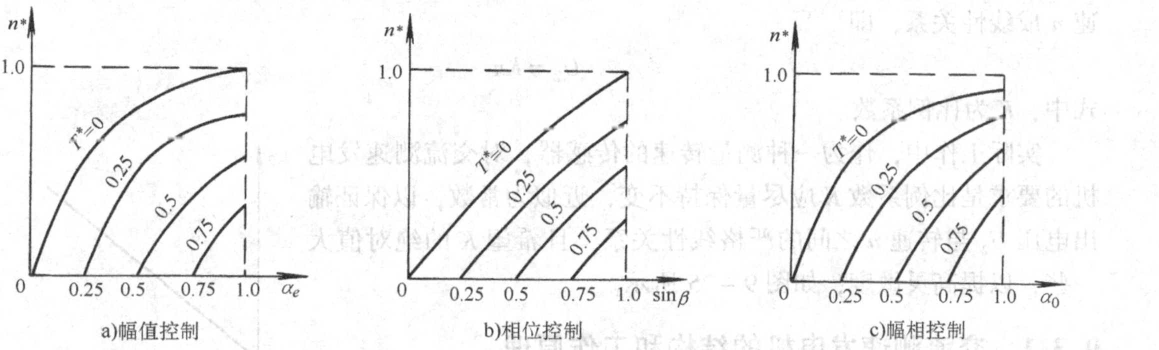

图 9－23　两相交流伺服电动机的调节特性

9.2.5　两相交流伺服电动机的应用

两相交流伺服电动机的主要用途是根据控制信号的要求驱动负载运行，这方面的作用与直流伺服电动机完全相同。有关直流驱动方面的应用第 3 章已有实例，故两相交流伺服电动机驱动的实例就不另举了。下面以伺服电动机与旋转变压器配合作为解算元件为例说明两相交流伺服电动机的应用。

例　两相交流伺服电动机与旋转变压器配合进行坐标变换求反三角函数。

解：两相交流伺服电动机与旋转变压器配合作为解算元件的接线原理如图9－24 所示。电压 U_1 和 U_2 已知，通过解算装置，即可使旋转变压器转子的转角 $\theta=\arccos(U_2/U_1)$，从而求得 U_2/U_1 的反三角函数。

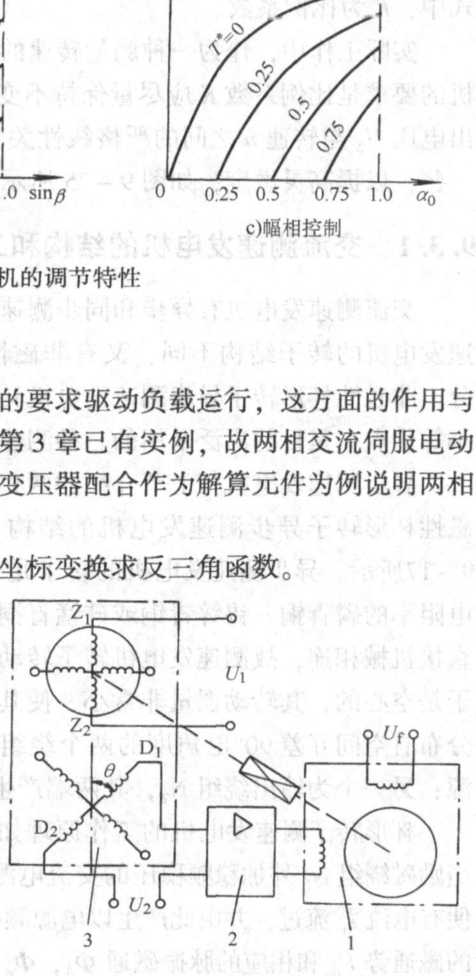

图 9－24　两相交流伺服电动机解算装置的接线示意图
1—两相交流伺服电动机
2—交流放大器　3—旋转变压器

在此解算装置中，交流伺服电动机的轴与旋转变压器的转轴通过减速齿轮进行机械连接，这样当电动机转动时，旋转变压器也随之作相应转动。电压 U_1 加在旋转变压器转子绕组 Z_1-Z_2 两端，而 U_2 和旋转变压器的定子绕组 D_1-D_2 串联后接到交流放大器的输入端，经交流放大器放大后作为交流伺服电动机控制绕组的输入电压，控制伺服电动机的转动。旋转变压器的电压比（即定、转子绕组的有效匝数比）$K=1$，即定子绕组 D_1-D_2 与转子绕组 Z_1-Z_2 完全相同，当绕组 Z_1-Z_2 的电阻和漏抗可忽略时，那么绕组 Z_1-Z_2 所产生的励磁磁通在绕组 D_1-D_2 中感应的电动势为 $U_1\cos\theta$。放大器的输入电压为 $U_1\cos\theta—U_2$。当转到某一位置，使 $U_1\cos\theta-U_2=0$，即 $U_2/U_1=\cos\theta$ 时，伺服电动机的控制电压为零，迫使电机停转。这种情况下，得转角 $\theta=\arccos(U_2/U_1)$，即可得到所需的运算结果。

9.3 交流测速发电机

交流测速发电机能将转速信号变成与其成一定比例的电压信号输出，所以它的用途同直流测速发电机，也是一种速度传感器。理想状态下，交流测速发电机输出电压 U_2 与它的转速 n 成线性关系，即

$$U_2 = Kn$$

式中，K 为比例系数。

实际工作中，作为一种测量转速的传感器，对交流测速发电机的要求是比例系数 K 应尽量保持不变，近似为常数，以保证输出电压 U_2 与转速 n 之间的严格线性关系，且希望 K 的绝对值大一些，以提高灵敏度，如图 9－25 所示。

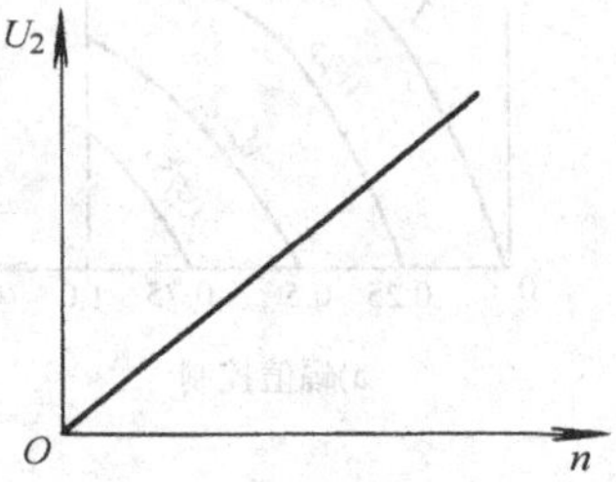

图 9－25　理想的输出电压与转速的关系

9.3.1 交流测速发电机的结构和工作原理

交流测速发电机有异步和同步测速发电机之分，根据异步测速发电机的转子结构不同，又有非磁性杯形转子和笼型转子之分。非磁性杯形转子异步测速发电机具有精度高、转子转动惯量小等优点，是目前广泛采用的一种测速发电机。下面着重介绍这种结构的交流测速发电机。

异步测速发电机与上节介绍的两相交流伺服电动机可以看作是一对互为可逆的电机，非磁性杯形转子异步测速发电机的结构与杯形转子的两相交流伺服电动机基本相同，如图 9－17所示。异步测速发电机的转子是一个薄壁非磁性杯，壁厚为 0.2～0.3mm，材料为高电阻率的磷青铜、锡锌青铜或硅锰青铜等。因为测速发电机在使用时其轴多与伺服电动机轴直接机械相连，故测速发电机转子转动惯量的大小将对系统的快速响应影响很大，而杯形转子是空心的，其转动惯量非常小，使其对系统的影响尽量减小。在这种测速发电机的定子上分布有空间互差 90°电角度的两个绕组，其中一个为励磁绕组 N_1，外接稳频稳压的交流电源；另一个为输出绕组 N_2，其两端产生的电压即为测速发电机的输出电压 U_2。

杯形转子测速发电机的工作原理如图 9－26 所示。当励磁绕组 N_1 外加稳频稳压的交流电源时，N_1 绕组中便有电流 I_1 流过，并由此产生以电源频率 f 作脉振运动的磁通势 F_d 和相应的脉振磁通 Φ_d，Φ_d 的方向为 N_1 轴线方向，把它设为 d 轴。当转子没有被带动时，转速 $n=0$，这个直轴脉振磁通 Φ_d 只能在 N_1 和空心的非磁性杯转子中感应出变压器电动势。而由于输出绕组 N_2 的轴线与 N_1 在空间位置相差 90°电角度，N_2 与直轴磁通没有匝链，故不产生感应电动势，输出电压 $U_2=0$。

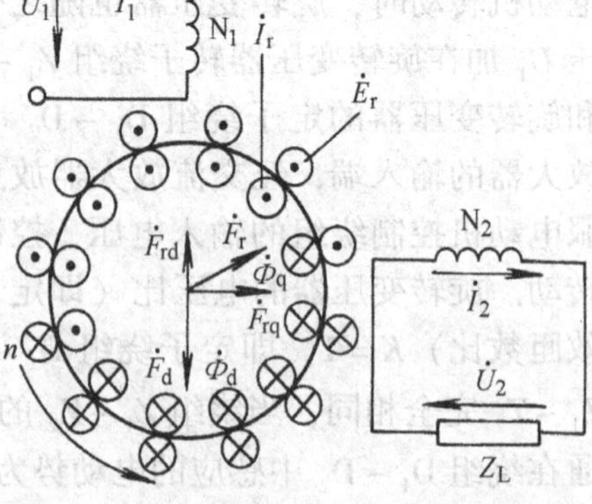

图 9－26　异步测速发电机的工作原理

当忽略 N_1 的电阻 r_1 及漏抗 X_1 时，可得电源电压 $\dot{U}_1$ 与 N_1 的变压器电动势 E_1 的关系为

$$U_1 \approx E_1$$

由于$E_1 \propto \Phi_d$，故有

$$\Phi_d \propto U_1$$

又因为$\dot{U}_1$为一稳压源，所以Φ_d也保持不变。

当转子被带动后，设转速为n，转子切割直轴磁通Φ_d，并在转子杯中产生旋转电动势E_r，在图9-26中，某一瞬时转子杯电动势的方向如图中外圈导体的符号所示，E_r的有效值为

$$E_r = C_2 \Phi_d n \tag{9-1}$$

式中，C_2为转子电动势常数；Φ_d为d轴每极磁通的幅值。

由式（9-1）可知，因为Φ_d恒定，所以电动势E_r与转子转速n成正比。另外由于Φ_d为脉振磁通，所以E_r为交变电动势，其交变频率即为磁通的脉振频率f，f的大小与转速n无关。根据上节的讨论，转子非磁性杯可视为短路绕组，所以电动势E_r就在转子杯中产生短路电流I_r，其大小正比于E_r。若考虑到漏抗的影响，则电流I_r将在时间上滞后电动势E_r一个电角度。在同一瞬时，转子杯中的电流方向如图9-26的内圈符号所示。这个I_r又将产生脉振磁通势F_r，其频率也为f，而大小则正比于电动势E_r，F_r在此瞬间的空间方向如图9-26所示。磁通势F_r可以分为两个空间分量，即直轴磁通势F_{rd}和交轴磁通势F_{rq}，其中直轴磁通势F_{rd}将使励磁磁通势F_d发生变化，而交轴磁通势F_{rq}产生频率为f的脉振磁通Φ_q，且

$$\Phi_q \propto F_{rq} \propto F_r \propto E_r \propto n$$

这个交轴磁通Φ_q在气隙中的方向与输出绕组的轴线方向一致，它将在输出绕组N_2中感应出频率为f的变压器电动势E_2，这个E_2即为测速发电机的输出电动势，由于

$$E_2 \propto \Phi_q$$

所以可得

$$E_2 \propto n$$

从以上分析可知，当转子被带动以转速n旋转时，异步测速发电机的输出绕组N_2就会产生一个正比于转速n的输出电动势E_2，当测速发电机的输出绕组开路时，即$Z_L = \infty$时，这个输出电动势即为输出电压$\dot{U}_2$。而E_2和U_2的频率为励磁电源$\dot{U}_1$的频率f，它们与转速n的大小无关。如果转子旋转方向相反，则转子中的旋转电动势E_r及其产生的交轴磁通势F_{rq}的相位均随之相反，从而使输出电压的相位相反。这样，实现了测速发电机把转速信号转变为电压信号进行测速的目的。

9.3.2　交流测速发电机的主要技术指标和输出特性

作为一种传感元件，自动控制系统对交流测速发电机的主要要求是：

1）输出电压与转速成严格的线性关系。

2）输出电压和励磁电压即电源电压同相位。

3）转速为零时，没有输出电压，即测速发电机的剩余电压为零。

4）输出斜率（K）要大。

实际上，由于发电机的定子绕组和转子杯形绕组都有一定的电路参数，这些电路参数受温度变化及实际加工精度等因素的影响，会造成输出特性的线性误差、相位误差和剩余电压等。

1. 输出特性的线性误差

要使异步测速发电机的输出电压 $\dot{U}_2$ 和转速 n 成严格的线性关系，必须使直轴磁通 Φ_d 恒定。实际上，一方面由于转子杯本身漏电抗的存在，将产生直轴磁通势分量 F_{rd}，它会使直轴磁通 Φ_d 发生相应的变化；另一方面，当气隙中存在交轴磁场后，转子杯形绕组旋转时又同时切割交轴磁通 Φ_q，这个磁通会感应电动势产生电流而又形成直轴磁通势使 Φ_d 变化。由磁通势平衡原理可知，直轴磁通的变化将使励磁绕组的电流 I_1 发生相应变化。而现在励磁电压 $\dot{U}_1$ 不变，电流 I_1 的变化，将引起励磁绕组漏阻抗压降的改变，而直轴磁通 Φ_d 也随之改变，这就改变了输出电压 U_2 与转速 n 之间的正比关系。因此转子漏阻抗及定子漏阻抗的大小和性质直接影响到直轴磁通的变化和输出特性的误差。

为了减小输出特性的线性误差，应设法减小定子绕组的漏阻抗的增大转子电阻。但如减小定子阻抗，会使定子槽面积增大，发电机的体积也要相应增大。因此为了减小输出电压的误差，一般采用增大转子电阻的方法，即用高电阻率的材料制成空心杯转子。

此外，由于减小发电机转子转速对同步转速的相对转速也可降低输出电压的最大误差，故可通过提高电源频率 f 以增大异步测速发电机的同步转速来减小输出电压的误差。为此，国产的 CK 系列的异步测速发电机大都采用 400Hz 的中频电源励磁。

2. 输出电压相位移及相位误差。

实际工作时，交流测速发电机的输出电压 $\dot{U}_2$ 与励磁电压 $\dot{U}_1$ 并不完全同相而形成一定的相位移，这个相位移是由励磁绕组的漏阻抗压降引起的。产生相位移的原因可用图9－27所示的相量图来说明。以 $\dot{\Phi}_d$ 为参考相量，$\dot{\Phi}_d$ 与励磁绕组 N_1 相匝链，在 N_1 中产生变压器电动势 $\dot{E}_1$，$\dot{E}_1$ 在相位上滞后 $\dot{\Phi}_d$ 一个 90°电角度。$\dot{I}_1$ 为励磁绕组 N_1 中的电流，它是由励磁电流 $\dot{I}_0$ 与转子绕组中变压器电动势产生的 $-\dot{I}_2$ 合成所得（图中未画出 $\dot{I}_0$ 和 $-\dot{I}'_2$）。在 N_1 中，根据 $\dot{U}_1=-\dot{E}_1+\dot{I}_1Z_1$ 可求出 $\dot{U}_1$ 相量。$\dot{E}_r$ 为转子的旋转电动势，$\dot{E}_r$ 与 $\dot{\Phi}_d$ 同相位，因为转子绕组中感抗的影响，使 $\dot{E}_r$ 产生的转子电流 $\dot{I}_r$ 滞后 $\dot{E}_r$ 一个 α_r 小角度，由 $\dot{I}_r$ 产生的 $\dot{\Phi}_r$ 与 $\dot{I}_r$ 同相位，$\dot{E}_2$ 为 $\dot{\Phi}_r$ 在输出绕组中感应的变压器电动势。空载时，$\dot{U}_2=-\dot{E}_2$，得 $\dot{U}_2$ 与 $\dot{U}_1$ 之间的夹角 θ 即为输出电压相位移，这样就产生了所谓相位误差。一般异步测速发电机相位误差为 1°～2°电角度。

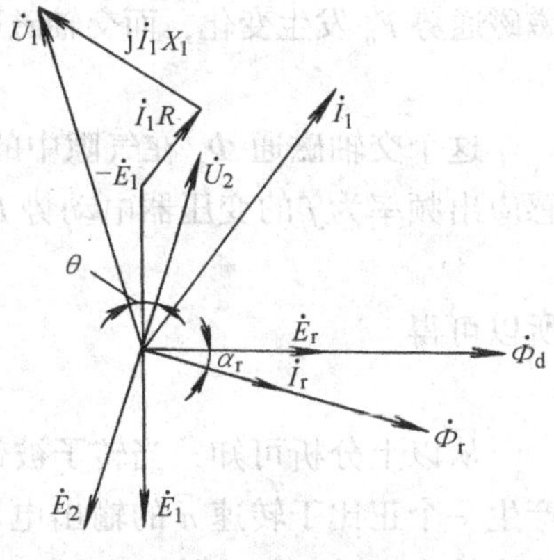

图 9－27　异步测速发电机的相量图

3. 剩余电压

测速发电机在理想状态下，当转速为零时，输出电压也应为零。可是实际上，异步测速发电机当转速为零时，却有一个很小的输出电压称之为剩余电压。剩余电压虽然不大，一般只有几十毫伏，但它的存在使得输出特性曲线不再从坐标原点开始，如图 9－28 所示，这样将使控制系统的精确度有所降低。

产生剩余电压的主要原因有：两定子绕组 N_1 和 N_2 不正交；气隙不均匀；空心杯转子材料不均匀，壁厚不均匀造成的电路不对称等。这些都是由于制造精度不能满足要求造成的，采用补偿绕组外接补偿电压，提高加工质量等措施，可减小剩余电压。

4. 输出斜率

异步测速发电机的输出斜率较小，输出斜率的定义同直流测速发电机。通常规定为过零点和转速为1000r/min、输出电压为U_{2N}点的理想化输出特性曲线的斜率，如图9－29所示。如$\Delta U_2/\Delta n$的数值越大，则测速发电机的灵敏度就越高。异步测速发电机的输出斜率一般在0.5～5V/（kr·min^{-1}）。上述分析是在负载为零即Z_L为∞时进行的，实际上测速发电机的负载阻抗Z_L不可能为∞。当Z_L的大小和性质不同时，将对其输出特性产生不同的影响，另外温度和电源对其精度也有影响，在使用时应加以注意。

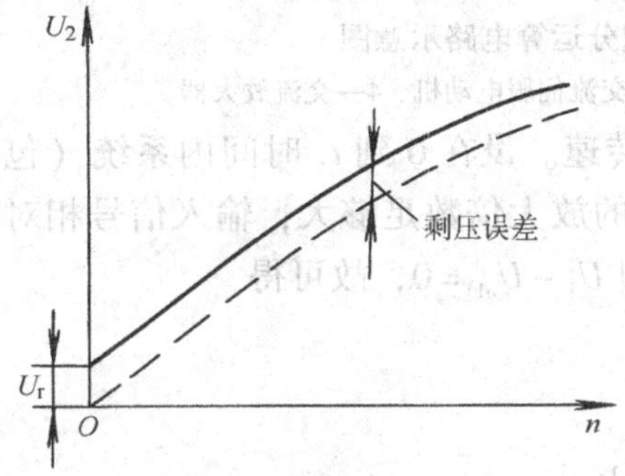

图9－28　异步电动机的剩余电压

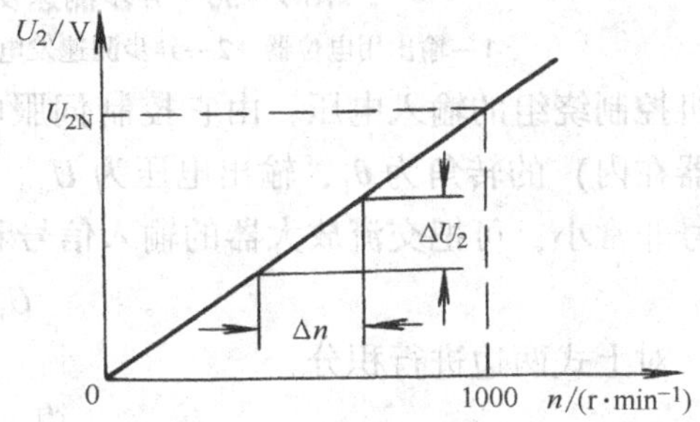

图9－29　异步测速发电机的输出特性

9.3.3　异步测速发电机的应用

异步测速发电机在控制系统中的作用与直流测速发电机相同，主要用作：

1. 测速元件

利用异步测速发电机输出的交流电压与转速成正比的特性，把输出电压直接接入电压表上，供操作者观察转速的大小，以对系统进行人工调节。这种情况下，对测速发电机精度的要求不高。

2. 校正元件

用以产生伺服系统的角加速度信号，在控制系统中常用作转速的反馈信号。它对异步测速发电机的精度要求较高。

3. 解算元件

使其输出转角（或电压）是输入信号（一般是电压信号）的微分或积分，这种装置对测速发电机的精度要求最高。

下面以解算元件为例说明异步测速发电机的应用。

图9－30是一异步测速发电机用于飞机自动驾驶仪上作校正飞机倾斜角控制信号的积分电路示意图。倾斜角是由图中4的电位器的输出电压U_o校正的。图中电路可实现输出电压U_o是输入电压信号U_i的积分。这个电路主要由两部分组成：由两相交流伺服电动机3、异步测速发电机2、交流放大器4等组成的速度控制方式的伺服系统及由输出用电位器1组成的积分电路。

异步测速发电机和电位器均由伺服电动机带动其转动。若系统的角速度为Ω，测速发电机的放大系数为K，则可得测速发电机的输出电压$U_{o1}=K\Omega$，这个U_{o1}电压作为转速反馈信号在输入端与输入电压U_i相比较，它们的差值ΔU经交流放大器放大后，作为交流伺服电

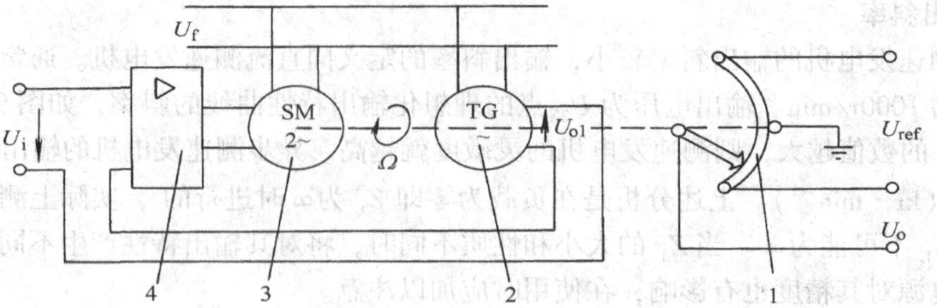

图 9－30　异步测速发电机用作积分运算电路示意图

1—输出用电位器　2—异步测速发电机　3—两相交流伺服电动机　4—交流放大器

动机控制绕组的输入电压，由它控制伺服电动机的转速。设在 0 到 t_1 时间内系统（包括电位器在内）的转角为 θ_1，输出电压为 U_o。若放大器的放大倍数足够大，输入信号相对输出信号非常小，可把交流放大器的输入信号看作零，即 $U_i - U_{o1} = 0$，故可得

$$U_i = U_{o1} \propto \Omega$$

对上式两边进行积分

$$\int_0^{t_1} U_i \mathrm{d}t \propto \int_0^{t_1} \Omega \mathrm{d}t$$

以 $\Omega = \mathrm{d}\theta/\mathrm{d}t$ 代入上式后，可得电位器的输出电压为

$$U_o \propto \theta \propto \int_0^{t_1} \Omega \mathrm{d}t \propto \int_0^{\theta_1} \mathrm{d}\theta$$

由此就得到电位器的输出电压 U_o 或系统的角位移 θ 与输入电压在时间段 0 到 t_1 的积分函数关系。通过 U_o 可用来校正飞机的倾斜角。因为这种情况下，如果飞机的自动驾驶仪没有把飞机调整到所需的飞行角度，飞机就会逐渐增高或降低，把高度误差通过该积分电路加以积分，其输出电压就能用来校正飞机倾斜角而减小高度误差。

9.4　直线异步电动机

在前面的第 3 章和第 8 章，已介绍了直线直流电动机、无刷直线直流电动机和直线永磁同步电动机等几种常用的直线电动机，在这一节，将介绍另一种使用更普遍的直线电动机，即直线异步电动机。

9.4.1　直线异步电动机的分类和结构

按结构分类，直线异步电动机可分为平板形、圆筒形、圆弧形和圆盘形几类。

1. 平板型直线异步电动机

平板形直线异步电动机中，由定子演变而来的称为一次侧，由转子演变而来的称为二次侧。其运动方式可以是固定一次侧，让二次侧运动，称为动二次侧；也可以是固定二次侧，让一次侧运动，称为动一次侧。平板形直线异步电动机的结构示意图如图 9－31 所示，它可看作是由旋转电动机展开演变而来的。平板形结构的一、二次侧也有不同的形式，图9－31a 和图 9－31b 为单边结构，但两者的二次侧结构不同，图 9－31a 的二次侧中嵌入导条，与笼

型旋转电动机转子相似，图 9－31b 二次侧上装设电阻率小的铜（或铝）板。图 9－31c 为双边结构，主要目的是使两侧磁吸力可以互相抵消。

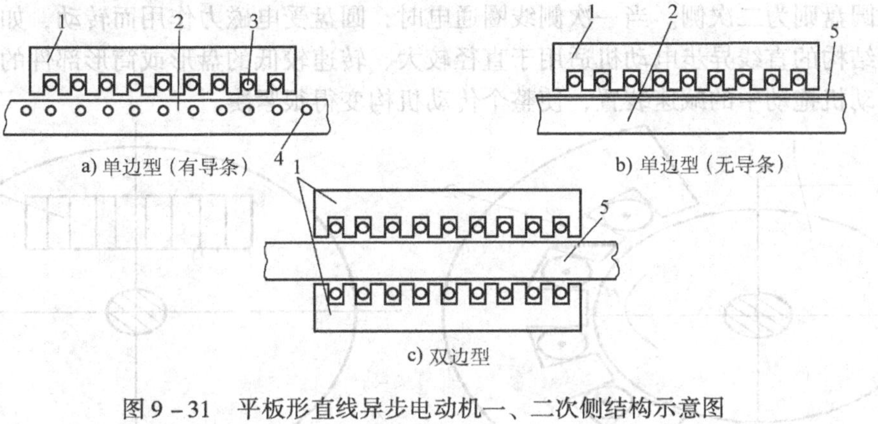

图 9－31　平板形直线异步电动机一、二次侧结构示意图

1—一次侧　2—二次侧　3—一次绕组　4—导条　5—金属板

这类直线异步电动机的结构主要包括定子、动子和直线运动的支撑轮三部分。为了保证在行程范围内定子和动子之间具有良好的电磁耦合，一次侧和二次侧的铁心长度不等。一次侧可制成短铁心和长铁心两种形式。由于铁心上线圈数量与其长度成正比，故长铁心结构成本高、运行费用高，所以很少采用。直线异步电动机与旋转异步电动机一样，一次侧铁心也是由硅钢片叠成，表面开有齿槽；槽中嵌有三相、两相或单相绕组；单相直线异步电动机可制成罩极式，也可通过电容移相。直线异步电动机的二次侧有三种形式：

1）磁性二次侧：二次侧是由导磁材料（钢板）制成，作为磁路一部分，嵌入导条组成笼型绕组起导电作用，如图 9－31a 所示。

2）非磁性二次侧：二次侧是由非磁性材料（铜）制成，主要起导电作用，这种形式电动机的气隙很大，励磁电流及损耗大，如图 9－31b 所示。

3）二次侧导磁材料表面覆盖一层导电材料，导磁材料只作为磁路起导磁作用，覆盖的导电材料作笼型绕组，如图 9－31b 所示。

因磁性二次侧的直线异步电动机结构简单，二次侧不仅可作为导磁、导电体，甚至还可以作为结构部件，其应用范围很广。

2. 圆筒形直线异步电动机

圆筒形直线异步电动机的结构示意图如图 9－32 所示。四极旋转电动机定子经展开，再沿与磁场移动垂直方向卷成圆筒形一次侧，而圆筒形直线异步电动机的二次侧就是在管中被输送的液态金属，因此这种结构很适合用于传送液体金属的电磁泵。

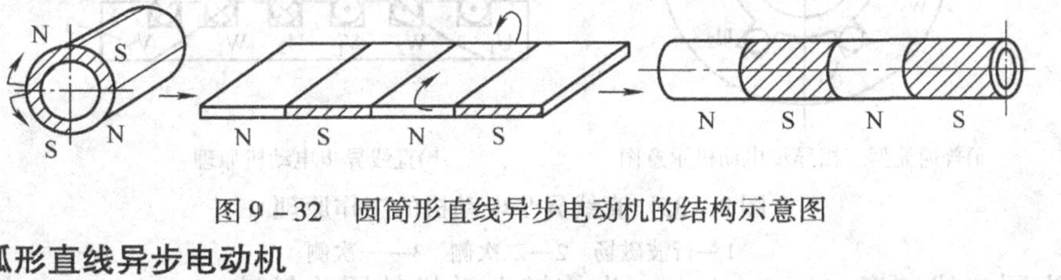

图 9－32　圆筒形直线异步电动机的结构示意图

3. 圆弧形直线异步电动机

圆弧形直线异步电动机的结构示意图如图 9－33 所示。它是将平板形一次侧沿运动方向改为弧形，并安放在圆柱形二次侧的柱面外侧可使二次侧作圆周运动。

4. 圆盘形直线异步电动机

圆盘形直线异步电动机是在直径很大的圆盘外缘部分，平行于圆盘的转动方向放置一次侧，钢制圆盘则为二次侧。当一次侧线圈通电时，圆盘受电磁力作用而转动，如图 9－34 所示。这种结构的直线异步电动机适用于直径较大、转速较低的盘形或筒形部件的驱动，可省去旋转电动机拖动中的减速装置，使整个传动机构变得很紧凑。

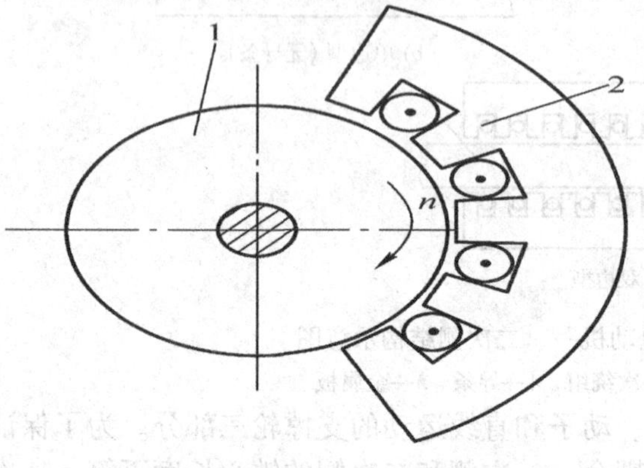

图 9－33　圆弧形直线异步电动机的结构示意图

1—圆柱形二次侧　2—弧形一次侧

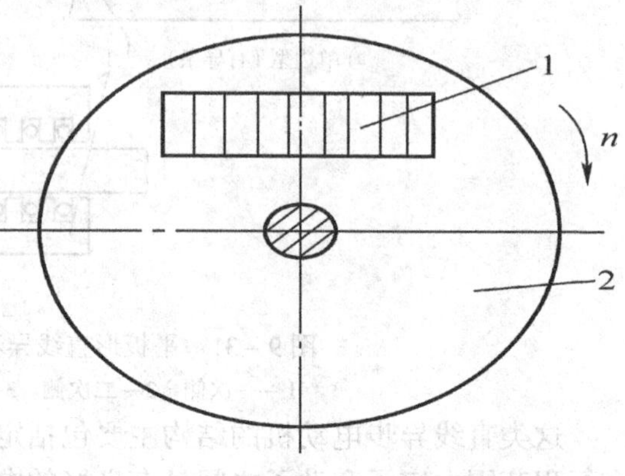

图 9－34　圆盘形直线异步电动机的结构示意图

1—平板形一次侧　2—圆盘形二次侧

9.4.2　直线异步电动机的工作原理

直线异步电动机的工作原理可用图 9－35 来描述。图 9－35a 为普通笼型三相异步电动机示意图，定子三相绕组中通入对称三相交流电流，在气隙中形成旋转磁场，同步转速为 n_1，转子导条产生感应电动势及电流，在磁场中受到电磁转矩的作用沿磁场方向以转速 n 旋转。如果将此电动机的定、转子沿图示方向展开成平面，如图 9－35b 所示。旋转电动机的定子和转子，在直线电动机中称为一次侧和二次侧，原来的旋转磁通势变为按相序作直线运动的磁通势，所建立的磁场称为行波磁场（当旋转磁场半径很大时，旋转磁场就成了直线运动的行波磁场）或移动磁场，其同步线速度为

$$v_1 = 2p\tau \times n_1 = 2p\tau \times (60f_1/p) = 60 \times 2\tau f_1 \tag{9-2}$$

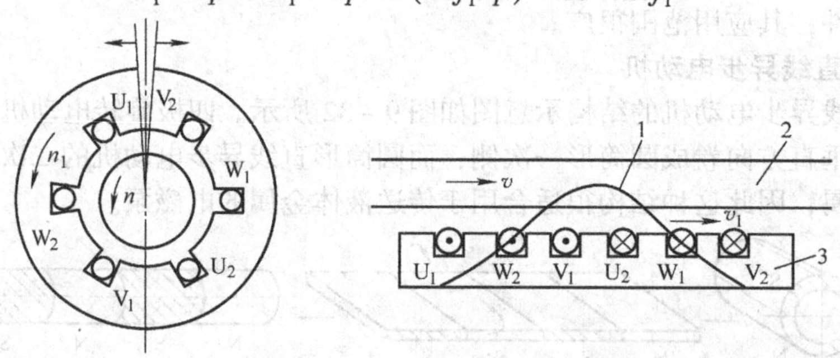

a)普通笼型三相异步电动机示意图　　b)直线异步电动机原理

图 9－35　直线异步电动机的工作原理

1—行波磁场　2—二次侧　3—一次侧

式中，v_1 为同步线速度（m/min）；n_1 为旋转电动机的同步转速（r/min）；p 为极对数；τ 为极距，即行波磁场两相邻磁极的中心距（m）；f_1 为电源频率（Hz）。

行波磁场切割电动机二次侧产生感应电动势和电流，在行波磁场电磁力的作用下，二次

侧将以速度 v 运行，且 $v<v_1$，与旋转电动机相似，其转差率为

$$S=(v_1-v)/v_1 \tag{9-3}$$

若把直线异步电动机定子绕组中电源相序改变一下，则行波磁场移动方向也会反过来，根据这一原理，可使直线异步电动机作往复直线运动。

直线异步电动机的二次侧可以做成实心结构，即为一整块均匀的金属材料，制造工艺简单，成本较低，可以做得较长。而一次侧装有绕组，为降低成本，长度较短。由于直线电动机一次侧不像旋转电动机定子那样为圆周闭合结构，前者两端是断开的纵向边缘，两端散漏的磁场经空气闭合，出现边缘磁场，这将对电动机的运行性能产生一定的影响。

由式（9-2）和式（9-3）可知，直线异步电动机的运动速度与其同步速度有关，而同步速度又与极距及电源频率成正比。极距的大小决定其运动速度的变化范围。但极距太小，槽的利用率下降，漏抗增大，而使电动机的效率和功率因数降低。极距太大，必然增加一次侧铁心的纵向长度或减少电动机的磁极数。一次侧铁心的纵向长度受到电动机输出功率的限制，而为了减小纵向边缘效应，电动机的磁极数不能太少，因此极距不可能太大。对于工业用直线电动机，通常选择极距 $3\text{cm}<\tau<30\text{cm}$，则在工频供电时，电动机同步速度为 3 ~30m/s。直线异步电动机的转差率较大，其运动速度约为 1 ~25m/s。它的速度调节一般是通过变频的方法来实现的。

9.4.3 直线异步电动机的应用

直线异步电动机主要用于功率较大场合的直线运动机构，如门自动开闭装置，起吊、传递和升降的机械设备，驱动车辆，尤其是用于高速和超速运输等。由于牵引力或推动力可直接产生，不需要中间传动部分，没有摩擦，无噪声，无转子发热，不受离心力影响等问题，因此，其应用将越来越广。下面介绍两种直线异步电动机的应用实例。

1. 传送带的驱动

图 9-36 所示为平板型结构双边型直线异步电动机用于物料运输的示意图。直线异步电动机的一次侧固定，传送带由金属丝网与橡胶复合构成作为二次侧。由于金属传送带直接受到直线电磁力的驱动，不仅拖动机构简单，而且与旋转电动机拖动导轮方案相比，它消除了打滑现象。

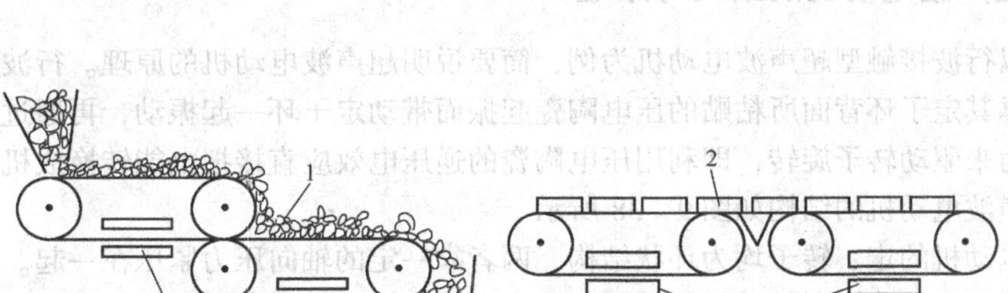

图 9-36 直线异步电动机用于物料运输的示意图

1—散装物品 2—成包物品 3—直线电动机 4—直线电动机

2. 机车的驱动

平板型直线异步电动机在运输车辆上的应用如图 9-37 所示。电动机的一次侧装在机车上，钢制轨道为二次侧，车内有柴油机带动的交流变频发电机为一次侧供电，轨道与地面固

定，一、二次侧之间的电磁力驱动车体反电磁力方向运行，通过变频实现机车的调速，并引入能耗制动和反接制动，与机车的油压制动配合，实现机车的制动停车。车体和轨道间若采用气垫或与磁悬浮技术结合，则可制成高速机车。

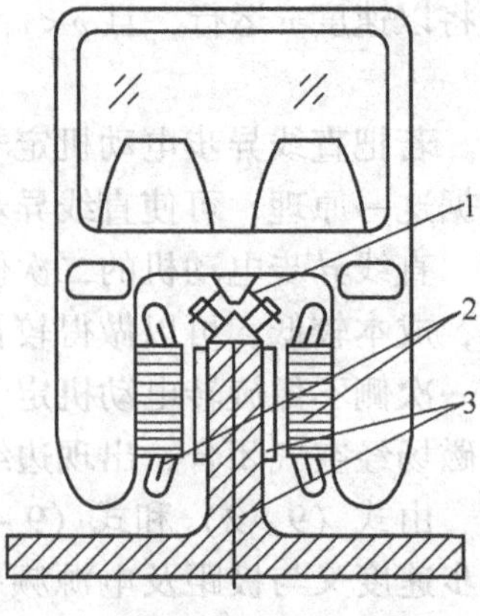

图 9-37　直线异步电动机在运输车辆中的应用示意图

1—导轮　2—一次侧　3—轨道

9.5　超声波电动机

超声波电动机（Ultrasonic Motor）的原理与本教材中所介绍的其他电机都不同，其他电机都是通过电场和磁场的相互作用产生电磁力的电磁作用原理工作的，以此实现电能与机械能的相互转换。而超声波电动机的工作原理是利用压电陶瓷的逆压电（把电信号变成机械压力）效应直接把电能转换成机械能。当超声波电压（电压频率≥20kHz）加到定子（压电陶瓷及与其相连的弹性体）上时，定子产生高频振动，借助于定、转子之间的摩擦把定子双向的机械振动转变为转子单一方向的旋转（或直线电动机中的直线）运动。超声波电动机这个名称来源于其定子高频振动的频率为超声频率(≥20kHz)。由于超声波电动机的机械振动是通过压电陶瓷产生的，所以又称它为压电马达（Piezomotor）。

9.5.1　超声波电动机的分类

超声波电动机种类很多，主要有以下几种分类方法。

按产生转子运动的机理，可分为驻波型和行波型。驻波型是利用作固定椭圆运动的定子来推动转子，属于间断驱动方式；行波型利用定子中产生的行走的椭圆运动来推动转子，属于连续驱动方式。

按超声波电动机移动体表面力传递的接触方式，可分为接触式和非接触式。

按转子的运动方式可分为旋转型和直线型。

9.5.2　超声波电动机的结构与原理

下面以行波接触型超声波电动机为例，简要说明超声波电动机的原理。行波接触型超声波电动机靠其定子环背面所粘贴的压电陶瓷起振而带动定子环一起振动，再通过定、转子之间的摩擦力来驱动转子旋转，即利用压电陶瓷的逆压电效应直接把电能转换成机械能。行波接触型超声波电动机的结构如图 9-38 所示。

这种电动机的定、转子均为环状结构，两者靠一定的轴向压力紧压在一起。转子的旋转靠铝质定子环 3 两背面所粘贴的驱动用压电陶瓷 2 起振而带动定子一起振动，再通过与定子 3 连接在一起的摩擦环 4 与转子 5 之间的摩擦力来驱动转子旋转。

当定子环两背面所粘贴的两片驱动用压电陶瓷 2 分别通以电压有效值相等、频率相同、相位相差 $\pi/2$ 的两相交流电时，由于压电陶瓷具有的逆压电效应，每一相交流电分别在压电体上产生一个振动驻波，而这两驻波在时间上相差 $\pi/2$，在空间上相差 1/4 波长，两者合成为一个振动行波，带动定子环 3 一起振动。在定子振动体传递行波的过程中，其表面（包括摩擦环 4）质点作椭圆运动，依靠摩擦环 4 与转子 5 之间的摩擦力不断地对转子施加

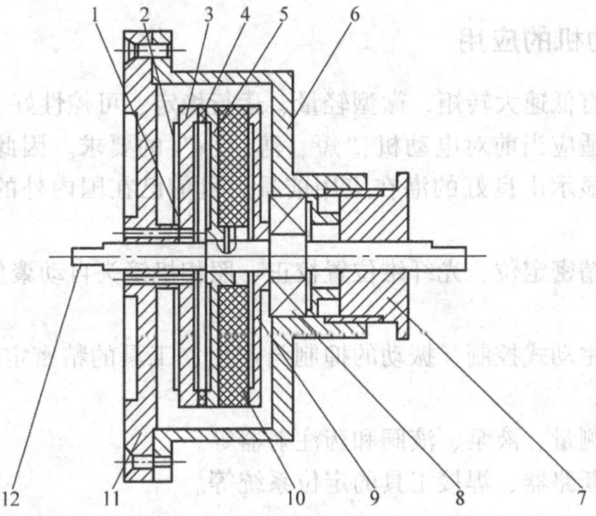

图 9－38 行波接触型超声波电动机的结构图

1—检测用压电陶瓷 2—驱动用压电陶瓷 3—定子（铝） 4—摩擦环 5—转子 6—端盖 7—螺母 8—轴承 9—压紧块 10—定子上的弹性材料 11—电动机基座 12—电动机轴

作用力，使转子连续运转，完成电动机的机电能量转换。检测用压电陶瓷 1 可以把振动的机械量转变为电压信号，用于检测定子的实际振动频率实现反馈信号的检测。

9.5.3 超声波电动机的转速控制

超声波电动机的转速主要与驱动电流的频率和电压有关，其转速与驱动电流频率的关系如图 9－39 所示。当选用的压电陶瓷的谐振频率为 30.8kHz 时，根据此曲线的变化可以看出，电动机在谐振区域的转速较高，对应定子压电陶瓷谐振频率转速的最大值为 81r/min。这种特性表明，超声波电动机利用频率调节转速的调节范围很小，当所选用的压电陶瓷确定后，电压的频率也随着其谐振频率而确定，无法通过调节电压的频率实现调速。

超声波电动机的驱动电压与转速（空载）的关系如图 9－40 所示，由此曲线可知，在电

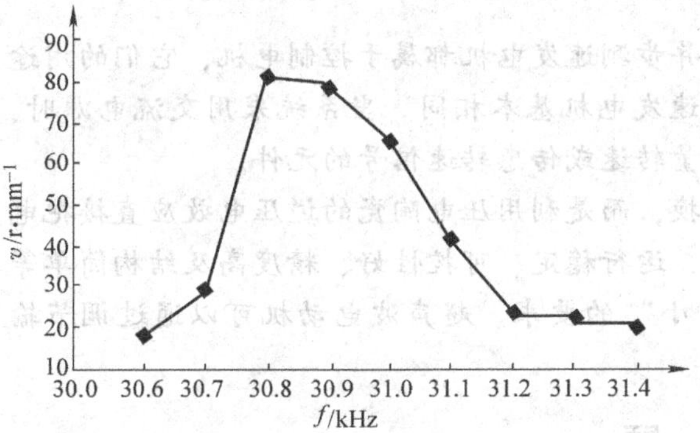

图 9－39 超声波电动机的转速—频率关系曲线

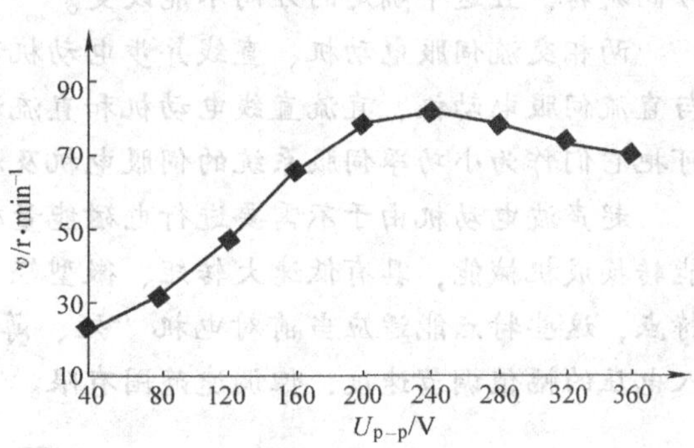

图 9－40 超声波电动机的电压幅值—转速（空载）关系曲线

压增大的一定范围内，超声波电动机的空载转速随输入电压幅值的增加近似线性的增大。但当它增大到一定转速后，转速反而随电压幅值的增高而下降。因此可以通过调节输入电压的幅值实现对超声波电动机在一定范围内的速度调节。

9.5.4 超声波电动机的应用

超声波电动机具有低速大转矩、微型轻量、运行稳定、可控性好、精度高以及结构简单等特点，这些特点能适应当前对电动机“短、薄、小”的要求。因此超声波电动机的发展历史虽然很短，但已显示出良好的潜在应用前景。目前已在国内外的以下多个领域得到应用。

光学领域：透镜精密定位、光纤维位置校正、照相机镜头自动聚焦系统和隧道扫描显微镜等。

机械领域：机构主动式控制、振动的抑制与产生、工具的精密定位压电夹具、机器人、计算机和医疗设备等。

流体领域：液体测量、液泵、液阀和药注射器等。

电子领域：电子断路器、焊接工具的定位系统等。

本章小结

除了三相异步电动机外，还有很多种异步电机也得到广泛的应用，其主要原因是交流电源可以很方便地从电网上得到以及异步电机的结构简单。这些异步电机中有单相异步电动机、两相交流伺服电动机、异步测速发电机、直线异步电动机、电磁调速异步电动机和交流换向器电动机等。

本章介绍的四种异步电机中，单相异步电动机是除了三相异步电动机外使用最普遍的动力装置，其基本原理建立在把脉振磁通势分解成两个幅值相等、转速大小也相等而转速方向相反的两个旋转磁通势原理的基础上。单相异步电动机的优点是只需单相电源，简单可靠，是家庭、机关、医院、学校和办公室等首先选用的动力装置。其不足之处是起动转矩小，机械特性较软，效率没有三相异步电动机高。使用罩极式单相异步电动机时还应注意它只能单方向旋转，且这个确定的方向不能改变。

两相交流伺服电动机、直线异步电动机和异步测速发电机都属于控制电机，它们的用途与直流伺服电动机、直流直线电动机和直流测速发电机基本相同。当系统采用交流电源时，可把它们作为小功率伺服系统的伺服电机及测量转速或传感转速信号的元件。

超声波电动机由于不需要进行电磁能量转换，而是利用压电陶瓷的逆压电效应直接把电能转换成机械能，具有低速大转矩、微型轻量、运行稳定、可控性好、精度高及结构简单等特点，这些特点能适应当前对电机“短、薄、小”的要求。超声波电动机可以通过调节输入电压的幅值调节速度，但调速范围有限。

习　题

1. 试比较单相、三相交流绕组所产生磁通势的主要区别，它们与直流绕组产生的磁通势又有什么区别？

2. 若不采取其他措施，则一般单相异步电动机能否自行起动？为什么？罩极式单相异步电动机如何起动？其转向如何确定？其转向可以改变吗？

3. 定子为对称两相绕组的单相异步电动机有哪些起动方法？

4. 如何改变电容分相异步电动机的转向？

5. 在椭圆形旋转磁场中运行的异步电动机转子的转速是否恒定不变？为什么？

6. 两相交流伺服电动机为什么会出现自转现象？如何消除？

7. 两相交流伺服电动机的转子电阻为什么都设计成相当大的阻值？但转子电阻值过大又会有何影响？

8. 如何改变两相交流伺服电动机的转向？为什么能改变转向？

9. 异步测速发电机在转子不动时，为什么没有电压输出？转动时，为什么输出电压能与转速成正比，而频率却与转速无关？

10. 什么是异步测速发电机的剩余电压？简要说明剩余电压的产生原因及减小办法。

11. 为什么异步测速发电机输出特性会存在线性误差？如何减小线性误差？

12. 直线异步电动机可以分为哪几种结构型式？

13. 与旋转磁场相比，直线异步电动机的行波磁场有什么特点？其主要作用是什么？

14. 设直线异步电动机的极距为 0.03m，动子电流的频率变化范围为 0.2～5Hz，试问电动机的同步线速度可在什么范围内变化？

15. 直线异步电动机是用何种方式实现移动方向的改变？

16. 简述超声波电动机产生旋转（或直线电动机中的直线）运动的基本原理。

17. 根据超声波电动机的转速—频率关系曲线确定，这种电动机是否可通过改变超声波的频率来调节转速？为什么？

18. 简述超声波电动机的特点和应用领域。

附录 部分习题参考答案

第1章

17. ① $I_N=90.9A$。② $P_{1N}=20W$。

18. $I_N=434.8A$。

19. ① $E_a=110V$。② $T_{em}=174.9N\cdot m$。

20. ① $P_{1N}=17.6kW$。② $P_N=14.96kW$。③ $\sum p=2.64kW$。④ $p_{Cua}=600.9W$。⑤ $p_{Cuf}=545W$。⑥ $p_\Delta=149.6W$。⑦ $p_\Omega+p_{Fe}=1344.5W$。

21. ① $T_N=54.1N\cdot m$。② $T_{emN}=58.62N\cdot m$。③ $\eta_N=86.92\%$。④ $n_0=3142.86r/min$。

22. ① $n=1485r/min$。② $T_{em}=65.66N\cdot m$。

23. ① $n=2100r/min$，$T_{em}=19.1N\cdot m$。② $n=1000r/min$，I_a 不变。

24. ① $P_{1N}=100.816kW$。② $\eta_N=89.27\%$。

25. ① $P_{1N}=7.3524kW$。② $P_{em}=6.9785kW$。③ $T_{em}=45.96N\cdot m$。④ $\eta_N=81.6\%$。

第2章

15. ① $n_0=1588r/min$（R_a 经验公式系数取 1/2）。② $n=1544r/min$。③ $I_a=7.4A$。

16. ① $n_0=3235r/min$（R_a 经验公式系数取 1/2）。②当 $I_a=I_N$ 时，$n=1407r/min$。③ $n_0'=1617.5r/min$，$I_a=I_N$ 时，$n'=1382.5r/min$。④ $\Phi=0.8\Phi_N$，当 $I_a=I_N$ 时，$n'=3733r/min$，$n_0'=4044r/min$。

17. ① $I_{st1}=3283.6A$，$I_{st1}/I_N=15.82$。② $R_{ad}=0.64\Omega$。

18. ① $n=1995.7r/min$，$T_m=2.0784N\cdot m$。② $t_x=1.85s$。

19. ① $n=778r/min$。② $R_{ad}=0.173\Omega$。

20. ① $R_{ad}=3.477\Omega$。② a. 能耗制动，$R_{ad}=3\Omega$；b. 倒拉反接制动，$R_{ad}=10.24\Omega$；③ $n=-1698r/min$。

21. ① $I_a=40A$，$n=800r/min$。② $I_a'=48.89A$；$n=950.6r/min$。

22. ① $I_a'=309A$，$n'=1224r/min$，不能长期工作。② $I_a'=I_N$，$n'=1500r/min$，能长期工作。

23. ① $R_{ad}=0.6\Omega$。② $U=150.5V$。③ a. $P_1=25.3kW$，$P_2=14kW$；b. $P_1'=17.3075kW$，$P_2'=14kW$。

第3章

18. 0.36 ~ 18m/min。

20. ①当 $E_d=300V$，$I_d=25A$ 时，$n=3000r/min$。②当 $E_d=100V$，$I_d=25/3A$ 时，$n=1000r/min$。

21. ①当 $I_d=25A$ 时，$T_{em}=17.91N\cdot m$。②当 $I_d=25/3A$ 时，$T_{em}=5.97N\cdot m$。

第4章

15. $I_{N1}=25A$，$I_{N2}=625A$。

16. $I_{N1}=288.7A$，$I_{N2}=458.2A$。

17. $N_1=971$ 匝，$N_2=183$ 匝，$k=5.3$。

18. $N_1=630$ 匝，$N_1'=100$ 匝。

20. ①$Z_m=2406.25\Omega$，$R_m=218.75\Omega$，$X_m=2393.75\Omega$，$X_k=5.537\Omega$，$R_{k75℃}=2.37\Omega$，$Z_{k75℃}=6.02\Omega$。②a. 感性负载 $\Delta U\%=3.9\%$，$U_2=384.4V$；b. 容性负载 $\Delta U\%=-1.07\%$，$U_2=404.3V$。$\eta=97.6\%$。

21. ①Γ 形等效电路 $I_1=25.54A$，$I_2=42.71A$，$U_2=213.57V$。② 简化等效电路 $I_1=24.69A$，$I_2=42.71A$，$U_2=213.57V$。

第 5 章

13. $S_{Ⅱ}=5152kV \cdot A$，$S/S_N=94.9\%$。

14. ①$S_{Ⅰ}=1189.12kV \cdot A$，$S_{Ⅱ}=2060.88kV \cdot A$。②$S_{Ⅰ}=1153.75kV \cdot A$，$S_{Ⅱ}=2000kV \cdot A$，$S/S_N=97\%$。

15. ① $I_1=327.27A$，$I=72.73A$。② $S_{N1}=S_{N2}=72kV \cdot A$，$S_{em}=58.91kV \cdot A$，$S_{cd}=13.09kV \cdot A$。

第 6 章

25. $p=2$，$s_N=0.04$，$n_N'=960r/min$。

26. $I_N=99.97A$。

27. $\eta_N=93.6\%$。

28. $E_2=1.25V$，$k_e=5.22$。

29. ①$f_2=1.67Hz$。②$E_{2s}=3.66V$。③$I_{2s}=36.1A$。

30. $r_m=2.4\Omega$、$x_m=38.61\Omega$、$r_2'=0.39\Omega$、$x_{\sigma1}=x_{\sigma2}'=1.84\Omega$、$\cos\varphi_N=0.88$、$\eta_N=87.1\%$。

31. ①$s_N=0.05$。②$I_0=31.3A$；$I_2=91A$。

32. ①$2p=6$。②$s_N=0.0538$；$f_2=1.9Hz$。③$p_{Cu2}=301W$。④$\eta=86.9\%$。⑤$I_1=15.9A$。

33. ①$n_N=1458\ r/min$。②$T_2=111.4N \cdot m$。③$T_0=2.3N \cdot m$。④$T_{em}=113.7N \cdot m$。

第 7 章

26. ①$s_m=0.124$，$T_{max}=98.8N \cdot m$。③$K_{st}=0.49$。

27. ②$T'_{st}=8.05N \cdot m$，不能满载起动。

28. ①$T_{em}=82.3N \cdot m$。②$n=1461\ r/min$。

29. ①$I_{st}=3530.9A$，$T_{st}=2963.8N \cdot m$。②$X_{st}=0.103\Omega$，$T_{st}=771N \cdot m$。③$T_{st}=987.9N \cdot m$，不能带动；④65%；$I_{st}=1492A$，$T_{st}=1252.2N \cdot m$。

31. ①$n=560\ r/min$。②$n=-620\ r/min$，$n'=-640\ r/min$。

32. $n=1562\ r/min$。

33. ①$f=34.61Hz$。②$U_1=263V$。③$I_0=25.5A$。

34. ①$f=35.52Hz$。②$U_1=320V$。③$I_1=43.7A$。

35. ①$R_{21}=0.369\Omega$。②$R_{22}=1.134\Omega$。

41. $n_1 = 6 \sim 6000\text{r/min}$。

第 8 章

20. $f_1 = 100\text{Hz}$

21. $n = 1.2 \sim 6000\text{r/min}$。

22. $Z_r = 348$。

23. ②$T_{sm} = 1.414T_{sm}$。

24. ①$\theta_s = 0.75°$。②$n = 75\ \text{r/min}$。③三相同时通电时的最大转矩 $T_{sm(UVW)} = 7.854\text{N} \cdot \text{m}$。

27. 0.72 ~ 18m/min。

第 9 章

14. 0.72 ~ 18m/min。

参考文献

[1] 顾绳谷．电机及拖动基础［M］．3版．北京：机械工业出版社，2004.

[2] 刘锦波，张承慧，等．电机与拖动［M］．北京：清华大学出版社，2006.

[3] 王毓东．电机学［M］．杭州：浙江大学出版社，1990.

[4] 汤蕴璆，等．电机学［M］．西安：西安交通大学出版社，1993.

[5] 麦崇裔．电机学与拖动基础［M］．广州：华南理工大学出版社，2006.

[6] 陈隆昌，陈筱艳．控制电机［M］．西安：西安电子科技大学出版社，1994.

[7] 刘启新．电机与拖动基础［M］．北京：中国电力出版社，2005.

[8] 杨渝钦．控制电机［M］．2版．北京：机械工业出版社，2001.

[9] 姜泓，等．电力拖动交流调速系统［M］．2版．武汉：华中理工大学出版社，1996.

[10] 周定颐．电机及电力拖动［M］．2版．北京：机械工业出版社，2004.

[11] 周绍英，牛秀岩．电机与拖动［M］．北京：中央广播电视大学出版社，2007.

[12] 李宁，陈桂．运动控制系统［M］．北京：高等教育出版社，2004.

[13] 武纪燕．现代控制元件［M］．北京：电子工业出版社，1995.

[14] 邵群涛．半闭环位置控制系统位置信号的实时检测［J］．电气传动，2002（5）.

[15] 邵群涛．交流永磁伺服电动机驱动工业机器人的优越性［J］．制造业自动化，1995（4）.

[16] 魏华，李会栓．永磁直线同步电动机发展及应用［J］．微电机，2005（3）.

[17] 李昂，等．永磁直线无刷直流电动机控制系统［J］．微特电机，2006（9）.

[18] 陈幼平，等．一种短行程直线电机的数学模型及其实验研究［J］．中国电机工程学报，2005（7）.

[19] 陈维山，赵冰．旋转型行波超声波电机的实验研究［J］．煤矿机械，2006（9）.

[20] 高永生．三相异步电动机的软起动控制系统［J］．甘肃科技，2005（8）.

[21] 朱晓莉．交流电动机软起动技术在工业现场中的应用［J］．电机与控制应用，2007（1）.